U0862239

科学出版社"十三五"普通高等教育本科规划教材

普通高等教育师范类地理系列教材

遥感原理与应用
（第三版）

沙晋明　陈耀亮　主编

科学出版社
北　京

内 容 简 介

本书共分为五篇十四章。第一篇，介绍遥感概念、遥感系统、遥感监测的特点、遥感发展简史、电磁波与电磁辐射、地物的波谱特性、大气对遥感监测的影响等；第二篇，介绍遥感平台的种类、卫星的轨道、主要遥感卫星、传感器概念、摄影类型的传感器、扫描方式的传感器、雷达成像仪、激光传感器等；第三篇，介绍数据传输与数据格式、图像特征、辐射校正、几何纠正、遥感数字图像增强、遥感图像融合、无人机图像数据处理、遥感图像的目视解译原理、遥感图像的解译标志、遥感图像的目视解译方法与过程、不同类型遥感影像目视解译以及遥感图像的计算机分类等；第四篇，介绍植被遥感原理、植被遥感监测、植被遥感应用实例、土地利用/土地覆盖遥感研究方法、土地利用/土地覆盖变化信息提取技术、水体遥感原理、水体遥感应用、地质遥感、灾害遥感、全球变化遥感等；第五篇，介绍"3S"技术的综合应用、中学地理中的遥感技术、中学遥感探究性学习，以及利用遥感技术进行土地利用动态监测、火灾与水灾监测技术的综合实验等。

本教材可以作为高等院校地理、资源、环境、农林、地理信息技术、遥感科学与技术等专业本科生教材，也可作为相关领域研究生、教师的科研与教学参考书。

图书在版编目(CIP)数据

遥感原理与应用 / 沙晋明，陈耀亮主编. --3 版.
北京：科学出版社，2025. 8. --(科学出版社"十三五"普通高等教育本科规划教材)(普通高等教育师范类地理系列教材). -- ISBN 978-7-03-082892-7

Ⅰ. TP7

中国国家版本馆 CIP 数据核字第 20256RS108 号

责任编辑：许　健 / 责任校对：谭宏宇
责任印制：黄晓鸣 / 封面设计：殷　靓

科学出版社 出版
北京东黄城根北街 16 号
邮政编码：100717
http://www.sciencep.com
北京华艺世纪缘科技发展有限公司排版
北京中科印刷有限公司印刷
科学出版社发行　各地新华书店经销

*

2012 年 6 月第　一　版　开本：889×1194　1/16
2025 年 8 月第　三　版　印张：15
2025 年 8 月第二十二次印刷　字数：454 000

定价：50.00 元

(如有印装质量问题，我社负责调换)

《遥感原理与应用》(第三版)编委会

主　编　沙晋明　陈耀亮

副主编　张安定　王金亮　夏丽华　陈文惠

编　委　(按姓氏笔画排序)

于红博(内蒙古师范大学)
王金亮(云南师范大学)
刘姗姗(福建师范大学)
刘荫禄(青岛实验学校)
刘桂林(华南师范大学)
江振蓝(闽江学院)
李莹莹(浙江水利水电学院)
李登秋(福建师范大学)
杨　波(湖南师范大学)
何国松(湖北科技学院)
沙晋明(福建师范大学)
张安定(鲁东大学)
陈文惠(福建师范大学)
陈圆圆(浙江工业大学)
陈耀亮(福建师范大学)
林文鹏(上海师范大学)
胡德勇(首都师范大学)
夏丽华(广州大学)
席武俊(楚雄师范学院)
黄　然(杭州电子科技大学)

前 言

光阴冉冉，岁月如梭。从2017年修订再版《遥感原理与应用》以来，不知不觉已过了八个春秋。这八年来，在各地高校同仁的大力支持下，本教材得到了广泛使用，普及了遥感理论与技术，践行了党的二十大提出的科教兴国战略。近年来遥感技术在我国得到蓬勃发展，各种国产卫星接连不断发射升空。遥感科学与技术已经成为一级学科，在资源环境监测管理中起着越来越重要的作用，日益为人们所重视，各高校纷纷开设遥感技术类课程，以满足社会对遥感日益增长的要求，所开专业涉及地理、地质、土地、林业、农业、环境、海洋、矿业、测绘、军事、数学、计算机、物理和电子等，培养和造就了大批遥感方面的人才，充实了我国遥感人才队伍。现在，遥感已经成为这些领域的必修课和主干课。在遥感教学中及时更新和完善教学内容是遥感科研教学工作者义不容辞的职责，我们深感遥感教育的重要性，有必要根据自己的教学经验编写适合师范类院校使用的遥感教材，为推动遥感应用做出自己应有的贡献。

本书的作者都是从事遥感教学科研工作多年的中青年学者，研究面广且深入。大家结合自己的科研教学经验，并参考了国内外大量的相关论文、书籍而完成编写，其中有些就是大家的研究成果，这大大丰富了本书内容。特别是在普及中学遥感技术方面，希望能带来有益的帮助，推动遥感技术在我国更广泛地普及应用。希望本书能够帮助读者全面系统地认识遥感技术，从一个新的视角认识理解人类的资源环境。

本书在编写过程中得到科学出版社、福建师范大学地理科学学院等的大力支持，在此表示深深的感谢。

在教材使用过程中，我们密切与相关单位保持联系，倾听学生、老师的意见，努力发现不足之处，并召开会议，修订错误，完善补充最新技术。

新修订的教材主要有以下特色：① 增加了新的遥感卫星原理、数据源和数据类型；② 增加了新的遥感算法；③ 增加了一些最新卫星的应用介绍。希望通过这次修订，能使本教材更好地服务于遥感教学。

本书由沙晋明、陈耀亮、王金亮、张安定、夏丽华、陈文惠、胡德勇、何国松、林文鹏、杨波、席武俊、江振蓝、于红博等编写。全书由沙晋明、陈耀亮统稿。新修订工作由沙晋明、陈耀亮、刘桂林、陈圆圆、李莹莹、刘姗姗等完成。

本书面向遥感领域的初学者，内容由浅入深，循序渐进，理论联系实际，使初学者可以迅速掌握遥感理论并解决实际问题。本教材的第五篇向中学教育延伸，以提升中学阶段的遥感地理信息技术教育水平，希望这一延伸能提高遥感的应用普及面。

本书在编写过程中参考了国内外大量的文献，已在书后详细列出，在此向各位作者表示真挚的感谢。由于遥感技术的飞速发展、我们的水平有限，难免有疏漏之处，所以我们真诚地希望使用本教材的老师、同学对书中不足之处提出批评指正意见，以便我们今后修改完善。邮箱地址：chenyl@ fjnu.edu.cn。

编　者

2025 年 6 月修订

目　　录

第一篇　遥感基础

第二篇　遥感数据获取

第三篇　遥感图像处理与解译

第四篇　遥感技术应用

第五篇　遥感技术在中学地理教学中的应用与实践

第一篇　遥感基础

第一章　概　　述

本章导读

本章介绍遥感的基本概念、遥感系统及特点、遥感的学科体系、遥感的发展简史及今后的发展趋势,并初步介绍遥感特性及其广阔的应用前景。希望通过综合介绍,使学生对遥感有个初步的认识,进而培养学生在遥感方面的兴趣,为之后的学习奠定良好的基础。

遥感(remote sensing,RS)是一门综合了卫星技术、电子技术、光学技术、计算机技术、通信技术以及地球科学等多种学科,利用航天、航空探测器对陆地、海洋、大气、环境等进行监测与测绘的综合性很强的新型探测技术。从1960年TIROS－1气象卫星发射至今的60余年里,遥感技术已经发生了根本的变化,主要表现在遥感平台、传感器、遥感的基础研究和应用领域等方面。经过半个多世纪的探索和尝试,遥感技术已经在实用化的方向上迈出坚实的一步,在地球系统科学、资源与环境科学,以及农业、林业、地质、水文、城市与区域开发、海洋、气象、测绘等科学和国民经济的重大领域,发挥着越来越大的作用。

第一节　遥感简介

遥感技术是20世纪60年代发展起来的以航空摄影技术为基础的一门新兴技术。遥感从以飞机为主要探测平台的航空遥感,逐渐发展到以人造卫星为主要平台的航天遥感。1972年,美国发射的第一颗陆地资源卫星标志着航天遥感时代的开始。经过几十年的迅速发展,遥感技术已广泛应用于资源环境、气候气象、地质地理等众多领域,成为一门实用、先进的空间探测技术。

遥感源于英语“remote sensing”,翻译为“遥远的感知”,因此习惯称之为遥感。遥感是利用传感器在空中探测地球表面物体的电磁性质,根据不同物体对波谱产生不同响应,识别各类地物大小、形状、状态等特性,遥远地感知事物。即利用飞机、卫星等飞行物上的传感器收集地物电磁信息,然后记录、传送、分析和判读这些信息,进而识别地物。

遥感的定义有广义和狭义两种。广义的“遥感”指各种非接触的、远距离的探测技术,即不直接接触物体本身,在远处通过传感器探测和接收来自目标物体的电磁信息(如电场、磁场、电磁波、地震波等信息),经过信息的传输及其处理分析,识别物体的属性及分布等特征的技术。狭义的“遥感”指从远处、高空,乃至外层空间的平台上,利用可见光、红外、微波等,通过摄影、扫描等各种方式,获取来自地球表层各类地物的电磁波信息,对这些信息进行加工处理,从而识别地面物质的性质和运动状态的综合技术。

遥感的研究内容随应用领域及研究对象的差别而显得复杂多样,但它们都是通过电磁波来识别和分析地表的目标及现象的。遥感技术的应用,实际上就是利用了物体的电磁波特征。地面上的一切物体(地学现象)只要其温度高于0 K,就能够反射、辐射和吸收电磁波。对哪个波长范围的电磁波最敏感以及能反射、辐射和吸收到怎样的程度,则由该物体的物理和化学特性决定,即一切物体(地学现象)随其环境条件的不同而具有不同反射或辐射电磁波的特性。任何物体(地学现象)都可以通过电磁波特性进行表达,包括地物光谱测试、地物特性与电磁波特性之间的关系,这些可为遥感影像与地物(地学现象)定量分析提供基础。

目前,遥感已成为一个从地面到空中,乃至空间,从信息数据收集、处理到判读分析、应用,对地球进行探测和监测的多层次、多方位、多领域的监测体系,成为获取地球资源环境状况的重要信息手段,并且随着科技发展,遥感技术将跨入一个快速、及时提供多种对地观测数据的新阶段,在空间分辨率、光谱分辨率和时间分辨率等方面将极大地提高。随着空间技术、地理信息系统(geographic information system, GIS)和全球导航卫星系统(global navigation satellite system, GNSS)技术的发展及相互渗透,遥感的应用领域将会越来越广泛(图1-1)。

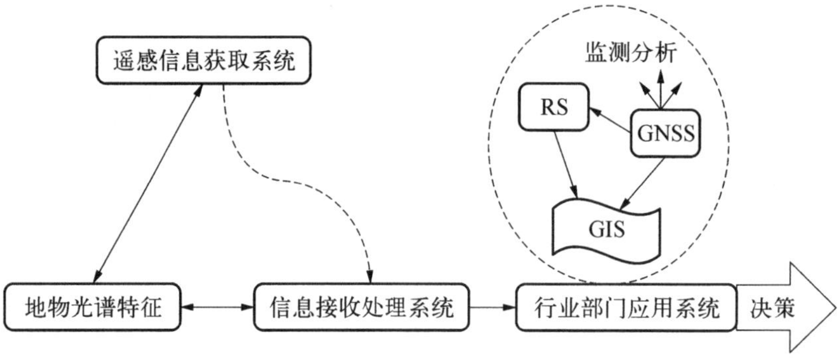

图1-1 “遥感-监测-决策”综合应用集成

第二节 遥感技术系统

根据遥感的定义,遥感技术系统包括遥感信息获取、遥感信息传输和遥感信息提取应用三大部分(图1-2)。

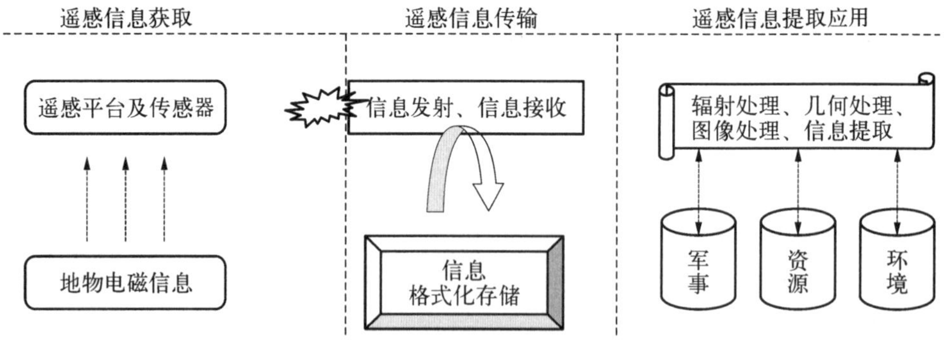

图1-2 遥感技术系统

一、遥感信息获取

(一) 地物电磁信息

地物电磁波谱信息是整个遥感技术系统的基础。不同的物体,其反射、吸收或辐射电磁波的规律是不同的;同一种类的物体,在不同的自然状态下表现出的规律也是不同的,称为物体的波谱特性。地物遥感试验在整个遥感过程中起着基础性的作用,遥感试验提供了地物的光谱特性,可以依此选择传感器的类型和成像波段;遥感探测以及图像处理时,又需要遥感试验提供各种校正所需的有关信息和数据。此外,遥感试验还可为判读应用提供基础。

如果事先掌握了各种物体的波谱特性,只要将传感器探测到的不同电磁波的波谱信息与标准波谱相比较,即可区别出物体的种类、属性等。同时,也可为传感器波长的确定提供基础参考数据。

(二) 遥感平台及传感器

遥感信息获取是遥感技术系统的中心工作,通过传感器可以实现信息获取。遥感平台以及传感器是确保遥感信息获取的物质保证。

遥感平台(platform for remote sensing)是装载传感器进行遥感探测的运载工具,如飞机、卫星、飞船等。按其飞行高度的不同可分为近地平台、航空平台和航天平台。不同平台各有其特点和用途,依据需要可单独使用,也可配合启用,组成多层次立体观测系统。

传感器(sensor)是遥感技术中的核心组成部分,是收集和记录地物电磁辐射能量信息的装置,如光学摄影机、多光谱扫描仪等,是获取遥感信息的关键设备。它搭载在遥感平台上,对地进行扫描成像,获得地球的遥感信息。传感器的性能决定了遥感的监测识别能力,传感器的性能包括传感器对电磁波波段的响应能力(如探测灵敏度和波谱分辨率)、传感器的空间分辨率及图像的几何特征、传感器获取地物电磁波信息量的大小和可靠程度等。目前使用广泛的传感器有美国的陆地卫星系列(Landsat)、法国的斯波特卫星系列(SPOT)、印度的遥感卫星系列(IRS)、加拿大的雷达卫星(RadarSat)和中巴地球资源卫星(CBERS)等。

二、遥感信息传输

早期的传感器使用胶卷或磁带记录地物反射或发射的电磁波信息,现代的传感器多使用固态存储器,所记录的电磁波信息经过光电转换,通过无线电波将数据传送到卫星地面接收站。地面站接收卫星传输回来的数字信号,并记录在磁介质上。这一阶段实现了将卫星的影像数据(电磁波数据)传送到地面,但此时还是较原始的数据,需要进行信息恢复、辐射校正、投影变换等处理才能分发给用户使用。

三、遥感信息处理应用

遥感信息应用是遥感的最终目的。遥感信息处理是通过多种技术方法对探测获得的信息进行综合处理分析,并提取出各种社会资源环境信息。此外,地面站还可以针对用户的特殊需求提供特别的数据处理。例如,各种校正(辐射校正、几何校正等)处理、各种增强处理等使所获遥感图像更清晰,便于识别和判读以及提取信息。

根据专业的特点要求,各专业人员应用专业知识,选择适宜的遥感信息,从中提取出本专业的信息。行业背景不同,对信息的要求不同,或区域性的或微观局部的,或图形信息或图像信息。在专业的图像处理软件支持下,可进行图像融合、增强、滤波,再辅以地理信息数据或其他非遥感数据,最后分类得出所需要的信息或提取出其中的关键信息,从而为决策服务。

遥感可应用服务的具体部门有:农业农村部、国家林业和草原局、自然资源部、住房和城乡建设部、民政部、水利部、生态环境部、交通运输部、公安部、国家能源局、国家统计局、中国气象局、国家文物局、中国石油天然气集团有限公司、中国中煤能源集团有限公司等。

第三节 遥感学科体系

遥感是技术服务型学科，首先，它依赖其他学科和技术为其提供学科理论技术支持；其次，它可为其他研究应用提供技术支撑服务，通过互为基础的镶嵌式关系形成了现代对地观测技术。遥感科学与技术涉及的一级学科有地理学、测绘科学与技术、地质资源与地质工程、生态学、资源与环境等；二级学科有地图学与地理信息系统、大地测量学与测量工程、摄影测量与遥感，以及地质资源与地质工程中的地球探测与信息技术等。因此，遥感科学与技术是一门由卫星技术、传感器技术、计算机科学、资源环境科学等多学科交叉渗透、互为支持的新兴交叉学科。经过几十年的蓬勃发展，遥感的应用服务已深入社会经济、资源环境、生产生活、国防安全等各个方面。2022 年，遥感科学与技术升格为一级学科，隶属交叉学科门类，这将为遥感的发展带来新的机遇。遥感的具体学科框架如图 1－3 所示。

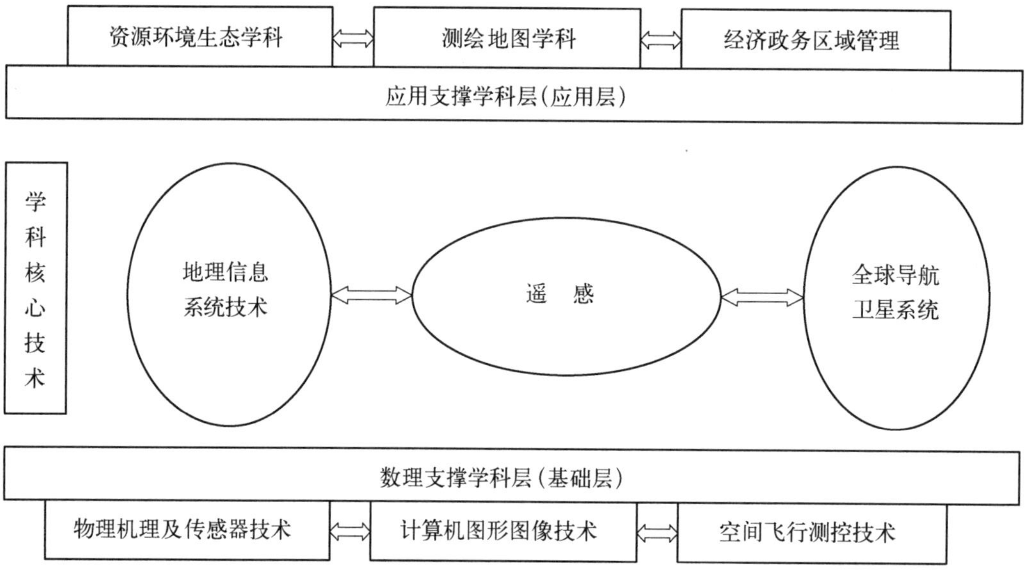

图 1－3　遥感科学与技术学科体系

1. 遥感的数理支撑学科层(基础层)

包括物理机理及传感器技术、计算机图形图像技术、空间飞行测控技术，是遥感信息获取、处理、提取的物理和数学原理，也是本学科的理论基础。

2. 学科核心技术

包括遥感、地理信息系统以及全球定位系统，相当于基础层的延伸，汇集了物理、数学、地学等理论，将只具有物理意义的信号转换为具有丰富地学意义的图形、图像和数字。它依靠多学科理论提取出有意义的信息。

3. 遥感的应用支撑学科层(应用层)

包括资源环境生态学科、地图测绘监测学科、经济政务区域管理，主要是对形成的空间资源环境数据在具体管理研究中的应用。应用层是实现遥感服务社会的关键，只有全面掌握了这些知识技能才能不断拓展遥感的应用面，逐步扩展遥感技术的服务领域，发展出诸多的遥感应用方向。

本学科体系体现了探索地物波谱形成物理机制与电磁信息传输理论，建立了地物(事件)波谱与遥感数据的关系模型，解决了信息获取–信息反演不确定问题，实现了定量反演地物(事件)，之后在图像处理技术、图像增强技术、制图技术的支持下，获得资源环境的空间数量质量分布数据影像的整个技术流程。在这个体系里面依靠传感器的电磁物理机制，记录资源环境社会现状，通过核心技术层实现了具有准确定位和资源环境信息特征的图形、图像，最后将数值数据传递给相关的应用领域。

遥感技术学科培养具备遥感和资源环境的基本理论、基本知识和基本技能，掌握地物电磁波谱分析技术、遥感数据处理、信息提取的专门人才，他们能够在城市规划、农业、林业、水利、电力、交通、军事、地质、测绘、环境、海洋等涵盖资源环境领域的各个部门，从事监测研究、进行应用系统和系统集成建设与开发，以及有关空间信息系统和管理信息系统的建设和应用，甚至研制遥感电子设备与系统。

第四节 遥感监测的特点

1. 监测区域范围大、受条件限制少

从飞机或人造地球卫星上获取的航空相片或卫星图像，比地面上观察监测的范围大得多，且不受地形地貌的影响。在地球上有很多地方，自然地理条件极为恶劣，难以实施地面调查，如荒漠、沼泽、崇山峻岭等。遥感技术可以不受地面条件的限制，方便及时地获取多种宝贵的资源环境信息，为人们研究地面各种自然、社会现象及其分布规律提供客观真实的信息。

航空相片可提供不同比例尺的地面连续景观相片，图像清晰逼真，信息丰富。一张比例尺为1∶20000 的 23 cm×23 cm 的航空相片，可展示出地面 21 km^2范围的地面景观实况。连续的相片可镶嵌成更大的相片图，以便总观全区进行分析和研究。卫星图像的观测范围更大，一幅美国陆地卫星 TM 图像可反映出 34225 km^2（即 185 km×185 km）的景观实况。500 多景影像就可拼接成覆盖美国本土的卫星影像图。中分辨率成像光谱仪（MODIS），扫描宽度达 2300 km，一颗卫星每天覆盖全球观测两次。

2. 多尺度动态重复获取数据

目前遥感已经可以获取的遥感信息具有厘米到千米的多种尺度，如 62 cm、1 m、5 m、10 m、20 m、30 m、60 m、120 m、150 m、180 m、250 m、500 m、1000 m、8000 m 等多种空间分辨率；重访周期从半天、1 天到 40~50 天不等。这样从空间到时间上都能有效地覆盖，在获取资源环境空间和时间信息方面构成很好的互补关系，从而定期地提供各种分辨率的遥感影像，满足多种用途、多时间段的资源环境动态监测。

3. 电磁信息丰富、信息表达形式多样，获取信息的手段多、信息量大

遥感技术所应用的波段从紫外线、可见光、红外线、远红外线、微波到激光等涵盖了主要的电磁波。不同传感器光谱分辨率不同，形成了丰富的电磁信息。电磁信息的记录可以成像，也可不成像；可以是直接数据形式，也可以是相片形式，还可以是影像方式。总之，遥感获取信息的波段多，信息量巨大。针对不同的工作目的，可选用不同波段信息来提取相应的地面信息。此外，还可以利用特殊波段对物体的穿透性，获取地物内部结构信息，如微波还可以进行全天候的监测。

遥感技术获取的信息量极大，包含了丰富的资源环境信息。例如，Landsat 卫星的 TM 图像，一幅覆盖 185 km×185 km 地面面积、像元空间分辨率为 30 m，其数据量约为 6000×6000＝36 MB。若将 6 个波段全部输入计算机，其数据量为 36 MB×6＝216 MB，大大超过了传统方法所获取的信息量。所以，遥感技术为研究各种宏观现象及其相互关系，诸如区域地质构造和全球环境等问题，提供了便捷的条件。

4. 获取信息的速度快、周期短、重现性好

卫星遥感影像具有视点高、视域广、数据采集快、重复周期短、连续观察的特点，能适时获取所经区域的各种自然现象，便于更新资料，通过分析新旧两种资料的变化，实施动态监测，这是实地测量和航空摄影测量所无法比拟的。例如，陆地卫星 Landsat，每 16~18 天可覆盖地球一遍；MODIS 气象卫星每天能收到两个时相的图像；NOAA 气象卫星每 30 分钟获得同一地区的图像。遥感周期性地重复对同一地区进行扫描观测的能力，有助于利用遥感数据监测地球上事物的动态变化，研究自然界的变化规律。尤其是在监视气象、洪涝灾害、资源环境乃至军事目标等方面，遥感显得必不可少。

5. 数据可满足多用途监测、可比性强

由于遥感的探测波段、成像方式、数据记录等均可以按要求获取,使其获取的数据具有同一性或相似性,这些数据在时间上相同,具有一致性,具有很强的可比性。遥感数据真实地再现了地球上许多自然与社会经济现象,客观地反映了地球上各种事物的存在形式及数量,很好地体现了地形地貌、土地覆被、森林覆被、城市建筑物等地物的特征,全面综合地反映了地理事物之间的相互关系,可满足多用途监测的需求。

6. 效益高、精度高、工作效率高

遥感能使工作进度加快、效率提高。用遥感技术进行土地资源调查、地形图测绘、地质以及自然灾害等监测,具有精度高、速度快、成本低的特点。与传统的技术方法相比,遥感技术是一项投入相对较小、综合效益较大的技术。全国第二次土地普查运用遥感技术在较短时间内获取了全国土地资源总量及其分布情况,并利用遥感技术对每年的土地变更进行动态监测,这在以往是无法想象的。我国一些地区自然地质灾害频发,给国家带来了重大经济损失和人员伤害。我们不能抑制灾害的发生,但是,可以利用遥感技术对灾害发生区域进行监控,对灾害损失进行评估,对救援进行指导,从而降低灾害所带来的损失,提高救援效率。此外,利用遥感技术还能察觉到人眼难以发现的变化,如农作物、森林,因受病虫害会使植物某部分内部组织发生变化,光谱反射处于不正常状态,卫星图能够反映出此异常信息,遥感专家可以根据这些异常信息,诊断出病虫害,及时提出治理措施。

总之,遥感调查具有传统的调查方法无法比拟的优势。卫星遥感在土地资源、森林资源、地质矿产资源、水利资源调查和农作物估产等方面具有广阔的应用前景。遥感获取的数字化资料,可直接导入用户的计算机图像处理系统,这大大提高了资源环境管理的水平。

第五节 遥感发展简史

一、遥感大事记

1960年,美国学者 Evelyn Pruitt 为了比较全面地概括探测目标的技术和方法,把以摄影方式和非摄影方式获得被探测目标的图像或数据的技术称为“遥感”,首次提出了“遥感”这一科学术语;1962年在美国密歇根大学召开的国际环境科学遥感讨论会上,这一名词被正式通过,标志着遥感这门新学科的形成。但是,在“遥感”一词出现以前,就已产生了遥感技术。发展至今,大致经历了遥感萌芽、摄影遥感、航天遥感和现代遥感四个阶段(表1-1)。

表1-1 遥感历史发展的里程碑

阶段	时间	重要事件	意义
遥感萌芽	1608年	汉斯造出世界上第一架望远镜	遥感仪器出现
	1609年	伽利略发明望远镜	遥感领域拓展
摄影遥感	1800年	威廉·赫歇尔发现了红外线	奠定红外遥感理论
	1839年	达盖尔的摄影	地面遥感开始
	1847年	发现红外光谱与可见光具有相同的特性	为红外应用奠定基础
	1850年	在气球上携带照相机进行拍摄	尝试航空遥感
	1858年	陶纳乔用系留气球拍摄法国巴黎	空中摄影
	1903年	莱特兄弟发明飞机	航空遥感平台诞生
	1909年	飞机拍摄	航拍开始

续表

阶 段	时 间	重 要 事 件	意 义
摄影遥感	1924 年	彩色胶片出现	提高目视判断能力
	1920~1930 年	开始发展和最初应用航空摄影测量	航空摄影开展
	1929~1939 年	美国政府开始应用航空相片研究环境问题	航空遥感实质应用
	1930~1940 年	德国、美国、英国开始雷达技术的研究	多元遥感开始
	1941 年	厄德莱的著作《航空相片：应用与判读》出版	开展学术研究
	1939~1945 年	第二次世界大战，开始了可见光以外电磁光谱的应用和航空相片解译与培训工作	航空遥感逐步成熟
航天遥感	1957 年	苏联发射人造地球卫星	航天遥感起步
	1950~1960 年	美国军方从事空间研究	航天遥感深入
	1956 年	红外植物病虫害探测	农业遥感
	1960 年	NOAA 卫星发射、TIROS 卫星发射	气象遥感开始
	1972 年	陆地卫星 1 号发射	陆地卫星遥感
	1970~1980 年	数字图像处理开始快速发展	数字图像时代到来
	1980~1990 年	陆地卫星 4 号发射	提高空间分辨率
	1986 年	法国 SPOT 卫星发射	高分辨时代到来
现代遥感	1990 年	开始发展高光谱传感器	高光谱时代到来
	1999 年	中巴地球资源卫星发射	中国资源卫星遥感起步
	2000 年	IKONOS 卫星、HYPERION 卫星发射	高分辨率、高光谱
	2001 年	“快鸟”(QuickBird)卫星发射	超米分辨率遥感
	2008 年	防灾、环境一号等	中国遥感的深入应用
	2013 年至今	“遥感卫星”系列、“高分卫星”系列、专题小卫星等	中国遥感大发展

二、遥感发展趋势

遥感技术总的发展趋势是：提高遥感器的分辨率和综合利用信息的能力，研制先进的遥感器、信息传输和处理设备，以增强遥感系统的抗干扰能力，实现遥感系统全天候工作和实时获取信息。

(一) 多平台多传感器航空航天遥感数据获取趋向高空间分辨率、高光谱分辨率、高时间分辨率发展

从空中和太空观测地球并获取影像是 20 世纪的重大成果之一。随着多平台多传感器航空航天遥感数据获取技术发展迅速，遥感技术已形成多卫星、多传感器、多分辨率共同发展的局面，主要体现在时间全覆盖(全天候、全天时)和分辨率全覆盖(高、中、低分辨率并存)。遥感卫星包括陆地卫星、海洋卫星、气象卫星等，所获取的遥感信息具有厘米到千米的多种尺度。重访周期从半天、1 天到 40~50 天不等，在获取资源环境空间和时间信息方面构成很好的互补关系。利用不同卫星适宜的重访周期有利于对地表资源环境的动态监测和过程分析。以多光谱观测为主并辅以较高分辨率的全色数据，极大地提升了对地物的识别和分类。

经过这些年的大力发展，遥感呈现趋向高空间分辨率、高光谱分辨率和高时相分辨率的新趋势。卫星遥感的空间分辨率从 IKONOS 卫星的 1 m，进一步提高到 QuickBird 卫星的 0.61 m；高光谱分辨率已达到 5~6 nm；时间分辨率的提高主要依赖于小卫星技术的发展，通过合理分布的小卫星星座和传感器的大角度倾斜可以以 1~3 天的周期获得感兴趣地区的遥感影像。

(二)综合对地观测定量化系统的建立

遥感技术应用实践表明,服务于资源与环境监测的对地观测系统是由航天、航空、地面观测台站网络等子系统组成的,具有提供定位、定性、定量数据能力的综合性技术系统。对地观测空间卫星子系统是由大型极轨组合平台与小卫星系列、多平台、多轨道卫星组合的观测体系。对地球物理场以及生物、地理、化学过程进行比较全面的调查研究,从而为资源开发、环境保护、区域经济协调和持续发展提供系统的科学数据和信息服务。

在卫星遥感应用方面,空间技术、信息技术和计算机技术的发展,推动了遥感技术的进步。遥感影像的空间分辨率和光谱分辨率明显提高,扩展了其应用领域;计算机运算速度和容量成数量级的增加、数据库技术和网络技术的发展以及人工智能的应用为分析处理大数据量的遥感和地理数据创造了条件。这些都为遥感信息系统的实用化奠定了技术基础。

遥感卫星今后发展的重点为:全天候、全时段、连续、快速地提供高质量的观测数据和长寿命化的观测技术;以定量化为目标的超多波段成像光谱技术;不受云层影响的微波传感器技术。

(三)高度综合化及应用领域不断拓展

目前,遥感技术已高度综合化,遥感卫星包括资源卫星、环境卫星、海洋卫星、气象卫星等。遥感技术在资源与环境研究和测量任务中扮演着越来越重要的角色,它所具有的高度空间概括能力有助于对区域的完整了解。不同卫星适宜的重访周期有利于对地表资源环境的动态监测和过程分析,以多光谱观测为主并辅以较高分辨率的全色数据,极大地提升了对地物的识别和分类,可以实现对资源环境多尺度、多时相的监测管理,满足气象、海洋、农业、灾害、资源、环境、矿产等重大发展问题对空间遥感的需求。

(四)遥感和地理信息系统的一体化

地理信息系统需要应用遥感资料更新其数据库中的数据,而遥感影像的识别需要在地理信息系统支持下改善其精度并在数学模型中得到应用,两者之间存在着密切的相互依存关系,但在目前的技术水平下,这种关系受到制约,主要有两方面的原因:一是受信息获取技术和识别技术所限,遥感图像计算机识别的精度还不能满足更新较大比例尺专题图的要求;二是遥感图像与常用的地理信息系统的不同的数据结构妨碍了数据间的迅速传输。

今后,新一代卫星影像的分辨率将大幅度提高,在专家系统支持下,分类识别精度也将有明显的改善;从栅格数据结构向地理信息系统常用的矢量数据结构的转换已取得明显进展,新的数据结构不断出现,有的已达到实用化水平,不需要重复遥感图像—目视解译—编图—数字化进入地理信息系统的模式,整个过程将为计算机处理所代替,实时遥感数据的数学模型将得以运行。因此,遥感与地理信息系统一体化将大大提高。

第六节　中国遥感的发展

一、早期航空遥感

20 世纪 30 年代,我国在少数城市进行过航空摄影,但系统的遥感技术发展起始于 20 世纪 50 年代。50 年代初期,林业部在我国东北的大兴安岭地区开展了航空摄影的林业调查,利用各种树木在航空相片上灰度差异判别森林类型,取得了较好的成效。此后,一些地质科研单位利用航空相片进行地质要素的测量,开展了不同岩性地质体的航空影像灰度分析,大大提高了地质普查填图的水平和速度,并将航空摄影地质调查方法列入地质填图的技术规范。另外,在区域调查、流域调查、地理制图(地貌、土壤、植被及土地利用等)、水电选址和地震灾害调查等方面的应用,也取得了一定成就。

20 世纪 60 年代,航空摄影工作初具规模,应用范围不断扩大,航空摄影与航空相片的应用已形成了一套完整的体系。70 年代以来,经过三十多年的艰苦努力,已发展到目前的实用化和国际化阶段,具备了为国民经济建设服务的能力。70 年代以来,中国遥感事业大致经历了三个发展阶段:第一阶段为 70 年代至 80 年代初期,中国遥感事业起步发展,主要以学术探讨、调研学习、技术模仿为主;第二阶段为 80 年代至 90 年代末的试验应用阶段,主要以遥感基础研究,建设卫星接收系统、配套航空遥感系统、开展"三北"防护林综合遥感调查等试验应用为主;第三阶段是从 21 世纪开始的实用化与产业化阶段,在遥感技术系统、实用化应用系统、地理信息系统软件开发与产业化、人才培养和国际合作领域等方面取得一系列新的成就。

二、卫星遥感的发展

(一)遥感卫星技术方面

1970 年 4 月 24 日,我国成功地研制并发射了第一颗人造地球卫星"东方红一号",空间技术取得历史性突破,我国成为世界上第五个独立研制和发射人造卫星的国家,从此拉开了我国航天活动的序幕。1975 年 11 月 26 日,我国成功研制并发射了第一颗返回式遥感卫星,运行 3 天后返回地面,我国成为世界上第三个掌握返回式遥感卫星技术的国家。1999 年 10 月 14 日,我国和巴西合作发射了第一颗传输型对地观测卫星——"资源一号"卫星,它的发射成功是继人造地球卫星、返回式遥感卫星取得成功之后,我国航天事业发展的又一座里程碑,标志着我国光学遥感技术已经进入世界先进国家行列。2002 年 5 月 15 日,我国成功研制并发射了第一颗海洋卫星,开启了我国在海洋遥感领域的新篇章。2008 年 9 月 6 日,我国第一颗环境卫星发射成功,该卫星成为我国遥感卫星的又一新系列。我国还发射了极轨和静止气象卫星("风云"系列)、海洋卫星、资源环境卫星等,初步形成了对地观测体系,形成气象卫星、海洋卫星、资源卫星等三大类卫星系列。2013 年 4 月 26 日,我国首颗高分辨率遥感卫星"高分一号"在酒泉卫星发射中心成功发射,标志着我国高分辨率遥感技术的进一步突破。卫星遥感数据逐步摆脱对国外卫星的依赖,国产高分辨率卫星数据的自给率已接近 90%(康利鸿等,2024)。目前,机载遥感仪器几乎覆盖了遥感的所有波段,具有全波段的探测能力,其中既有被动遥感的光机扫描仪系列、高光谱分辨率、高空间分辨率、三维成像和多波段微波辐射计系统,又有主动遥感的激光高度计、激光雷达和成像雷达系统,并具有全天候和全天时获取遥感信息的能力。

(二)遥感信息接收方面

中国遥感卫星地面站(即中国科学院遥感卫星地面站)是依据 1979 年签订的《中美空间技术备忘录》,由中国科学院建立的卫星地面站。自 1986 年正式运行以来,已实现了一站多星,并逐步建成全天候、全天时、近实时、多种分辨率的卫星对地观测数据中心。目前,地面站可接收的国外卫星数据包括:美国的陆地卫星 Landsat - 5、7、8、9;欧洲遥感卫星 ERS - 1、2;日本地球资源卫星(Japanese Earth Resources Satellite,JERS);法国的"斯波特"(SPOT)- 1、2、4、5、6、7,以及"昴宿星"(Pleiades)1A、1B 卫星;加拿大雷达卫星 RadarSat - 1、2。自 1999 年起,我国发射的一系列对地观测卫星均由地面站负责接收数据,涵盖了中巴地球资源卫星、环境卫星系列、资源卫星系列、高分卫星系列等。通过处理而得到的遥感卫星图片已广泛应用于社会公益、经济发展、环境改良、资源探测等诸多领域,给国家带来巨大的经济效益。

(三)遥感试验应用方面

1978 年,我国开展了由 16 个部委所属的 68 个单位 700 余人参与的腾冲航空遥感综合试验。试验汇集我国最新研制的航空遥感探测器及航空胶片于一体，结合生物、地学各个专业学科领域，开展了系统的航空遥感试验。试验检验了航空遥感仪器的性能，获得了大量高质量的彩色红外、黑白全色红外航空影像及多波段航空扫描图像数据，取得了一批多学科高水平的遥感应用研究成果。试验历时3年，共完成了71个专题，取得了121项科研成果。通过腾冲航空遥感综合试验，展示了我国早期遥感的研究水平，推动了国民经济各个部门遥感事业的发展，开拓了遥感系统应用研究的领域，培训了大量遥感科技骨干队伍，奠定了我国遥感事业的基础。自20世纪80年代初中国科学院率先成立综合研究的遥感应用研究所起，各个部门逐渐成立了专业化的遥感研究或应用单位，形成了我国遥感蓬勃发展的局面，深入开展的专题遥感试验促进了遥感应用逐步实用化。在腾冲航空遥感综合试验的基础上，各地陆续开展了针对城市环境质量的津渤环境遥感试验、北京航空遥感试验、重庆航空遥感综合试验、南京资源环境综合试验、安徽国土资源综合试验、上海综合遥感调查，以及山西农业遥感试验、洪水监测与灾情评估遥感试验、黄土高原水土流失及风沙遥感试验等，这些研究既解决了部门和地方的实际问题，又为遥感应用的深入发展作了铺垫。

“九五”期间，国家科学技术委员会把遥感、地理信息系统及全球定位系统技术综合应用研究列为“九五”国家科技攻关重中之重项目。我国经过“八五”“九五”的攻关研究，RS、GIS和GPS（简称“3S”）的综合配套发展能力开始形成，为“3S”技术走向实用奠定了基础。在应用方面，“3S”技术已在国家的经济建设中，尤其在重大自然灾害监测与评估和资源调查等方面，为国家领导人和各级政府部门提供了大量科学的宏观辅助决策信息，产生了巨大的社会效益。在技术应用逐步由国家行为向产业行为的转化过程中，有力地推动了国土、农业、林业等部门对这些新技术的认同和使用。越来越多的部门已经将这些技术摆上部门业务化应用的日程，成为主管部门执法或制定产业政策、规范以及行业技术的重要依据之一。1999年10月，我国第一颗以陆地资源和环境为主要观测目标的“中巴地球资源卫星”发射成功，结束了我国没有高空间分辨率传输型资源卫星的历史，它已在资源调查和环境监测方面实际应用，逐步发挥效益。我国还发射了第一颗海洋卫星，为我国海洋环境和海洋资源的研究提供了及时可靠的数据。

“十五”期间，国家高技术研究发展计划（863计划），为推动航空遥感系统的应用和产业化，专门设立了以商业化运行为目标的航空遥感机载系统和以产业化为目标的遥感图像处理系统。

“十一五”期间，国家重大科技专项“高分辨率对地观测系统”（简称“高分专项”）于2010年正式启动，目标是建立基于卫星、平流层飞艇和飞机的高分辨率对地观测数据获取系统，完善地面支撑系统，并设立数据与应用中心。该系统与其他观测手段相结合，形成全天候、全天时、全球覆盖的对地观测能力。

“十二五”期间，《国家民用空间基础设施中长期发展规划（2015—2025年）》正式实施，我国初步建成以卫星遥感、通信、导航为核心的国家民用空间基础设施体系，加快提升泛在通信、精准时空服务和全维感知的空间信息服务能力。

“十三五”期间，国家重点研发计划的总体目标是显著提升地球观测与导航综合信息应用水平与技术支撑能力，为构建综合精准、自主可控的地球观测与导航系统提供新一代技术支持。

（四）实用化与产业化方面

“风云一号”和“风云二号”气象卫星已投入业务化应用，初步实现业务化、常规化，在天气预报、气候预测、气象研究、自然灾害和生态环境监测等方面发挥了重要作用，显著提高了对灾害性天气预报的时效性和准确性，大大减少了国家和人民群众的损失。例如，在对2005年登陆我国的超强台风“海棠”、2006年超强台风“桑美”以及2007年超强台风“罗莎”的监测预报过程中，“风云二号”卫星都发挥了功不可没的作用。两种气象卫星的业务化运行为气象、海洋、农业、林业、水利、航空、航海、环保等领域提供了大量的公益性和专业性服务。“风云一号”和“风云二号”卫星都被世界气象卫星组织纳入国际业务应用气象卫星序列，成为全球天气综合观测系统的重要组成部分，为世界各国用户提供服务。

2007年11月，国家发展改革委与国防科工委联合颁布了《关于促进卫星应用产业发展的若干意见》(以下简称《意见》),共十四条,分别明确了加快卫星应用产业发展的指导思想、主要目标,推进卫星通信广播产业集约化发展、促进卫星导航产业规模化快速发展的政策措施,提出要着力建立业务化、一体化的自主遥感卫星服务体系。

根据《意见》,到2020年卫星应用产业产值年均增速达到25%以上,成为高技术产业新的增长点,特别强调加强卫星遥感数据在重要行业和地区发展中的应用,加快应用技术研发和应用系统建设。

在"十一五"期间,我国遥感系列卫星的发展目标和主要任务是:研制和发射新一代极轨气象卫星和地球静止轨道气象卫星、海洋水色卫星和海洋动力环境卫星、"中巴地球资源卫星"和高分辨率立体测图卫星;初步建成环境与灾害监测预报小卫星星座;启动并实施高分辨率对地观测系统工程,初步形成长期稳定运行的卫星对地观测体系。在"十二五"期间,我国遥感系列卫星的发展目标和主要任务是:按照国家整体规划,建立多种功能和多种轨道的、由多种卫星系统组成的空间基础设施,与卫星地面应用系统形成完善、连续、长期稳定运行的天地一体化网络系统。

随着卫星性能的提升和运载技术的进步,遥感卫星逐步向轻小型卫星组网模式发展,国内商业遥感卫星也迅速跟进国际潮流。长光卫星技术股份有限公司已部署"吉林一号"光学遥感卫星星座,规划了138颗涵盖视频、高分辨率、宽幅、红外和多光谱等系列的高性能光学遥感卫星,已成功发射108颗卫星,建成了全球最大的亚米级商业遥感卫星星座。此外,"高景一号"和"珠海一号"等遥感卫星系列也在快速发展,提供了业务化的优质对地观测服务,广泛应用于国土安全、地理测绘、土地规划、农林生产、生态环保、智慧城市等领域,提供高质量的遥感信息与产品服务。

总之,中国对地观测科研工作取得了显著进步,与国际领先技术的差距明显缩小,整体技术水平已达到国际先进,基础设施的规模和部分核心技术处于全球领先。然而必须清醒地认识到,中国在地球观测领域的技术前瞻性、创新性、低成本以及数据应用与服务共享方面,与国际领先水平相比仍存在差距,难以完全满足日益增长的需求。展望未来,需加大自主创新力度,支持前沿技术的发展,在遥感平台、载荷和定量化信息获取等关键技术领域实现更大突破,推动遥感卫星智能高效的全球协同,以及遥感无人机快速响应的区域组网体系的建设,提升空天一体化的对地观测能力。同时,应调整并完善遥感影像管理政策,加强数据管理,并建立高效的数据共享服务机制(廖小罕,2021)。

总之,我国遥感的未来具有广阔的发展前景,这是一个难得的历史发展机遇。遥感技术的系列突破将保持我国遥感应用的优势,使我国遥感的产业化进程又好又快地发展,在部分领域接近或赶上国际先进水平。

思考题

1. 详细叙述遥感的广义、狭义概念。
2. 叙述遥感技术的特点。
3. 叙述遥感未来发展趋势。
4. 根据查阅的文献,详细阐述我国遥感应用。

第二章　遥感物理基础

本章导读

本章主要介绍电磁波及电磁辐射、地物的光谱特性、大气对太阳辐射及遥感监测的影响等主要物理知识。通过植被典型光谱的介绍，阐明地物反射率随波长变化的规律；通过散射类型的介绍，使学生加深了解大气对遥感的复杂影响。希望学生掌握遥感的物理原理，了解主要地物的光谱特征，以及大气窗口在遥感监测中的重要意义。

第一节　电磁波与电磁辐射

遥感技术是建立在物体电磁波辐射理论基础上的。任何物体本身都具有发射、吸收和反射电磁波的能力，这是物体的基本特征。遥感就是利用传感器所接收的地面目标地物的电磁波，通过电磁波中所传递的信息来识别目标，从而达到探测目标物的目的。

一、电磁波及其特性

（一）电磁波

波是振动在空间的传播。在空气中传播的声波、在水面传播的水波以及在地壳中传播的地震波等，都是由振源发出的振动在弹性介质中的传播，这些波统称为机械波。光波、热辐射、微波、无线电波等，都是由振源发出的电磁振荡在空间的传播，这些波叫作电磁波。电磁波是在真空或物质中通过传播电磁场的振动而传输电磁能量的波，也称为电磁辐射。电磁波的传输可以从麦克斯韦方程式中推导出来。

（二）电磁波的性质

电磁波具有波动性和粒子性两种性质。电磁辐射在传播过程中主要表现为波动性，而电磁辐射与物质相互作用时主要表现为粒子性，称为电磁波的波粒二象性。遥感传感器可以探测到目标物在单位时间辐射的能量，正是由于电磁辐射的粒子性，所以某时刻到达传感器的电磁辐射能量才具有统计性。电磁波的波长不同，其波动性和粒子性所表现的程度也不同。一般来说，波长越短，电磁波的粒子特性越明显；波长越长，波动特性越明显。遥感技术正是利用电磁波的波粒二象性，来探测目标物电磁辐射信息的。

电磁波的波长、传播方向、振幅和偏振面与遥感信息探测具有对应关系。波长在可见光对应于目标地物的颜色，利用传播方向和振幅可以探测目标地物的形状与位置信息，偏振面主要应用于微波遥感中。

二、电磁波谱与遥感监测

（一）电磁波谱

γ射线、紫外线、可见光、红外线、微波、无线电波等都是电磁波，将各种电磁波在真空中传播的波长

(或频率),按其长短,递增或递减排列成图表(表 2-1)叫作电磁波谱(electromagnetic spectrum)。

电磁波谱中的不同波段,习惯使用的波长单位也不相同。在无线电波波段波长的单位取千米(km)或米(m),在微波波段波长的单位取厘米(cm)或毫米(mm),在红外线波段常取的单位是微米(μm),在可见光和紫外线波段常取的单位是纳米(nm)或微米。波长单位的换算关系如下:

表 2-1 电磁波谱及其在遥感中的应用

波 段	波 长	在遥感中的应用
γ 射线	<0.03 nm	辐射全部被大气吸收,在遥感中未应用
X 射线	0.03~3 nm	
紫外线	0.01~0.38 μm	紫外遥感,波长小于 0.3 μm 的紫外线全部被臭氧层吸收,0.3~0.38 μm 波长的紫外遥感主要应用于油污染的监测以及探测碳酸盐分布
可见光	紫:0.38~0.43 μm 蓝:0.43~0.47 μm 青:0.47~0.50 μm 绿:0.50~0.56 μm 黄:0.56~0.59 μm 橙:0.59~0.62 μm 红:0.62~0.76 μm	可见光遥感,遥感中最常用的波段,是被动遥感主要的探测波段,其中利用较多的波段是红、绿、蓝波段
近红外	0.76~3.0 μm	近红外遥感,也称反射红外,常用于植被、水体及水体污染的监测,在遥感技术中也是常用波段
中红外	3~6 μm	热红外遥感,采用热感应方式探测地物本身的辐射(如热污染、火山、森林火灾等),所以工作时不仅白天可以进行,夜间也可以进行,能进行全天时遥感
远红外	6~15 μm	
超远红外	15~1000 μm	
微 波	1 mm 至 1 m	微波遥感,能进行全天候、全天时的遥感探测,可采用主动或被动方式成像,在遥感技术中是一个很有发展潜力的遥感波段
无线电波	>1 m	主要用于无线电通信

$$1\ \text{nm} = 10^{-3}\ \mu\text{m} = 10^{-7}\ \text{cm} = 10^{-9}\ \text{m}$$

$$1\ \mu\text{m} = 10^{-3}\ \text{mm} = 10^{-4}\ \text{cm} = 10^{-6}\ \text{m}$$

除了用波长来表示电磁波外,还可以用频率来表示,习惯上常用波长表示短波(如 γ 射线、X 射线、紫外线、可见光、红外线等),用频率表示长波(如无线电波、微波等)。

(二) 遥感技术常用的电磁波

目前遥感所使用的电磁波集中在紫外线、可见光、红外线和微波波段(表 2-1)。

遥感常用的各光谱段的主要特性介绍如下。

1. 紫外线

波长范围为 0.01~0.38 μm。太阳辐射含有紫外线,通过大气层时,波长小于 0.3 μm 的紫外线几乎都被吸收,只有波长 0.3~0.38 μm 的紫外线部分能穿过大气层到达地面,且能量很少,并能使溴化银底片感光。紫外波段在遥感中的应用比其他波段晚,目前主要用于探测碳酸盐岩分布。碳酸盐岩在 0.4 μm 以下的短波区域对紫外线的反射比其他类型的岩石强。另外,水面漂浮的油膜比周围水面反射的紫外线要强烈,因此可用于油污染的监测。但是紫外波段从空中可探测的高度大致在 2000 m 以下,对高空遥感不宜采用。

2. 可见光

可见光是遥感中最常用的波段。可见光在电磁波谱中只占一个狭窄的区间,波长范围为 0.38~0.76 μm,由红、橙、黄、绿、青、蓝、紫七色光组成。人眼对可见光可直接感觉,不仅对可见光的全色光,而且对不同波段的单色光也都具有这种能力，所以可见光是鉴别物质特征的主要波段。在遥感技术中，常用光学摄影的方式接收和记录地物对可见光的反射特征，也可将可见光分成若干个波段同一瞬间对同一景物同步摄影以获得不同波段的相片，或采用扫描方式接收和记录地物对可见光的反射特征。

3. 红外线

红外线波长范围为 0.76~1000 μm，为了实际应用方便，又将其划分为近红外（0.76~3.0 μm）、中红外（3.0~6.0 μm）、远红外（6.0~15.0 μm）和超远红外（15~1000 μm）。近红外在性质上与可见光相似，由于主要是地表面反射太阳的红外辐射，因此又称为反射红外。在遥感技术中采用摄影方式和扫描方式接收和记录地物对太阳辐射的红外反射。近红外波段常用于植被、水体及水体污染的监测，在遥感技术中也是常用波段。

中红外、远红外和超远红外是产生热感的原因，所以又称为热红外。自然界中任何物体，当温度高于 0 K 时，均能向外辐射红外线。物体在常温范围内发射红外线的波长多为 3~4 μm，而15 μm以上的超远红外线易被大气和水分子吸收，所以在遥感技术中主要利用 3~15 μm 波段，更多的是利用 3~5 μm 和 8~14 μm 两波段。红外遥感是采用热感应方式探测地物本身的辐射（如热污染、火山、森林火灾等），所以不仅白天可以工作，夜间也可以工作，能进行全天时遥感。

4. 微波

微波的波长范围为 1 mm 至 1 m。微波又可分为毫米波、厘米波和分米波。由于微波的波长比可见光和红外线要长，能穿透云、雾而不受天气影响，所以能进行全天候全天时遥感探测。微波遥感可以采用主动或被动方式成像。另外，微波对某些物质具有一定的穿透能力，能直接透过植被、冰雪、土壤等表层覆盖物。因此，微波在遥感技术中是一个很有发展潜力的遥感波段。

（三）电磁辐射的度量单位

在遥感探测过程中，需要测量从目标地物反射或辐射的电磁波能量，为了定量描述电磁辐射（electromagnetic radiation），需要了解下面一些辐射度量的术语及其定义。

辐射能量（W）：电磁辐射的能量，单位是 J。

辐射通量（Φ）：在单位时间内传送的辐射能量（W），是辐射能流的单位，记为 $\Phi = \mathrm{d}W/\mathrm{d}t$。

辐射通量密度（E）：单位面积、单位时间内所截获的辐射能量，记为 $E = \mathrm{d}\Phi/\mathrm{d}s = \mathrm{d}W/(\mathrm{d}t \cdot \mathrm{d}s)$。

辐照度（I）：被辐照的物体表面单位面积上的入射辐射通量，记为 $I = \mathrm{d}\Phi/\mathrm{d}s$，单位是 $\mathrm{W/m^2}$。

辐射出射度（M）：被辐照的物体单位面积上出射的辐射通量，记为 $M = \mathrm{d}\Phi/\mathrm{d}s$。辐照度与辐射出射度都是描述辐射能量的密度，前者描述物体接收的辐射，后者为物体发出的辐射。

辐射亮度（L）：辐射源在某一特定方向，单位投影面积、单位立体角内的辐射通量。

三、电磁辐射源

自然界中一切物体都是辐射源，而太阳和地球是自然中最大的天然辐射源，也是遥感探测中被动遥感的主要辐射源。太阳辐射是可见光及近红外遥感的主要辐射源，地球是远红外遥感的主要辐射源。主动式遥感采用人工辐射源，是微波遥感的主要辐射源。

（一）太阳辐射

1. 太阳常数

太阳是太阳系的中心天体，太阳辐射是地球上生物、大气运动的能源，也是被动式遥感系统中重要的天然辐射源。太阳辐射以电磁波的形式，通过宇宙空间到达地球表面（约 1.5×10^8 km），全程时间约 500 s。地球挡在太阳辐射的路径上，以半个球面承受太阳辐射。地球表面上各部分承受太阳辐射的强度是不相等的。当地球处于日地平均距离时，单位时间内投射到地球大气上界且垂直于太阳辐射线的单位面积上的太阳辐射能为 1.36×10^3 W/m^2,此数值称为太阳常数。一般来说,垂直于太阳辐射线的地球单位面积上所接受到的辐射能量与太阳至地球距离的平方成反比。太阳常数不是恒定不变的,一年内约有 7%的变动。太阳常数是地球大气顶端接受的太阳能量,不受大气的影响,所以太阳常数对研究太阳辐射及遥感探测十分重要。

2. 太阳光谱

太阳表面的温度约有 6000 K,它以接近温度为 5800 K 的理想黑体辐射的能力向外散发着辐射。太阳发射的能量大部分集中在可见光波段,其最强的辐射波长位于 0.48 μm 左右。图 2－1 描绘了黑体在 5800 K 时的辐射曲线、在大气层外接收到的太阳辐照度曲线及太阳辐射穿过大气层后在海平面接收到的太阳辐照度曲线。

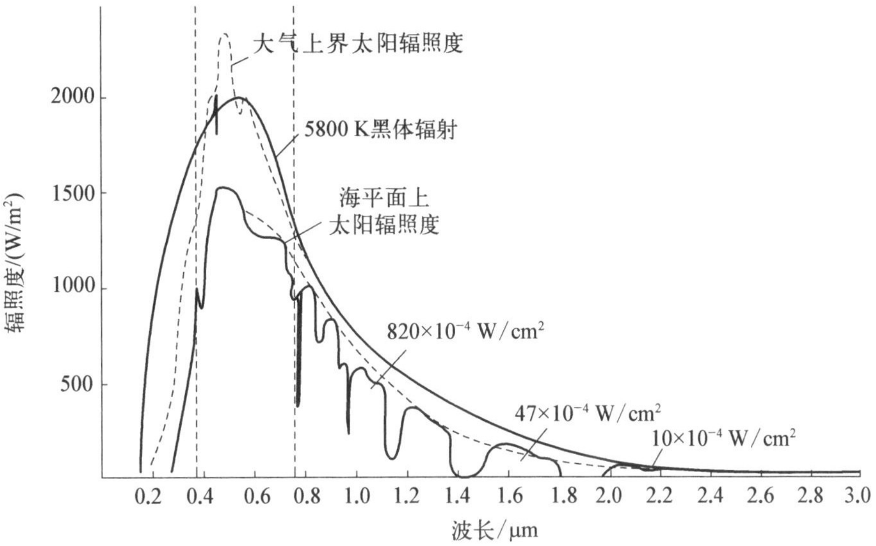

图 2－1 太阳辐照度分布曲线

资料来源:孙家抦(2003)

从大气外层太阳辐照度曲线可以看出,太阳辐射的光谱是连续光谱,太阳辐射能量中各个波段所占的比例如表 2－2 所示。太阳辐射在近紫外到中红外这一波段区间能量最集中,能量相对最稳定,太阳强度变化最小,太阳活动对遥感的影响减至最小,此波段是被动遥感的主要利用波段。其他波段,如 X 射线、γ 射线、远紫外及微波波段,尽管它们的能量加起来不到 1%,但变化却很大,一旦太阳活动强烈,如黑子和耀斑爆发,其强度也会剧烈增长,因此会影响地球磁场,中断或干扰无线电通信,也会影响宇航员或飞行员飞行。

表 2－2 太阳辐射能量中各波段所占比例

波段名称	波长/μm	波段能量/%
X 射线、γ 射线	$<10^{-3}$	0.02
远紫外	10^{-3}～0.2	0.02
中紫外	0.20～0.31	1.95
近紫外	0.31～0.38	5.32
可见光	0.38～0.76	43.50
近红外	0.76～3.0	36.80
中红外	3.0～6.0	12.00
远红外	6.0～1000	0.41
微波	>1000	0.41

图2－1中海平面处的太阳辐照度曲线与大气层外的曲线有很大不同。太阳辐射通过大气圈后到达地面，由于大气对太阳辐射有一定的吸收、散射和反射，所以投射到地表的太阳辐射强度有很大衰减。同时由于大气中的水、氧、臭氧、二氧化碳等分子对太阳辐射的选择性吸收作用，使衰减产生差异，图中那些衰减最大的区间便是大气分子吸收的最强波段。

（二）地球的辐射

1. 地球的辐射

地球的辐射主要指地球自身的热辐射，是远红外遥感的主要辐射源。地球表面的平均温度大约是300 K，地球辐射最强的波长是9.66 μm，属于远红外波段。由于这种辐射与地表热有关，所以也称为热红外遥感。地球辐射的能量分布在从近红外到微波这一很宽的范围内，但大部分集中在6～30 μm。热红外遥感被广泛应用于地表地热异常的探测、城市热岛效应及水体热污染等方面的研究。

2. 太阳辐射与地球辐射的关系

太阳辐射近似于温度为6000 K的黑体辐射，而地球辐射则接近于温度为300 K的黑体辐射。最大辐射波长分别为0.48 μm和9.66 μm，两者相差较远。表2－3反映了太阳辐射和地球辐射的分段特性。

表2－3　太阳辐射和地球辐射的分段特性

波长/μm	波 段 名 称	辐 射 特 性
0.3～2.5	紫外、可见光和近红外	地表反射太阳辐射为主
2.5～6	中红外	地表反射太阳辐射和地表物体自身的热辐射
>6	热红外	地表物体自身的热辐射为主

太阳辐射主要集中在0.3～2.5 μm，属于紫外、可见光和近红外波段。传感器探测的目标地物在这些波段的电磁辐射，主要是地表反射的太阳辐射。所以，遥感探测常用的可见光和近红外遥感需要详细了解目标地物的反射光谱特征。

地球自身的辐射能主要集中在长波，即6 μm以上的热红外区段，该区段太阳辐射的影响几乎可以忽略不计，只考虑地表物体自身的热辐射。热红外对于探测地表的地热异常非常有效，同时为了避免太阳辐射的影响，最好选择清晨时间。

在2.5～6 μm，即中红外波段，是两种辐射共同起作用的部分，地球对太阳辐射的反射和地表物体自身的热辐射均不能忽略。

（三）人工辐射源

人工辐射源指人为发射的具有一定波长（或一定频率）的波束，主动式遥感采用人工辐射源。工作时根据接收地物散射该光束返回的后向反射信号强弱，从而探知地物或测距，称为雷达探测。雷达可分为微波雷达和激光雷达。在微波遥感中，目前常用的主要为侧视雷达。

微波辐射源在微波遥感中常用的波段为0.8～30 cm。微波波长比可见光、红外线波长要长，受到大气散射影响小，因此微波遥感具有全天候全天时探测能力，在海洋遥感及多云多雨地区得到广泛应用。

激光辐射源在遥感技术中逐渐得到应用，其中应用较广的为激光雷达。激光雷达使用脉冲激光器，可精确测定卫星的位置、高度、速度等，也可测量地形、绘制地图、记录海面波浪情况，还可利用物体的散射性及荧光、吸收等性能监测污染和勘查资源。

第二节　地物的波谱特性

自然界中任何地物都具有反射和发射电磁辐射的能力,但物体在不同波长处,其反射和发射电磁辐射的能力是不同的。这种地物辐射能力随波长而变化的规律,就是地物的波谱特性,包括地物的反射波谱特性和地物的发射波谱特性。

一、地物的反射波谱特性与地物反射波谱曲线

当太阳辐射能量入射到地物表面上,将会出现三种过程:一部分入射能量被地物反射;一部分入射能量被地物吸收,成为地物本身的内能或部分再发射出来;一部分入射能量被地物透射,即

$$P_0 = P_\rho + P_\alpha + P_\tau \tag{2-1}$$

式中,P_0 为入射总能量;P_ρ 为反射能量;P_α 为吸收能量;P_τ 为透射能量。

在反射、吸收、透射中能量使用最多的是反射。因为遥感探测常用的可见光与近红外波段,主要是以地物反射太阳辐射能量为主。为了更好地识别地物及进行遥感定量研究,必须详细分析每种地物的反射波谱特性。

(一)地物的反射率

不同地物对入射电磁波的反射能力是不一样的,通常采用反射率(反射系数、亮度系数)来表示。反射率是地物对某一波段电磁波的反射能量与入射总能量之比,其数值用百分率表示。物体的反射能量(P_ρ)占入射总能量(P_0)的百分比,称为反射率ρ,公式为

$$\rho = P_\rho / P_0 \times 100\% \tag{2-2}$$

地物反射率的大小,与入射电磁波的波长、入射角的大小以及地物表面颜色和粗糙度等有关。一般地说,当入射电磁波波长一定时,反射能力强的地物,反射率大,在黑白遥感图像上呈现的色调就浅;反之,反射能力弱的地物,反射率小,在黑白遥感图像上呈现的色调就深。在遥感图像上,色调的差异是判读遥感图像的重要标志。

物体表面状况不同,反射率也不同。物体表面往往是粗糙不平的,根据对反射的影响分为光滑表面和粗糙表面,物体表面的反射类型分为镜面反射、漫反射和实际物体表面的反射。

镜面反射指由光滑表面产生的反射,反射时满足反射定律,入射波和反射波在同一平面内,入射角与反射角相等。当镜面反射时,如果入射波为平行入射,只有在反射波射出的方向上才能探测到电磁波,其他方向探测不到。对可见光而言,其他方向应该是黑的。自然界中真正的镜面很少,非常平静的水面可以近似认为是镜面。

漫反射是粗糙表面上产生的反射,其反射方向不遵守反射定律,在物体表面各个方向都有反射,其反射强度遵循朗伯定律。对于漫反射,当入射强度一定时,从任何角度观察反射面,其反射率是一个常数,这种反射面叫朗伯面。自然界中真正的朗伯面很少,新鲜的氧化镁(MgO)、硫酸钡($BaSO_4$)、碳酸镁($MgCO_3$)等的表面,常被近似看成朗伯面,在地面光谱反射率测定时常用来制作标准板。

实际物体表面既非镜面,也不是粗糙表面,所以电磁辐射在各个方向上都有反射,但在某一方向,反射率要大一些,这种现象称为方向反射。方向反射相当复杂,其反射率的大小既与入射方向的入射方位角和天顶角有关,也与反射方向的方位角和天顶角有关。

（二）地物的反射波谱曲线

地物的反射波谱反映了地面物体反射率随波长的变化规律。不同物体对同一波长的电磁辐射具有不同的反射能力，同一物体对不同波长的电磁辐射也具有不同的反射能力。地物的反射率随入射波长变化的规律称为地物反射波谱。按地物反射率与波长之间的关系绘成的曲线（横坐标为波长值，纵坐标为反射率）称为地物反射波谱曲线（geographic spectral reflectance curve）。图 2－2 为几种典型地物的反射波谱曲线。

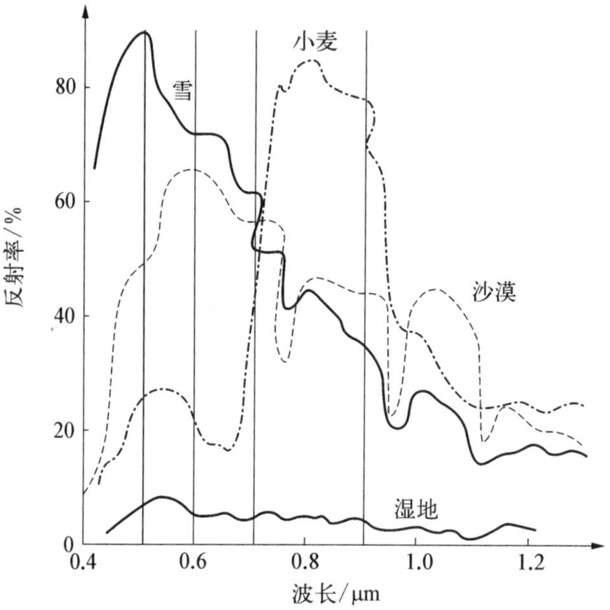

图 2－2 雪、沙漠、湿地、小麦反射波谱曲线

由于物质组成和结构不同，不同地物具有不同的反射光谱特性。因此，可以根据遥感传感器所接收到的电磁波光谱特征的差异来识别不同的地物，这就是遥感的基本出发点。图 2－2 绘出了四种地物反射波谱曲线，通过四种地物反射光谱曲线图需要理解以下六方面。

1. 不同的地物具有不同的波谱特征

雪的反射光谱和太阳光谱很相似，在 0.4～0.6 μm 波段有一个很强的反射峰，反射率几乎接近 100%，因而看上去是白色。随着波长的增加，反射率逐渐降低，进入近红外波段吸收逐渐增强，变成了吸收体。雪的这种反射特性在这些地物中是独一无二的。

沙漠在橙光波段 0.6 μm 附近有一个强反射峰，因而呈现出橙黄色，在波长达到 0.8 μm 以上的长波范围，其反射率比雪还强。

湿地在整个波长范围内的反射率均较低，当含水量增加时，其反射率就会下降，尤其在水的各个吸收带处，反射率下降更为明显。因而，在黑白相片上，其色调常呈深暗色调。

小麦的反射光谱曲线主要反映了小麦叶子的反射率，在蓝光波段（中心波长为 0.45 μm）和红光波段（中心波段为 0.65 μm）上有两个吸收带，其反射率较低。在两个吸收带之间，即在 0.55 μm 附近有一个反射峰，这个反射峰的位置正好处于可见光的绿光波段，故而叶子的天然色调呈现绿色。大约在 0.7 μm 附近，由于绿色叶子很少吸收该波段的辐射能，其反射率骤然上升，至 0.8 μm 近红外波段范围内反射率达到高峰。

由于不同地物在不同波段反射率存在着差异，在不同波段的遥感图像上即呈现出不同的色调。这就是判读识别各种地物的基础和依据。

2. 根据区分的地物不同选择不同波段的遥感影像

利用0.4~0.5 μm 波段的相片可以将雪和其他地物区分开;0.5~0.6 μm 波段的相片可以将沙漠与小麦、湿地区分开;0.7~0.9 μm 波段的相片可以将小麦与湿地区分开。对不同的研究地物,在遥感上可根据地物的光谱特征选择最佳波段图像进行判读。

3. 卫星监测数据的波谱曲线是地物分类的基础

利用卫星监测数据可以直接得到地物反射波谱曲线,卫星遥感监测波段数越多,波谱曲线越光滑。一般的卫星监测波段在四个以上,高光谱遥感可以发展到几十个到几百个波段。利用地物波谱曲线进行分类是遥感图像处理软件的主要分类方法。

4. 地面地物反射波谱曲线的测定是遥感数据分类的基础

利用卫星遥感数据监测地物反射波谱曲线进行分类,必须有地面监测的波谱曲线进行对照。对照分析的波谱曲线最好是同一时间监测的数据,即在卫星过境时在地面同时进行监测。但一般很难控制在相同时间,所以在地面建立标准的波谱数据库进行分析利用。

5. 地物波谱数据库的建设

针对地面上所有地物,测定其波谱特征曲线,统一建立波谱数据库。但是波谱曲线测量时有严格的控制条件和统一的标准,这样监测的曲线才具有可比性。

6. 地物波谱曲线测量是遥感的重要内容

通过波谱曲线野外测量可以全面了解波谱曲线对于遥感监测的意义及波谱曲线的测量过程与条件。

(三) 不同地物的反射波谱曲线特征

1. 植被

植被的波谱特征规律性非常明显。入射到叶子上的太阳辐射,蓝、红光波段强烈的被叶绿素吸收进行光合作用,绿光虽也被吸收,但程度相对蓝、红光弱,所以叶子呈现绿色;而近红外辐射被叶肉中的多孔薄壁细胞组织反射,因此在近红外波段上形成强反射(图2-3)。表现在可见光波段范围(0.4~0.76 μm)有一个小反射峰,位置大约在绿色波段(0.55 μm),两边蓝波段和红波段有两个吸收带,在曲线上为波谷。在近红外波段0.7 μm 处反射率迅速增大,至1.1 μm 附近有一峰值,形成植被的独有特征。

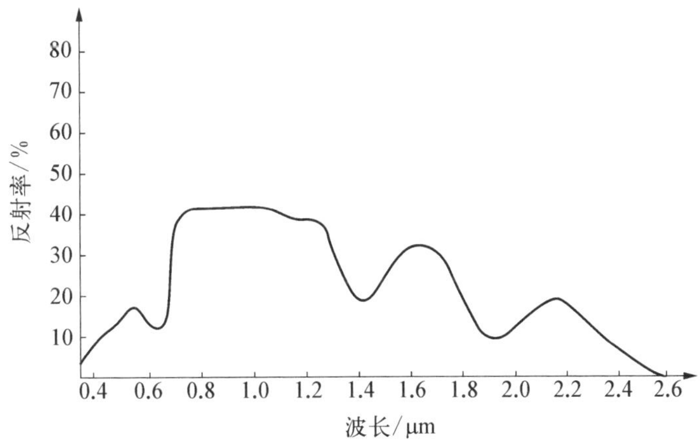

图2-3　绿色植物反射波谱曲线

2. 水体

水体的反射主要在蓝绿光波段,其他波段吸收都很强,特别到近红外波段吸收就更强,反射率几乎等于零(图2-4),所以在近红外遥感影像上水体呈黑色。

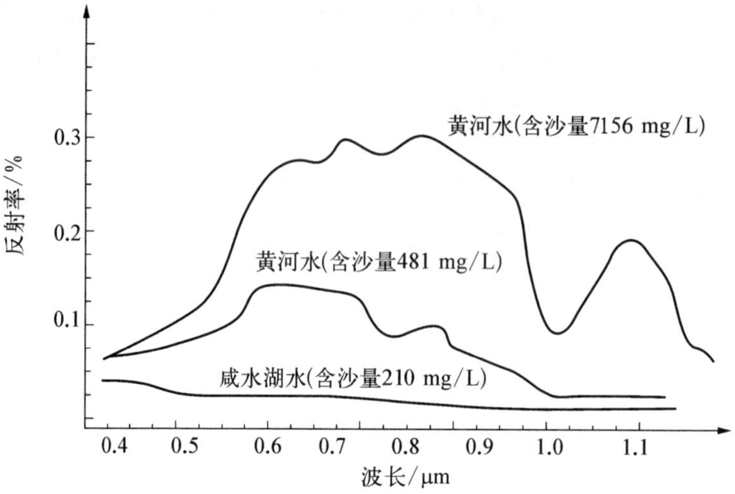

图 2－4　水的反射波谱曲线

但当水中含有其他物质时,反射光谱曲线会发生变化。影响水体反射率的主要因素是水的浑浊度、深度、波浪起伏、水面污染、水生生物等。当水深、水中泥沙含量及叶绿素含量发生变化时,其反射率也会发生变化。因此,可以利用水体波谱曲线的变化监测水体污染。

3. 土壤

自然状态下土壤表面的反射率没有明显的峰值和谷值,土壤反射波谱曲线比较平滑(图 2－5)。但土壤类型不同,以及土壤质地、含水量、有机质含量等都会影响土壤反射波谱特性。一般来讲,土质越细,反射率越高;有机质含量越高、含水量越高,反射率越低。因此,可以利用土壤波谱特性定量分析土壤的含水量和肥力状况。

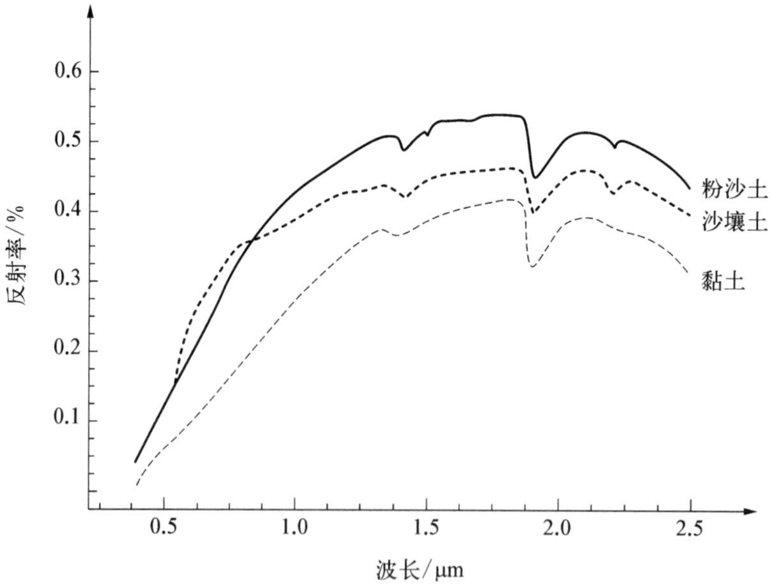

图 2－5　三种土壤反射波谱曲线

二、地物的发射波谱特性与地物发射波谱曲线

任何地物当温度高于绝对零度时都具有发射电磁辐射的能力。通常地物发射电磁辐射的能力是以

发射率作为衡量标准的。地物的发射率以黑体辐射作为基准。因此，在介绍地物发射光谱特性之前，先介绍有关的黑体辐射及电磁辐射的物理量。

（一）黑体辐射

所谓黑体，是一个完全的辐射吸收和辐射发射体，即在任何温度下，对所有波长的辐射都能完全吸收，同时能够最大限度地把热能变成辐射能的理想辐射体。黑体是研究物体发射的计量标准，自然界并不存在绝对黑体，实用的黑体是由人工方法制成的。

根据对大量实验数据的研究发现，黑体的辐射通量密度按波长或频率的分布是稳定的，仅与其本身的温度有关，而和黑体的材料和性质无关。不同温度下各种波长的光谱辐射能量密度如图 2－6 所示。对于上述实验结果，应用现代物理学导出关于黑体辐射的基本定律。

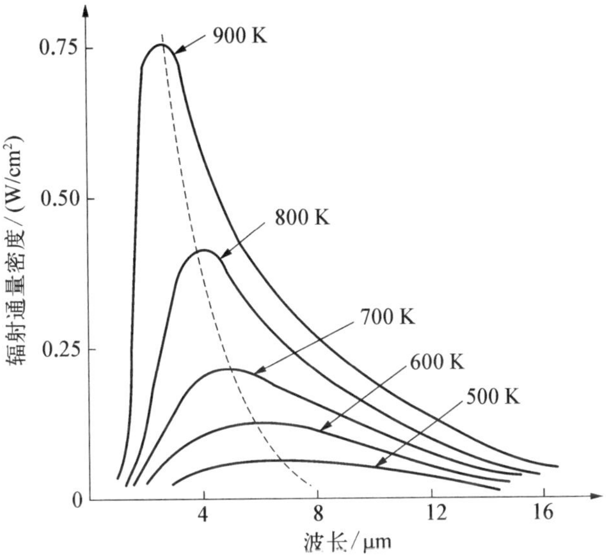

图 2－6 各种温度下的黑体波谱辐射通量密度

1. 普朗克定律

1900 年，普朗克（Planck）用量子物理的新概念，推导出热辐射定律，可用普朗克公式表示为

$$M_\lambda(\lambda, T) = \frac{2\pi h c^2}{\lambda^5} \cdot \frac{1}{e^{ch/(\lambda k T)} - 1} \tag{2-3}$$

式中，$M_\lambda(\lambda, T)$ 为光谱辐射通量密度，单位为 $W/(cm^2 \cdot \mu m)$；λ 为波长，单位为 μm；h 为普朗克常量，$h = (6.6256 \pm 0.0005) \times 10^{-34}$ J·s；c 为光速，$c \approx 3 \times 10^{10}$ cm/s；T 为绝对温度，单位为 K；k 为玻尔兹曼常量，$k = (1.38054 \pm 0.00018) \times 10^{-23}$ J/K；e 为自然对数的底，e≈2.718。

普朗克公式表示出了黑体辐射通量密度与温度关系以及按波长分布的情况。普朗克公式与实验求出的各种温度（如 200～6000 K）下的黑体辐射波谱曲线（图 2－6）相吻合。

由普朗克公式可知，在给定的温度下，黑体的光谱辐射是随波长而变化；同时温度越高，辐射通量密度也越大，不同温度的曲线是不相交的。

2. 斯特藩–玻尔兹曼定律

将普朗克公式从零到无穷大的波长范围内积分，得到黑体在整个电磁波谱上的总辐射通量密度，就是斯特藩–玻尔兹曼定律。

$$M_0 = \left(\frac{2\pi^5 \cdot k^4}{15c^2h^2}\right) T^4 = \sigma T^4 \tag{2-4}$$

式中，M_0 为黑体总辐射通量密度，单位为W/(cm²·μm)；σ 为斯特藩-玻尔兹曼常量，$\sigma=(5.6697\pm0.0029)\times10^{-12}$ W/(cm²·K⁴)。

由斯特藩-玻尔兹曼定律可知，黑体总辐射通量密度随温度的增加而迅速增大，与温度的四次方成正比。因此，温度只要有微小变化，就会引起辐射通量密度很大的变化。在用红外装置测定温度时，就是用此定律作为理论依据的，如用红外探测装置能探测出0.01℃的温度变化。

3. 维恩位移定律

从图2-6可以发现，黑体温度越高，其曲线的峰顶就越往左移，即往波长短的方向移动，由此可以导出另一个重要规律——维恩位移定律。即黑体辐射光谱中最强辐射的波长与黑体绝对温度成反比，公式为

$$\lambda_{max}\cdot T=b \tag{2-5}$$

式中，λ_{max} 为辐射通量密度的峰值波长；b 为常数，$b=2.8978\times10^{-3}$ m·K。

如果一个物体的辐射最大值落在可见光波段，那么物体的颜色就会被看到。随着温度的升高，最大辐射对应的波长逐渐变短，颜色由红色逐渐变蓝，蓝火焰温度高就是这个道理。只要测量出物体的最大辐射对应的波长，由维恩位移定律可以很容易计算出物体的温度值。

表2-4列出了绝对黑体温度与最大辐射对应波长的关系，太阳、地球和其他恒星都可以近似看作球形的绝对黑体。太阳的 λ_{max} 是0.47 μm，应用公式可算出有效温度是6150 K，正是在可见光波段，所以太阳光是可见的。而地球在温暖的白天 λ_{max} 约为9.66 μm，可以算出温度为300 K，9.66 μm是在红外波段，所以地球主要发射不可见的热辐射。

表2-4 不同温度时黑体辐射的峰值波长

T/K	273	300	1000	2000	3000	4000	5000	6000	7000
λ_{max}/μm	10.61	9.66	2.90	1.45	0.97	0.72	0.58	0.48	0.41

上述讨论的是黑体辐射，自然界一般物体不是黑体，但在某一确定温度时，物体最强辐射所对应的波长(λ_{max})，也可以用维恩位移公式计算出近似值。例如，人体表面平均温度为37℃(即310 K)，其发射到空间的电磁辐射的峰值波长为9.34 μm，即人体辐射的峰值波长位于热红外波段。

(二) 实际物体的辐射

斯特藩-玻尔兹曼定律和维恩位移定律只适用于黑体辐射，但是黑体辐射在自然界中是不存在的，一般地物辐射能量总要比黑体辐射能量小。实际物体在吸收了电磁辐射后，物体把吸收的能量转化又以辐射的形式发射出来，所以实际物体的辐射能力与吸收多少电磁辐射密切相关，即与实际物体的吸收能力有关。

1. 基尔霍夫定律

1860年，基尔霍夫得出：在给定温度下，物体对任一波长的发射本领与它的吸收本领成正比，比值与物体的性质无关，只是波长和温度的函数，其公式为

$$M_\lambda=f(\lambda,\ T) \tag{2-6}$$

式中，M_λ 为物体在波长 λ 的辐射出射度；λ 为波长；T 为温度。

由公式(2-6)可见，好的吸收体也是好的发射体。在温度一定时，物体对某一波长的吸收能力强，则该物体发射这一波长的电磁辐射能力也强。

2. 发射率(比辐射率)

自然界的物体都不是黑体，其吸收率永远小于1，因而对任何波长的光谱发射率，总是小于同温度下黑体的光谱发射率。发射率指地物的辐射出射度(即地物单位面积发出的辐射总通量)M 与同温度

的黑体的辐射出射度（即黑体单位面积发出的辐射总通量）$M_{黑}$的比值，也称“比辐射率”。发射率常用ε表示，公式为

$$\varepsilon = M/M_{黑} \tag{2-7}$$

表2-5表示常温下一些地物在8~14 μm的发射率。

表2-5　一些地物（温度20℃）的发射率（8~14 μm）

目标地物	发射率	目标地物	发射率
木材（橡木平板）	0.90	石英	0.627
水（蒸馏水）	0.96	长石	0.819
冰（表面光滑，-10℃）	0.96	花岗岩	0.780
雪（-10℃）	0.85	沙	0.90
柏油路	0.93	玄武岩	0.906
草地	0.84	大理石	0.942

地物的发射率与地物的性质、表面状况（如粗糙度、颜色等）有关，且是温度和波长的函数。同一地物，其表面粗糙或颜色较深的，发射率往往较高；表面光滑或颜色浅的，发射率则较小。不同温度的同一地物，有不同的发射率（如石英在250 K时，$\varepsilon=0.748$；在500 K时，$\varepsilon=0.819$）。比热大，热惯量高，具有保温作用的地物，发射率大；反之，发射率就小。例如，水体在白天水面光滑明亮，表面反射强而温度较低，发射率亦较低；而到夜间，水的比热大，热惯量高，故发射率较高。地物发射率的差异也是遥感探测的基础和出发点。

根据能量守恒定律，物体的光谱吸收率+光谱反射率+光谱透射率=1。对于不透明物体，透射率为0，吸收率+反射率=1。

当物体反射率小时，吸收率就大，而吸收强的物体其发射辐射的能力也强，所以发射率也大；当反射率大时，发射率就小。遥感探测的主要是反射率和发射率，因此只要测得了物体反射率或反射系数，就可求得物体的发射率。

3. 地物发射波谱

地物的发射率随波长变化的规律称为地物的发射波谱。按地物发射率与波长之间的关系绘成的曲线（横坐标为波长，纵坐标为发射率）称为地物发射波谱曲线。

通常，根据发射率与波长的关系，将地物分为三种类型：① 黑体或绝对黑体，其发射率$\varepsilon=1$，即黑体发射率对所有波长都是一个常数，并且等于1；② 灰体，其发射率$\varepsilon<1$（因吸收率$\alpha<1$）且为常数，即灰体的发射率始终小于1，ε不随波长变化；③ 选择性辐射体，其发射率随波长而变化，且$\varepsilon<1$（因吸收率α也随波长而变化且$\alpha<1$）。自然界中的地物均不是黑体，一般金属材料都可近似看成灰体，在红外遥感传感器设计中可以把一些红外辐射体看成灰体，所以自然界的地物大多是选择性辐射体。

图2-7是若干种岩浆岩的发射波谱曲线。从图中可见造岩硅酸盐矿物的吸收峰值主要出现在9~11 μm波段。岩石中二氧化硅（SiO_2）的含量对发射光谱的特征有直接的影响。随着岩石中SiO_2含量的减小，发射率的最低值（吸收的最大值）向长波方向迁移，其中英安岩吸收带位于9.3 μm附近（SiO_2含量为68.72%）；粗面岩（SiO_2含量为68.60%），强吸收带位于9.6 μm附近；霞石玄武岩和蛇纹岩（SiO_2含量各为40.32%、39.14%），强吸收带则分别在10.8 μm附近和11.3 μm附近。这种岩石的发射光谱特征，正是岩石的热红外遥感探测波段的选择依据。

岩石名称	SiO_2 含量/%	发射波谱曲线
英安岩	68.72	
辉石细晶岩	68.00	
流纹浮岩	67.30	
花岗片麻岩	68.14	
粗面岩	68.60	
石英正长岩	65.20	
安山石	62.31	
霞石正长岩	50.39	
石英玄武岩	57.25	
紫苏安山岩	56.19	
石英闪长岩	54.64	
辉石闪长岩	55.80	
石榴石灰长岩	52.31	
辉长岩	52.05	
片岩	51.88	
辉绿岩	51.78	
玄武岩	51.36	
斜长石玄武岩	49.69	
方沸碱辉岩	47.82	
角闪辉长岩	46.85	
橄榄岩	41.00	
橄榄辉长岩	40.42	
霞石玄武岩	40.32	
蛇纹岩	39.14	
超基橄榄岩	36.80	

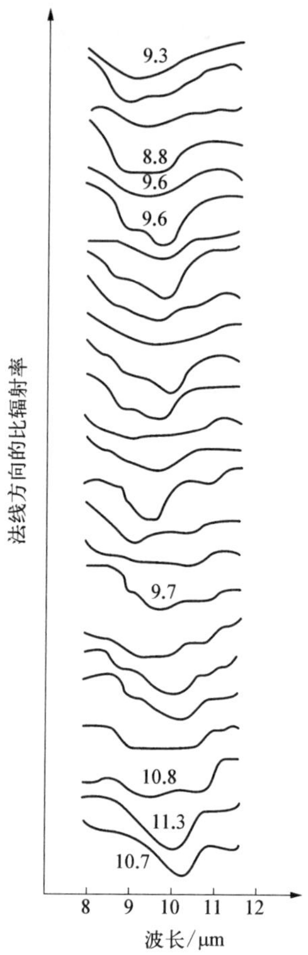

图 2－7　若干种岩浆岩的发射波谱曲线

第三节　大气对遥感监测的影响

太阳辐射通过地球大气照射到地面，经过地面物体反射后，又要经过大气层才能被航空或航天平台上的传感器接收。因此，电磁辐射与大气的相互作用对遥感影响很大，主要表现为吸收、散射、反射和透射作用。

一、大气成分与结构

（一）大气成分

地球大气是由多种气体及固态、液态悬浮的微粒混合组成的。大气中的气体主要包括 N_2、O_2、H_2O、CO、CO_2、N_2O、CH_4及 O_3。此外，悬浮在大气中的微粒有尘埃、冰晶、水滴等，这些弥散在大气中的悬浮物统称为气溶胶，形成霾、雾和云。以地表面为起点，在 80 km 以下的大气中，除 H_2O、O_3等少数可变气体外，各种气体均匀混合，所占比例几乎不变，所以把 80 km 以下的大气层称为均匀层。在该层中大气物质与太阳辐射相互作用，是导致太阳辐射衰减的主要原因。

（二）大气结构

地球大气层包围着地球，大气层没有一个确切的界限，它的厚度一般取 1000 km，在垂直方向上有层次的区别。大气自下而上可分为对流层、平流层、电离层和外大气层（散逸层），各层之间逐渐过渡，没有截然的界线。

对流层内经常发生气象变化，是现代航空遥感主要活动的区域。大气条件及气溶胶的吸收作用使电磁波传输受到减弱，因此在遥感中侧重研究电磁波在该层内的传输特性。

平流层没有明显的对流，是几乎没有天气现象的一层。在该层内电磁波的传输特性与对流层内的传输特性是一样的，只不过电磁波传输表现较为微弱。平流层有对人类十分重要的臭氧层，由于臭氧层对紫外光的吸收，在地面上观测不到 0.29 μm 波长的太阳辐射。

电离层中大气十分稀薄，处于电离状态，故称为电离层。该层内气温随高度增加而急剧递增。该层对遥感使用的可见光、红外直至微波波段的影响较小，基本上是透明的。正因为如此，无线电波才能绕地球做远距离传递。电离层受太阳活动影响较大，它是人造地球卫星绕地球运行的主要空间。

外大气层离地面 1000 km 以上直至扩展到几万千米，与星际空间融合为一体。层内空气极为稀薄，并不断地向星际空间散逸，该层对卫星运行基本上没有影响。

二、大气对太阳辐射的影响

太阳辐射进入地球之前必然通过大气层，太阳辐射与大气相互作用的结果使能量不断减弱，约 30% 被云层和其他大气成分反射回宇宙空间，约 17% 被大气吸收，约 22% 被大气散射，仅有 31% 的太阳辐射辐射到地面。其中，反射作用影响最大，这是因为云层的反射对电磁波各波段均有强烈影响，造成对遥感信息接收的严重阻碍。因此，目前在大多数遥感方式中，都只考虑无云天气情况下的大气散射、吸收的衰减作用。

（一）大气的反射作用

电磁波传播过程中的反射现象主要发生在云层顶部，取决于云量和云雾，使用波段不同其影响不同。因此，若不是专门研究云层，尽量选择无云的天气接收遥感信号，使大气反射率最小。

（二）大气的吸收作用

太阳辐射通过大气层时，大气层中某些成分对太阳辐射产生选择性吸收，即把部分太阳辐射能转换为本身内能，使温度升高。由于各种气体及固体杂质对太阳辐射波长的吸收特性不同，有些波段能通过大气层到达地面，而另一些波段则全部被吸收而不能到达地面。因此，形成了许多不同波段的大气吸收带。图 2－8 为大气中几种主要成分对太阳辐射的吸收率。

1. 氧（O_2）

大气中氧含量约占 21%，主要吸收小于 0.2 μm 的太阳辐射能量，在波长 0.155 μm 处吸收最强，由于氧的吸收，在低层大气内几乎观测不到小于 0.2 μm 的紫外线，在 0.6 μm 和 0.76 μm 附近各有一个窄吸收带，吸收能力较弱。因此，在高空遥感中很少应用紫外波段。

2. 臭氧（O_3）

大气中臭氧的含量很少，只占 0.01%～0.1%，但对太阳辐射能量吸收很强。臭氧有两个吸收带：① 波长 0.2～0.36 μm 的强吸收带；② 波长为 0.6 μm 和 9.6 μm 附近的吸收带，该吸收带处于太阳辐射的最强部分，因此该带吸收最强。臭氧主要分布在 30 km 高度附近，因而对高度小于 10 km 的航空遥感

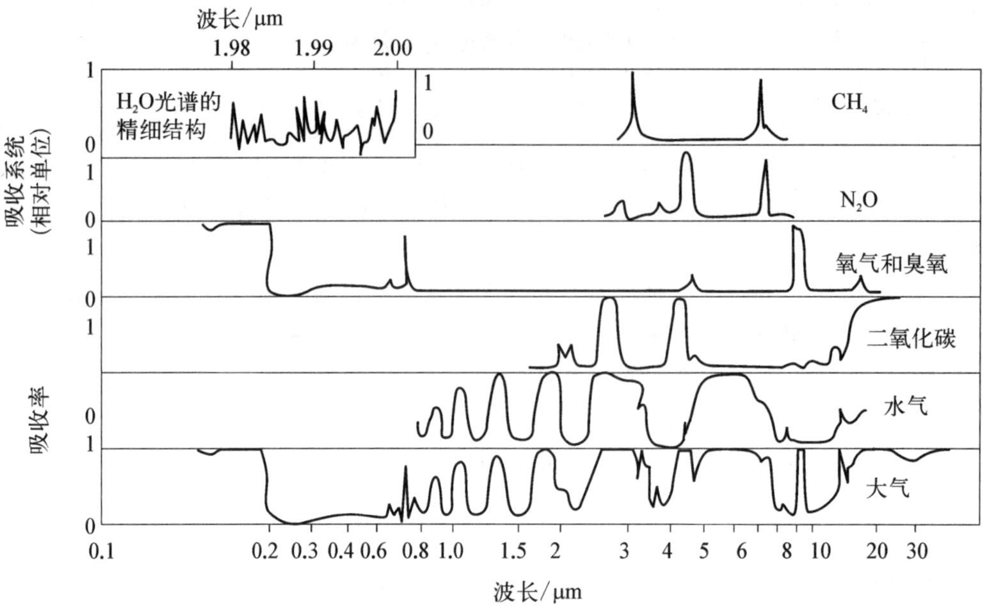

图 2-8 大气吸收谱

影响不大,但主要对航天遥感有影响。

3. 水(H_2O)

水在大气中以气态和液态的形式存在,它是吸收太阳辐射能量最强的介质。从可见光、红外直至微波波段,到处都有水的吸收带,主要吸收带是处于红外和可见光中的红光波段,其中红外部分吸收最强。例如,在 0.5~0.9 μm 有四个窄吸收带,在 0.95~2.85 μm 有五个宽吸收带。此外,在 6.25 μm 附近有个强吸收带。因此,水汽对红外遥感有很大影响,而且水汽的含量随时间、地点而变化。

4. 二氧化碳(CO_2)

大气中二氧化碳含量很少,占 0.03%,它的吸收作用主要在红外区内。例如,在 1.35~2.85 μm 有三个宽弱吸收带,另外在 2.7 μm、4.3 μm 与 14.5 μm 处为强吸收带。由于太阳辐射在红外区能量很少,因此对太阳辐射而言,这一吸收带可忽略不计。

图 2-8 最下一条曲线综合了大气几种主要分子的吸收作用,反映出大气吸收带的分布规律。对比图2-1中最下一条曲线,即海平面上太阳辐照度曲线,曲线形态正好相反,海平面上辐照度减小部分正是吸收率高的波谱段。在遥感中为了减少大气吸收对遥感探测的影响,一般选择吸收率低的波段进行探测,即遥感中的大气窗口。

(三) 大气的散射作用

辐射在传播过程中遇到小微粒而使传播方向改变,并向各个方向散开,称为散射(scattering)。散射使原传播方向的辐射强度减弱,而增加了其他各方向的辐射。太阳辐射在照到地面又反射回传感器的过程中,两次通过大气从而影响电磁辐射。在入射光照射地面时,由于散射作用,除了原有太阳直接辐射的部分,还增加了散射导致的漫入射成分,使反射的辐射成分有所改变;返回到传感器的时候,除反射光外还增加了散射光进入到传感器。不同的散射影响,增加了信号中的噪声成分,造成了图像质量的下降。所以,在图像处理时必须对图像进行辐射校正。

根据辐射波长与散射微粒大小之间的关系,散射作用可分为瑞利散射、米氏散射和非选择性散射三种。

1. 瑞利散射

当微粒的直径比辐射波长小得多时,此时散射为瑞利散射(Rayleigh scattering)。瑞利散射主要是由大气分子对可见光的散射引起的，所以也叫分子散射。由于散射系数与波长的四次方成反比，当波长大于 1 μm 时，瑞利散射基本上可以忽略不计。因此，红外线、微波可以不考虑瑞利散射的影响。但对可见光来说，由于波长较短，瑞利散射影响较大。例如，晴朗天空呈碧蓝色，就是由于大气中的气体分子把波长较短的蓝光散射到天空中。

2. 米氏散射

当微粒的直径与辐射波长差不多时称为米氏散射(Mie scattering)，它是由大气中气溶胶所引起的散射。由于大气中云、雾等悬浮粒子的大小与 0.76~15 μm 的红外线的波长差不多，因此，云、雾对红外线的米氏散射是不可忽视的。

3. 非选择性散射

当微粒的直径比辐射波长大得多时所发生的散射称为非选择性散射(nonselective scattering)。此散射与波长无关，即任何波长散射强度相同。大气中的水滴、雾、烟、尘埃等气溶胶对太阳辐射常出现这种散射，常见到的云或雾都是由比较大的水滴组成的，云或雾之所以看起来呈白色，是因为它对各种波长的可见光散射均是相同的。对近红外、中红外波段来说也属非选择性散射，这种散射将使传感器接收到的数据产生严重的衰减。

综上所述，太阳辐射的衰减主要是由于散射造成的，散射衰减的类型和强弱主要与波长密切相关。在可见光和近红外波段，瑞利散射是主要的。当波长超过 1 μm 时，可忽略瑞利散射的影响。米氏散射对近紫外直到红外波段的影响都存在。因此，在短波中瑞利散射与米氏散射相当。但在当波长大于 0.5 μm时，米氏散射超过了瑞利散射的影响。在微波波段，由于波长比云中小雨滴的直径还要大，所以小雨滴对微波波段的散射属于瑞利散射，因此，微波有极强的穿透云层的能力。而红外辐射穿透云层的能力虽然不如微波，但比可见光的穿透能力大 10 倍以上。太阳光通过大气要发生散射和吸收，地物反射光在进入传感器前，还要再经过大气并被散射和吸收，这将造成遥感图像的清晰度下降。所以，在选择遥感工作波段时，必须考虑到大气层的散射和吸收的影响。

三、大气窗口

综上所述，大气层的反射、吸收和散射作用削弱了大气层对电磁辐射的透明度。电磁辐射与大气相互作用产生的效应，使得能够穿透大气的辐射局限在某些波长范围内。通常把通过大气而较少被反射、吸收或散射的透射率较高的电磁辐射波段称为大气窗口(atmospheric window)，如图 2-9 所示。

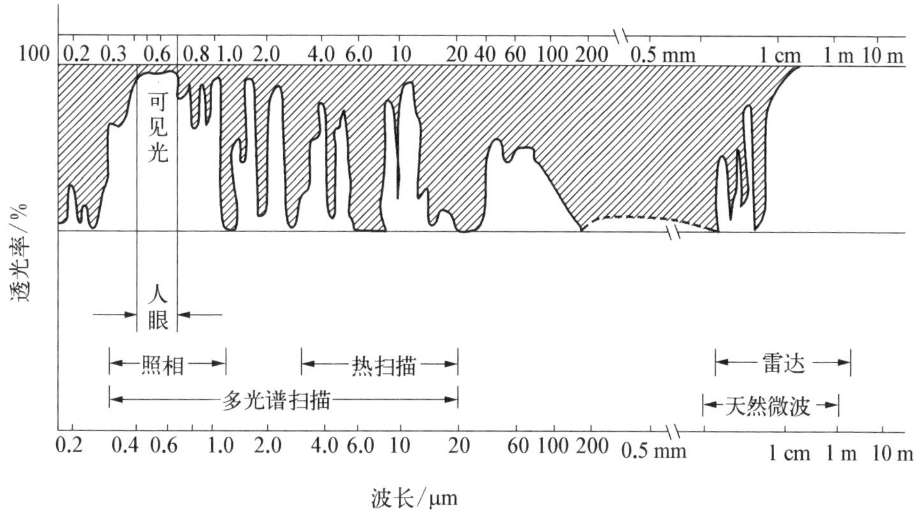

图 2-9 大气窗口示意图

因此，遥感传感器选择的探测波段应包含在大气窗口之内，目前常用光谱波段主要有：

（1）0.3～1.3 μm，即紫外、可见光、近红外波段。这一波段是摄影成像的最佳波段，也是许多卫星传感器扫描成像的常用波段。例如，Landsat 卫星的 TM 的 1～4 波段和 SPOT 卫星的 HRV 波段等。

（2）1.5～1.8 μm、2.0～3.5 μm，即近、中红外波段，在白天日照条件好的时候扫描成像常用这些波段。例如，TM 的 5、7 波段等用以探测植物含水量以及云雪，或用于地质制图。

（3）3.5～5.5 μm，即中红外波段，物体的热辐射较强。这一区间除了地面物体反射太阳辐射外，地面物体也有自身的发射能量。例如，NOAA 卫星的 AVHRR 传感器用 3.55～3.93 μm 探测海面温度，获得昼夜云图。

（4）8～14 μm，即远红外波段。主要来自物体热辐射能量，适于夜间成像，测量探测目标的地物温度。

（5）0.8～2.5 cm，即微波波段。由于微波穿云透雾的能力，这一区间可以全天候工作。用于由其他窗口区间的被动遥感工作方式过渡到主动遥感的工作方式。例如，侧视雷达影像和 RadarSat 的卫星雷达影像等。其常用的波段为 0.8 cm、3 cm、5 cm、10 cm，有时也可将该窗口定为 0.05～300 cm 波段。

思考题

1. 遥感探测中常用电磁波谱有哪些波段？各波段具有什么特点？
2. 依据太阳辐照度分布曲线（图 2－1）分析海平面与大气上界能量变化的特点与原因。
3. 根据太阳辐射与地球辐射的特点，分析遥感探测各波段的主要能量来源。
4. 什么是地物的反射波谱曲线？根据图 2－2 分析雪、沙漠、湿地和小麦的反射波谱特征。
5. 地物反射波谱曲线在遥感探测中具有什么意义和作用？
6. 植被的反射波谱曲线具有哪些特点？
7. 什么是地物的发射波谱曲线？主要应用于哪些方面的探测？
8. 大气对太阳辐射有哪些方面的影响？目前的遥感探测技术如何避免和减少大气对遥感探测的影响？
9. 大气散射现象有几种类型？不同散射类型有什么特点？对遥感探测有何影响？
10. 什么叫大气窗口？大气窗口对遥感探测具有什么意义？

第二篇　遥感数据获取

第三章　遥 感 平 台

本章导读

本章主要介绍遥感平台的种类、卫星轨道等基础知识，着重介绍典型的陆地资源卫星轨道特征、传感器和数据参数特征。通过系统的介绍使学生对遥感平台有全面深入的了解，为以后的学习奠定基础。

第一节　遥感平台的种类

遥感中搭载传感器的工具统称为遥感平台(platform)。遥感平台的种类很多，按平台距地面的高度，大体上可分为地面平台、航空平台和航天平台三类。

一、地面平台

地面平台指用于安置遥感器的三脚架、遥感塔、遥感车等，高度在 100 m 以下。通常三脚架的放置高度在 0.75~2.0 m，在三脚架上放置地物波谱仪、辐射计、分光光度计等地物光谱测试仪器，用以测定各类地物的野外波谱曲线。遥感车、遥感塔上的悬臂可以伸展到 6~10 m 甚至更高的高度上，对地物进行波谱测试，获取地物的综合波谱特性。为了便于研究波谱特性与遥感影像之间的关系，也可将成像传感器置于同高度的平台上，在测定地物波谱特性的同时获取地物的影像。

二、航空平台

航空平台主要指高度在 30 km 以内的遥感飞机等。按照飞机飞行高度的不同，又可分为低空平台、中空平台和高空平台。

低空平台是在离地面 2000 m 以内的对流层下层飞行的遥感飞机等。航空飞机在此高度上飞行，是为了获取中比例尺或大比例尺航空遥感图像。一般来说，直升机可以进行离地 10 m 以上的遥感，侦察飞机可以在 300~500 m的高度上实施低空遥感，而遥感试验通常在 1000~1500 m 的高度范围内进行。

中空平台是在离地面 2000~6000 m 的对流层中层飞行的遥感飞机等。通常使用这种高度的平台获取中比例尺或小比例尺的航空遥感图像。

高空平台是在离地面 12000 m 左右的对流层顶层和同温层下层中飞行的遥感飞机等。军用高空侦察飞机以及部分用于航空遥感的有人驾驶飞机一般在此高度上飞行，而一般的航空遥感飞机达不到这个高度。

三、航天平台

航天平台指飞行高度在 150 km 以上的人造地球卫星、宇宙飞船、空间站和航天飞机等。在航天平台上进行的遥感是航天遥感。航天遥感可以对地球进行宏观的、综合的、动态和快速的观察。目前对地观测中使用的航天平台主要是遥感卫星。

人造地球卫星目前在地球资源调查和环境监测中起着主要作用，是航天遥感中应用最广泛的遥感平台。按人造地球卫星运行轨道的高度和寿命，可以把卫星分为以下三种类型。

1. 低高度、短寿命卫星

轨道高度为 150~350 km，寿命只有几天到几十天。可获得较高地面分辨率的图像，多数用于军事侦察，最近发展的高空间分辨率小卫星遥感多采用此类卫星。

2. 中高度、长寿命卫星

轨道高度为 350~1800 km，寿命在 1 年以上，一般为 3~5 年。属于这类的有陆地卫星、海洋卫星、气象卫星等，是目前遥感卫星的主体。

3. 高高度、长寿命卫星

也称为地球同步卫星或静止卫星，高度约为 36000 km，寿命更长。这类卫星已大量用作通信卫星、气象卫星，也用于地面动态监测，如监测火山、地震、林火及预报洪水等。

这三种类型的卫星，各有优缺点。其中，高高度、长寿命卫星的突出特点是在一定周期内，对地面的同一地区可以进行重复探测。在这类卫星中，气象卫星以研究全球大气要素为目的；海洋卫星以研究海洋资源和环境为目的；陆地卫星以研究地球资源和环境动态监测为目的。这三者构成了地球环境卫星系列，它们在实际应用中互相补充，使人们对大气、陆地和海洋等能从不同角度以及它们之间的相互联系来研究各地理要素之间的内在联系和变化规律。

第二节　无人机遥感简介

无人机（unmanned aerial vehicle，UAV），是一种无需人员搭乘，通过无线电遥控或预设程序进行操控的飞行器。无人机系统（unmanned aircraft system，UAS）通常由无人机本体、地面控制站以及二者间的通信链路构成。该系统融合了传感器技术、通信技术、信息处理技术、智能控制技术以及航空动力推进技术等多项先进技术，是信息化时代技术密集型的产物，显著促进了近地面遥感技术的进步。值得一提的是，经过几十年的发展，我国无人机产业和技术已达到世界先进水平。

无人机执行飞行任务时，可采用遥控操作或依据预先设定的飞行计划。其设计形式多样，根据飞行平台的差异，可细分为固定翼无人机、多旋翼无人机、无人直升机、伞翼无人机和扑翼无人机等类型。依据无人机的重量和性能，又可划分为微型、轻型、小型、中型、大型以及农用无人机。在遥感领域，微型、轻型和小型无人机应用较为广泛。微型无人机空机不超过 0.25 kg，最大飞行高度不超过 50 m，最大水平飞行速度不超过 40 km/h；轻型无人机的空机重量不超过 4 kg，最大起飞重量不超过 7 kg，最大水平飞行速度不超过 100 km/h；小型无人机的空机重量不超过 15 kg，最大起飞重量不超过 25 kg。空机重量指的是无人驾驶航空器的机体、电池、燃料容器等固态组件的总重量，不包括燃料和任务载荷。无人机飞行平台搭载多种类型的传感器，实现了多源数据的采集。常见的传感器类型主要包括 RGB 相机、轻量级多光谱传感器、轻量级高光谱传感器、轻量级热红外传感器以及无人机激光雷达（light detection and ranging，LiDAR）。图 3－1 所示为搭载不同传感器的无人机平台及对应的传感器。

传感器类型	无人机飞行平台	传感器
RGB 相机	 DJI Phantom 4	 DJI RGB
轻量级多光谱传感器	 DJI P4 Multispectral	 DJI Multispectral
轻量级高光谱传感器	 DJI MATRICE 350 RTK	 HSG－1P
轻量级热红外传感器	 DJI MATRICE 350 RTK	 DJI ZENMUSE H20T
无人机激光雷达	 DJI MATRICE 350 RTK	 DJI ZENMUSE L2

图 3－1　搭载不同传感器类型的无人机平台及对应传感器

1. RGB 相机

现代无人机遥感技术的起源可追溯至搭载常规 RGB 相机的遥控飞机模型。消费级别的 RGB 相机被集成至无人机飞行平台,形成了无人机测量系统。这种系统成本低廉,高度集成化,正日益普及。由于其飞行高度较低，该系统能够捕捉到具有极高精度（亚米级空间分辨率）的 RGB 影像。

2. 轻量级多光谱传感器

多光谱相机作为继 RGB 相机之后逐渐崭露头角的无人机传感器技术，能够在可见光（RGB）波段的基础上，捕捉到用于植被监测的红边和近红外波段的光谱数据。不同制造商生产的多光谱成像系统所提供的波段范围各异。以大疆精灵 4 多光谱版（DJI P4 Multispectral）为例，该设备搭载的集成式多光谱成像系统融合了 1 个 RGB 相机和 5 个多光谱相机（分别对应蓝光、绿光、红光、红边和近红外波段），并配备了实时 NDVI 模式以利于植被检测。与 RGB 相机相似，多光谱相机在设计上仍属于测量型相机，因此能够采用摄影测量技术处理数据，并输出标准正射影像及数字表面模型（digital surface model, DSM）。多光谱传感器的一个显著优势在于其生成的数据具有较高的分辨率（通常优于 30 cm 的地面采样距离）。然而，与 RGB 相机相比，多光谱相机的成本通常较高，且由于其主要针对专业用户，产品种类相对较少。此外，由于制造商生产的多光谱相机输出图像格式各异，目前多光谱无人机数据处理软件大多仅适用于特定型号的相机。尽管如此，随着无人机技术的不断进步，多光谱数据处理正逐步走向标准化。

3. 轻量级高光谱传感器

高光谱成像技术因其能够捕捉到丰富的地表信息——通常包含数十至数百个波段——在遥感领域展现了巨大的应用潜力。当前，多数轻型高光谱传感器采用线阵列相机来捕捉数百个窄波段（带宽在 5~10 nm）的图像。尽管高光谱传感器提供的大量数据对于遥感研究极为宝贵，但其应用也存在一些局限性：首先，为了获取更详尽的信息，高光谱成像往往以牺牲部分空间分辨率作为代价，其空间分辨率通常低于同等规格的 RGB 相机；其次，由于有效载荷的限制，轻型高光谱相机的光谱范围通常仅能达到常规机载高光谱相机的一半（400~1100 nm 或 1100~2500 nm），若需覆盖更宽的光谱范围，则可能需要配置两个或更多的轻型高光谱相机；最后，由于其高昂的制造成本，使用高光谱传感器的经济负担较重，且其与无人机传感器的兼容性限制，也给实际应用带来了不确定性。

4. 轻量级热红外传感器

热红外传感器，广泛应用于地表温度及热辐射的测量工作，其工作波长范围一般在 7.5~14 μm。无人机搭载的热红外传感器利用信号强度及其在特定波长范围内的分布特性来测定温度，且该传感器不受大气条件的干扰，校准过程相对简便。然而，受限于有效载荷，轻型热红外传感器通常不配备制冷探测器，这导致了其捕获率、空间分辨率和灵敏度相对较低。尽管如此，无人机搭载传感器在低飞行高度下仍能提供高分辨率的数据，从而增强了热像仪对小型物体进行精确量化的能力。鉴于温度的高动态特性，热传感器常用于实时监测，并且当与其他光谱范围（如可见光波段和高光谱波段）的传感器结合使用时，热红外数据能够发挥更大的作用。目前，轻型热红外传感器已被应用于农业和生态环境监测领域。

5. 无人机激光雷达

激光雷达传感器被公认为精确度极高的几何数据采集技术之一，在林业和城市研究领域得到了广泛应用。在林业领域，相较于摄影测量，激光雷达技术的可靠性更高，并且能够通过多次回波穿透稀疏的森林。然而，由于激光雷达传感器严重依赖于主机平台的直接定位精度，无人机搭载的激光雷达技术相较于无人机摄影测量尚处于发展初期。无人机平台上的 GPS/IMU 传感器在分辨率方面通常存在不精确性，且飞行过程中相对不稳定。因此，即便使用了经过精确校准的轻型激光雷达传感器，所获得的点云数据精度仍然相对较低。此外，尽管激光雷达传感器的成本较低，但其使用成本仍然远高于 RGB 相机，并且激光雷达传感器的重量较大，对无人机飞行平台的有效载荷重量提出了更高的要求。因此，在成本和集成所需传感器方面，无人机激光雷达系统尚未易于普及。尽管目前无人机激光雷达系统存在一些局限性，但其应用潜力依然巨大。

第三节 卫星的轨道

一、卫星在空间中的位置和姿态

遥感卫星在绕地球的轨道上运行，其运行规律符合开普勒三大定律，即卫星运行的轨道是一椭圆，地球位于该椭圆的一个焦点上；卫星在椭圆轨道上运行时，卫星与地球的连线在相等的时间内扫过的面积相等；卫星绕地球运转周期的平方与其轨道平均半径的立方成正比。图 3-2 是卫星空间轨道示意图，卫星在空间中的位置可以用椭圆轨道的空间形状、位置和某一时刻卫星在轨道中的位置来确定，而轨道的空间形状、位置和某一时刻卫星在轨道中的位置可用下列 6 个参数来描述。

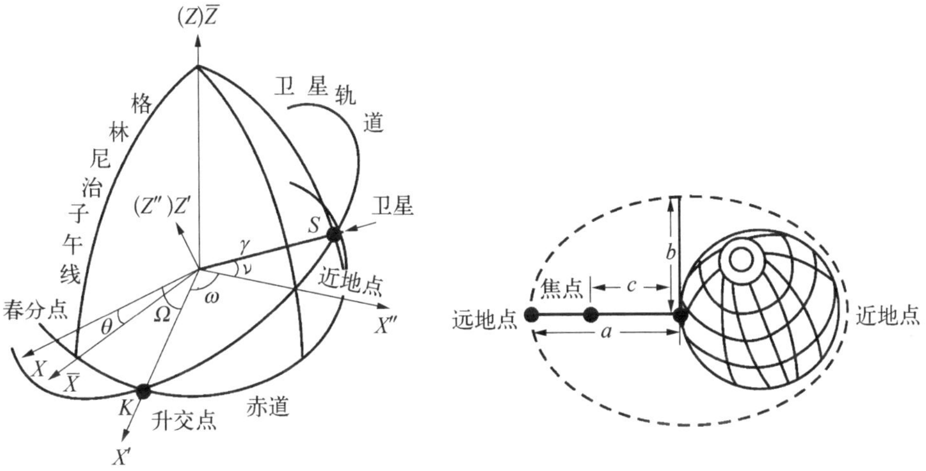

图 3-2 卫星空间轨道

1. 轨道长半径(a)

卫星轨道远地点到椭圆中心的距离为轨道长半径，它确定了卫星距地面的高度。按照高度的不同又可将卫星分为低轨卫星（150~300 km）、中轨卫星（约 1000 km）和高轨卫星（36000 km）。

2. 卫星轨道偏心率(e)

$$e = \frac{\sqrt{a^2 - b^2}}{a} \tag{3-1}$$

式中，b 为卫星轨道的短半径。e 确定了卫星轨道的形状，对于大部分对地观测卫星，其轨道的 e 接近于零，即为近圆形轨道。在近圆形轨道上，卫星近似匀速运行，并且距地面的高度变化不大，有利于成像曝光时间的控制和在全球范围内获取比例尺基本一致的影像。

3. 轨道面倾角(i)

轨道面倾角指卫星轨道面与地球赤道面之间的夹角，它决定了轨道面与赤道面或与地轴之间的关系。当 $i=0$ 时，轨道面与赤道面重合，这种卫星称为赤轨卫星；当 $0<i<90°$ 时，卫星运行方向与地球自转方向一致，这种卫星称为顺轨卫星；当 $i=90°$ 时轨道面与地轴重合，这种卫星称为极轨卫星；当 $90°<i<180°$ 时，卫星运行方向与地球自转方向相反，这种卫星称为逆轨卫星。轨道面倾角确定了卫星对地观测的范围。例如，当 $i<90°$ 时，卫星对地观测的范围在北纬 i 至南纬 i 之间的地区。由此可见，只有极轨卫星才能达到对全球观测的要求。

4. 升交点赤经(Ω)

所谓升交点是卫星由南向北运行时，其轨道面与地球赤道面的交点；反之，卫星由北向南运行时，其轨道面与赤道面的交点称为降交点。升交点赤经指卫星轨道的升交点向径与春分点向径之间的夹角。

升交点赤经决定了轨道面与太阳光线之间的夹角，即星下点在成像时刻的太阳高度角。为了在成像时保持相应地面的光照度基本不变，即太阳光照角不变，则必经对卫星轨道加以修正，平均每天对升交点赤经修正量为0.98565°。若卫星每天运行 n 圈，则每圈的修正量 $\Delta\Omega=\dfrac{0.98565}{n}$。这就实现了卫星轨道与太阳同步，即卫星轨道面与太阳地球连线之间的夹角不随地球绕太阳公转而变化。

5. 近地点角距(ω)

升交点向经与近地点向径之间的夹角称为近地点角距。由于卫星入轨后，其升交点和近地点是相对稳定的，所以近地点角距通常是不变的，它可以决定轨道在赤道平面内的方位。

6. 卫星过近地点时刻(t)和运行周期(T)

卫星过近地点的时间称为过近地点时刻。当卫星轨道形状和空间位置确定以后，在某一时间 τ 卫星所在位置与过近地点时刻 t 满足开普勒方程，公式为

$$E-e\cdot\sin E=\omega_0(\tau-t) \tag{3-2}$$

式中，E 为卫星所在位置的偏近点角；e 为轨道偏心率；ω_0 为卫星运转的平均角速度。卫星从升交点（或降交点）通过时刻到下一个升交点（或降交点）通过时刻之间的平均时间称为卫星轨道周期 T。

在上述6个轨道参数中，a、e 确定轨道的形状和大小，i、Ω 确定轨道面的方向，ω 确定轨道面中长轴的方向，T 确定任一时刻卫星在轨道中的位置。

卫星的位置数据在遥感影像几何校正等处理中是非常有用的，因此卫星位置的测量是航天遥感中的一项重要内容。卫星位置的测量方法主要有两种：① 通过测量卫星到测站的距离和距离的变化率来确定卫星的位置；② 利用来自GPS卫星的信号确定卫星的位置。

二、卫星轨道的种类

（一）地球同步轨道

地球同步轨道的运行周期等于地球的自转周期，即卫星与地球转动的角速度相同，其传感器总是朝向地球固定的位置，如果从地面上各地方看过去，卫星在赤道上的一点是静止不动的，所以又称静止轨道（图3－3）。地球静止轨道上的卫星的高度很大，大约为36000 km，因此可以对地球上特定区域进行不间断的重复观测，并且观测的范围很大，被广泛应用于气象和通信领域中。

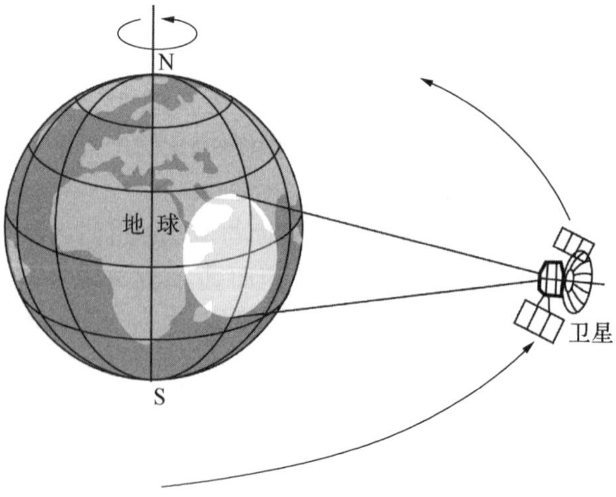

图3－3　地球同步轨道示意图

（二）太阳同步轨道

太阳同步轨道指卫星的轨道面绕地球的自转轴旋转，旋转方向与地球的公转方向相同，并且旋转的角速度等于地球公转的平均角速度，即卫星的轨道面始终与当时的地心－日心连线保持恒定的角度（图3－4）。因此，在太阳同步轨道上，卫星经过同一纬度的任何地点的地方时是相同的，这样就保证了太阳的入射角几乎是固定的，这对于利用太阳反射光的被动式传感器来说，可以在近似相同的光照条件下，获取同一地区不同时间的遥感图像，对监测同一地区的地表变化非常有益。

太阳同步轨道通常属于近极轨道,有利于卫星在一段时间内获取包括南北极在内的覆盖全球的遥感影像。图 3-5 是陆地卫星 Landsat-4、5 的太阳同步轨道示意图。

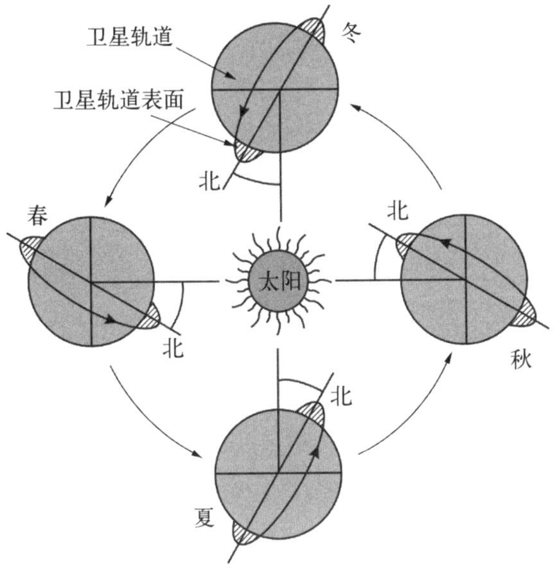

图 3-4 太阳同步轨道示意图

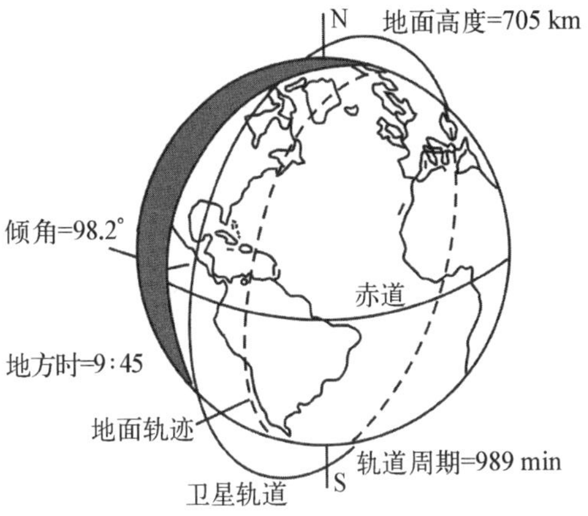

图 3-5 Landsat-4、5 的太阳同步轨道示意图

第四节 主要遥感卫星简介

一、陆地卫星

(一) Landsat 卫星系列

1. Landsat 卫星系列概述

1967 年,美国国家航空航天局(National Aeronautics and Space Administration,NASA)制定了地球资源技术卫星计划,即 ERTS 计划,预定发射六颗地球资源技术卫星,以获取全球资源环境数据。1972 年 7 月,第一颗地球资源技术卫星 ERTS-1 成功发射,之后 NASA 将 ERTS 计划更名为陆地卫星计划(Landsat 计划)。到目前为止,NASA 先后发射了九颗 Landsat 系列卫星,对地球连续观测达 50 多年,记录了地球表面的大量数据,扩大了人类的视野,已成为环境与资源调查、评价与监测的重要信息源。表 3-1是这九颗卫星的基本情况。

2. Landsat 卫星轨道特征

Landsat 卫星在 700~920 km 的高度上运行,属于中等高度卫星。若卫星飞行太低,大气摩擦作用会降低卫星寿命,缩短卫星的运行周期;若卫星飞行过高,分辨率又难以达到要求,所以中等高度对资源遥感卫星来说是最适宜的。Landsat 卫星的轨道偏心率不大,接近于圆形,这种近圆形轨道能使在不同地区获取的图像比例尺基本一致。此外,近圆形轨道使卫星的运行速度接近匀速,便于扫描仪用固定频率对地面扫描成像,同时可以避免扫描行之间出现图像不衔接的现象。Landsat 卫星的轨道距两极上空较近,故称为近极地轨道。该轨道与赤道基本垂直,以保证尽可能覆盖整个地球表面。

Landsat 卫星采用太阳同步、准回归轨道。太阳同步轨道能使卫星以同一地方时飞过成像地区上空,成像地区在每次成像时都能获得基本相同的光照条件,便于图像的对比分析。此外,太阳同步轨道对卫星工程设计和遥感仪器工作也非常有利。卫星轨道有回归轨道和准回归轨道之分,由于遥感器的视场角不能太大,为了获得全球覆盖,Landsat 卫星采用准回归轨道,回归周期为 18 天或 16 天。

表 3-1 Landsat 系列卫星简况

	卫星名称	发射日期	终止日期	传感器	卫星高度/km	重访周期/天
第一代	Landsat-1	1972-07-23	1978-01-06	RBV/MSS	915	18
	Landsat-2	1975-01-22	1982-02-25			
	Landsat-3	1978-03-05	1983-03-31			
第二代	Landsat-4	1982-07-16	2001-06-15	MSS/TM	705	16
	Landsat-5	1984-03-01	2011-11-18 因放大器故障停止获取影像，2013-01-06 归于沉寂	TM		
第三代	Landsat-6	1993-10-05	1993-10-05 发射失败	ETM		
	Landsat-7	1999-04-15	2003-05-31 SLC Off；已经停止成像功能	ETM+		
第四代	Landsat-8	2013-02-11	2013-03-18 获取第一景影像，目前仍在轨运行	OLI/TIRS		
	Landsat-9	2021-09-27	2021-10-31 获取第一景影像，目前仍在轨运行	OLI-2，TIRS-2		

3. Landsat 卫星的传感器和数据参数

Landsat 系列卫星搭载的传感器有反束光导摄像机（RBV）、多谱段扫描仪（multi-spectral scanne，MSS）、专题制图仪（thematic mapper，TM）、推扫式传感器（push-broom sensor）四种。Landsat-1、2、3 上载有 RBV 和 MSS，Landsat-4、5 装载 TM 和 MSS，Landsat-7 上装有 ETM+。

1）多光谱扫描仪

多光谱扫描仪（MSS）是陆地卫星 Landsat 上装载的一种多光谱光学-机械扫描仪，由扫描反射镜、校正器、聚光系统、旋转快门、像板、光学纤维、滤光器、探测器等组成。当卫星在向阳面从北向南飞行时，MSS 以星下点为中心自西向东在地面上扫描 185 km，此时为有效扫描，可得到地面 185 km×475 m 的一个窄条的信息；接着 MSS 进行自东向西的回扫，此时为无效扫描，不获取信息。这样，卫星在向阳面自北向南飞行时，共获得以星下点轨迹为中轴，东西宽 185 km、南北长约20000 km 的一个地面长带的信息。

2）专题制图仪

专题制图仪（TM）是在 MSS 基础上改进发展而成的第二代多光谱光学-机械扫描仪。TM 采取双向扫描，正扫和回扫都有效，提高了扫描效率，缩短了停顿时间，提高了检测器的接收灵敏度。

3）推扫式传感器

推扫式传感器与 MSS、TM 等摆扫式扫描仪的成像方式不同。OLI（operational land imager）采用了更先进的光学设计，不再依赖机械扫描镜，而是通过线阵探测器同时捕捉整个视场的影像，从而提升了成像效率和数据质量。TIRS（thermal infrared sensor）专门用于采集地表的热红外波段数据。与早期 TM 或 ETM+传感器中仅有的单一热红外波段相比，TIRS 具备更高的分辨率和更多波段，并采用了先进的热红外探测技术。

Landsat 系列卫星的传感器和数据参数见表 3－2。

表 3－2　Landsat 系列卫星传感器简表

卫星名称	传感器	通道号	波长范围/μm	空间分辨率
Landsat－1、Landsat－2	RBV	1	0.475～0.575	
		2	0.580～0.680	80 m×80 m
		3	0.690～0.830	
	MSS	4	0.5～0.6	
		5	0.6～0.7	80 m×80 m
		6	0.7～0.8	
		7	0.8～1.1	
Landsat－3	RBV	全色	0.505～0.750	38 m×38 m
	MSS	4、5、6、7 8	10.4～12.6 (同 Landsat－1,2)	80 m×80 m 240 m×240 m
Landsat－4、Landsat－5	MSS	1、2、3、4	同 Landsat－1,2 的 4、5、6、7	80 m×80 m
	TM	1	0.45～0.52	
		2	0.52～0.60	
		3	0.63～0.69	30 m×30 m
		4	0.76～0.90	
		5	1.55～1.75	
		6	10.40～12.50	120 m×120 m
		7	2.08～2.35	30 m×30 m
Landsat－7	ETM+	1	0.450～0.515	
		2	0.525～0.605	
		3	0.630～0.690	30 m×30 m
		4	0.775～0.900	
		5	1.550～1.750	
		6	10.40～12.50	60 m×60 m
		7	2.090～2.35	30 m×30 m
		8	0.520～0.900	15 m×15 m
Landsat－8	OLI	1	0.433～0.453	
		2	0.450～0.515	
		3	0.525～0.600	
		4	0.630～0.680	30 m×30 m
		5	0.845～0.885	
		6	1.560～1.660	
		7	2.100～2.300	
		8	0.500～0.680	15 m×15 m
		9	1.360～1.390	30 m×30 m
	TIRS	10	10.60～11.19	100 m×100 m
		11	11.50～12.51	
Landsat－9	OLI－2	1	0.433～0.453	
		2	0.450～0.515	
		3	0.525～0.600	
		4	0.630～0.680	30 m×30 m
		5	0.845～0.885	
		6	1.560～1.660	
		7	2.100～2.300	
		8	0.500～0.680	15 m×15 m
		9	1.360～1.390	30 m×30 m
	TIRS－2	10	10.60～11.19	100 m×100 m
		11	11.50～12.51	

TM 光谱段的作用如下：

（1）TM1，0.45~0.52 μm，蓝波段。对水体穿透力强，对叶绿素与叶色素浓度反映敏感，有助于判别水深、水中叶绿素分布、沿岸水和进行近海水域制图等。

（2）TM2，0.52~0.60 μm，绿波段。对健康茂盛植物绿反射敏感，对水的穿透力较强。用于探测健康植物绿色反射率，按“绿峰”反射评价植物生活力，区分林型、树种，反映水下特征等。

（3）TM3，0.63~0.69 μm，红波段，为叶绿素的主要吸收波段。反映不同植物的叶绿素吸收、植物健康状况，用于区分植物种类与植物覆盖度。其信息量大，为可见光最佳波段。广泛应用于地貌、岩性、土壤、植被、水中泥沙流等方面的观测。

（4）TM4，0.76~0.90 μm，近红外波段。对绿色植物类别差异最敏感（受植物细胞结构控制），为植物通用波段。用于生物量调查、作物长势测定、水域判别等。

（5）TM5，1.55~1.75 μm，中红外波段。处于水的吸收带（1.4~1.9 μm）内，反映含水量敏感，用于土壤湿度、植物含水量调查、水分状况的研究及作物长势分析等，从而提高了区分不同作物类型的能力。此外，易于区分云和雪。

（6）TM6，10.4~12.5 μm，热红外波段。可以根据辐射响应的差别，区分农、林覆盖类型，辨别地面湿度、水体、岩石，以及监测与人类活动有关的热特征，进行热制图。

（7）TM7，2.08~2.35 μm，中红外波段。此为地质学家增加的波段。处于水的强吸收带，水体呈黑色。可用于区分主要岩石类型、岩石的水热蚀变，探测与岩石有关的黏土矿物等。

（二）SPOT 卫星系列

1. SPOT 卫星系列概述

SPOT 对地观测卫星系统是由法国空间研究中心联合比利时和瑞典等国家共同设计、研制和发展起来的。为了确保服务的连续性，从 1986 年 2 月第一颗卫星 SPOT－1 发射以来，SPOT 系统每隔几年便发射一颗卫星，迄今已发射了七颗卫星（图 3－6）。其中，SPOT－4、SPOT－5 相对 SPOT－1、SPOT－2 和 SPOT－3 做了重大改进。SPOT－6、SPOT－7 分别于 2012 年和 2014 年发射，形成了 SPOT 系列的现代化阶段。30 多年来，SPOT 系统已经接收、存档了上千万幅全球的卫星数据，为广大客户提供了准确、丰富、可靠、动态的地理信息源，广泛应用于制图、陆地表面的资源与环境监测、构建数字地形模型（digital terrain model，DTM）和城市规划等研究领域。

SPOT 系列卫星的轨道特征与 Landsat 系列卫星相同，也属于中等高度、准圆形、近极地、太阳同步、准回归轨道。

目前正常运行的 SPOT 卫星有 SPOT－6 和 SPOT－7。这两颗卫星共同组成 SPOT 多星对地观测系统，以垂直观测和倾斜观测两种模式实现对地观测，使地球上 95% 的地区每天都能获得 SPOT 系统中某

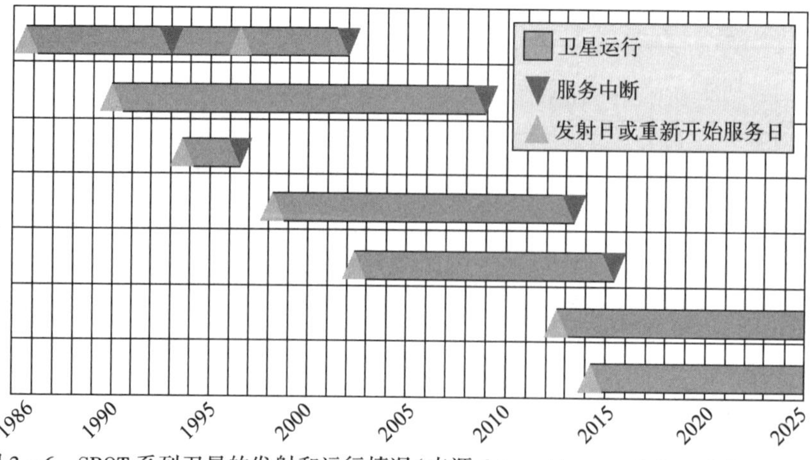

图 3－6　SPOT 系列卫星的发射和运行情况（来源：https://cours－fad－public.ensg.eu/）

一颗卫星的数据，大大提高了重复观测的能力，使系统重复观测的能力从单星的 26 天提高到 1～5 天。而且 SPOT 的倾斜视角观测能力能够在不同时间以不同的方向获取同一区域的两幅图像，形成立体像对，从而提供立体观测、绘制等高线、立体测图和立体显示的可能。

2. SPOT 系列卫星的传感器

SPOT－1、SPOT－2、SPOT－3 的主要成像传感器为高分辨率可见光扫描仪(high resolution visible range instrument，HRV)。SPOT－2除了载有两台 HRV 外，还有一台固体测高仪(DORIS)，即卫星集成的多普勒成像与无线电定位仪。SPOT－3 除两台改进型 HRV 和一台 DORIS 外，还有一台极地臭氧和气溶胶测量仪(POAM－Ⅱ)。表 3－3 介绍了 SPOT 系列卫星的相关参数。

表 3－3 SPOT 系列卫星上 HRV、HRVIR、HRG 的观测参数

卫星	传感器	波段	波长/μm	空间分辨率/m	视场宽度/km
SPOT－1、SPOT－2、SPOT－3	HRV	PAN	0.50～0.73	10	60
		XS1	0.50～0.59	20	
		XS2	0.61～0.68		
		XS3	0.78～0.89		
SPOT－4	HRVIR	PAN	0.61～0.68	10	60
		B1	0.50～0.59	20	
		B2	0.61～0.68		
		B3	0.78～0.89		
		MIR	1.58～1.75		
	VEGETATION 1	B0	0.45～0.52 μm	1000	2200
		B2	0.61～0.68 μm		
		B3	0.78～0.89 μm		
		MIR	1.58～1.75 μm		
SPOT－5	VEGETATION 2	同 SPOT－4 的 VEGETATION 1			
	HRG	PAN	0.49～0.69	5	60
		B1	0.50～0.59	10	
		B2	0.61～0.68		
		B3	0.78～0.89		
		MIR	1.58～1.75	20	
	HRS	PA	0.49～0.69	10	120
SPOT－6、SPOT－7	NAOMI	PAN	0.46～0.75	1.5	60
		B1	0.46～0.53	6	
		B2	0.53～0.59		
		B3	0.63～0.70		
		MIR	0.76～0.89		

相比 SPOT－1、SPOT－2、SPOT－3 而言,SPOT－4和 SPOT－5 做了更进一步的改进。SPOT－4用 HRVIR 代替了 HRV。和 HRV 相比,HRVIR 在短波红外区加了一个 1.58～1.75 μm 的新波段,原来的全色波段(0.50～0.73 μm)被现在的能同时以 10 m 和20 m分辨率方式工作的 B2 波段(0.61～0.68 μm)替代。SPOT－4 加载了“植被”(VEGETATION)成像装置,这是一个宽角的(2250 km视场)地球成像装置,有着较高的辐射分辨率和 1 km 的空间分辨率。

SPOT－5 装载了两个能够获取 60 km 视场的四种分辨率影像的高分辨率几何装置(HRG),还有一种能够几乎在同一时间和同一辐射条件下获取立体像对的高分辨率立体成像装置(HRS),从而保证获取高精度的数字高程模型 DEM。SPOT－5 上的“植被”成像装置与 SPOT－4 基本相同。

SPOT－6 和 SPOT－7 的 NAOMI(New AstroSat Optical Modular Instrument)传感器,经过了显著的改进。NAOMI 传感器采用推扫式成像技术,与早期的 HRVIR 和 HRG 的摆扫式扫描不同。推扫式成像使用线阵探测器,通过一次性捕捉整个视场的影像,避免了机械扫描镜的使用。SPOT－6 和 SPOT－7 提供 1.5 m 的全色影像和 6 m 的多光谱影像,并具有更好的成像效率。

3. SPOT 系列卫星的观测模式

SPOT 系列卫星的传感器从早期的 HRV(高分辨率可见光/近红外传感器)到 SPOT－6 和 SPOT－7 的 NAOMI 传感器,经过了显著的改进。HRV 系统有两种观测模式,即垂直观测模式和倾斜观测模式,图 3－7 和图 3－8 展示了这两种观测模式。

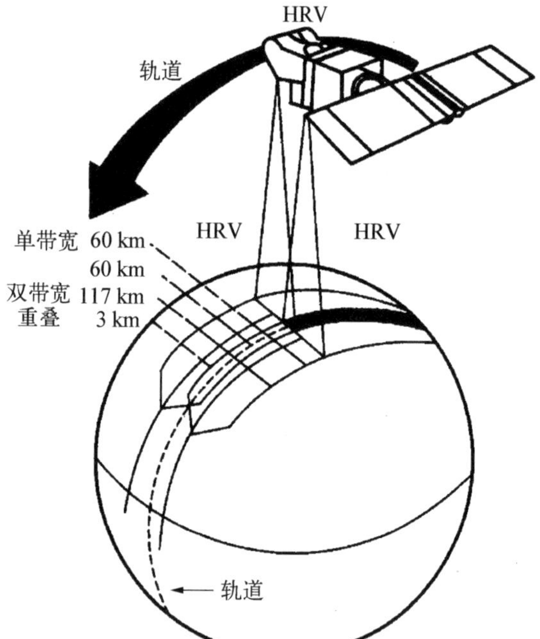

图 3－7 SPOT 的垂直观测示意图

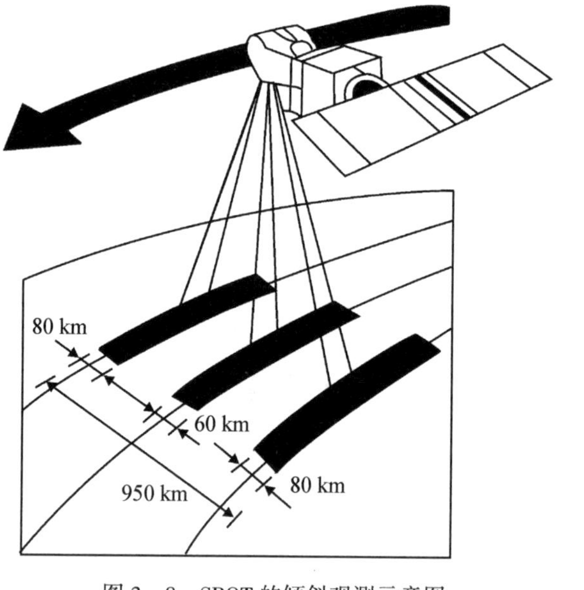

图 3－8 SPOT 的倾斜观测示意图

在垂直观测模式中,由两台 HRV 的瞄准轴放在正中一档方向上,与铅垂线约成 2°角;两台 HRV 的瞄准轴处于铅垂线左右两侧。每台 HRV 的瞬时地面视场舷向宽 60 km,两台 HRV 的瞬时地面视场左右相接,中间在天底点及其附近重叠 3 km,故两台 HRV 的瞬时地面视场合成一舷向宽 117 km、航向仅为 20 m(或10 m)宽的细长条。随着卫星的前进,此细长条也不断沿航向前进,如同一把扫帚在地面上沿航向扫描,经过一段时间后,就在地面上扫过一个舷向宽 117 km、航向长数万千米的地面探测条带,这种扫描可以称为推帚式扫描(图 3－7)。

在倾斜观测模式中,两台 HRV 的瞄准轴都调整到偏离正中档的位置上,对地面实施倾斜观测,瞬时视场也离开天底点。当瞄准轴选择最边缘的档位时,每台 HRV 的地面探测条带的舷向宽度为80 km,如果将每台 HRV 的瞄准轴在±27°角度内 91 个档位上逐一停留进行观测,可能观测到的地面舷向宽度将达 950 km 左右(图 3-8)。

这两种模式结合起来使用,使得对地面上一个特定地区的观测次数大大增加,只要在不同的轨道上将 HRV 瞄准轴调到适当的档位,就可在两条或多条卫星轨道上从不同角度观测同一指定地区。这样,一方面大大缩短了观测的间隔期,以便更迅速地掌握地面的动态变化;另一方面,也可以对同一地区从不同方向摄取几幅图像,组成一个或多个立体像对进行立体观察。

(三) 中巴地球资源卫星

中巴地球资源卫星(CBERS-1)由中国与巴西于 1999 年 10 月 14 日合作发射,是我国第一颗与国外联合研制的数字传输型资源卫星,填补了我国地球资源卫星的空白,结束了长期依赖国外地球资源卫星数据的历史。中巴地球资源卫星由 01 星、02 星、02B 星(均已退役),以及 04 星和 04A 五颗卫星组成,凝聚着中巴两国航天科技人员的心血。

CBERS-1 采用太阳同步轨道,轨道高度 778 km,倾角 98.5°,重复周期 26 天,相邻轨道间隔时间为 4 天,扫描带宽度 185 km。星上搭载了 CCD 传感器、IRMSS 红外扫描仪、广角成像仪,由于提供了 20~256 m 分辨率的 11 个波段不同幅宽的遥感数据,成为资源卫星系列中有特色的一员。CBERS02C 星搭载 2 台 HR 相机(空间分辨率 2.36 m,幅宽 54 km)以及全色(PAN)与多光谱(MUX)相机(空间分辨率 5 m和 10 m,幅宽 60 km)。CBERS-4 星搭载 4 台相机,分别为巴西研制的 40 m×80 m 分辨率的红外多光谱扫描仪(IRS)和 73 m 分辨率的宽视场成像仪(WFI),以及中国研制的 5 m×10 m 分辨率的 PAN 全色相机和 20 m 分辨率的 MUX 多光谱相机。

表 3-4 是中巴地球资源卫星传感器的主要技术参数。从中可以看出,CCD 相机 B1、B2、B3、B4 与 Landsat 的 TM、ETM+相应波段的设置基本相同,但地面分辨率优于 Landsat;B5 与 SPOT 全色波段相同,与 Landsat 的 ETM+全色波段相近,但地面分辨率略低;红外多光谱扫描仪的 B7、B8、B9 与 Landsat TM、ETM+的 5、6、7 波段相同,但各个波段的地面分辨率都低于 TM、ETM+的相关波段。由此可见,CBERS-1 在许多方面和 Landsat 卫星和 SPOT 卫星有相似之处,有些方面的性能指标甚至优于 Landsat 卫星和 SPOT 卫星。

表 3-4 中巴地球资源卫星 CCD 相机的主要技术参数

传感器	波长/μm	地面分辨率/m	地面覆盖宽度/km
CCD 相机	B1: 0.45~0.521	19.5	113
	B2: 0.52~0.59	19.5	113
	B3: 0.63~0.691	19.5	113
	B4: 0.77~0.891	19.5	113
	B5: 0.51~0.731	19.5	113
红外多光谱扫描仪	B6: 0.50~1.10	77.8	119.50
	B7: 1.55~1.75	77.8	119.50
	B8: 2.08~2.35	77.8	119.50
	B9: 10.4~12.5	156	119.50
广角成像仪	B10: 0.63~0.69	256	885
	B11: 0.71~0.89	256	885

(四) 环境与灾害监测预报小卫星

环境与灾害监测预报小卫星于 2008 年 9 月 6 日上午 11 点 25 分成功发射,该卫星的 HJ-1-A 星搭载了 CCD 相机和超光谱成像仪(HSI),HJ-1-B 星搭载了 CCD 相机和红外相机(IRS),主要载荷参数如表 3-5 所示。在 HJ-1-A 卫星和 HJ-1-B 卫星上装载的两台 CCD 相机设计原理完全相同,以星下点对称放置,平分视场、并行观测,联合完成对地刈幅宽度为700 km、地面像元分辨率为 30 m、4 个谱段的推扫成像。

表 3-5 HJ-1-A、HJ-1-B、HJ-1-C 卫星主要载荷参数

平台	有效载荷	波段号	光谱范围/μm	空间分辨率/m	幅宽/km	侧摆能力	重访时间/天	数传数据率/Mbps
HJ-1-A 卫星	CCD 相机	1	0.43~0.52	30	360(单台),700(二台)	—	4	120
		2	0.52~0.60	30				
		3	0.63~0.69	30				
		4	0.76~0.90	30				
	高光谱成像仪	—	0.45~0.95(110~128 个谱段)	100	50	±30°	4	
HJ-1-B 卫星	CCD 相机	1	0.43~0.52	30	360(单台),700(二台)	—	4	60
		2	0.52~0.60	30				
		3	0.63~0.69	30				
		4	0.76~0.90	30				
	红外多光谱相机	5	0.75~1.10	150(近红外)	720	—	4	
		6	1.55~1.75					
		7	3.50~3.90					
		8	10.5~12.5	300(10.5~12.5 μm)				
HJ-1-C 卫星	合成孔径雷达(SAR)	—	—	5(单视) 20(4 视)	40(条带) 100(扫描)	—	4	160

(五)日光诱导叶绿素荧光卫星

日光诱导叶绿素荧光(solar-induced chlorophyll fluorescence,SIF)遥感是植被遥感研究的前沿领域。近年来的理论和实验研究表明,基于卫星反演的 SIF 为全球植被初级生产力的测量提供了一种全新的方法,其估算精度显著优于传统的反射率植被指数方法和碳循环模型。随着遥感技术的不断进步,SIF 已成为研究全球碳循环、植被变化、气候变迁及生态系统健康的重要指标。为获取大范围且高精度的 SIF 数据,多个具备 SIF 观测能力或专门设计的卫星已相继发射,在全球植被监测中发挥了关键作用。

OCO-2(Orbiting Carbon Observatory-2):OCO-2 卫星于 2014 年由 NASA 发射,最初旨在测量大气中的二氧化碳浓度。其配备的高光谱分辨率传感器不仅能够捕捉二氧化碳信号,还能精确测量植被释放的太阳诱导叶绿素荧光(SIF),从而提供全球范围内的植被光合作用和碳吸收数据。作为首颗提供全球高时空分辨率 SIF 数据的卫星,OCO-2 在研究气候变化背景下的生态系统碳交换方面具有重要的科学意义。

GOSAT-2(Greenhouse Gases Observing Satellite-2):GOSAT-2 卫星由日本宇宙航空研究开发机构(Japan Aerospace Exploration Agency,JAXA)于 2018 年发射,主要任务是监测全球温室气体浓度。该卫星配备了高光谱仪,除监测温室气体外,还能够观测太阳诱导叶绿素荧光(SIF)信号。GOSAT-2 提供的高精度数据对于全球光合作用和碳排放的监测至关重要,尤其在局部和全球尺度上研究植被健康和动态变化方面发挥着重要作用。

TanSat:我国于 2016 年 12 月 22 日发射了首颗二氧化碳观测科学实验卫星"TanSat"。中国成为继美国和日本之后,全球第三个能够提供温室气体卫星遥感数据的国家。TanSat 的设计与 OCO-2 类似,具备监测太阳诱导叶绿素荧光(SIF)的潜力。

TROPOMI(Sentinel-5P):2017 年,欧洲空间局(ESA)成功发射了搭载 TROPOMI 传感器的 Sentinel-5P卫星。虽然 TROPOMI 的主要任务是监测大气污染物和温室气体,其高光谱仪也能够捕捉太阳诱导叶绿素荧光(SIF)信号。TROPOMI 提供了中等空间分辨率的全球 SIF 数据,广泛应用于植被光合作用的时空动态监测,特别是在生态系统评估、干旱监测以及气候研究中发挥着至关重要的作用。

叶绿素荧光作为植物主动发射的辐射信号,会对冠层上行辐亮度光谱中的太阳夫琅禾费暗线或地球大气吸收波段产生填充效应。通过比较太阳入射光谱与植被反射光谱中某一吸收波段的吸收深度差异,可以估算叶绿素荧光的强度。这一原理被称为"夫琅禾费暗线填充原理",是目前主流叶绿素荧光遥感反演算法的基本原理(图 3-9)。

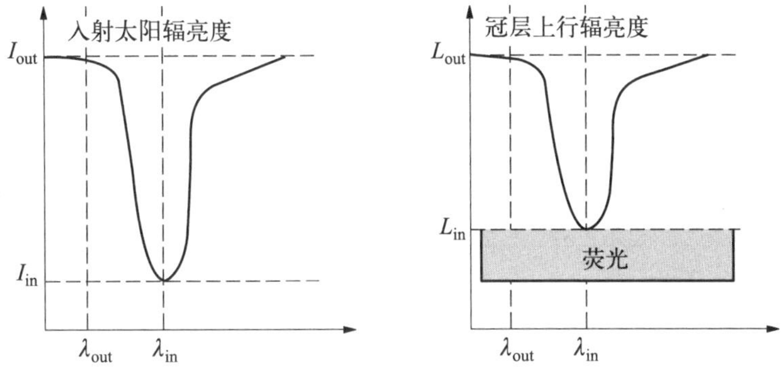

图 3-9 叶绿素荧光反演的夫琅禾费暗线填充原理示意图(胡姣婵等,2015)

(六) 重力卫星

1. 卫星介绍

重力恢复和气候实验(Gravity Recovery and Climate Experiment,GRACE)卫星简称重力卫星,由美国国家航空航天局(NASA)与德国宇航中心(DLR)共同研发。GRACE 卫星的主要任务是利用地球重力场的测量数据,监测水圈、冰冻圈以及海洋质量的变动情况。该卫星于 2002 年 3 月 17 日发射升空,原计划的使用期限为五年。然而,GRACE 卫星的实际运行时间远超预期,直至 2017 年 10 月,由于电池故障导致其坠毁。在 2018 年 5 月,为继续执行观测任务,发射了继任卫星 GRACE-FO。迄今为止,GRACE 卫星所提供的数据已在气候变化、水文学、冰川学和地球物理学等多个领域得到了广泛的应用。

2. 工作原理

GRACE 卫星(图 3-10)属于近极轨道卫星,其轨道倾角约为 89.5°,设计轨道高度设定为约 500 km,然而实际轨道高度维持在 300 km。与采用单一传感器的单颗卫星方法不同,GRACE 卫星采用的是由两颗卫星构成的双星系统,其中一颗卫星紧随另一颗卫星绕轨道运行,两卫星之间保持约 220 km 的距离。

图 3-10 GRACE 卫星示意图(来源:https://grace.jpl.nasa.gov/)

其基本测量技术基于对卫星间距离的微米级精确追踪，卫星间距离会因卫星在地球表面不同位置所受的引力差异而发生变化。该系统结合了高低卫星跟踪与低低卫星跟踪的技术方案，通过测距系统精确测量两颗卫星间的距离及其变化速率，进而推算出地球重力场的变动情况。表 3－6 介绍了 GRACE 卫星参数。

表 3－6　GRACE 卫星参数表

参数	数据描述
发射日期	2002 年 3 月 17 日
退役日期	2017 年 10 月
后继任务	GRACE FO（2018 年 5 月 22 日发射）
卫星数量	2（GRACE－1 和 GRACE－2）
轨道高度	约 500 km
卫星间距离	约 220 km
卫星重量	每颗约 485 kg
轨道倾角	89.5°（近极轨道）
主要测量仪器	微波测距仪、加速度计、星敏感器、GPS 接收器
测距精度	小于 10 μm
科学目标	地球重力场变化、冰盖融化、海平面变化、地下水变化、地震影响监测等
主要应用领域	气候变化监测、水文循环、冰川学、海洋学、地球物理学
任务设计寿命	5 年（实际运行超过 15 年）

3. 数据产品

GRACE 数据分别由德国地学研究中心、得克萨斯大学空间研究中心和美国喷气动力实验室三个机构发布，由于不同机构的数据解算策略有所不同，不同机构发布的数据存在一定差异。按照不同的处理级别，GRACE 数据产品被分为四个层级：Level－0、Level－1（Level－1A 和 Level－1B）、Level－2 和 Level－3，如表 3－7 所示。GRACE 的处理策略总共分为五种，分别是 GSM（大地水准面模型的球谐位系数）、GAA（高频大气模型对应的球谐位系数）、GAB（高频海洋模型对应的球谐位系数）、GAC（全球大气海洋模型对应的球谐位系数）、GAD（海洋大气海洋模型对应的球谐位系数）。

表 3－7　GRACE 产品分级表

分级	数据描述
Level－0	原始卫星数据
Level－1A	由 Level－0 数据经过无损处理得到的结果，处理步骤包括数据包检测、解压、数据解目、单位转换以及格式转换
Level－1B	基于 Level－1A 数据经过不可逆转换获取，主要包括星间距离、加速度计数据、轨道数据等信息。在数据处理时考虑了大气和海洋质量变化周期的影响，可有效降低某些高频噪声源干扰
Level－2	在 Level－1B 数据的基础上，得到的全球谐系数形式的月地球重力场模型及多月数据联合解算的静态重力场
Level－3	基于 Level－2 产品进行空间平滑得到的全球格网点重力数据，用于直接研究水储量、冰盖变化等科学问题

（七）高分辨率陆地卫星

1994 年，美国政府允许私营企业经营图像分辨率不高于 1m 的高分辨率遥感卫星系统，并有条件地允许向国外提供卫星系统和销售图像。随着 1m 分辨率卫星的成功发射和运营，2000 年美国太空成像公司和数字地球公司又获准经营 0.5 m 分辨率的商业成像卫星系统。新一代高分辨卫星图像更适于城市公用设施网和电信网的精确绘制、道路设计、设施管理、国家安全,以及需要高度详细、精确的视觉和位置信息的其他应用。当前最主要的高分辨率卫星有美国的 IKONOS、QuickBird、OrbView、WorldView、Planet 和中国的高分系列卫星等,部分高分辨率卫星参数如表 3-8 所示。

表 3-8 部分高分辨率卫星参数

卫星	IKONOS	QuickBird-2	OrbView-3
发射时间 轨道高度 轨道类型 重访周期	1999 年 9 月 24 日 680 km 太阳同步 3 天	2001 年 10 月 19 日 450 km 太阳同步 1~6 天	2003 年 6 月 27 日 470 km 太阳同步 <3 天
波段	B1: 0.45~0.53 μm B2: 0.52~0.61 μm B3: 0.64~0.72 μm B4: 0.77~0.88 μm PAN: 0.45~0.90 μm	B1: 0.45~0.52 μm B2: 0.52~0.60 μm B3: 0.63~0.69 μm B4: 0.76~0.90 μm PAN: 0.45~0.90 μm	B1: 0.45~0.52 μm B2: 0.52~0.60 μm B3: 0.625~0.695 μm B4: 0.76~0.90 μm PAN: 0.45~0.90 μm
地面分辨率	1 m(PAN) 4 m(MS)	0.61 m(PAN) 2.44 m(MS)	1 m(PAN) 4 m(MS)
卫星	WorldView-1	Planet-SkySat	高分一号~七号
发射时间 轨道高度 轨道类型	2007 年 9 月 18 日 496 km 太阳同步	2013~2017 年 400~600 km 太阳同步	2013~2019 年 645 km 太阳同步
重访周期	1.7 天	1 天	4 天
波段	PAN:450~900 nm	B1: 0.42~0.53 μm B2:0.50~0.59 μm B3: 0.61~0.70 μm B4:0.76~0.86 μm PAN:0.45~0.80 μm	B1:0.45~0.52 μm B2:0.52~0.59 μm B3:0.63~0.69 μm B4:0.77~0.89 μm PAN:0.45~0.90 μm
地面分辨率	0.5 m	0.8 m(PAN) 1 m(MS)	2 m(PAN) 8 m(MS)

1. IKONOS 卫星

IKONOS 卫星于 1999 年 9 月 24 日发射成功,是世界上第一颗提供高分辨率卫星影像的商业遥感卫星。IKONOS 卫星的成功发射,不仅创立了崭新的商业化卫星影像标准,同时通过提供1 m 分辨率的高清晰度卫星影像,开拓了一种更快捷、更经济的获取最新基础地理信息的途径。

2. QuickBird 卫星

QuickBird 卫星于 2001 年 10 月由美国 DigitalGlobe 公司发射,是目前世界上唯一能提供亚米级分辨率的商业卫星,具有引领行业的地理定位精度和海量星上存储,单景影像比同期其他的商业高分辨率卫星高出 2~10 倍。而且 QuickBird 卫星系统每年能采集 7500×10^4 km^2 的卫星影像数据,存档数据以很高的速度递增。在中国境内每天至少有 2~3 个过境轨道,存档数据约 500×10^4 km^2。

3. OrbView 卫星

GeoEye 公司的 OrbView-3 卫星是世界上最早提供高分辨率影像的商业卫星之一。OrbView-3 提供 1 m 分辨率的全色影像和 4 m 分辨率的多光谱影像。1 m 分辨率的影像能够清晰反映地面上的房屋、汽车等地物,并能生成高精度的电子地图和三维飞行场景。4 m 多光谱影像提供了彩色和近红外波段的信息,可以从高空中更深入地刻画城市、乡村和未开发土地的特征。

4. WorldView 卫星

WorldView 系列卫星由美国数字地球公司(现为 Maxar Technologies)发射。WorldView－1 于 2007 年 9 月发射,提供 0.5 m 的全色影像,并具备高精度地理定位能力。之后发射的 WorldView－2(2009 年)、WorldView－3(2014 年)和 WorldView－4(2016 年)进一步提升了影像分辨率,尤其是 WorldView－3,提供了 0.31 m 的全色分辨率和最多 8 个多光谱波段。WorldView 系列卫星的图像数据广泛应用于灾害监测、城市规划、国土资源管理等领域,为用户提供极其细致的地理信息,并可以生成三维地形图和其他精密数据产品。

5. Planet 卫星

Planet 公司(原名 Planet Labs)发射了由大量小型立方星组成的“鸽群”(Planet)卫星星座,主要提供高频率的中高分辨率地球观测数据。每颗“鸽子”(Dove)卫星的分辨率为 3~5 m,尽管分辨率相对较低,但其优势在于高覆盖率和频繁的重访能力,能够实现每日更新的地球影像。Planet 公司还发射了 SkySat 卫星,提供亚米级分辨率影像,约为 0.5 m 的全色分辨率。Planet 卫星系统的设计初衷是通过高频次的全球监测,为农业、灾害管理、森林保护等领域提供即时更新的地理信息。

6. 高分系列卫星

中国的高分辨率对地观测系统(简称高分系列卫星)是国家重大科技专项成果之一,旨在提供高分辨率、多光谱的地球观测数据。自 2013 年发射高分一号以来,高分系列卫星的分辨率和功能不断提升。高分一号提供 2 m 的全色分辨率和 8 m 的多光谱分辨率,高分二号、四号的分辨率进一步提升至 1 m 及更高。高分系列卫星广泛应用于国土资源调查、环境监控、防灾减灾、气象预报等领域,为中国的地理信息系统建设和全球卫星观测做出了重要贡献。

(八) 碳卫星

面对全球气候变化,减少二氧化碳等温室气体排放已成为必然选择。碳排放量的监测是实现温室气体减排的重要技术基础。在所有监测手段中,星载高光谱探测技术凭借其高精度的二氧化碳等温室气体浓度测量能力,能够全球范围内获取气体浓度分布数据。

目前全球已成功发射的碳卫星包括 SCIAMACHY、AIRS、GOSAT、OCO－2、OCO－3 以及中国的 TanSat 等。TanSat 全称为“全球二氧化碳监测科学实验卫星”,是中国自主研制的首颗用于全球大气二氧化碳观测的科学实验卫星(图 3－11)。该卫星于 2016 年 12 月 22 日在酒泉卫星发射中心由长征二号丁运载火箭发射升空。

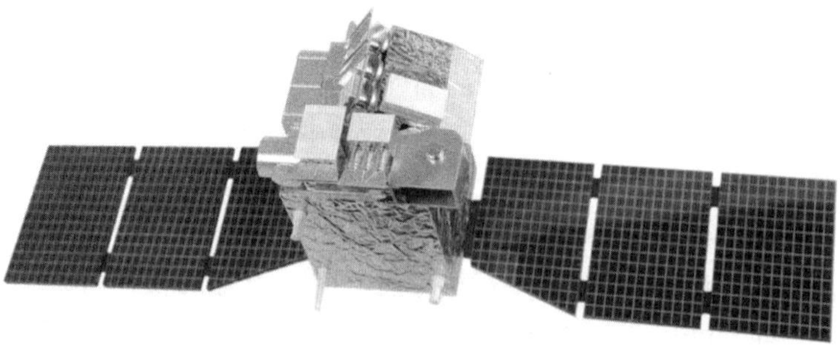

图 3－11 中国碳卫星示意图

TanSat 搭载了一体化设计的两台科学载荷,分别是高光谱二氧化碳探测仪以及起辅助作用的多谱段云与气溶胶探测仪,由中国科学院长春光学精密机械与物理研究所负责设计研制。

碳卫星通过大气吸收池原理进行温室气体探测(图 3－12)。CO_2、O_2 等气体在近红外到短波红外波段有显著的吸收特征,形成特定的吸收光谱。通过严格测量吸收光谱的强度,并结合气压、温度等辅助信息,同时排除大气悬浮微粒等干扰因素,应用反演算法可以精确计算出卫星在观测路径上的 CO_2

柱浓度。通过对全球柱浓度的序列分析,并借助数据同化系统的一系列模型计算,可推演出全球 CO_2 的通量变化(单位时间通过单位面积的 CO_2 总量),这正是碳循环研究的核心数据基础。

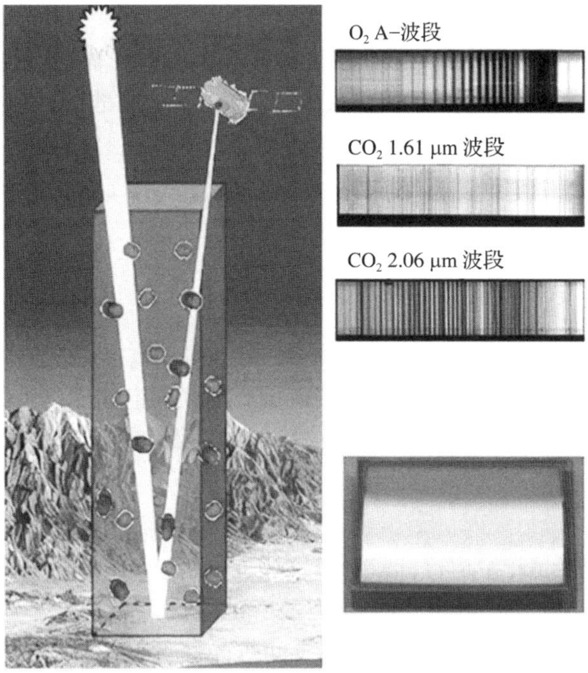

图 3-12 大气吸收池原理图

碳卫星最终实现全球观测,还需要卫星平台实现灵活的观测模式。CO_2 探测仪与卫星平台配合,通过主平面天底和耀斑两种主要观测模式(图 3-13),才能对全球陆地和海面路径上 CO_2 的吸收光谱进行精确测量。碳卫星载荷包括高光谱与高空间分辨率 CO_2 探测仪和多谱段云与气溶胶探测仪。为保证在轨获取光谱数据的精度,载荷需要在轨进行对日、对月定标,这要求卫星平台频繁调整姿态以保证观测精度。因此,中国碳卫星在轨操作中的精确姿态控制是确保数据质量的核心。

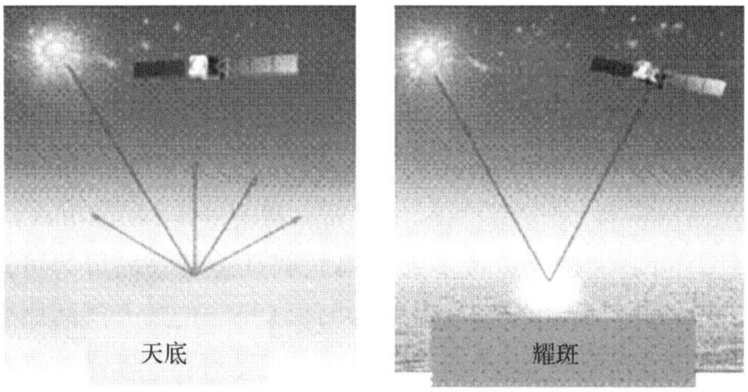

图 3-13 碳卫星天底和耀斑观测模式图

(九) 夜光遥感卫星

1. 夜光遥感介绍

夜间灯光遥感的历史可以追溯到 20 世纪 70 年代初发射的国防气象卫星计划(Defense Meteorological Satellite Program, DMSP)。DMSP 卫星最初是为美国空军的天气监测而设计的,配备了业务线扫描系统(Operational Linescan System, OLS),该系统具有独特的能力,可以探测到城市灯光、渔船亮光、气体火炬等在夜间发出的低强度可见光和近红外辐射。随着技术的进步，各种用于观测地表夜间灯光的传感器和平台相继推出（如 DMSP/OLS、SNPP - VIIRS、珞珈一号、吉林一号、SDGSAT - 1），在城市化、社会经济、灾害、武装冲突、生态系统、农业等方面的决策和研究中起着重要作用。

2. 工作原理

夜光遥感依靠高灵敏度的光学传感器接收夜间地表发出的微弱辐射。这些传感器通常安装在太阳同步轨道的卫星上，使它们能够在当地夜间的一致时间内观测地球的同一区域。为确保准确探测微弱光源，夜光传感器的设计具有极高的灵敏度和较宽的动态范围。这样既能检测到光线昏暗的农村居民点，也能检测到光线明亮的城市中心。一般来说，传感器还会采用校准技术来尽量减少自然光源（如月光、极光或云层反射）带来的噪声，以保证数据的长期一致性。

3. 数据产品介绍

1） DMSP/OLS

DMSP/OLS 在 1992～2013 年投入运行，空间分辨率为 30 rad。该数据可捕捉到对早期城市化研究至关重要的低光照信号，但由于传感器在明亮的城市核心地区的饱和度以及缺乏机载校准等限制，需要进行大量的后处理，以实现年际一致性。尽管存在这些挑战，其长期档案仍然是分析城市扩张、社会经济活动、生态系统变化等的基础。

2） SNPP - VIIRS

SNPP - VIIRS 自 2012 年起开始运行，通过其日夜波段（day/night band, DNB）实现了 15 rad 的空间分辨率。VIIRS 拥有 14 位辐射分辨率，可最大限度地降低明亮区域的饱和度，同时可探测气体火炬和渔船等微弱光源。此外，VIIRS 提供了全球每天的夜间灯光影像，使得监测光照的快速变化成为可能，例如自然灾害、停电或重大公共事件造成的夜间光照变化。

3） 珞珈一号

珞珈一号自 2018 年起开始运行，提供时间范围为 2018～2019 年的夜间灯光数据。此外，它具有 130 m 的空间分辨率，使其一度成为城市夜间灯光监测的理想选择。

4） 吉林一号

吉林一号视频 3 星（JL1 - 3B）是中国吉林一号商业卫星星座的一部分，于 2017 年发射，可提供具有高空间分辨率和三个光谱带的下一代夜间灯光数据，包括蓝波段（430～512 nm）、绿波段（489～585 nm）和红波段（582～720 nm），在智慧城市和应急管理等方面作用显著。

5） SDGSAT - 1

可持续发展科学卫星 1 号（SDGSAT - 1）由中国科学院“地球大数据科学工程”先导专项研制，2021 年 11 月 5 日发射，搭载了热红外、微光成像仪和多谱段成像仪三个有效载荷。其中，微光成像仪（glimmer imager, GLI）具有空间分辨率为 10 m 的全色波段（444～910 nm）和空间分辨率为 40 m 的多光谱波段，包括蓝波段（424～526 nm）、绿波段（506～612 nm）和红波段（600～894 nm）。此外，SDGSAT - 1 具有 11 天的重访周期，使其在热带和亚热带多云多雨区域具有足够数量的可观测影像。SDGSAT - 1 GLI 的高空间分辨率和多光谱的优势能够为沿海地区的夜光监测、城市夜间照明监测、道路提取、节能评估和灯光设施农业监测提供可靠的数据来源。

4. 夜光遥感的应用

1） 城市化和人类住区

夜间光照数据是绘制城市地区地图和监测城市发展的有力工具。人造光的空间范围和强度与已建成的基础设施、人口密度和经济活动密切相关。研究人员通常利用夜间灯光来划定城市边界、监测城市发展动态等。通过对灯光数据的时间分析，可以跟踪城市化动态，深入了解城市发展的速度和方向。

2） 社会经济指标

夜间灯光数据还可以估算社会经济指标。研究表明，夜间照明强度与国内生产总值、收入和耗电量等传统经济指标之间存在密切联系。因此，夜间照明在贫困预测、绘制贫困地图以及用电人口比例、灾害造成的经济损失、能效增速等诸多方面具有重要价值，尤其是在传统统计数据不可靠或无法获得的国家。

3）灾害监测和应对

夜光遥感在灾害响应和管理方面发挥着至关重要的作用。夜间光照的突然变化可以显示因地震、飓风、洪水和冲突等灾害产生的影响。例如，在飓风过后快速检测停电情况，可以指导人道主义救援工作，并为损失评估提供信息。同样，冲突地区的受影响程度也可以通过夜间灯光进行连续监测。

4）环境和生态研究

夜间人造光的扩散被称为光污染，会对生态产生重大影响，影响野生动物的行为、生态系统功能和人类健康。夜间光照数据已被用于量化光污染的范围和强度，确定热点地区，并研究其对夜间物种以及自然栖息地的影响。

5）公共卫生与流行病学

最近的研究探索了人工照明、城市环境和公共卫生结果之间的关系。夜间光照数据被用于研究与睡眠障碍、癌症发病率等的相关性。此外，这些数据还通过提供高分辨率的人口密度和聚落结构代用指标，为流行病学建模提供支持。

6）渔业、农业和资源管理

夜间光线传感器可以基于船队利用强光吸引鱼群的现象，使得绘制海上捕鱼船队的活动范围成为可能。在农业领域，夜间照明的变化可以监测火龙果等灯光设施农业种植园的时空变化。

二、气象卫星

（一）气象卫星概述

气象卫星是对地球及其大气层进行气象观测的人造地球卫星，是太空中的高级自动化气象站，它能连续、快速、大面积地探测全球大气变化情况。从 1960 年美国发射第一颗试验性气象卫星（TIROS－1）以来，全球已经有 100 多颗实验性或业务性气象卫星进入不同的轨道。我国早在 20 世纪 70 年代就开始发展我国的气象卫星，截至目前已发射了七颗风云气象卫星，分别实现了极轨卫星和静止卫星的业务化运行，是继美国、俄罗斯之后第三个同时拥有极轨气象卫星和静止气象卫星的国家。

气象卫星按所在轨道可分为地球静止轨道气象卫星（geostationary meteorological satellite，GMS）和太阳同步轨道气象卫星两类，后者也称极地轨道气象卫星（polar orbiting meteorological satellite，POMS）。

气象卫星有广泛的用途。静止气象卫星对灾害性天气系统，包括台风、暴雨和植被生态动态突变的实时连续观测具有突出能力。中期数值天气预报、气候演变预测和全球生态环境变化，包括大气成分的变化和军事上所需的资料等，主要从极轨气象卫星获得。极轨和静止气象卫星的观测功能各有千秋，相互补充。世界气象组织（World Meteorological Organization，WMO）的全球气象监测网计划（World Weather Watch）建立了由五颗静止气象卫星和两颗极轨气象卫星组成的全球观测网（图 3－14），可得到完整的全球气象资料。

（二）极地轨道气象卫星

极地轨道气象卫星为低航高、近极地太阳同步轨道，轨道高度 800~1600 km，南北向绕地球运转，能对东西宽约 2800 km 的带状地域进行观测。

极地轨道气象卫星可获得全球资料，提供中长期数值天气预报所需的数据资料。由于其轨道高度低，可实现的观测项目比同步气象卫星丰富得多，探测精度和空间分辨率也高于同步卫星。此外，它能装载的有效载荷较多，可进行全球性军事侦察、海洋观察和农作物估产观测等。每天对全球表面巡视两

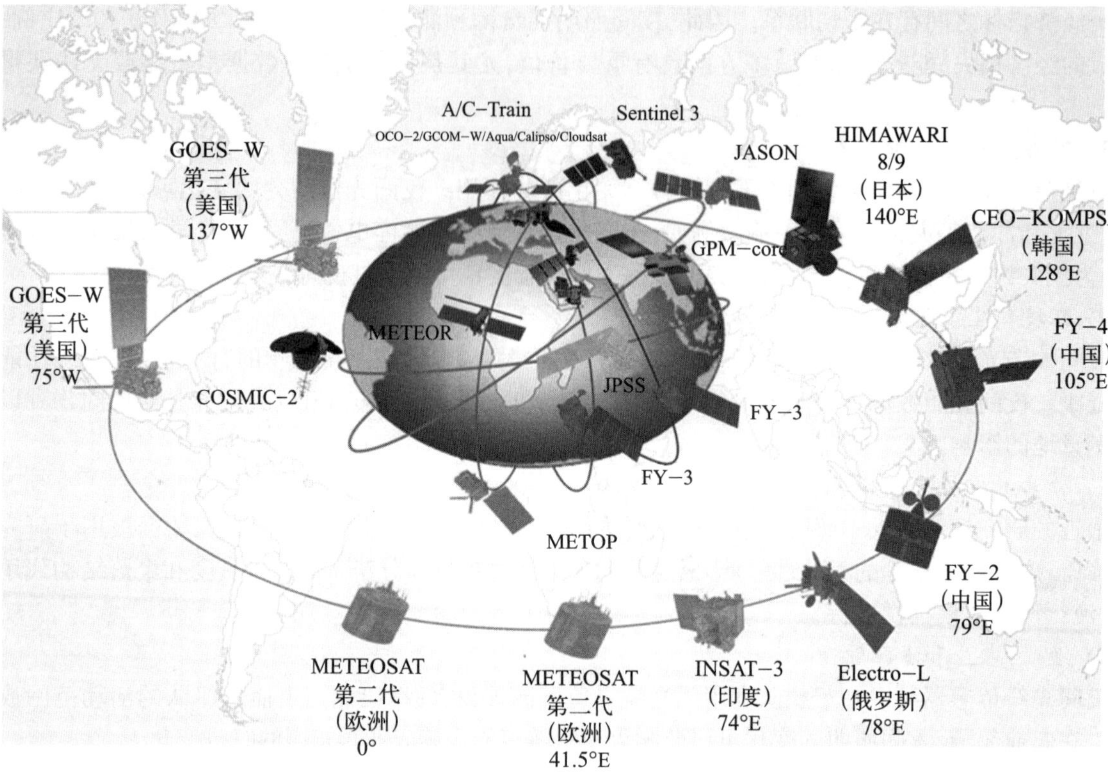

图 3-14 全球气象卫星监测网
图片来源:国家卫星气象中心,https://fy4.nsmc.org.cn/nsmc/cn/satellite/index.html

遍,对某一地区每天进行两次气象观测,观测间隔在 12 小时左右,具有中等重复周期,但对同一地区不能连续观测,所以观测不到风速和变化快而生存时间短的灾害性小尺度天气现象。

目前,世界上主要的极地轨道气象卫星有美国的 NOAA 卫星、欧洲空间局的 METOP 卫星、俄罗斯的"流星"(Meteor)卫星以及我国的风云气象卫星等。

NOAA 卫星是美国第三代的气象卫星。从 1970 年 1 月 23 日发射第一颗 NOAA 卫星以来,已经相继发射了 20 颗 NOAA 卫星。一颗 NOAA 卫星每天可以对同一地区观测两次(白天和夜晚),由两颗 NOAA 卫星组成的双星系统,每天可对同一地区获得四次观测数据。NOAA 卫星除了在气象领域的应用外,还广泛用于非气象领域,如海洋油污监测、探测火山喷发、测定森林火灾和田野禾草燃烧位置,以及测定海洋涌流、探测植被生产力、农作物长势监测与作物估产、探测湖面水位变化等。NOAA 卫星上搭载的主要传感器有甚高分辨率扫描辐射计(AVHRR)和泰罗斯垂直分布探测仪(TIROS operational vertical sounder,TOVS)。表 3-9 是 AVHRR 波段划分与主要应用。

表 3-9 AVHRR 波段划分与主要应用

通 道	波长(NOAA-15,NOAA-16,NOAA-17)	主 要 应 用
1	0.58~0.68 μm	天气预报、云边景图、冰雪探测
2	0.82~0.87 μm	水体位置、冰雪融化、植被和农作物评价及草场调查
3	(A)1.57~1.78 μm (B)3.55~3.93 μm	海面温度、夜间云覆盖、水陆边界、森林火灾
4	10.3~11.3 μm	海面温度、昼夜云量、土壤湿度
5	11.5~12.4 μm	海面温度、昼夜云量、土壤湿度

风云一号气象卫星(FY-1),属于近极地太阳同步气象卫星,是我国第一代气象观测卫星。其基本功能是向世界各地实时广播卫星观测的局地可见、红外高分辨率卫星云图;获取全球的可见、红外卫星云图以及地表图像和海温等气象、环境资料,为天气预报、减灾防灾、科学研究服务,为政府部门决策服

务。从 1988 年开始，我国已经发射了四颗 FY－1，其中 FY－1A/1B 为试验卫星、FY－1C/1D 为业务卫星。

风云三号气象卫星(FY－3)是在 FY－1 基础上发展起来的我国的第二代极轨气象卫星，能够获取全球、全天候、三维、定量、多光谱的大气、地表和海表特性参数。FY－3A 于 2008 年 5 月 7 日成功发射。

风云四号气象卫星(FY－4)是我国最新一代静止轨道气象卫星系列，旨在提升气象观测的精度和频次。FY－4A 于 2016 年 12 月 11 日成功发射，成为当时最先进的综合大气观测卫星，开启了我国新一代静止气象卫星的新时代。风云四号 B 星(FY－4B)于 2021 年 6 月 3 日发射，标志着风云四号系列的首发业务星的投入使用，确保了我国新一代静止轨道卫星观测系统的业务化发展，具有重要的意义，对静止气象卫星的升级换代和连续、可靠、稳定的业务运行具有重要影响。

(三) 静止轨道气象卫星

静止轨道气象卫星又称为高轨地球同步轨道气象卫星，位于在赤道上空近 36000 km 高度处，圆形轨道，轨道倾角为 0°，绕地球一周需 24 小时，卫星公转角速度和地球自转角速度相等，与地球相对静止，看起来似乎固定在天空某一点。可作为通信中继站，用无线电波传播各种气象资料，通过卫星可转播到更远的接收地点。

静止轨道气象卫星覆盖范围大，能观测地球表面 1/4～1/3 的面积，有利于获得宏观同步信息；若有 3～4 个静止轨道气象卫星则能形成空间监测网，对全球中、低纬地区进行观测；但轨道高度高，空间分辨率低，边缘几何畸变严重，定位与配准精度不高；对高纬度地区(纬度大于 55°)的观测能力较差，观测图像几何失真过大，效果很差，因而无效。静止轨道气象卫星可连续观测，所以对天气预报有很好的时效，适用于地区性短期气象业务。对某一固定地区每隔 20～30 分钟可获得一次观测资料，部分地区由于轨道重叠甚至可以 5 分钟观测一次，即具有很高的时间分辨率，重复周期极短，利于捕捉地面快速动态变化信息，利于高密度动态遥感研究，如日变化频繁的大气、海洋动力现象等。

静止轨道气象卫星安装的主要观测仪器有可见光和红外自旋扫描辐射计(拍摄可见光和红外云图)、数据收集/转发系统、星载空间环境监视器等。数据收集/转发系统主要是把过去已有的大量地面气象观测站改为无人值守的数据收集平台，将得到的数据收集起来再转发到气象中心处理。

目前主要的静止轨道气象卫星有美国的 GOES 卫星、欧洲空间局的 METEOSAT 卫星、日本 HIMAWARI 卫星、俄罗斯的 GOMS 卫星、印度的 INSAT 卫星以及我国的风云二号、风云四号气象卫星。

风云二号气象卫星(FY－2)是我国自行研制的第一代静止业务气象卫星。FY－2A、FY－2B，分别于 1997 年 6 月和 2000 年 6 月成功发射。FY－2C 和 FY－2D 分别于 2004 年 10 月 19 日和 2006 年 12 月 8 日发射成功，目前在轨运行并提供应用服务。FY－2 搭载的多通道可见光红外自旋扫描辐射计非汛期每小时、汛期每半小时可以获取约覆盖 1/3 地球表面的一幅地球全景图像。利用可见光通道可得到白天的云和地表反射的太阳辐射信息，用红外通道可得到昼夜云和地表发射的红外辐射信息，用水汽通道可得到对流层中上部大气中水汽分布的信息。

风云三号气象卫星(FY－3)是我国自主研发的第二代极轨气象卫星系列。首颗卫星 FY－3A 于 2008 年 5 月 27 日成功发射，随后 FY－3B、FY－3C、FY－3D 分别于 2010 年 11 月 5 日、2013 年 9 月 23 日和 2017 年 11 月 15 日发射。这些卫星搭载了可见光、红外、微波等多种先进传感器，提供高分辨率的大气和地表数据，能够观测云层、地表温度、水汽分布等全球气象信息，支持气象预报、环境监测和灾害预警等应用。

风云四号气象卫星(FY－4)是我国最新一代静止轨道气象卫星系列，专注于提高气象观测的精度和频率。FY－4A 于 2016 年 12 月 11 日成功发射，成为该系列的首颗运行卫星。FY－4B 于 2021

年6月3日发射，进一步提升了该系列的观测能力。FY-4携带了高级可见光红外辐射计和云与气溶胶探测仪等先进仪器，能够提供高频次、高分辨率的气象数据，用于实时监测天气、气候变化和自然灾害。

（四）降水卫星

降水卫星通过多种遥感技术来测量地球大气中的降水。其原理主要基于微波和雷达遥感技术，可以探测到降水的强度、类型和分布。

1. 被动微波遥感

被动微波遥感仪器（如微波辐射计）探测地球表面和大气层发射的自然微波辐射。这些微波信号的强度和频率与大气中的降水和水汽含量密切相关。不同类型的降水（如雨、雪、冰雹）会吸收或散射微波信号，导致卫星接收到的微波辐射发生变化。通过分析这些微波信号的变化，可以估算出降水的强度和分布。

2. 主动雷达遥感

主动雷达遥感使用降水雷达，这些雷达会发射微波信号，微波遇到大气中的降水粒子时会发生反射。雷达接收反射回来的信号，并通过分析这些信号的强度和延迟来确定降水的分布和强度。雷达遥感可以提供降水的三维结构，帮助科学家了解降水在不同高度层的分布情况，尤其是在云中降水的形成过程。

3. 多频段观测

为了提高观测精度，降水卫星通常会使用多个微波频段进行观测。不同频段的微波对不同类型的降水和大气条件有不同的响应，因此，通过多频段观测可以更准确地区分降水类型（如雨和雪），并估算降水的强度。结合多频段观测数据，卫星能够对全球降水进行更为全面和精确的监测。

4. 数据反演和算法

卫星接收到的微波和雷达信号需要经过复杂的反演算法处理，才能转换为降水量的数据。这些算法考虑了大气散射、吸收和各种误差因素，最终生成降水强度、降水类型等产品。反演后的数据可以用于天气预报、气候研究、水文模型、洪水预警等多个领域。

通过这些技术和原理，降水卫星能够持续监测全球范围内的降水，为科学研究和实际应用提供重要的数据支持。

1）TRMM

TRMM（Tropical Rainfall Measuring Mission）由NASA与JAXA联合开发，于1997年发射（表3-10）。它是第一颗专门设计用于测量热带和亚热带地区降雨的卫星，主要用于研究这些地区的降雨模式和气候变化对全球水循环的影响。TRMM卫星资料在热带降水的测量、降水预报准确率的提高、暴雨研究与预报模式的数据同化、热带海面温度反演、热带气旋的观测等方面均有较好应用。另外，它的闪电图像仪及云和地球辐射能量系统的测量资料在热带和亚热带的闪电分布和气候模式研究方面也有很大的应用价值。

2）GPM

GPM（Global Precipitation Measurement）是TRMM的继任者，基于NASA和JAXA领导的国际合作项目，于2014年发射（表3-10）。GPM卫星搭载了先进的降水雷达（dual-frequency precipitation radar，DPR）和微波成像仪（GPM microwave imager，GMI），可以测量全球范围内的降水，包括液态和固态形式的降水，如雨、雪、冰雹等。

GPM作为接替TRMM的新一代卫星降水产品，不仅观测范围更广，时空分辨率也得到了大幅提高，由于搭载了微波成像仪和双频降水雷达，有效提高了对弱降水以及固态降水的探测能力。相比TRMM，GPM具有更广泛的覆盖范围和更高的测量精度，降水卫星在气候研究、天气预报、水文模型等方面具有重要作用。

表 3-10 降水卫星相关参数

	TRMM	GPM
发射时间	1997 年 11 月 27 日	2014 年 2 月 27 日
退役时间	2015 年 4 月 15 日	截至 2024 年仍在运行
发射机构	NASA 和 JAXA	NASA 和 JAXA
轨道类型	低地球轨道(LEO)	低地球轨道(LEO)
轨道高度	402.5 km	407 km
轨道倾角	35°	65°
轨道周期	约 92 min	约 93 min
观测覆盖范围	38°N 至 38°S 之间的热带和亚热带地区	全球(从南北纬 65°之间)
观测仪器	PR、TMI、VIRS	DPR、GMI
雷达频率	13.8 GHz(Ku 波段)	13.6 GHz(Ku 波段)和 35.5 GHz(Ka 波段)
观测精度	降水强度约 1 mm/h	降水强度约 0.2 mm/h
空间分辨率	雷达分辨率约 4.3 km(水平)×250 m(垂直)	Ku 波段雷达分辨率约 5 km,Ka 波段约 3 km
微波辐射计通道数	9 个通道	13 个通道
观测目标	主要是热带和亚热带的降水情况	全球降水,涵盖液态和固态降水
主要任务	改进热带地区的降水观测,增强对全球水循环的理解	提供全球范围内高精度的降水数据,改进天气预报和气候模型
数据可用性	提供 1997~2015 年的数据	提供 2014 年至今的数据

三、海洋卫星

海洋卫星主要用于海洋温度场,海流的位置、界线、流向、流速,海浪的周期、速度、波高,水团的温度、盐度、颜色、叶绿素含量,海水的类型、密集度、数量、范围以及水下信息、海洋环境等方面的动态监测。

自美国 1978 年 6 月 22 日发射世界上第一颗海洋卫星 SeaSat-1 以后,苏联、日本、法国和欧洲空间局等相继发射了一系列大型海洋卫星。这些卫星一般搭载有光学遥感器(如水色扫描仪、主动区微波遥感器、散射计、SAR 等)和被动式微波遥感器等多种海洋遥感有效载荷,可提供全天时、全天候海况实时资料。

近年来,中国在海洋卫星领域也取得了显著成就,发射了海洋一号 A/B、海洋二号系列等海洋卫星,专门用于监测海洋动力环境、海表温度、海洋水色、叶绿素含量和海洋气象等数据。

(一) RadarSat 系列卫星

加拿大的 RadarSat-1 是世界上第一个商业化的 SAR 运行系统,于 1995 年 11 月 4 日成功发射,主要应用于农业、海洋、冰雪、水文、资源管理、渔业、航海业、环境监测、北极和近海勘测等。RadarSat-2 是RadarSat-1的后续卫星,于 2007 年 12 月 14 日成功发射,除延续了 RadarSat-1 的拍摄能力外,在新的图像获取能力及性能方面又有了长足的进展(表 3-11)。RadarSat-2 是目前世界上最先进的民用高分辨率合成孔径雷达卫星之一,在海冰监测、地质勘探、海事监测、救灾减灾和农林资源监测及生态环境保护等方面发挥着重要作用,其突出优势包括 3 m 空间分辨率的超精细模式图像、全极化、常规的左右侧视等。

RadarSat 系列卫星采用太阳同步轨道,轨道高度 798 km,轨道倾斜角 98.6°,重访周期 24 天。卫星携带的 SAR 系统有五种工作模式,用户可根据不同需要提出要求,通过地面控制指令改变扫描幅宽和分辨率来满足用户要求。与一般可见光和近红外传感器的不同之处在于雷达可以全天候工作,因此无论升段和降段都可以接收数据。图 3-15 是 RadarSat-1 的工作模式示意图,表 3-11 列举了 RadarSat-2 的主要工作性能。

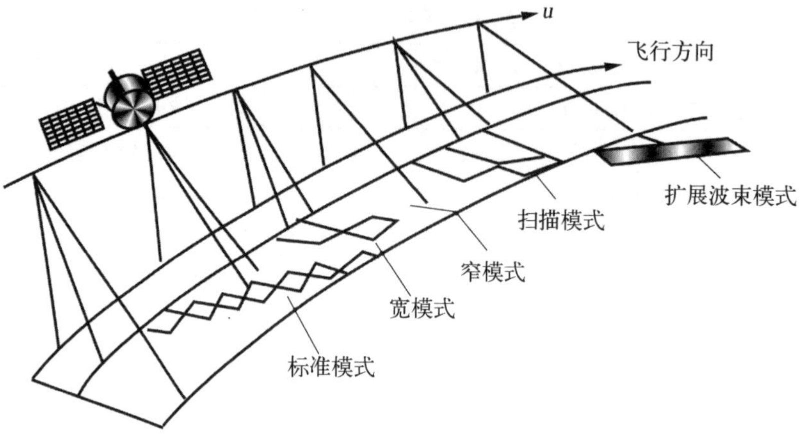

图 3-15 RadarSat-1 的工作模式

RCM(RadarSat Constellation Mission)是 RadarSat 系列的升级,2019 年 6 月 12 日由加拿大航天局发射。RCM 由三颗卫星组成,具备更高的全球覆盖频率和更快的重访时间,能够实现每日一次的覆盖。这使得 RCM 在北极监测、海上交通管理、生态系统监测以及国防领域的能力大大增强。RCM 同样运行在太阳同步轨道上,轨道高度为 600 km,轨道倾角为 97.74°,重访周期为 1 天。

表 3-11 RadarSat-2 的主要工作性能

波束模式	观测带宽度/km	入射角	分辨率(距离×分辨力)
标　准	100	20°~49°	25 m ×28 m
宽波束	150	20°~45°	25 m × 28 m
低入射角	170	10°~23°	40 m × 28 m
高入射角	70	50°~60°	20 m × 28 m
精细模式	50	37°~49°	10 m × 9 m
扫描模式(宽)	500	20°~49°	100 m × 100 m
扫描模式(窄)	300	20°~46°	50 m × 50 m
标准四级化	25	20°~41°	25 m × 28 m
精细四级化	25	20°~41°	11 m × 9 m
三倍四级化	50	30°~50°	11 m × 9 m
超精细(宽)	20	30°~40°	3 m × 3 m

(二) ERS 系列卫星

ERS 系列卫星包括 ERS-1、ERS-2,是欧洲空间局分别于 1991 年和 1995 年发射的。该卫星采用先进的微波遥感技术获取全球全天候、全天时的图像,主要用于海洋学、冰川学、海冰制图、海洋污染监测、船舶定位、导航、水准面测量、海洋岩石圈的地球物理及地球固体潮和土地利用制图等领域。

ERS 系列卫星采用椭圆形太阳同步轨道,轨道高度 780 km,轨道倾角 98.52°,幅宽 100 km。卫星携带的传感器主要有有源微波仪(AMI)、雷达高度计(RA)、沿迹扫描辐射计/微波探测器(ATSR/M)、激光测距设备(LRR)、精确测距测速设备(PRARE)等。

ENVISAT-1 卫星是 ERS 卫星的后继星,于 2002 年 3 月 1 日发射升空。在 ENVISAT-1 卫星上载有多个传感器,分别对陆地、海洋、大气进行观测,其中最主要的是 ASAR(advanced synthetic aperture radar)合成孔径雷达传感器。与 ERS 的 SAR 传感器一样,ASAR 工作在 C 波段,波长为5.6 cm。但 ASAR 具有许多独特的性质,如多极化、可变观测角度、宽幅成像等。ENVISAT-1 卫星 ASAR 传感器有图像模式、交替极化模式、宽幅模式、全球监测模式、波模式五种工作模式,各种工作模式的特性见表 3-12。

表 3-12 ENVISAT-1 的工作模式

项　　目	图像模式	交替极化模式	宽幅模式	全球监测模式	波模式
成像宽度/km	最大 100	最大 100	约 400	约 400	5
下行数据率/(Mbit/s)	100	100	100	0.9	0.9
极化方式	VV 或 HH	VV / HH 或 VV / VH 或 HH / HV	VV 或 HH	VV 或 HH	VV 或 HH
分辨率/m	30	30	150	1000	10

该卫星于 2012 年 4 月 8 日意外与地面失去联系,突然中止了对地观测任务。尽管之后确认卫星仍稳定运行在轨道上,但未能重新建立通信。2012 年 5 月 9 日,ESA 宣布放弃尝试恢复联系,正式宣布该卫星任务结束。

四、星载激光雷达卫星

搭载在卫星平台或者国际空间站上的激光雷达传感器统称为星载激光雷达。本节重点介绍国内外几个主要的星载激光雷达系统,包括每个系统的搭载平台、系统参数、数据产品等。

(一) ICESat/GLAS 卫星

ICESat(冰、云和陆地高程卫星)是全球首颗采用激光技术开展对地观测的卫星,于 2003 年 1 月 13 日发射升空。其主要仪器是地球科学激光测高系统(GLAS),专门用于精确监测两极冰盖高度变化、海冰厚度以及云层和大气中的气溶胶高度(图 3-16)。此外,GLAS 还能够获取全球范围内地形和植被的重要参数数据。ICESat 卫星沿近圆形的近极地轨道运行,轨道高度约为 600 km,轨道倾角为 94°,重复观测周期为 183 天,能够覆盖全球从北纬 86°到南纬 86°的大部分区域。GLAS 系统使用 Nd:YAG 激光器,发射的激光在地表形成的光斑直径约为 60~70 m,相邻光斑之间的距离约为 170 m。由于纬度不同,条带间的距离有所变化:在赤道附近,条带间距为 15 km;而在纬度 80°时,条带间距则缩小至 2.5 km。GLAS 系统以 40 Hz 的频率发射两种波长的激光脉冲,包括用于地面和海洋高度测量的红外光(1064 nm)和用于大气后向散射测量的绿光(532 nm)。该系统在沿轨道方向上的空间分辨率为 75~200 m,对厚云层的水平分辨率为 150 m(图 3-17),这些数据为了解地球冰盖动态、云层变化和大气组成提供了重要的科学依据。GLAS 系统的主要参数如表 3-13 所示,GLAS 的主要产品如表 3-14 所示。

表 3-13 GLAS 系统的主要参数

参数	指标	参数	指标
发射时间	2003 年 1 月	光斑直径/m	60~70
平台	卫星	脉冲能量/mJ	72/36
平台高度/km	600	光斑间距/m	170
波长/nm	1064/532	航向/m	15 km(最大);2.5 km(最小)
接收口径/m^2	0.709	重复周期	183 天
接收视场角/μrad	450/150	精度指标	
激光发散角/μrad	110	设计寿命	3 年(实际在轨 6 年,2009 年 11 月失效)
脉冲重复频率/Hz	40	1064 nm 测距精度/cm	13.8(水、陆地)
脉冲宽度/ns	5	1064 nm 水平精度/cm	4.5(水、陆地)
脉冲形态	高斯波	532 nm 垂直分辨率/m	75~200(云)
信号采样频率/GHz	1	532 nm 水平分辨率/m	150(云)
垂直分辨率/cm	15		

表 3 - 14 GLAS 产品介绍

产品等级	描述	中文说明
GLA01 L1A	Global altimetry data	全球测高数据
GLA02 L1A	Global atmosphere data	全球大气数据
GLA03 L1A	Global engineering data	全球工程数据
GLA04 L1A	Global laser pointing data	全球激光定点数据
GLA05 L1B	Global waveform-based range corrections data	全球波形测高修正数据
GLA06 L1B	Global elevation data	全球高程数据
GLA07 L1B	Global backscatter data	全球后向散射数据
GLA08 L2	Global planetary boundary layer and elevated aerosol layer height	全球行星边界层与气溶胶高度数据
GLA09 L2	Global cloud heights for multi-layer clouds	全球多云层云高数据
GLA10 L2	Global aerosol vertical structure data	全球气溶胶垂直结构数据
GLA11 L2	Global thin-cloud/aerosol optical depths data	全球薄云/气溶胶光学厚度数据
GLA12 L2	Antarctica and Greenland ice-sheet altimetry data	南极洲/格陵兰冰盖测高数据
GLA13 L2	Sea-ice altimetry data	海冰测高数据
GLA14 L2	Global land-surface altimetry data	全球陆地表面测高数据
GLA15 L2	Ocean altimetry data	海洋测高数据

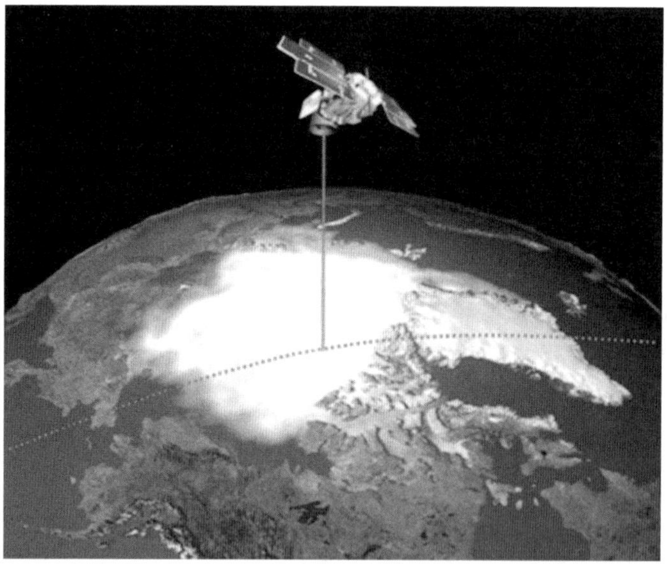

图 3 - 16 GLAS 卫星观测示意图（来源：Waleed Abdalati et al.，2015）

（二）ICESat - 2/ATLAS

ICESat 观测部分支持对地球冰盖快速变化的最终评估，进一步加强了对与 ICESat 任务类似的高精度、重复观测的持续需求。ICESat - 2 于 2018 年 9 月 15 日发射，其主要科学目标是继续测量海冰自由浮体高度和冰盖高度，以确定从冰川出口到整个冰盖以及从数十米到整个极地海洋的尺度上的变化。ICESat 装备了一台单束激光测高仪，在地球表面形成直径约 70 m 的观测点，沿轨间隔约 150 m（图 3 - 17）。相比之下，ICESat - 2 采用三对激光束，每对激光束间隔约 3 km，且每对间隔 90 m。每束激光的观测点直径为 17 m，沿轨采样间隔为 0.7 m。ICESat - 2 轨道高度约 500 km，轨道倾角 92°，观测覆盖范围为88°S～88°N，重复周期 91 天，每个周期共有 1387 个轨道。ICESat - 2 测量概念的不同之处在于克服了 ICESat 任务中方法的一些局限性。ICESat－2 的激光束对配置能够确定局部横向坡度，这是测量格陵兰和南极洲沿海地区冰川出口高度变化的重要因素。多束激光对还提供了改进的空间覆盖。密集的空间采样消除了沿轨测量间隙，小观测点直径对在狭窄冰缝中进行海冰自由浮体高度和冰厚度的测量尤为有用。ICESat－2 的仪器采用能量较低的 532 nm（绿色）激光，并结合单光子敏感探测器进行距离测量。ICESat－2 还提供有关山地冰川和冰盖高度变化、陆地和植被高度、内陆水体高度、海面高度以及云层分层和光学厚度的信息。表 3－15 列出了 ICESat－2/ATLAS 平台及传感器的主要参数。

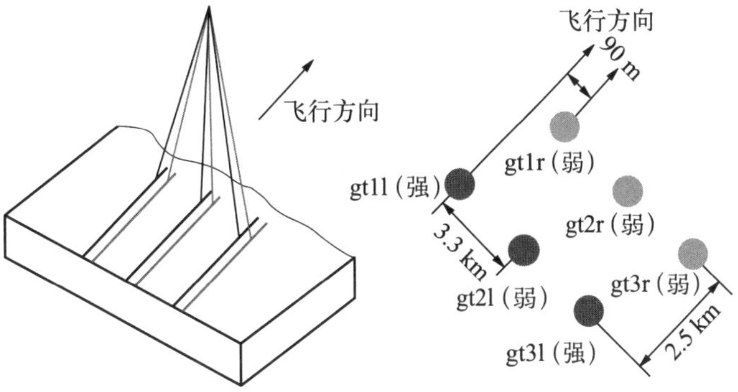

图 3－17　ATLAS 卫星观测示意图（谢栋平等，2020）

表 3－15　ICESat－2/ATLAS 平台及传感器的主要参数

参数	指标	参数	指标
运行高度/km	500	脉冲宽度/ns	1.5
轨道倾角/(°)	92	波束数	6（分 3 组排列）
覆盖范围	88°S～88°N	波束能量比（强:弱）	4:1
重复周期/d	91	波束组内间距/m	约 90
发射频率/kHz	10	波束组间间距/km	约 3.3
激光波长/nm	532	波束能量（强）/μJ	175±17
光斑直径/m	约 17	波束能量（弱）/μJ	45±5
光斑沿轨间隔/m	约 0.7	接收器口径/m	0.8

ICESat－2/ATLAS 提供 21 种标准数据产品，分为 Level 0、Level 1、Level 2、Level 3 四级（表 3－16）。ATL00 为 Level 0 级产品，提供原始遥测数据；ATL01 和 ATL02 为 Level 1 级产品，是经过格式转换和仪器误差校正后的遥测数据；ATL03～ATL08 是 Level 2 级产品，其中 ATL03 结合了光子往返时间、激光器位置和姿态角数据，确定了 ATLAS 接收光子数据的大地测量位置（即纬度、经度和高度）；ATL09～ATL21 是 Level 3 级产品，提供冰川/冰盖高度、海冰高度、植被冠层高度和内陆水体高程等信息。

表 3－16　ICESat－2/ATLAS 数据产品介绍

等级	产品	名称	描述
Level 0	ATL00	测源数据	原始遥测数据
Level 1	ATL01	格式化后遥测数据	按校准日期（天）分割的 HDF5 格式遥测数据
Level 1	ATL02	单位转换后遥测数据	经仪器误差校正后光子返回时间，包括时间校对数据、姿态角数据、激光光束配置、瞄准数据、工程数据和返回光子时间标记
Level 2	ATL03	全球定位光子数据	按轨道方向排列的每个单光子位置信息（经度、纬度和高度等）。所有光子被标记为信号或噪声光子，并已标记地表类型（如冰、海水、陆地、海洋），同时所有光子已进行地球物理修正（如地球潮汐、大气延迟等）
Level 2	ATL04	未校准的后向散射廓线	沿轨大气后向散射数据，包括极地区域的校准系数

续表

等级	产品	名称	描述
Level 2	ATL06	冰层高程数据	沿轨距离每40 m对应的陆冰表面高程和相对水流表面高程,跨轨坡度信息
Level 2	ATL07	北极/南极海冰高程	海冰和开放水域高程,沿轨方向步长由每波束对应的光子返回来决定
Level 2	ATL08	陆地植被高度	地面高程信息,在数据允许的情况下,包括层高度、冠层覆盖率、地表坡度和粗糙度、表观反射率
Level 3	ATL09	校准的后向散射和云特性	沿轨方向云和其他重要大气层高度、厚度、综合后向散射和光学深度
Level 3	ATL10	北极/南极海冰出水高度	利用所有可用的海面高度测量值估算海洋空间尺度上的海冰出水,包括海面和海冰高程的统计信息
Level 3	ATL11	南极/格陵兰冰盖序列	通过分析冰盖区的重复轨道观测数据,生成冰盖高程的时间序列
Level 3	ATL12	海洋高程	特定区域的海洋表面高程,含高度分布、粗糙度、坡度等
Level 3	ATL13	内陆水位	沿轨方向内陆及近海岸水位分布,在数据允许情况下,包括粗糙度、坡度和坡向
Level 3	ATL14	格网化的南极洲/格陵兰岛冰盖时间序列冰盖高度	根据所有的冰盖高度数据制作的每年冰盖高度分布图
Level 3	ATL15	格网化的南极洲/格陵兰岛冰盖覆盖高度变化	每个冰盖的高度变化图,每年冰盖高度变化图,以及整体冰盖高度变化图
Level 3	ATL16	每周 ATLAS 大气	极地云量、吹雪频率、地面探测频率
Level 3	ATL17	每月 ATLAS 大气	极地云量、吹雪频率、地面探测频率
Level 3	ATL18	格网化地面高程/植被冠层	格网化的地面高度、冠层高度和冠层覆盖度分布图
Level 3	ATL19	平均海洋高度	格网化的海洋高度分布图
Level 3	ATL20	格网化的北极/南极海冰出水高度	格网化的北极/南极海冰出水高度分布图
Level 3	ATL21	海冰覆盖区域格网化的海洋高度	海冰覆盖范围内,格网化的每月海洋高度分布图

(三) GEDI

GEDI是NASA地球探测任务(EVI)的一部分,2014年被选中,采用了三激光全波形记录激光雷达仪器,安装在国际空间站(ISS)的日本实验模块开放平台(JEM-EF)上,如图3-18所示。旨在通过星载激光雷达对全球森林三维结构进行详细测量,以深化对生态系统、碳循环及气候变化的理解。GEDI于2018年12月5日发射,计划运行至少两年,将获取约100亿次无云的地表观测数据。GEDI的三个激光器工作波长为1064 nm,其中一个激光器分成两束较弱的能量光束,因此总共形成四束激光,每束激光在地表形成直径约25 m的光斑(即从地表反射激光能量的区域)。这些光束通过光学抖动生成八条地面轨迹,每条轨迹沿轨道方向的采样间隔约为60 m,返回的全波形激光数据具有2~3 cm的垂直测量精度。GEDI的沿轨观测数据由间

图3-18 GEDI观测示意图(图片来源:https://gedi.umd.edu/mission/mission-overview/)

隔600 m的八条轨迹采集,有效覆盖宽约4.2 km的地带。GEDI仪器具备与国际空间站速度矢量大致对齐的轴线进行指向或旋转的能力。因此,仪器的指向功能可以使GEDI的条带中心跟踪预定义的参考地面轨迹,尽管国际空间站的轨道并非重复轨道。参考轨迹的设计尽可能与国际空间站的轨道相一致,减少仪器的偏离指向,并且与国际空间站的51.6°倾角保持一致。对于每个光斑,GEDI将提供一套波形指标,包括冠层高度、相对高度(RH)指标、冠层剖面指标和地面高程。其主要科学目标包括:① 对地球的三维结构进行高分辨率激光测量;② 精确测量森林冠层高度、冠层垂直结构和地表高度;③ 研究碳/水循环对其生物多样性和栖息地特征的影响。GEDI系统主要参数如表3-17所示。

表3-17 GEDI系统主要参数

参数	指标	参数	指标
运行高度/km	419	轨道间距/km	600
覆盖范围	51.6°S ~51.6°N	扫描幅宽/km	4.2
发射频率/Hz	242	脉冲宽度/ns	14
激光波长/nm	1064	脉冲能量/mJ	2
光斑直径/m	25	地面轨道数/个	8
光斑升轨间距/m	60	计划运行时间/a	2

GEDI数据产品分为L1、L2、L3、L4四级:L1产品为经过地理定位的波形数据;L2产品为光束尺度冠层高度和剖面,通过对波形进行处理得到的冠层高度和剖面指标,如地形高度、冠层高度、相对冠层高度指标和叶面积指数(leaf area index, LAI);L3产品为网格化的冠层高度、覆盖度和LAI等,通过对冠层高度、冠层剖面、LAI、垂直叶型及其不确定性的L2级光束尺度参数数据进行空间插值,得到对应的L3级产品;L4产品是光束尺度和格网的地上碳估算,也是GEDI产品的最高级别,通过将L2产品中得出的光束尺度指标转换为光束尺度地上生物量,然后利用统计理论估算出1 km格网的平均生物量及其不确定度。GEDI数据产品的分类和分辨率如表3-18所示。

表3-18 GEDI数据产品概述

等级	产品	描述	分辨率
L1	GEDI01_A-RX	原始GEDI波形	25 m
L1	GEDI01_B	经过地理定位的GEDI波形	25 m
L2	GEDI02_A	光束尺度地面高程、冠层高度、冠层高度、相对冠层高度指标	25 m
L2	GEDI02_B	光束尺度冠层覆盖度、叶面积指数、垂直叶型	25 m
L3	GEDI03	格网化冠层覆盖度、叶面积指数、垂直叶型	1 km
L4	GEDI04_A	光束尺度地上生物量	25 m
L4	GEDI04_B	格网化地上生物量	1 km

思考题

1. 什么是遥感平台?试述各种遥感平台的特点。
2. 卫星轨道有哪几种?遥感卫星为什么常采用太阳同步轨道?
3. 简要回答多光谱扫描仪的成像原理。
4. 试述TM与SPOT卫星的传感器和成像特点。
5. 我国已发射的高分辨率(>1 m)光学卫星有哪些?

第四章　传　感　器

本章导读

本章主要介绍传感器及传感器的种类、主要组成部分(收集器、探测器、处理器、输出器),以及传感器空间分辨率和图像的几何特性等内容。通过学习本章,学生可初步了解传感器的基本知识,为今后遥感图像的理解、数据处理做知识铺垫。

传感器(sensor),也叫敏感器或探测器,是收集、探测并记录地物电磁波辐射信息的仪器。它的性能制约着遥感技术的能力,即传感器探测电磁波波段的响应能力、传感器的空间分辨率和图像的几何特性、传感器获取地物电磁波信息量的大小和可靠程度等。

第一节　传感器概述

一、传感器的分类

传感器的种类繁多,分类方法也多种多样,图 4 - 1 是传感器的分类情况。常见的分类方式有以下三种。

按电磁波辐射来源的不同,把传感器分为主动式传感器和被动式传感器。主动式传感器向目标发射电磁波,然后收集从目标反射回来的电磁波信息,如合成孔径雷达等;被动式传感器收集的是地面目标反射太阳光的能量或目标自身辐射的电磁波能量,如摄影相机和多光谱扫描仪等。

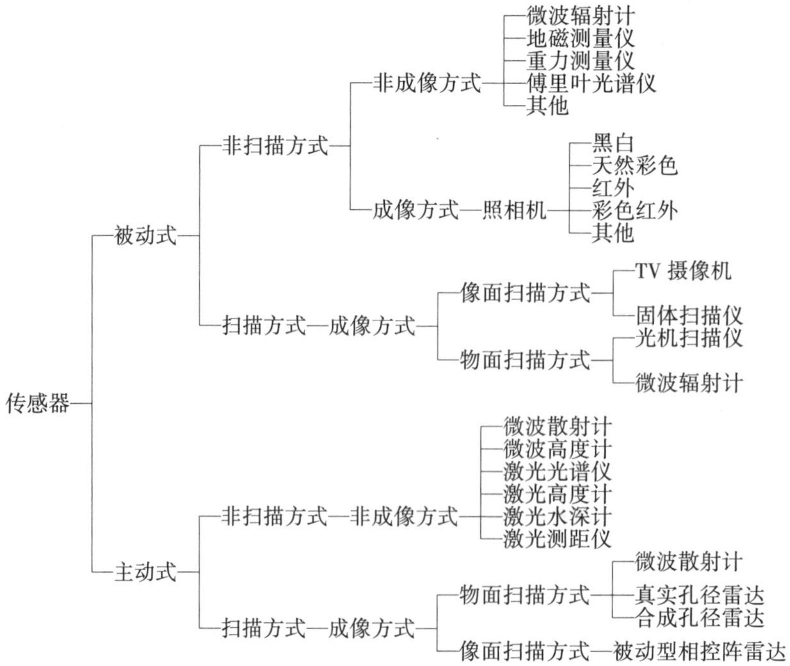

图 4 - 1　传感器的分类

按成像原理和所获取图像性质的不同,把被动式传感器分为摄影机、扫描仪和雷达三种类型。摄影机按所获取图像的特性又可细分为框幅式、缝隙式、全景式三种;扫描类型的传感器按扫描成像方式又可分为光机扫描仪和推帚式扫描仪;雷达按其天线形式分为真实孔径雷达和合成孔径雷达。

按记录电磁波信息方式的不同,把主动式传感器分为成像方式的传感器和非成像方式的传感器。成像方式的传感器的输出结果是目标的图像,而非成像方式的传感器的输出结果是研究对象的特征数据,如微波高度计记录的是目标距平台的高度数据。

二、传感器的组成

从结构上看,所有类型的传感器基本由收集器、探测器、处理器、输出器四部分组成(图4-2)。

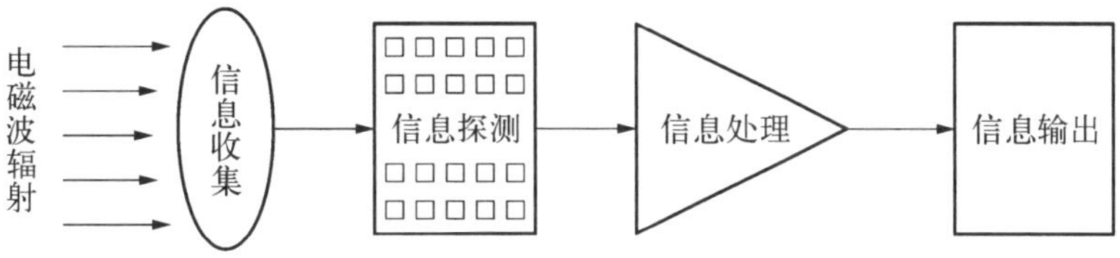

图4-2　传感器构成示意图

(一) 收集器

收集器收集或接收目标物发射或反射的电磁辐射能,并把它们进行聚焦,然后送往探测系统。传感器的类型不同,收集器的设备元件也不一样。摄影机的收集元件是凸透镜;扫描仪用各种形式的反射镜以扫描方式收集电磁波,雷达的收集元件是天线,两者都采用抛物面聚光。如果进行多波段遥感,那么收集系统中还包含按波段分波束的元件,如滤色镜、棱镜、光栅、分光镜、滤光片等。

(二) 探测器

探测元件是接收地物电磁辐射的器件,是传感器中最重要的部分,其功能是实现能量转换,测量和记录接收到的电磁辐射能。常用的探测元件有感光胶片、光电敏感元件、固体敏感元件和波导。不同探测元件有不同的最佳使用波段和不同的响应特性曲线波段。探测元件之所以能探测到电磁波的强弱,是因为探测器在电磁波作用下发生了某些物理或化学变化,这些变化被记录下来并经过一系列处理,便成为人眼能看到的相片。

感光胶片通过光化学作用探测近紫外至近红外的电磁辐射,其响应波段约为0.3~1.4 μm。这一波段的电磁辐射能使感光胶片上的卤化银颗粒分解,析出银粒的多少反映光照的强弱,并构成地面物象的潜影,胶片经过显影、定影处理,就能得到稳定的可见影像。

光电敏感元件是利用某些特殊材料的光电效应把电磁波信息转换为电信号来探测电磁辐射的,其工作波段涵盖紫外至红外波段。光电敏感元件按其探测电磁辐射机理的不同,又分为光电子发射器件、光电导器件和光伏器件等。

热探测器是利用辐射的热效应工作的。探测器吸收辐射能量后,温度升高,从而引起其电阻值或体积发生变化。测定这些物理量的变化便可知辐射的强度,但热探测器的灵敏度和响应速度较低,仅在热红外波段应用较多。

雷达在技术上属于无线电技术,在接收微波的同时,把电磁辐射转变为电信号,电信号的强弱反映微波的强弱。它的探测元件称作波导,是一个制成一定尺寸的金属钢管,靠微波在波导腔中的反射来传播。由天线接到的微波波束，聚焦后由波导接收和传递微波，不同尺寸的波导接收不同波长的微波信息。

(三) 处理器

处理器的主要功能是对探测器探测得到的化学能或电能等信息进行加工处理，即进行信号的放大、增强或调制。在传感器中，除了摄影使用的感光胶片无须进行信号转化之外，其他的传感器都有信号转化问题。光电敏感元件、固体敏感元件和波导输出的都是电信号，从电信号转化到光信号需要有一个信号转化系统，即光电转化器。光电转换一般通过氖灯管、显像管等，使输入的电信号输出时或经光机扫描时序输出光点，或经电子扫描在荧光屏上输出整幅图像。目前，很少将电信号直接转换记录在胶片上，而是记录在模拟磁带上。磁带回放制成胶片的过程可以在实验室进行，使传感器的结构变得更加简单。

(四) 输出器

传感器的最终目的是把接收到的各种电磁波信息用适当的方式输出。遥感影像信息的输出一般有直接和间接两种方式。直接方式有摄影分幅胶片、扫描航带胶片、合成孔径雷达的波带片，还有一种是在显像管荧光屏上显示，对于荧光屏上的图像仍需用摄影方式把它拍成胶片。间接方式有模拟磁带和数字磁带。模拟磁带回放出来的电信号可通过电光转化显示图像；数字磁带记录时要经过模数转换，回放时要经过数模转换，最后仍要通过光电转化才能显示图像。输出器的类型有扫描晒像仪、阴极射线管、电视显像管、磁带记录仪、彩色喷墨记录仪等。

第二节　摄影类型的传感器

摄影类型传感器主要包括单镜头框幅式摄影机、缝隙式摄影机、全景摄影机以及多光谱摄影机等。其共同特点都是由物镜收集电磁波，并聚焦到感光胶片上，通过感光材料的探测与记录，在感光胶片上留下目标的潜像，然后经过摄影处理，得到可见的影像。同时，其工作波段主要在可见光波段，而且较多地用于航空遥感探测。

一、单镜头框幅式摄影机

航空、航天摄影测量的相机一般采用单镜头框幅式摄影机。这类相机的成像原理与普通照相机相同，在空间摄影的瞬间，地面视场范围内的目标辐射信息一次性通过镜头中心后在焦平面上成像，获得一张完整的分幅相片(18 cm×18 cm 或 23 cm×23 cm)。

航空摄影测量对摄影机的要求非常严格，如镜头畸变要小，解像力要高，光轴与胶片平面必须正交，可以精密测量出光轴与像面的位置关系，胶片应具备严格的平面性，配有使胶片平面移动的像移补偿装置，以使相机在高速运动中取得清晰的、消除像移的图像。

在太空工作的摄影机，在设计上需要根据太空环境的特点，增加一些特殊装置或做一些特殊处理，以解决各种可能出现的问题。例如，针对摄影机在空间摄影地区的地理纬度相差很大，太阳高度角各不相同，且不同地区的地物反射能力不尽相同的特点，装备自动曝光控制装置，使摄影机能得到合适的曝光量；摄影机在空间工作时的环境温度会直接影响光学系统的性质，改变焦面位置和胶片灵敏度，因此必须控制窗口内的温度、压力和湿度，尽量减少这些因素对空间摄影机光学系统的影响。

用于航天遥感的相机也很多，如在美国航天飞机及空间实验室工作过的 RMK－A30/23 摄影机，焦距为 305.128 mm,像幅为 23 cm×23 cm,标准卫星高度为 250 km,相片比例尺为 1∶820000,每幅相片对应地面范围为 189 km×189 km,物镜最大畸变差为 6 μm,分辨率为 39 线对/mm,每 4~6 s 或 8~12 s 曝光一次,相机姿态控制在 0.5°以内,取得影像的航向重叠度为 60%~80%。

二、缝隙式摄影机

缝隙式摄影机又称航带式或推扫式摄影机。缝隙式摄影机安装在飞机或卫星上,摄影瞬间所获取的影像是与航向垂直且与缝隙等宽的一条地面影像带(图 4-3)。当飞机或卫星向前飞行时,在相机焦平面上与飞行方向垂直的狭隙中,出现连续变化的地面影像。若相机内的胶片不断地卷绕,且卷绕速度与地面影像在缝隙中的移动速度相同,就能得到连续的条带状的航带摄影相片。

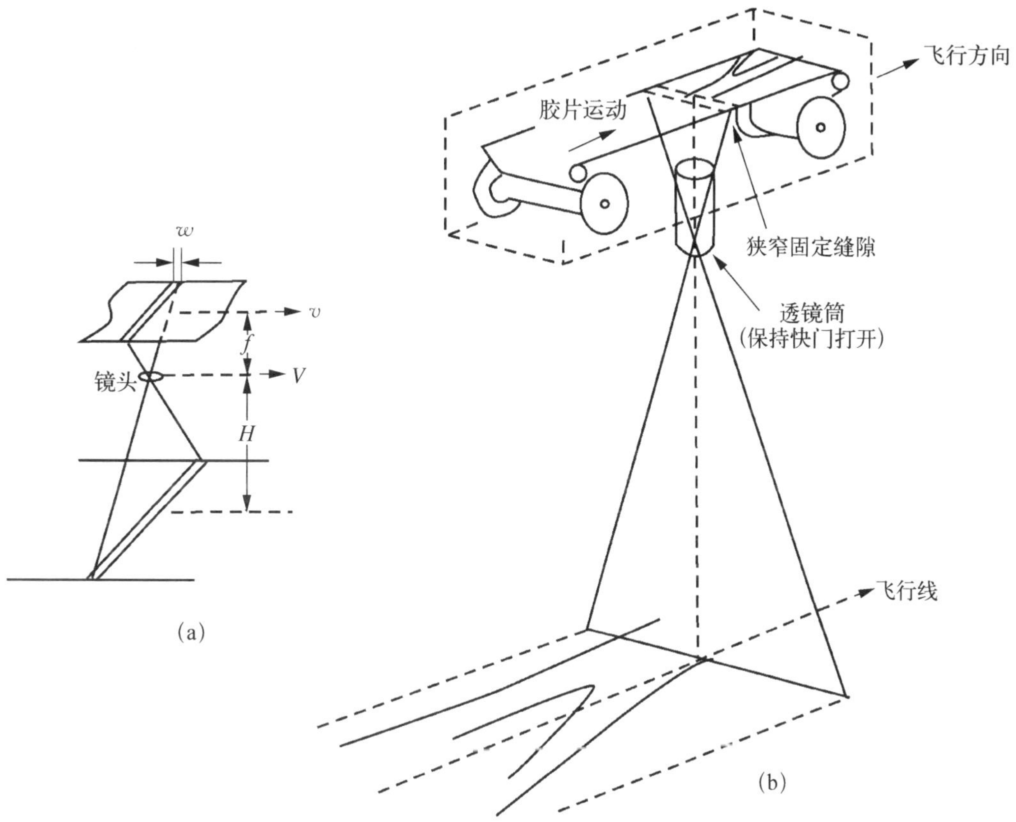

图 4-3 缝隙式摄影机成像过程

缝隙式摄影机不是一幅一幅地曝光,而是连续曝光。为了摄得清晰、连续的影像,必须使卷片速度(W_p)与景物在相机焦平面内移动的速度(W_i)相等,即

$$W_p = W_i = W \cdot \frac{f}{H} \tag{4-1}$$

式中,W 为飞机或卫星的地速;H 为平台高度;f 为相机焦距。

从式(4-1)可以看出,摄影的同步性与平台速高比 $\frac{W}{H}$ 有关。当平台速度与卷片速度不匹配时,尽管它仍是多中心投影(每个缝隙的影像有同一投影中心),但是条缝间的影像会出现重叠和不连续性。由于在实际摄影中难以保持合适的速高比,相机姿态变化不易控制,这种摄影机已较少应用,但缝隙式摄影机的设计理念是目前较流行的线阵 CCD 传感器的基础。

三、全景摄影机

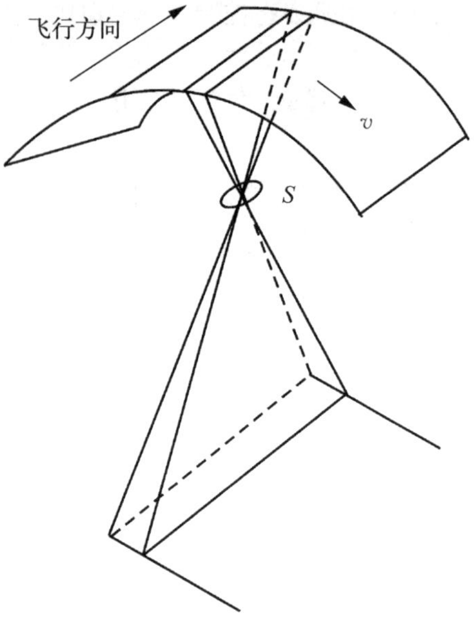

图 4－4　全景摄影机成图原理

全景摄影机又称扫描摄影机或摇头摄影机，其成像原理是：利用焦平面上一条平行飞行方向的狭缝来限制瞬时视场，在摄影瞬间获得地面上平行于航迹线的一条很窄的影像，当物镜沿垂直航线方向摆动时，就得到一幅全景相片（图 4－4）。

全景摄影机的特点是焦距长，有的长达 600 mm 以上，可在长约 23 cm、宽达 128 cm 的胶片上成像。这种相机的摄影视场很大，有时能达 180°，可摄取航迹到两边地平线之间的广大地区。由于每个瞬间的影像都在物镜中心一个很窄的视场内构像，因此相片上每一部分的影像都很清晰，像幅两边的影像分辨率明显提高。但由于全景相机在成像过程中焦距保持不变，而物距随扫描角的增大而增大，因此在图像上会出现两边比例尺逐渐缩小的现象。

四、多光谱摄影机

对同一地区、同一瞬间摄取多个波段影像的摄影机称为多光谱摄影机。同一地物在不同光谱段具有不同的辐射特征，多光谱摄影增加了目标地物的信息量，通过对比分析或图像处理技术，可以有效提高影像的判读和识别能力。常见的多光谱摄影机有单镜头和多镜头两种形式。

（一）单镜头型多光谱摄影机

单镜头型多光谱摄影机成像原理是在物镜后面，利用分光装置将收集的光束分离成不同的光谱成分，然后使它们分别在不同胶片上进行曝光，形成地物不同波段的影像。这种摄影机的分光原理通常是利用半透明的平面镜的反射和透射现象，将收集的光束分解成所要求的几个光束，然后使它们分别通过不同的滤光片，从而达到分光的目的。图 4－5 是一种四波段相机的分光示意图。

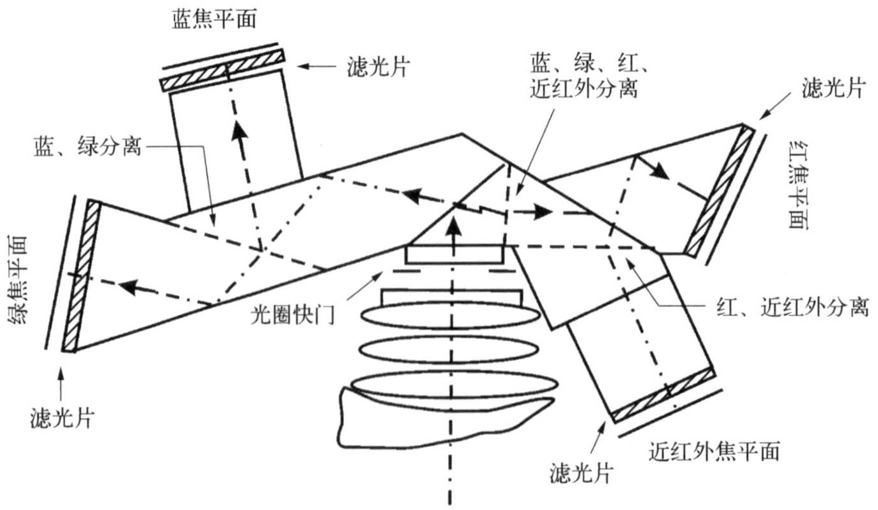

图 4－5　多光谱摄影机分光原理示意图

（二）多镜头型多光谱摄影机

多镜头型多光谱摄影机的成像过程，是利用多个物镜获取地物在不同波段的反射信息（采用在不同镜头前加不同滤光片的形式），并同时在不同胶片上曝光而得到地物的多光谱相片。相机物镜镜头的数量决定了其获取多光谱相片的波段数量，如四镜头多光谱相机可同时获取四个波段的多光谱相片。图 4－6 为四镜头多光谱相机的成像原理图。

图 4－6 多镜头多光谱相机的成像原理图

摄影相机在成像时要根据不同的目的，选择合适的胶片和对应的滤光片。根据感光特性的不同，摄影胶片可分为黑白胶片、彩色胶片和彩色红外胶片。常用的黑白胶片有全色胶片和全色红外胶片，它们的感光范围分别为 0.4～0.7 μm 和 0.4～0.8 μm。地物在黑白胶片上影像的密度与其反射太阳辐射的能力大小成正比。彩色胶片的感光范围是 0.4～0.7 μm，地物在负片上的颜色与地物自身的颜色互补，在晒印相片（正片）上的颜色与地物颜色一致。彩色红外胶片的感光范围是 0.5～0.8 μm，仅对绿色光、红色光和近红外光起作用。在负片上，绿色物体呈黄色，红色物体呈蓝色，反射近红外光能力强的物体呈青色；在正片上，绿色物体呈蓝色，红色物体呈绿色，反射近红外光能力强的物体呈红色。由于地物在彩色红外相片的颜色与其自身颜色不一致，所以彩色红外相片又叫假彩色红外相片。

滤光片是改变光线光谱成分的介质，是获取理想影像不可缺少的器件。滤光片按制作材料可分为玻璃滤光片、胶质滤光片、塑料滤光片和液体滤光片，摄影中采用的大多是玻璃滤光片。摄取全色相片和彩色相片时，为了减少大气散射光的影响，增加影像反差和防止偏色，常在摄影机的镜头前加浅黄色滤光片来限制蓝光的通过；假彩色红外摄影时，通过黄色滤光片吸收全部蓝光成分，使绿色光、红色光、红外光通过，达到摄影目的。

摄影照相机用胶片记录地物电磁波辐射信息，具有很高的灵敏度和分辨率。但是，摄影胶片所能响应的波段在 0.4～1.1 μm 的较窄范围内，即它仅能获取地物的 0.4～1.1 μm 的电磁波信息，而且胶片不便于地物信息的实时传输和数字处理，因此，这种类型的传感器难以长时间连续工作。

第三节 扫描方式的传感器

受胶片感光范围的限制，摄影相片一般只能记录波长在 0.4～1.1 μm 的电磁波辐射能量，且航天遥感时采用摄影型相机的卫星所带的胶片有限，因此，摄影成像的应用范围受到了很大限制。而扫描方式的传感器的探测范围可以从可见光区至整个红外区，并且采用专门的光敏或热敏探测器把收集到的地物电磁波能量变成电信号记录下来，然后通过无线电频道向地面发送，从而实现遥感信息的实时传输。由于扫描方式的传感器既扩大了探测的波段范围，又便于数据的存储与传输，因此成为航天遥感普遍采用的一类传感器。

常见的扫描方式的传感器有光机扫描仪、固体扫描仪和成像光谱仪等。电视摄像机是像面电子扫描方式的扫描仪，在遥感中使用较少，这里不作介绍。

一、光机扫描仪

光机扫描仪(光学机械扫描仪),是借助于传感器本身沿着垂直于遥感平台飞行方向的横向光学机械扫描,获取覆盖地面条带图像的成像装置。光机扫描仪主要有红外扫描仪和多光谱扫描仪两种,主要由光学扫描系统、分光器、探测器、同步控制系统和输出器等几部分组成(图4-7)。

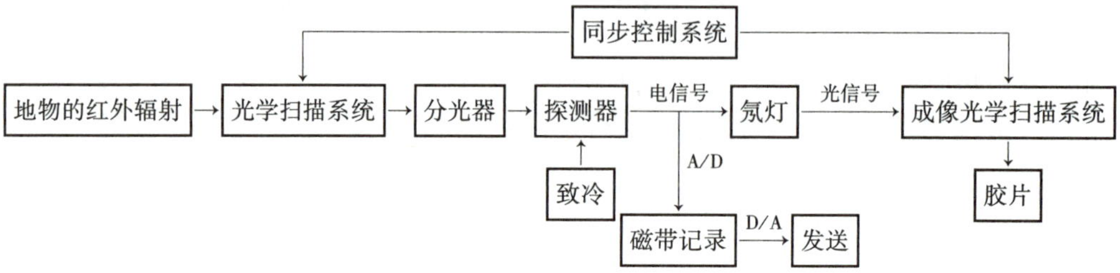

图4-7 光机扫描仪的结构图

(一)光机扫描仪的成像过程

如图4-8所示,当旋转棱镜旋转时,第一个镜面对地面横越航线(垂直于飞行)方向扫视一次,在地面瞬时视场内的地面辐射能由旋转棱镜反射到反射镜组,经其反射、聚焦在分光器上,经分光器分光后分别照射到相应的探测器上。探测器则将辐射能转变为视频信号,再经电子放大器放大和调整,在阴极射管上显示瞬时视场的地面影像,在底片曝光后记录下来(称为一个像元),或者视频信号经模/数转换器转换,变成数字电信号,经采样、量化和编码,变成数据流,向地面实时发送或由磁带记录仪记录后延时回放。随着棱镜的旋转,垂直于飞行方向上的地面依次成像形成一条影像线被记录下来。平台在飞行过程中,扫描旋转棱镜依次对地面扫描,形成一条条相互衔接的地面影像,最后形成连续的地面条带影像。在取得地面影像的同时,还要获取图像的校标数据。地面辐射经转换变成电信号时,会受到探测元件灵敏度变化的影响,使得相同电磁波辐射强度的地物产生不同的信号。为此,将辐射强度和温度一定的辐射源(或热源)装入扫描仪,在获取地面图像的同时,每隔一定的时间探测器也对仪器内辐射体(或热体)进行探测,把探测的结果变成电信号或图像,由此可作为校正因探测误差而引起的辐射误差,以保持图像的灰度测量精度。

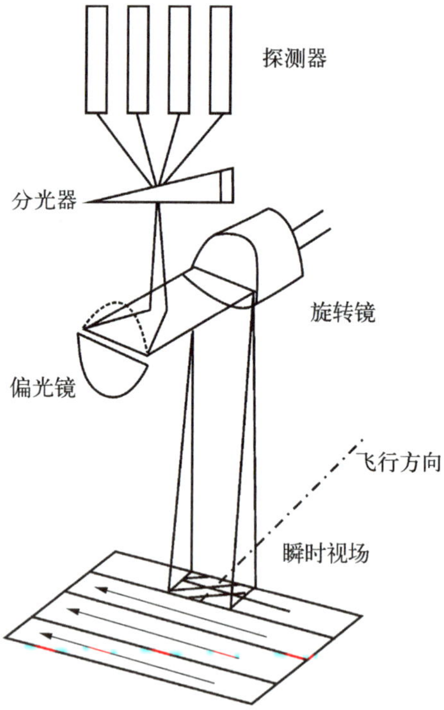

图4-8 光机扫描仪的成像过程

(二)多光谱扫描仪的结构和成像过程

陆地卫星上的多光谱扫描仪(multispectral scanner, MSS)的结构如图4-9所示,由扫描反射镜、校正器、聚光系统、旋转快门光学纤维、滤光器和检波器等组成。

扫描仪反射镜是一个表面镀银的椭圆形铍反射镜,长轴33 cm,短轴23 cm,与地面和聚光镜的光轴均成45°倾角,扫描镜围绕正常位置摆动的幅度为2.89°,摆动频率为13.62 Hz,对垂直于卫星轨迹方向的地面进行扫描(横向扫描),星下视场角为11.56°(0.202 rad),被扫的地面宽度约185 km,沿卫星轨迹方向的扫描(纵向扫描)由卫星沿轨迹的运动来实现。由于卫星的运行周期为 103.267 分钟,星下地面点相对卫星沿轨迹方向的移动速度为 6.47 km/s。扫描镜摆动一次(一个摆动周期)的时间为 7.342 ms,在摆动周期内星下地面点相对移动了约 474 m。为了使扫描能连续地进行,并保持一定的分辨力,MSS 扫描仪每个探测器的瞬时视场,设计成从标称轨道上对地面为 79 m × 79 m 的地区,共用六个探测器排成一列,列长相应地面上的长度约 474 m。这样,第一条横向扫描经过一个周期回扫至起点,进行下一次横向扫描时,正好与上一次横向扫描的第六条扫描线相邻连接,形成连续对地面扫描(图 4 - 10)。

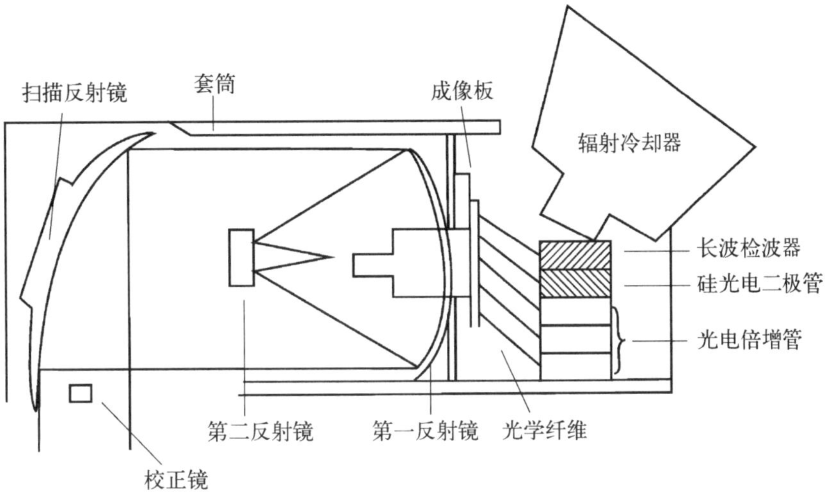

图 4 - 9 多光谱扫描仪的结构

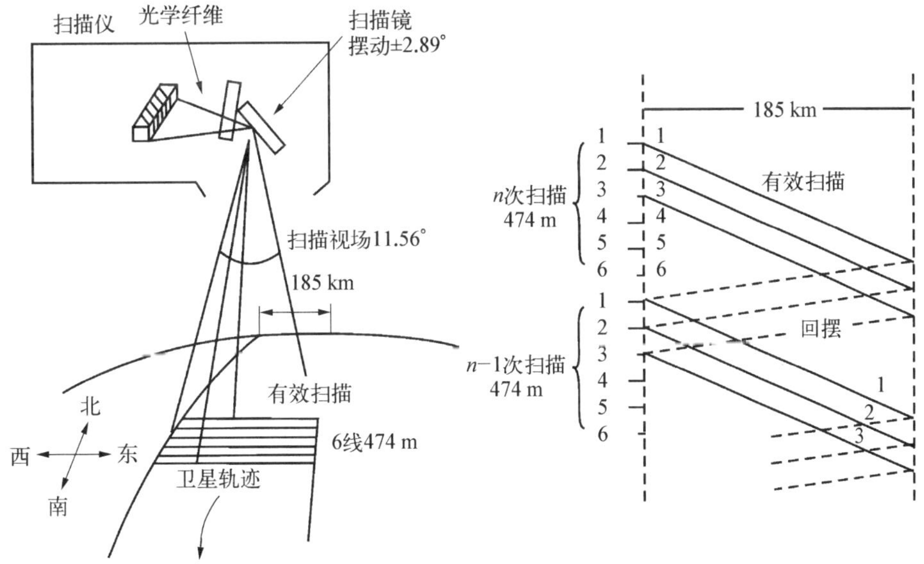

图 4 - 10 多光谱扫描仪扫描过程示意图

回扫期间(即扫描镜从东向西摆动时),快门轮关闭了光学纤维板对地球的通视,校准灯光源通过安装在快门轮上的一个可变的中性密度滤光器投射到光学纤维板上。这样,在回扫间隔中便把一个校准楔(灰度楔)引入光谱带 1~4 的视频数据里。对每幅景象提供一个 15 级的灰标,在地面处理时用于纠正相片的辐射误差,避免相片上因六个探测器而可能出现的增益变化造成的条纹。

地面目标光学信号经扫描反射镜,反射至由第二反射镜组成的光学聚焦系统,聚焦在光学纤维上,光学纤维按照 4×6 的矩阵形式排列,共有 24 个像元。在扫描过程中,每条扫描线所摄影像都依次掠过与之相应的4 个像元,它们的光谱范围如表 3 - 2 所示。Landsat - 3 上增加了一个热红外通道 MSS - 8,它的光谱范围为10.4~12.6 μm。瞬时视场较前四个大三倍,因此光学纤维板上排成两块,其地面分辨力也变为 120 m × 120 m。

Landsat－4、Landsat－5 上的专题制图仪（thematic mapper，TM）也属于多光谱扫描。与多光谱扫描仪相比，它的瞬时视场对应在地面为 30 m × 30 m，探测波段增加到 7 个，如表 3－2 所示。另外，专题制图仪中增加了一个扫描改正器，其目的是使扫描行垂直于飞行轨道，并实现往返双向对地面进行有效扫描。

二、固体扫描仪

固体扫描仪是用电荷耦合元件（charge coupled device，CCD）作为光敏探测器的成像传感器。和光机扫描仪相比，它使用由半导体材料制成的固体探测器件，通过遥感平台的运动对目标地物进行扫描成像。这种探测器件是在受光或电激发产生的电荷靠电子或空穴运载，在固体内移动，以产生输出信号，具有自扫描、感受波谱范围宽、畸变小、体积小、重量轻等一系列优点，并可制成集成度很高的组合件。固体扫描仪有线阵列和面阵列两种类型。目前，越来越多的扫描仪采用线阵列或面阵列 CCD 探测元件，以代替光机扫描系统。

线阵列传感器获取图像的方式如图 4－11 所示，线阵列方向与飞行方向垂直，在某一瞬间得到的是一条线影像，一幅影像由若干条线影像拼接而成，所以又称为推扫式扫描成像。这种成像方式在几何关系上与缝隙摄影机的情况相同。SPOT 卫星使用的 HRV（high resolution visible range instrument）传感器就是一种 CCD 线阵列传感器，其多光谱 HRV 的每个波段的线阵列探测器组由 3000 个 CCD 元件组成，每个元件形成的像元相对地面上为 20 m×20 m。因此，一行 CCD 探测器形成的影像线相对地面上为 20 m×60 km。全色 HRV 用 6000 个 CCD 元器件组成一行，地面上总的宽度仍为 60 km，因此每个像元对应地面的大小为10 m×10 m。

将若干个 CCD 元器件排列在一个矩形区域中，即可构成面阵列传感器，每个 CCD 元器件对应于一个像元。目前，长线阵、大面阵 CCD 传感器已经问世，长线阵可达 12000 个像元，长为 96 mm；大面阵可达到5120 像素×5120 像素，像幅为 61.4 mm×61.4 mm。每个像元的地面分辨率可达到 2～3 m，甚至 1 m 以上。面阵列 CCD 传感器获取图像的方式如图 4－12 所示，它与框幅式摄影机相似，某一瞬间获得一幅完整的影像，因而是一个单中心投影，其构像关系可直接使用框幅式中心投影的空相片的构像关系式。

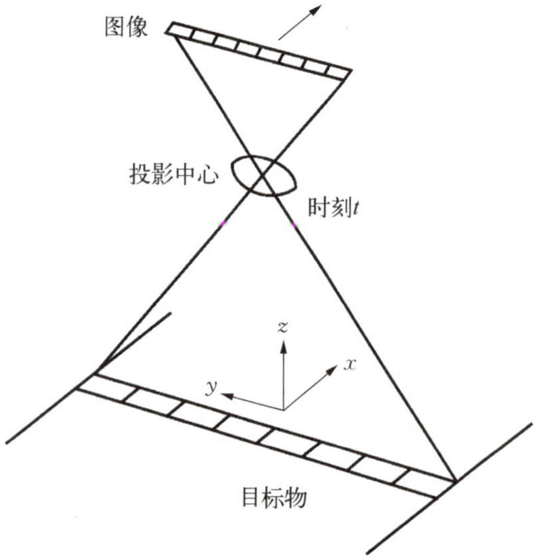

图 4－11　线阵列传感器成像方式

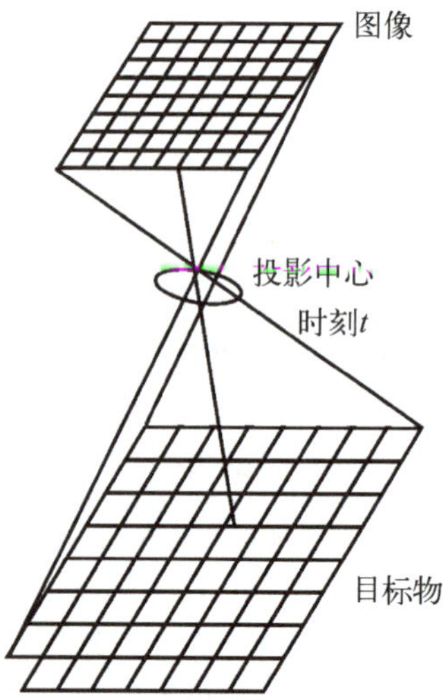

图 4－12　面阵列传感器成像方式

三、成像光谱仪

在一定的波长范围内,传感器的探测波段分割越多,即波谱采样点越多,所获取的数据的连续性就越强,从而使传感器在获取目标地物图像的同时,也能获取反映地物特点的连续、光滑的光谱曲线。这种既能成像又能获取目标光谱曲线的“谱像合一”的技术,称为成像光谱技术。按照这种技术原理制成的扫描仪称为成像光谱仪。

高光谱成像光谱仪是新一代传感器,是遥感发展中的新技术,其获取的图像是由多达数百个波段的非常窄的连续的光谱段组成,光谱波段覆盖了可见光、近红外、中红外和热红外区域的全部光谱带,使图像中的每个像元均能得到连续的反射率曲线,而不是像其他传统的成像光谱仪在波段之间存在间隔。目前成像光谱仪主要应用于高光谱航空遥感,在航天遥感领域高光谱也开始应用。它的种类很多,工作原理各不相同。

成像光谱仪按其结构的不同,可分为两种类型。一种是面阵探测器加推扫式扫描仪的成像光谱仪(图4-13),它利用线阵列探测器进行扫描,利用色散元件和面阵探测器完成光谱扫描,利用线阵列探测器及其沿轨道方向的运动完成空间扫描。另一种是用线阵列探测器加光机扫描仪的成像光谱仪(图4-14),它利用点探测器收集光谱信息,经色散元件后分成不同的波段,分别在线阵列探测器的不同元件上,通过点扫描镜在垂直于轨道方向的面内摆动以及沿轨道方向的运动完成空间扫描,而利用线探测器完成光谱扫描。

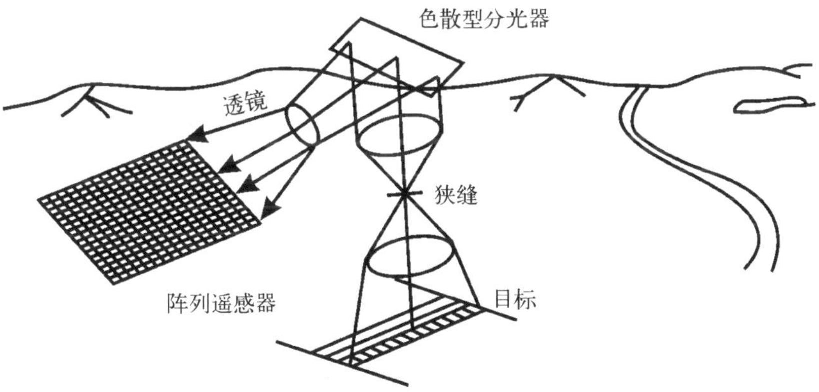

图4-13　带面阵的成像光谱仪

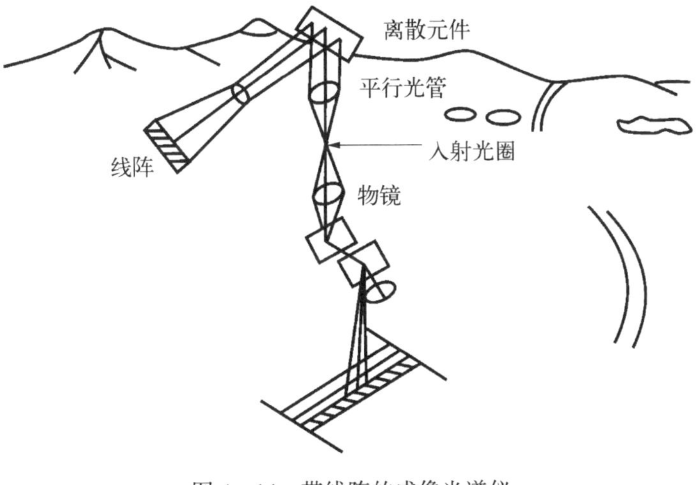

图4-14　带线阵的成像光谱仪

成像光谱仪数据具有光谱分辨率极高的优点，同时由于数据量巨大，难以进行存储、检索和分析。为解决这一问题，必须对数据进行压缩处理，而且不能沿用常规少量波段遥感图像的二维结构表达方法。图像立方体就是适应成像光谱数据的表达而发展起来的一种新型的数据格式，它是类似扑克牌式的各光谱段图像的叠合。立方体正面的图像是一幅自己选择的三个波段图像合成，它是表示空间信息的二维图像，在其下面则是单波段图像叠合；位于立方体边缘的信息表达了各单波段图像最边缘各像元的地物辐射亮度的编码值或反射率，这种图像表示形式亦称为影像立方体。

从几何角度来说，成像光谱仪的成像方式与多光谱扫描仪相同，或与 CCD 线阵列传感器相似，因此，在几何处理时，可采用与多光谱扫描仪和 CCD 线阵列传感器数据类似的方法。但目前，成像光谱仪只注重提高光谱分辨率，其空间分辨率却较低（几十甚至几百米）。正是因为成像光谱仪可以得到波段宽度很窄的多波段图像数据，所以它多用于地物的光谱分析与识别上。特别地，由于目前成像光谱仪的工作波段为可见光、近红外和短波红外，因此对于特殊的矿产探测及海色调查是非常有效的，尤其是矿化蚀变岩在短波段具有诊断性光谱特征。与其他遥感数据一样，成像光谱数据也受大气、遥感平台姿态、地形因素的影响，产生横向、纵向、扭曲等几何畸变及边缘辐射效应，因此，在数据提供给用户使用之前必须进行预处理。预处理的内容主要包括平台姿态的校正、沿飞行方向和扫描方向的几何校正以及图像边缘辐射校正。

第四节　雷达成像仪

侧视雷达（side looking airborne radar）是从遥感平台行进方向的侧面向地面发射一定波长和功率的高频电磁波波束，然后接收该波束被目标散射返回的后向散射信号，从而探测目标的一种主动式传感器。侧视雷达发射的波长大都在微波（0.1～100 cm）范围内，所以又把雷达图像叫作微波图像。

侧视雷达一般由脉冲发射机、接收机、发射接收转换开关、天线和显示记录器组成。脉冲发射机产生脉冲信号，由转换开关控制，经天线向观测地区发射。地物反射脉冲信号，也由转换开关控制进入接收机。接收的信号在显示器上显示或记录在磁带上。

雷达接收到的回波中，含有多种信息，如雷达到达目标的距离、方位、雷达与目标的相对速度（即做相对运动时产生的多普勒频移）、目标的反射特性等。其中距离信息可用公式表示为

$$R = \frac{1}{2}Ct \tag{4-2}$$

式中，R 为雷达到目标的距离；C 为电磁波传播速度；t 为雷达和目标间脉冲信号往返的时间。

雷达波波长一般为 0.1～100 cm，通常需要根据特定的探测目的而选用特定波长的微波，表 4－1 列出了成像雷达常用的几个波段及其频率和探测对象。

表 4－1　成像雷达常用的几个波段

波段名称	频率/GHz	测量对象
L	1～2	波浪
S	3～4	地质
C	4～8	土壤水分
X	8～12	降雨
Ku	12～18	风、冰、大地水准面
K	18～27	植被
Ka	27～40	雪
W	约 75	云

由于侧视雷达使用的是微波波段的电磁波,大气对它的影响极小,可以全天候取得地面的雷达图像,并且侧视雷达图像的地面分辨率与平台高度无关,因此侧视雷达传感器越来越被广泛使用。

侧视雷达按其天线工作方式的不同,分为真实孔径侧视雷达(SLAR)和合成孔径侧视雷达(SAR)两种。

一、真实孔径侧视雷达

真实孔径侧视雷达的工作原理如图 4－15 所示。天线装在飞机或卫星的侧面,雷达发射天线向平台行进方向(称为方位方向)的侧向(称为距离方向)发射一束宽度很窄的脉冲电磁波束,然后接收从目标地物反射回来的后向散射波,进而从接收的信号中获取地表的图像。由于地面各点到平台的距离不同,地物后向反射信号被天线接收的时间也不同,依它们到达接收天线的先后顺序记录,即距离近者先记录,距离远者后记录,这样根据后向反射电磁波返回的时间排列就可以实现距离方向扫描。通过平台的前进,扫描面在地面上移动,进而实现方位方向上的扫描。

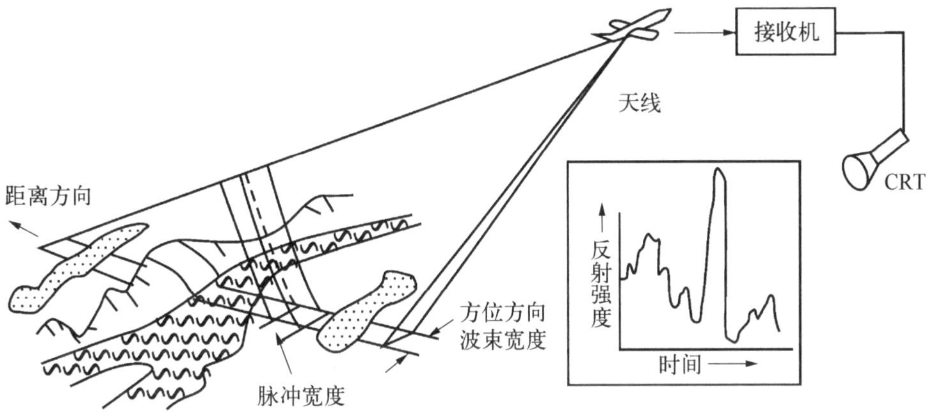

图 4－15　真实孔径侧视雷达工作原理示意图

真实孔径侧视雷达在距离方向和方位方向的地面分辨率是不一样的。距离分辨率(ΔR)是在距离方向上能分辨的最小目标的尺寸,可表示为

$$\Delta R=\frac{\tau c}{2\sin\theta} \tag{4-3}$$

式中,τ 为脉冲宽度;c 为光速;θ 为雷达波的侧视角(图 4　16)。

从公式(4－3)可以看出,脉冲的持续时间(脉冲宽度)越短,距离分辨率越高。若要提高距离分辨率,需减小脉冲宽度。但脉冲宽度过小会使雷达发射功率下降,回波信号的信噪比降低,由于两者的矛盾使得距离分辨率难以提高。为了解决这一矛盾,一般采用脉冲压缩技术来提高距离分辨率。

脉冲压缩技术指利用线性调频调制技术将较宽的脉冲调制成振幅大、宽度窄的脉冲的技术。如图 4－17 所示,若原脉冲的宽度为 τ、振幅为 A_0,经线性调频调制后,将它用天线发射并接收目标后向散射的电磁波,对接收的信号用与发射时具有相反频率特性的匹配滤波器处理后,就相当于用较窄脉冲宽度的发射电磁波得到了振幅是原来 $\sqrt{\tau\Delta f}$ 倍、脉冲宽度为原来 $\frac{1}{\tau\Delta f}$ 的输出波形。为了提高距离方向上的分辨率,在真实孔径雷达和合成孔径雷达中都采用这种“距离压缩”方法。

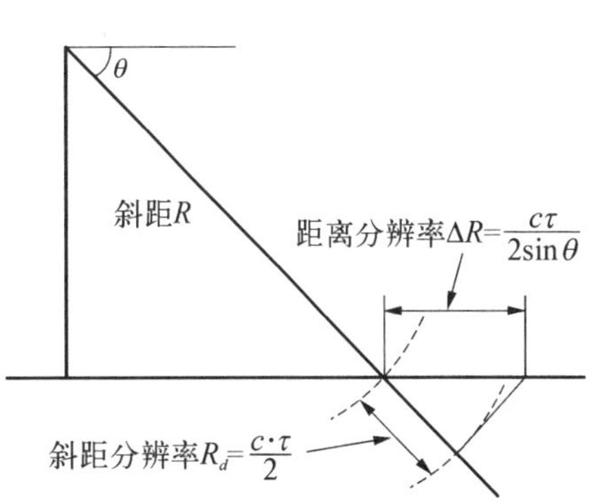

图 4－16　距离分辨率示意图

方位分辨率(ΔL)是在方位方向上能分辨的最小目标的尺寸,可表示为

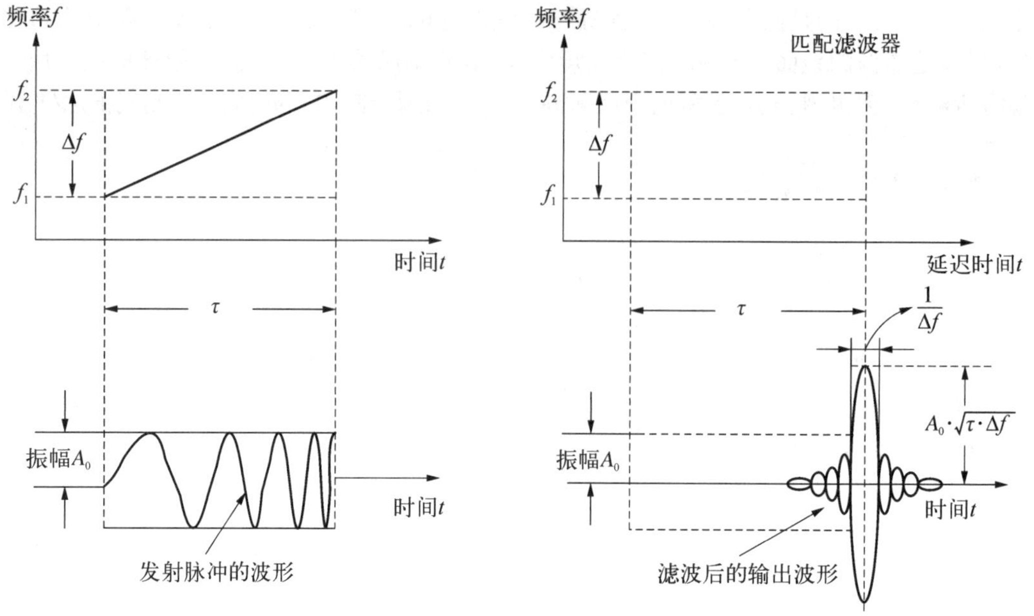

图 4－17　脉冲压缩原理示意图

$$\Delta L = \beta R = \frac{\lambda R}{D} \qquad (4-4)$$

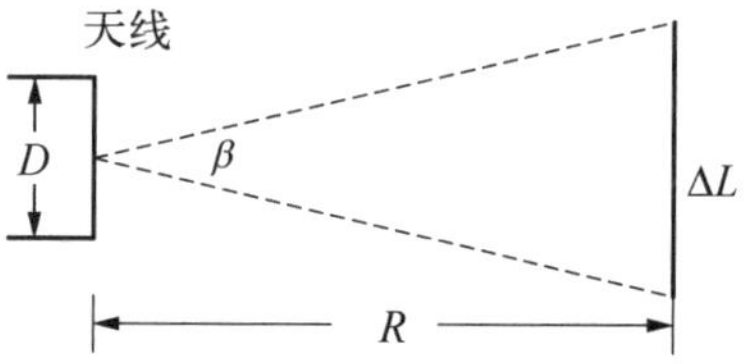

图 4－18　方位分辨率示意图

式中，β 为波束宽度；D 为雷达天线的孔径；R 为雷达天线到地面目标的距离（图 4－18）。

从公式（4－4）可以看出，要提高方位分辨率，需采用较短波长的电磁波，或加大天线孔径，或缩短观测距离。这几项措施无论在飞机上或卫星上使用都受到一定的限制。例如，要求图像的方位向地面分辨率为25 m，当波长为 5.7 cm，卫星高度为 600 km，侧视角为 40°时，天线有效孔径长度应为 1790 m 才能达到要求，但在卫星平台上安装这样大的雷达天线几乎是不可能的。由此可见，真实孔径侧视雷达难以在航天遥感中应用就是这个原因。为了解决这个矛盾，目前采用合成孔径技术来提高侧视雷达的方位分辨率。

二、合成孔径侧视雷达

合成孔径侧视雷达的特点是在距离方向上采用脉冲压缩来提高分辨率，在方位方向上通过合成孔径原理来提高分辨率。

合成孔径技术的基本思想是对在平台前进方向的不同位置上所接收的包含相位信息的信号进行记录和处理，得到比采用实际天线更长的假设天线进行观测的同样结果，如图 4－19 所示。

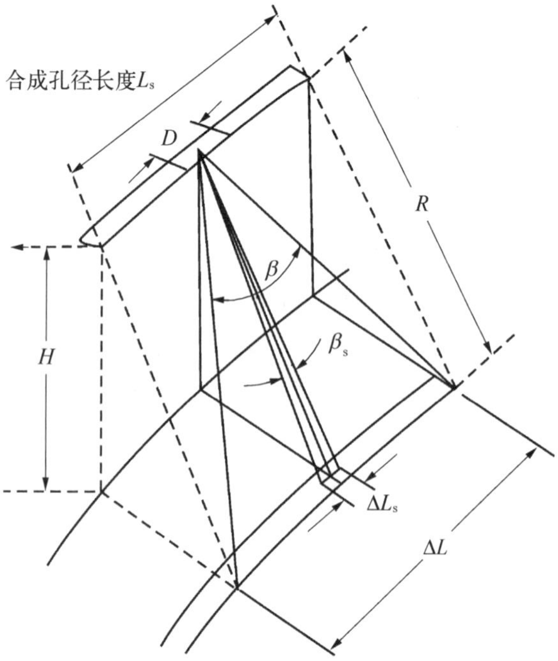

图 4－19　合成孔径雷达的原理

在合成孔径雷达中，来自地表目标的反射脉冲在波束能照射到的时间内都会不断地被接收，随着平台的前进，平台和目标的相对位置关系会发生变化，在不同时刻和位置接收到同一地面目标信号的频率会发生变化，即出现多普勒频移效应。频率偏移对于时间而言是线性的，如图 4－20 所示，对于目标 A，天线在与它不同的相对位置上，随着时间的增加，依次接收的信号频率降低,所以反射脉冲可以解释成是经过线性调频调制处理而得到的。因此,将在不同位置接收的 A 目标的信号,通过频率偏移具有逆特性的匹配滤波器滤波调制,就得到 A 目标的唯一像点。通过调制处理,改善了方位方向上的分辨率,这种处理也叫方位压缩。

利用合成孔径技术,合成后的天线长度为 L_s,则其方位分辨率为

$$\Delta L_s = \beta_s R \tag{4-5}$$

由于合成孔径长度 L_s 等于真实孔径长度的天线能够照射到的范围,即

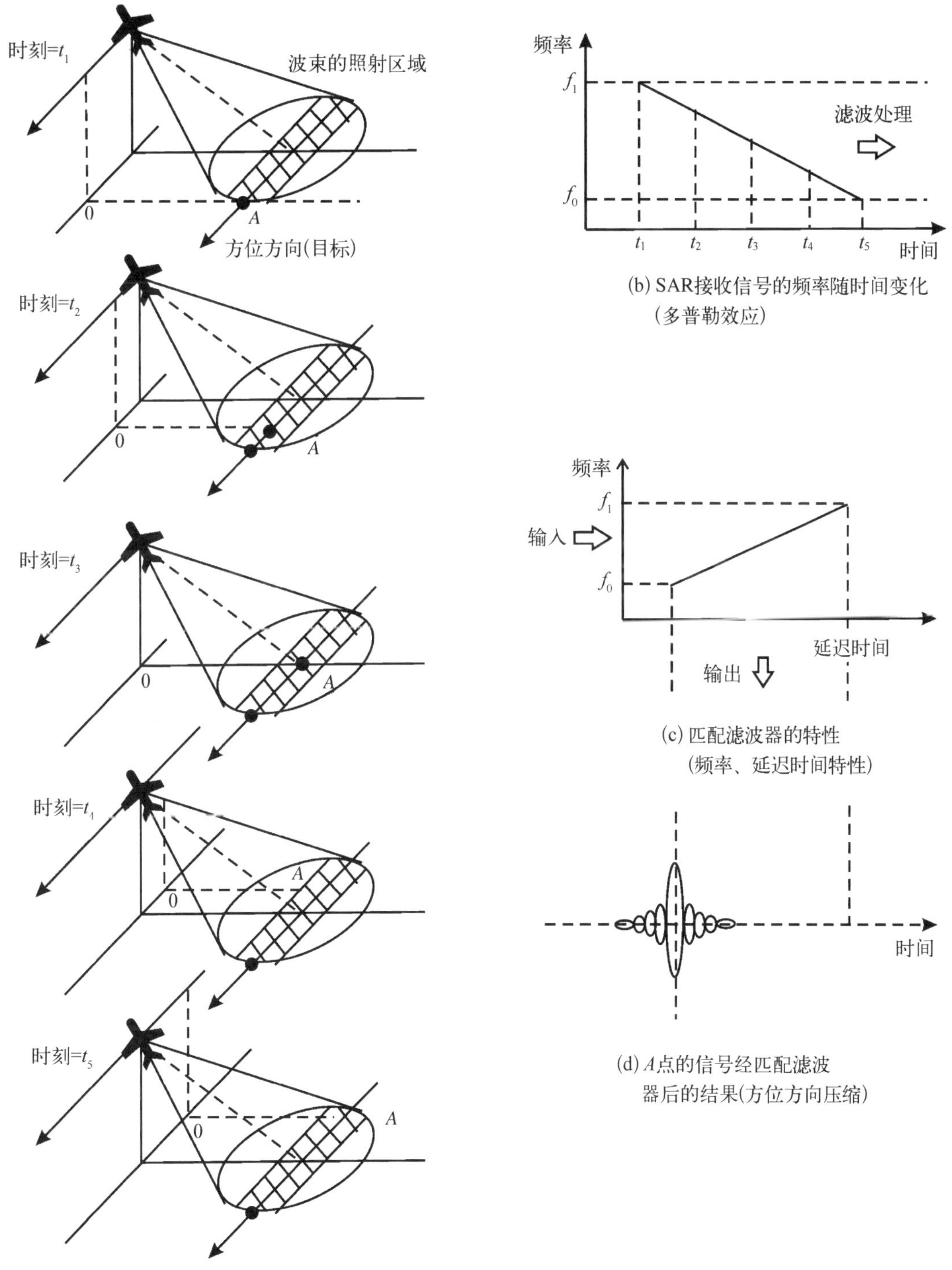

(a) SAR的观测过程

(b) SAR接收信号的频率随时间变化(多普勒效应)

(c) 匹配滤波器的特性(频率、延迟时间特性)

(d) A点的信号经匹配滤波器后的结果(方位方向压缩)

图 4-20 利用多普勒效应的合成孔径雷达的成像原理

$$L_s = \beta_s R \tag{4-6}$$

它等于实际分辨率 ΔL，而合成波束宽度 β_s 为

$$\beta_s = \frac{\lambda}{2L_s} \tag{4-7}$$

所以

$$\Delta L_s = \beta_s R = \frac{\lambda R}{2L_s} = \frac{\lambda}{2\beta_s} = \frac{D}{2} \tag{4-8}$$

以上公式表明，合成孔径雷达的方位分辨率与距离无关，仅与实际天线的孔径有关，且天线越短，分辨率越高。例如，天线孔径为 8 m，波长为 4 cm，目标与平台间的距离为 400 km 时，真实孔径侧视雷达的方位向分辨率为 2 km，而合成孔径侧视雷达的方位向分辨率仅为 4 m。

第五节　激光传感器

激光雷达系统根据搭载平台的不同，可分为星载（天基）、机载（空基）、地基（车载、背包、固定基站）等，本节介绍不同平台激光雷达的工作原理。

一、地面激光扫描系统原理

地面激光扫描系统可以分为固定式和移动式两种操作模式。本节主要讨论固定式激光扫描系统的工作原理。

激光扫描仪被安装在固定的基座上，并定位于一个已知的空间坐标位置。扫描过程中，激光脉冲由发射器发出，经过场景中的物体表面反射回接收器。通过测量激光脉冲从发射到返回的时间差，利用公式计算出扫描仪与物体之间的距离。时间测距公式如下：

$$d = c\Delta t/2 \tag{4-9}$$

其中，d 为激光扫描仪与目标物体之间的距离；c 为光速；Δt 为激光脉冲从发射到接收的时间差。此外，系统会记录激光脉冲的水平角度 θ 和垂直角度 ϕ，从而可以计算物体的三维位置。每个激光脉冲通过以下公式转换为三维空间坐标：

$$X = d\cos\phi\cos\theta \tag{4-10}$$

$$Y = d\cos\phi\sin\theta \tag{4-11}$$

$$Z = d\sin\theta \tag{4-12}$$

其中，X、Y、Z 是目标点的三维坐标；d 是到目标点的距离；θ 和 ϕ 分别是水平角度和垂直角度。

通过设定扫描的水平和垂直视角范围，系统可以在多个方向上进行全方位的场景扫描。激光脉冲的发射频率和扫描密度决定了扫描分辨率。整个扫描区域的总脉冲数 N 可以通过以下公式进行计算：

$$N = \frac{\Delta\alpha}{\delta\alpha}\frac{\Delta\beta}{\delta\beta} \tag{4-13}$$

其中，$\Delta\alpha$ 和 $\Delta\beta$ 分别是水平和垂直扫描的角度范围；$\delta\alpha$ 和 $\delta\beta$ 是系统的角分辨率。由于扫描距离和角度的差异，系统获取的点云密度会有所变化。对于距离较远的物体，点云数据会相对稀疏，而距离较近的物体则数据密度较高。为了确保数据的完整性，通常需要对多次扫描结果进行整合，并利用后处理技术填补数据中的空白区域，从而生成高精度的三维模型。

二、机载激光雷达系统工作原理

机载激光雷达(LiDAR)是一种先进的遥感技术,通过激光脉冲测量地表特征的三维坐标。它广泛应用于地形测量、城市规划、环境监测等领域。理解其工作原理和构造对于深入研究其应用至关重要。

(一) 工作原理

机载激光雷达的工作原理主要包括以下步骤。

激光发射:激光发射器发出短脉冲激光,脉冲的持续时间通常为纳秒级。激光的频率(即每秒发射的脉冲数量)一般在几千到几万脉冲之间。例如,一个激光雷达系统可能以每秒 10000 次的频率发射脉冲。

光传播与反射:激光脉冲以光速($c \approx 3\times10^8$ m/s)向目标传播。当激光脉冲遇到物体表面时,部分光被反射回接收器,反射率依赖于物体表面的材质和特性。

信号接收:接收器中的光电探测器捕捉反射回来的激光脉冲。检测器将光信号转换为电信号,通常使用雪崩光电二极管或光电倍增管,它们能够有效地放大微弱的光信号。

时间测量:系统使用高精度定时器测量激光脉冲的往返时间 t,距离的计算公式为

$$D=\frac{ct}{2} \tag{4-14}$$

数据处理:系统将距离信息与激光发射时的 GPS 坐标结合,生成三维点云数据。每个点的坐标通过以下公式确定:

$$\text{目标点坐标}=\text{GPS 位置}+\text{距离}\times\text{单位向量} \tag{4-15}$$

这里的单位向量由激光发射器的方向决定。

(二) 系统构造

机载激光雷达系统由以下多个组件组成。

机载平台:机载激光雷达可以安装在固定翼飞机、直升机或无人机上,选择取决于任务需求。平台的高度和速度对数据采集密度和精度有直接影响。

激光发射器:激光发射器产生的光波长通常在 700~1550 nm 内。常见的激光发射器类型有:① 固态激光器,提供高功率和稳定性,适用于长距离测量;② 半导体激光器,体积小、成本低,适用于短距离和小范围应用。

接收器:接收器的设计通常包括一个透镜系统,用于聚焦反射回来的光线。信号处理电路对接收到的光信号进行放大和转换。

GPS/IMU 系统:GPS 用于获取机载平台的准确位置,IMU 提供实时的姿态信息。这些数据对点云的准确性至关重要。

数据处理单元:包含高速计算机和存储设备,用于实时处理激光信号、生成点云并存储数据。现代系统通常支持多线程处理以提高效率。

存储与传输系统:数据可以存储在内置硬盘上,或者通过无线网络传输至地面控制中心,以便后续分析。

三、星载激光雷达系统工作原理

星载激光雷达系统(LiDAR)通过发射激光脉冲到地表并接收反射信号,结合激光飞行时间,来计算地表的高度或特征(图 4-21)。系统的基本测量模式分为垂直测量模式和倾斜测量模式,两者的区别主要在于激光发射方向的不同。

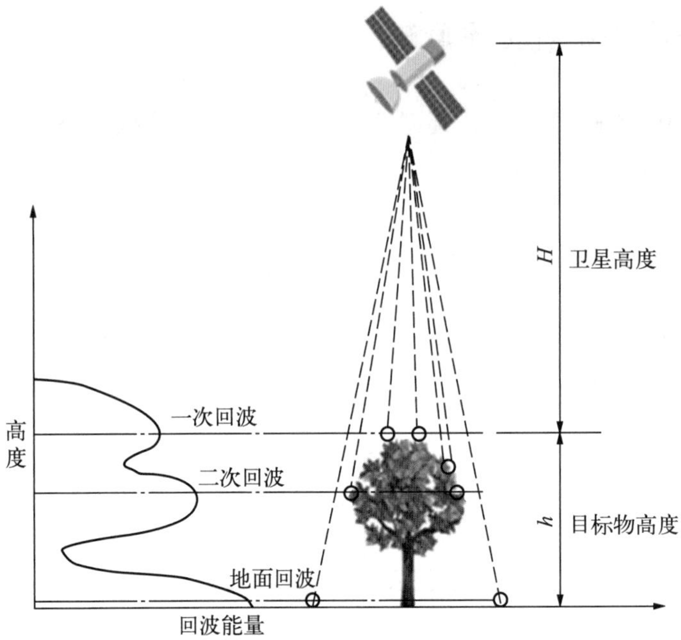

图 4－21　激光雷达森林测高工作原理

（一）垂直测量模式

在垂直测量模式中，激光脉冲从卫星垂直向地表发射，地表反射的脉冲被接收器接收。通过测量激光脉冲从发射到接收的时间差 t，并结合激光的传播速度 c，可以计算出激光从卫星到地表的距离 d。利用以下公式计算地表高度 h：

$$d=\frac{ct}{2} \tag{4-16}$$

$$h=H-d \tag{4-17}$$

其中，H 为卫星的高度；d 为激光脉冲的传播距离。该模式适用于大面积地形测量，尤其是在地形变化不大的区域，垂直模式能够提供精确的地表高度信息。

（二）倾斜测量模式

当需要更大范围的观测时，星载激光雷达系统会采用倾斜测量模式。在这种模式下，激光脉冲以倾斜角 θ 发射，形成与地面一定的夹角。这种设计能够覆盖更大的地表区域，并适用于复杂地形测量。

覆盖范围与接收视场（field of view，FOV）决定了系统能够覆盖的地表范围。视场角 ω 和卫星高度 H 直接影响激光雷达系统的覆盖范围。垂直测量时的覆盖范围 R_{cov} 可通过下式计算：

$$R_{\text{cov}}=H\tan\omega \tag{4-18}$$

在倾斜测量模式下，激光器发射的脉冲与地面的夹角为 θ，则接收视场的覆盖范围需分别在水平方向和垂直方向进行计算：

$$R_{\text{horiz}}=\frac{H\tan\omega}{\cos\omega} \tag{4-19}$$

$$R_{\text{vert}}=H\tan\omega \tag{4-20}$$

在倾斜测量模式中，激光脉冲在不同的发射角度下能够扫描到不同的地表区域。通过接收不同角度下返回的信号，激光雷达系统能够生成一个广泛的地形数据集，尤其适用于森林覆盖、山区等地形起伏较大的区域。系统通常会多次发射激光脉冲，并通过多个回波信号来识别地表植被和地形结构。

星载激光雷达的测量精度取决于多个因素,包括卫星高度、激光脉冲的发射角度、反射信号的强度以及大气条件。为了减少误差,系统通过高精度的姿态控制和先进的信号处理技术来校正每次测量,并将测量误差降到最低。

思考题

1. 传感器主要由哪些部件组成?
2. 摄影类型传感器与扫描类型传感器的工作原理有何差异?
3. 成像光谱仪的特点及结构是什么?
4. 激光传感器的工作原理是什么?

第三篇　遥感图像处理与解译

第五章　遥感数据传输与遥感图像特征

本章导读

本章介绍遥感数据传输方式与各种数据存储格式。并结合 Landsat 系列产品，介绍图像标识信息和文件格式。重点阐述遥感图像特征——空间分辨率、时间分辨率、波谱分辨率和辐射分辨率。本章旨在帮助学生理解遥感图像的存储、传输、数据格式，以及数字图像特征，为后续内容学习打下基础。

第一节　数据传输与数据格式

一、数据传输

传统航空遥感需要从飞机或其他航空遥感平台搭载的摄影机中将感光胶片取出，经显影、定影技术处理，得到相片底片；再经底片接触晒印以及显影、定影处理，获得与地面地物亮度一致的（正像）相片。感光胶片（即数据）的回收过程绝大部分均由人工完成，少数由一些自动装置完成。这一技术在第二次世界大战中曾经被美国用于探查敌情。

航天遥感由于使用了卫星技术，数据传输方式有了很大不同。以下以使用广泛的美国陆地卫星（Landsat）为例进行说明。陆地卫星的传输、处理系统包括以下三个部分（图 5－1）。

（一）地面控制中心

陆地卫星的地面控制中心设在美国国家宇航局戈达德空间飞行中心。它是指挥陆地卫星工作的枢纽，控制陆地卫星工作的安排，对陆地卫星发出不同的指令，控制陆地卫星运行的姿态、轨道，指挥传感器信息的传输及星载仪器与地面接收机构协调配合等工作。

（二）地面接收站

地面接收站的主要工作是接收从卫星上传送回来的信息数据，并记录在磁带上，交给数据处理中心进行处理。地面接收站装有大型的抛物天线，当卫星进入其视野范围（仰角大于 5°）时，地面接收站就可以实时接收从卫星上发回来的信息数据，也可以接收延时发回（即早期扫描时记录在磁带上，现代地面接收站大多使用数字化存储系统来记录和存储数据，等卫星进入视野范围时，再按指令发回）的信息数据，亦可以接收由中继卫星转发的信息数据产品。

1985 年我国在北京密云建立了中国遥感卫星地面接收站，1986 年 12 月开始业务运行，可接收处理

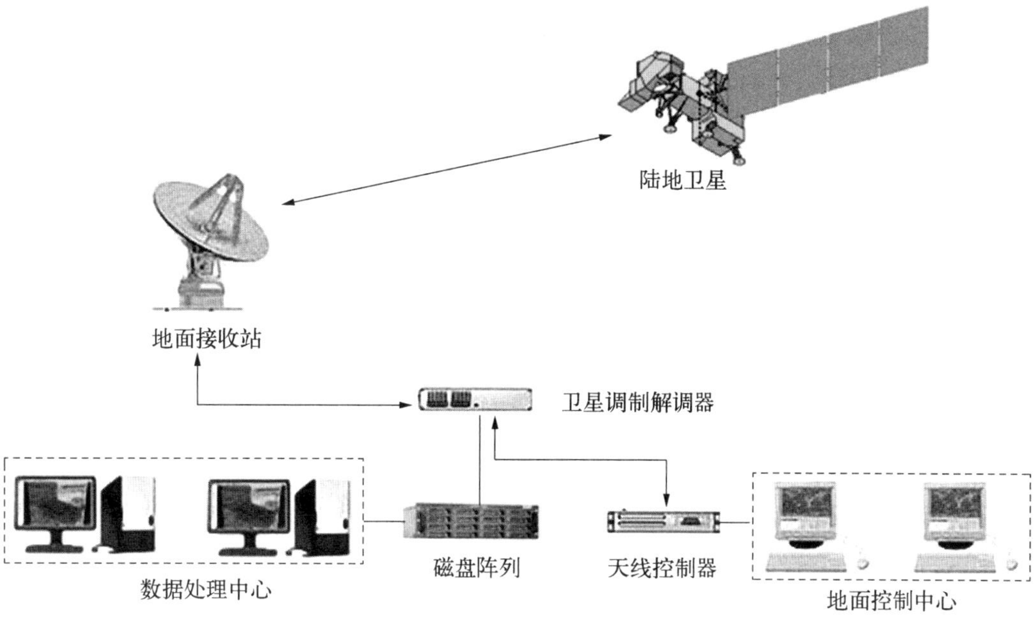

图 5-1　陆地卫星的传输、处理系统示意图

MSS、TM 数据。经过多年发展，地面接收站已形成了以北京本部数据处理与运行管理为核心、以密云的地面接收站为数据接收点的运行格局。接收站内配备大型接收天线两部、中小型接收天线两部及相关的各种卫星数据接收、记录设施多套，具备接收国内外 40 余颗遥感卫星数据的能力。目前全天候运行性接收 25 颗卫星数据，初步实现了一站多星，多种分辨率和全天候、全天时、准实时。同时，北京总部针对不同卫星形成了较为完善的运行管理系统、数据处理系统、数据管理系统、数据检索与技术服务系统等，具备日处理各类卫星影像数据 100 多景的能力。

（三）地面数据处理机构

地面数据处理机构的主要任务是对遥感数据进行影像转换，生产和提供各种陆地卫星产品。

例如，中国遥感卫星地面站可以接收数据及生成各种数字化的遥感产品，并通过数字介质或在线平台向用户提供各种陆地卫星产品。陆地卫星获取的遥感图像数据信息量较大，卫星上需要有专门的宽频带、高速率数据传输设备。因此，常选用 S 和 X 波段，甚至 Ku 波段作为输出频率。当陆地卫星在地面接收站接收范围内时，数据可直接传输到地面接收站。在地面站接收范围以外时有两种办法：① 是电信号存入卫星上的数据存储器，在卫星飞经地面接收站接收范围内时发送；② 由数据传输系统将无线电信息发送给中继卫星，再由中继卫星将信息送回地面站。Landsat-4、5、7、8、9 均能实现中继传输。

二、数据格式

遥感数字图像以二维数组来表示，此外对于多光谱数据等也可以用多维数组来表示。在数组中，每个元素代表一个像素，像素的坐标位置隐含，由这个元素在数组中的行列位置所决定。元素的值表示传感器探测到像素对应面积上的目标地物的电磁辐射强度。采用这种方法，针对单波段图像可以将地球表面一定区域范围内的目标地物信息记录在一个二级数组（或二维矩阵）中，对于多波段图像数据将以三维或更高维度表示。

（一）通用二进制文件格式

按波段数量，遥感数字图像通用二进制文件格式可分以下两种类型：① 单波段数字图像指在某一波段范围内工作的传感器获取的遥感数字图像；② 多波段数字图像是传感器从多个波段获取的遥感数字图像。在每一个数字层中，每个像素用1字节记录地物亮度值，数值范围一般介于0~255。每个数字层的行列数取决于图像的尺寸或数字化过程中采用的光学分辨率。多波段数字图像的存储与分发，通常采用BSQ(band sequential)、BIP(band interleaved by pixel)、BIL(band interleaved by line)三种数据格式。

1. BSQ 数据格式中数据排列遵循规律

第一波段位居第一，第二波段位居第二，第 n 波段位居第 n 位。在第一波段中，数据依据行号顺序依次排列，每一行内，数据按像素号顺序排列。在第二波段中，数据依然根据行号顺序依次排列，每一行内，数据仍然按像素号顺序排列。其余波段依此类推。

2. BIP 数据格式中数据排列遵循规律

第一波段第一行第一个像素位居第一，第二波段第一行第一个像素位居第二，第三波段第一行第一个像素位居第三，第 n 波段第一行第一个像素位居第 n 位。然后为第一波段第一行第二个像素，它位居第 $n+1$ 位，第二波段第一行第二个像素，位居第 $n+2$ 位，其余数据排列位置依此类推。

3. BIL 数据格式中数据排列遵循规律

第一波段第一行第一个像素位居第一，第一波段第一行第二个像素位居第二，第一波段第一行第三个像素位居第三，第一波段第一行第 n 个像素位居第 n 位。然后为第二波段第一行第一个像素，它位居第 $n+1$ 位，第二波段第一行第二个像素，位居第 $n+2$ 位，其余数据排列位置依此类推。

以上三种数据格式具体示例见图5－2。图中，土地覆盖中“W”表示水体，“L”表示陆地，“Mix”表示该像元内混杂有水体和陆地。

（二）传感器文件格式

不同的传感器研发或运行机构一般会给所分发的卫星数据设计一种分发格式，如Landsat系列卫星的FAST格式、SPOT系列卫星的DIMAP格式、EOS(earth observation system)系列卫星的HDF格式、IKONOS卫星的GeoTIFF格式等。

1. Landsat 系列卫星文件格式

快速格式(fast format)最早是由美国EOSAT(earth observation satellite)针对Landsat系列产品制定的，有过三个版本，即FAST－A、FAST－B和FAST－C。其中FAST－A在20世纪90年代初期停止使用；FAST－B用来记录Landsat－5的TM数据产品；后来美国Space Imageing(EOSAT重组后的名称)开发了FAST－C版本以适应更多种类的卫星数据产品，如印度卫星等。

Landsat－5采用的是EISAT FAST FORMAT－B格式，简称FAST－B，它包含头文件和图像文件两类文件，后缀名均为.dat。头文件是数据的说明文件，共1536字节，全部为ASCII码字符，包括该数据的产品标识、轨道号、获取时间、增益偏置、投影信息、图像四角点和中心地理坐标等信息。图像文件只含有图像数据，不包括任何辅助数据信息。图像的行列数在头文件中给出。

Landsat－7一般采用FAST－L7A格式，FAST－L7A是在FAST－C基础上发展而来的，以适应Landsat－7的ETM+传感器的特征。它包括三部分文件，后缀名分别为HPN.fst、HPF.fst、HTM.fst，分别代表全色波段、可见光波段和热红外波段数据。FAST－L7A有三个头文件，用来分别说明不同的波段组。而对每一波段组，头文件的大小也由以往的一个1536字节记录扩展为三个1536字节的记录。每个波段组的头文件记录内容按顺序分别是：① 管理记录(administrative)，包含产品标识信息、图像标识信息以及读取每个波段图像所需的特定参数，如产品编号、景号、时相、卫星及传感器代码、图像尺寸、波段组成、像元间隔和各波段文件名等；② 辐射记录(radiometric)，包含辐射校正所必需的系数，这些系数用于将每个波段图像的像元值转化为星上传感器入口处的光谱辐射值；③ 几何记录(geometric)，包含图像的大地测量位置信息，如地图投影、地球模型、图像角点及中心点的大地测量坐标值、图像定向角及太阳高度角和方位角等，该记录的信息有助于将图像与其他数据进行配准。除此之外也可采用HDF

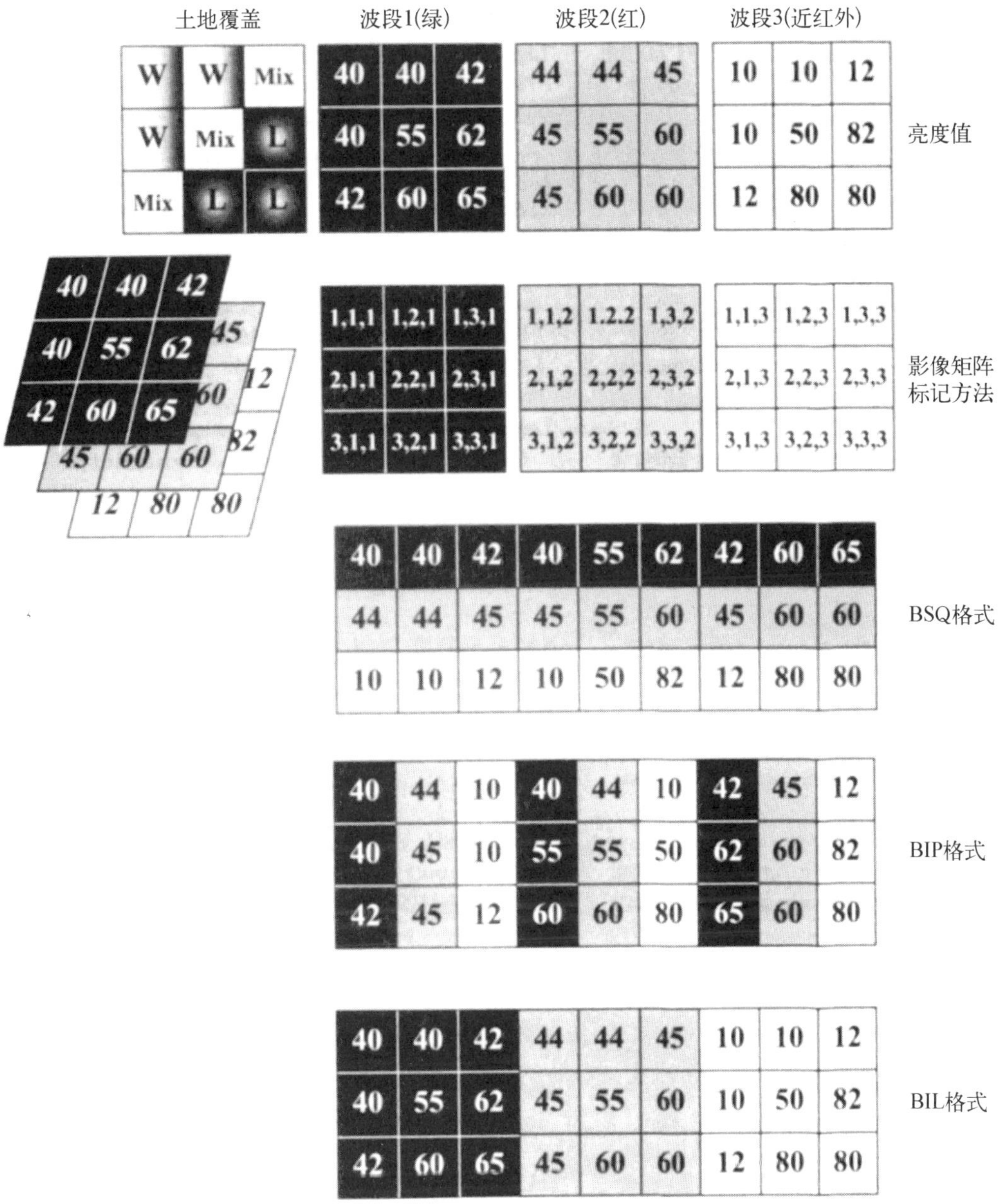

图 5-2　多波段遥感数据格式示例

(hierarchy data format)或 GeoTIFF 格式。

Landsat-9 采用了类似于 Landsat-8 的文件格式,用于高效存储和分发其遥感数据。Landsat-9 的文件格式包含多个部分,适应其搭载的 OLI-2(Operational Land Imager 2)和 TIRS-2(Thermal Infrared Sensor 2)传感器的特点。它包括两个部分,后缀名分别为.OLI.fst 和.TIRS.fst,分别代表可见光和近红外波段以及热红外波段。

2. SPOT 系列卫星文件格式

SPOT 系列卫星文件格式一般采用 DIMAP 格式,后缀名为.dim。该格式是 GIS-GeoSpot 格式的新名字,描述从光栅影像地图层到其他矢量、DEM 层等多种数据文件格式。它由瑞典空间公司和 SPOT Image 公司联合设计,主要是为了方便交换基于卫星图像的地理信息。其中,它的光栅图像层实际是 GeoTIFF 格式或编码的 BIL 格式,能为大多数的遥感影像处理软件和地理信息系统软件所兼容。

3. EOS 系列卫星文件格式

EOS 系列卫星文件格式主要采用 HDF 和 HDF－EOS，后缀名为.hdf。HDF 数据格式是美国伊利诺伊大学国家超级计算应用中心于 1987 年研制开发的一种软件和函数库，用于存储和分发科学数据的一种自我描述、多对象的层次数据格式，主要用来存储由不同计算机平台产生的各种类型科学数据，适用于多种计算机平台，易于扩展。HDF 不断发展，已被广泛应用于环境科学、地球科学、航空、海洋、生物等许多领域，用来存储和处理各种复杂的科学数据。1993 年美国国家航空航天局（NASA）把 HDF 格式作为存储和发布 EOS 数据的标准格式。

1）HDF 格式的特点

（1）自我描述：在 HDF 文件中包含关于该数据各方面属性的信息。

（2）多样性：在 HDF 文件中可同时存储多种类型的数据，如栅格图像数据、科学数据集、信息说明数据等。

（3）灵活性：可让用户把相关数据目标集中在一个 HDF 文件的某个分层结构中，并对其加以描述，同时可以给数据目标记上标记，以方便查取。用户也可以把科学数据存储到多个 HDF 文件中。

（4）可扩展性：在 HDF 中可以加入新数据模式，增强了它与其他标准格式的兼容性。

（5）独立性：HDF 是一种与平台无关的格式，HDF 文件在不同平台间传递而不用转换格式。

2）HDF 格式的组织结构

HDF 文件由路径和数据对象构成，每个数据对象包括指向该数据对象位置指针的指针域和定义该数据类型的信息域。HDF 库包括 3 个接口层，从上到下分别是 HDF 底层、HDF 应用层、HDF 顶层。HDF 底层为软件开发者所应用，包括文件输入/输出、差错控制、内存管理、物理存储等应用程序接口；HDF 应用层接口包括 6 个独立的模块分别用来简化 6 种数据类型（8 位图像、24 位图像、色彩、科学数据、注释、V data）的存储和访问过程；HDF 顶层包括 HDF 应用、NCSA 和第三方开发者制作应用程序。

3）HDF 格式的主要数据类型

（1）图像模块（raster image，8 位和 24 位图像）：HDF 使用 8 位图像和 24 位图像两个模块来实现图像数据存储。8 位图像模块中包括一个表示颜色图像的二维数组，数组中的每个值不是代表某个颜色的值，而是一个单独的调色板的索引，调色板中每个条目代表一个含有红、绿、蓝三值的颜色，数组中每个数据的值是 8 位，所以称 8 位图像。24 位图像与 8 位图像的存储相似，只是它包括 3 个表示颜色图像的二维数组，每个数组具有相同的大小并分别代表某图像中的每个色素的红、绿、蓝值。

（2）调色板（palette）：调色板提供图像的色谱，是给一幅图像加入颜色的方法。它相当于一个表格，这个表格可能有不同的大小，但 HDF 文件只支持 256 色的显示。对于栅格图像中的每一个数据，在表格中都有其对应的 RGB 数值，用来显示颜色。

（3）科学数据集（scientific data set）：用来存储和描述多维科学数据陈列。科学数据集提供了一个用来存储多维数组数据以及其相关信息的框架。数组的数据类型可以是整数或者是浮点数。它的组织方式与栅格图像相同。科学数据集必须包含的组件有数组、名称、数据类型和数组的维数。

（4）表格数据集（V data）：用来存储和描述数据表格的结构。每个表格由一系列的记录组成，而每个记录又由一系列的域组成。

（5）HDF 注解（annotations）：注解是元数据，用于描述一个 HDF 文件或它包含的任何数据要素。注解是用于解释文件或数据对象的文本字符串，可以短到一个名字，或长到一段程序代码。注解主要分为标签和描述两大类。标签是一种短形式的注解，主要用于把诸如指定标题或时间印记到文件或其他数据对象中。长的注解被称为描述，通常包含更为广泛的信息，如源代码模块或数学公式。通常有四种注解形式，分别为文件标签、文件描述、对象标签和对象描述。

（6）虚拟分组（V group）：结构模型被设计为与相关数据对象有关。一个 V group 可以包含另一个

V group 以及数据对象。任何 HDF 对象都可以包含在一个 V group 中。

在 HDF 标准基础上，开发了另一种 HDF 格式即 HDF－EOS，专门用于处理 EOS 产品，使用标准 HDF 数据类型定义了点、条带、栅格三种特殊数据类型，并引入了元数据（metadata）。HDF－EOS 是 HDF 的扩展，它主要扩充了两项功能：① 提供了一种系统宽搜索服务方式，能在没有读文件本身的情况下搜索文件内容；② 提供了有效的存储地理定位数据，将科学数据与地理点捆绑在一起。

4. IKONOS 卫星文件格式

IKONOS 图像数据一般采用 GeoTIFF 格式。GeoTIFF 作为 TIFF 的一种扩展，在 TIFF 的基础上定义了一些 GeoTag（地理标签）对各种坐标系统、椭球基准、投影信息等进行描述和存储，使图像数据和地理数据存储在同一图像文件中。

5. Sentinel 卫星文件格式

Sentinel 图像数据一般采用 SAFE 格式。SAFE 是一种封装格式，内部包含各种数据文件，如图像数据、元数据和支持文件。它使用 ZIP 压缩格式将数据打包成一个文件夹结构，以便于数据的存储和传输。

（三）商业软件文件格式

商业化的图像处理软件一般都会开发出软件本身的图像格式，如 ENVI 的 Hdr&img 格式、ERADS 的 Img 格式、PCI 的 Pix 格式等，以下就前两种格式进行说明。

1. ENVI 文件格式

ENVI 使用一个通用化的栅格数据格式，由一个简单的二进制文件（后缀名为.img）和一个相应的小的 ASCII（文本）头文件（后缀名为.hdr）组成。这种方式允许 ENVI 能灵活地使用几乎任何一种图像格式，包括那些带有文件头信息的格式。ENVI 头文件包含用于读取图像数据文件的信息，它通常创建于一个数据文件第一次被 ENVI 读取时。单独的 ENVI 头文件文本提供关于图像尺寸、嵌入的头文件（若存在）、数据格式及其他相关信息。

2. ERADS 文件格式

ERADS Imagine 软件图像文件后缀名为.img，支持单波段和多波段图像的存储。Img 格式的设计非常灵活，由一系列节点构成，除了可以灵活地存储各种信息外，还有一个重要的特点是图像的分块存储。一幅 Img 图像按照其行列数被分成了 n 块，如 512×512（行×列）的图像被分成了 64 块（横向为 8 行，纵向为 8 列），每一块的大小是 64×64。Img 格式的这种存储以及显示模式称为金字塔存储显示模式（简称塔式结构）。塔式结构图像按分辨率分级存储与管理，最底层的分辨率最高、数据量最大，分辨率越小，其数据量越小，从而不同分辨率的遥感图像形成塔式结构。ERADS Imagine 采用这种图像金字塔结构建立的遥感图像数据库，便于组织、显示与管理多尺度、多数据源遥感图像数据，实现跨分辨率的索引与浏览。

（四）通用图像文件格式

很多图像格式成为国际通用，被大多数软件所支持，如 tiff、jpeg2000、bmp 等。其缺点是未对软件进行优化，运行速度慢。

遥感数据文件中，除了数字图像本身的信息之外，还附带着各种辅助信息，这是提供数据的机构在进行数据分发时，对数字图像尺寸等各种参数的说明。

辅助数据中包括数据的存储方法和数据的记述方法、存储影像的信息、平台的信息、遥感器的信息、提供数据的机构所进行的处理信息以及其他遥测信息等。

标准格式的各个文件和记录的基本构成如图 5－3 所示。每个物理卷从卷目录文件开始，每个逻辑卷以空卷目录结束。

物理卷 1												
卷文件目录				数据文件 1				数据文件 2				……
A	B1	B2	……	C	D1	D2	……	C	D1	D2	……	……

物理卷 2	物理卷 3	……

与物理卷 1 相同

最后的物理卷												
卷文件目录				数据文件 1				……				空卷目录
A	B1	B2	……	C	D1	D2	……					E

图 5－3 标准格式

A.卷描述符记录； B1、B2.文件指针记录； C.文件描述符记录； D1、D2.数据记录； E.空卷目录记录

图 5－3 中的数据文件及其数据记录有以下几种：

前导文件——注记记录。

影像文件——影像记录（光谱数据和行信息）。

结尾文件——尾区记录（影像质量等）。

其中，除影像记录中的光谱数据以外都相当于辅助数据。辅助数据的概略内容见表 5－1。

表 5－1 辅助数据内容

辅助数据类型	辅助数据内容
卷描述符（A）	卷的构成，全卷数据的说明，每卷内数据的信息
文件指针（B）	关于每个文件位置、类别、容量的信息
文字记录（B、D）	数据制作机构的有关信息
文件描述符（C）	记录数、记录长度、数据位置及每个文件中记录的数据说明
头区文件（D）	景的描述（中央的位置、观测时刻、校正处理的级别与方法、波段数、像元数等）
辅助记录（D）	校正处理中的辅助数据（天底点、WRS、投影法、偏移角、卫星姿态等）
注记记录（D）	用文字型数据记入有关景的概略注记
图像记录（D）	与行有关的注记信息和光谱值
尾区记录（D）	主要是与数据质量有关的信息

此外，还有可以写入任意注释的文字记录，它的出现位置随各格式而不同，在 Landsat 用的世界标准格式中（landsat technical working group，LTWG）放在卷目录文件中。

NetCDF（Network Common Data Format）是一种专为科学数据设计的标准，由美国大学大气研究联合会的 Unidata 项目开发。最初用于气象数据存储，如今已广泛应用于大气科学、水文、环境模拟和地球物理等领域。NetCDF 支持高效的网络数据存储、管理和共享。

在数学上，NetCDF 数据格式采用多对一的函数关系，其中“多”指维度，“一”指变量值。该格式能够方便地使用多维数组来表示数据。例如，气象站的温度数据可以用一维数组表示，而特定区域的温度则可以用二维、三维或四维数组来存储。

NetCDF 文件后缀通常为.nc 或.nc4，其数据结构包括四种主要元素：组（group）、维（dimension）、变量（variable）和属性（attribute）。组类似于文件系统的目录，所有变量都包含在其下。维定义变量的大小，变量则类似于 numpy 数组，由维度指定。属性用于描述变量和维的含义，帮助用户理解数据。综上所述，一个典型的 NetCDF 文件的数据结构如图 5－4 所示。

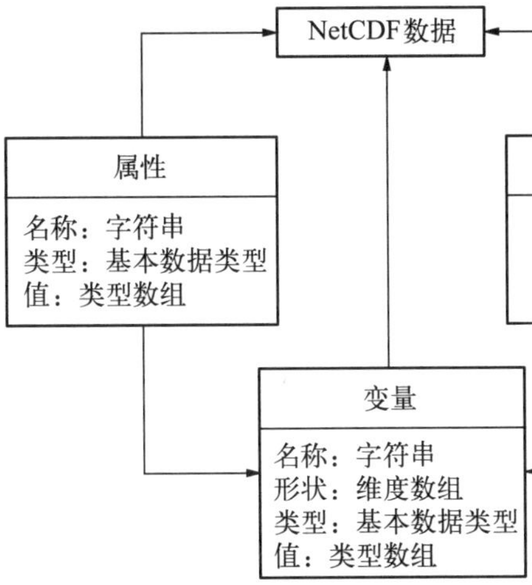

图 5-4　典型的 NetCDF 文件的数据结构

来源：https://www.unidata.ucar.edu/software/netcdf/papers/nc4_conventions.html

第二节　图 像 特 征

一、光学图像特征

光学图像通常为采用光学摄影机获取的、以感光胶片为介质的图像。其特征通常包括色彩特征、几何特征等。

（一）色彩特征

摄影胶片一般可分为黑白和彩色两种类型。根据胶片感光波段的不同，又可以具体细分为可见光黑白全色相片、黑白红外相片、彩色相片、彩红外相片等。

（二）几何特征

1. 摄影方式

摄影机从飞行器上对地摄影时，根据摄影机主光轴与地面的关系，可分为垂直摄影和倾斜摄影。摄影机主光轴垂直于地面或偏离垂线在 3°以内，取得的相片为垂直摄影相片。

2. 投影方式

常用的大比例尺地形图属于垂直投影或近垂直投影，而摄影相片却属于中心投影。中心投影受投影距离影响，相片比例尺与平台高度和焦距有关。当投影面发生倾斜时，中心投影相片中各点的相对位置和形状不再保持原来的样子。中心投影时，地面起伏越大，像上投影点水平位置的位移量就越大，产生投影误差。

二、数字图像特征

（一）数字图像简介

数字图像就是以数字值（digital number，DN）表示的图像，其最基本的单元是像素。像素具有空间特征和属性特征，每个像素有特定的地理位置信息，并表征一定的面积，像素的属性特征用亮度值来表达。数字图像可以方便地被计算机存储、处理和使用的图像。遥感数据的表示既有光学图像又有数字图像。光学图像为模拟量，数字图像为数字量，模拟量转换为数字量称作模/数转换。反之，称作数/模转换。

数字量与模拟量的本质区别在于模拟量是连续变量而数字量是离散变量。图像的黑白程度称为灰度，灰度的变化是逐渐过渡的。将光学影像通过扫描仪或数字摄影机等外部设备输入计算机时，就是对图像的位置变量进行离散化和灰度值量化。数字化以后，连续空间变量被等间隔取样成离散值。一幅图像通常表示为一个 $M \times N$ 的矩阵。

图 5－5 是一个数字图像示例，图像以左上角为坐标原点，大小为 6 行 6 列，左边是其灰度表现，右边是它的数值表示。图像的灰度值由 0 到 255。

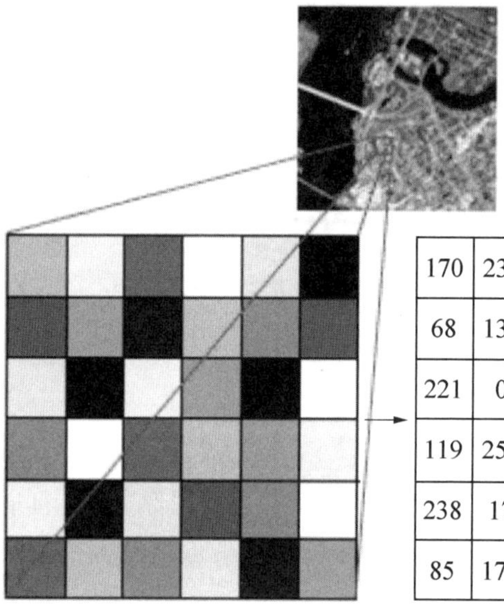

170	238	85	255	221	0
68	136	17	170	119	68
221	0	238	136	0	255
119	255	85	170	136	238
238	17	221	68	119	255
85	170	119	221	17	136

图 5－5　数字图像示例

数字图像中的像元值可以是整型、实型和字节型。为了节省存储空间，字节型最常用，即每个像元记录为一个字节（byte），8 位。量化后，灰度值从 0 到 255，共有 256 级灰阶。0 代表黑，255 代表白，其他值居中渐变。

遥感数字图像需要较大的存储空间。表 5－2 所示是一景行列号为 130/42 的云南省楚雄市局部 Landsat－5 TM 图像的文件信息。一共有 7 个波段，每个波段大小为 52413 kb。此外，还有一些其他文件，用来预览图像以及记录图像的辅助信息。例如，图像准确获取时间、太阳高度角、方位角等。该景图像共需要 358 M 字节存储空间，相比普通图像要大得多。

表 5－2　Landsat－5 TM 数字图像文件信息

类型	文件名	大小/kb	类型	文件名	大小/kb
波段文件	P130r42_4t19890111_nn1	52413	辅助文件	P130r42_4t19890111.browse	88
	P130r42_4t19890111_nn2	52413		P130r42_4t19890111.hdr	3
	P130r42_4t19890111_nn3	52413		P130r42_4t19890111.met	29
	P130r42_4t19890111_nn4	52413		P130r42_4t19890111.preview	9
	P130r42_4t19890111_nn5	52413		P130r42_4t19890111.tar	88
	P130r42_4t19890111_nn6	52413		P130r42_4t19890111.742	96
	P130r42_4t19890111_nn7	52413			

(二) 数字图像特征

各项应用通常需要通过遥感图像获取三方面的信息：① 目标地物的大小、形状及空间分布特点；② 目标地物的属性特点；③ 目标地物的变化动态特点。这三方面信息的表现参数即为空间分辨率、时间分辨率、波谱分辨率和辐射分辨率。

1. 空间分辨率

图像的空间分辨率指像素所代表的地面范围的大小，即扫描仪的瞬时视场或地面物体能分辨的最小单元，是用来表征影像分辨地面目标细节能力的指标。通常用像元大小、像解率或视场角来表示。对于现代的光电传感器图像，空间分辨率通常用地面分辨率和影像分辨率来表示。地面分辨率定义为影像能够详细区分的最小单元(像元)所代表的地面实际尺寸的大小。地面分辨率在不同的比例尺的具体影像上的反映，称为影像分辨率，随影像比例尺的变化而变化。不同卫星影像的空间分辨率不同，成图比例尺也不同(表 5－3)。

表 5－3 常用卫星影像的成图比例尺

卫星名称	空间分辨率/m		成图比例尺
	全色	多波段	
Landsat－5	—	28.5	约 1∶30 万
Landsat－7	15	28.5	约 1∶10 万～1∶30 万
SPOT－4	10	20	约 1∶10 万～1∶20 万
SPOT－5	5	10	约 1∶5万～1∶10 万
CBERS－1	19.5	19.5	约 1∶20 万
IKONOS	1	4	约 1∶1万～1∶5万
QuickBird	0.61	2.44	约 1∶1万～1∶5万
RadarSat	10～100		约 1∶10 万～1∶50 万

同一地物在不同空间分辨率下表现截然不同，图 5－6 中是港湾小镇(Harbor Town)在不同空间分辨率的不同表现。由图可见，在 0.5 m 空间分辨率时，影像非常清晰，细节也一览无余；到 10 m 空间分辨率时只能看出地物大体轮廓，已较难区分地物类型；低于 10 m 空间分辨率尤其到 40 m、80 m 后，只能看到一个个像元，无法再区分地物。

不同遥感目的因其空间大小、精度要求等内容不同，其空间分辨率的要求是不同的，表 5－4 给出了不同空间尺度的遥感应用对空间分辨率的要求。

(a) 0.5 m×0.5 m (b) 1 m×1 m (c) 2.5 m×2.5 m

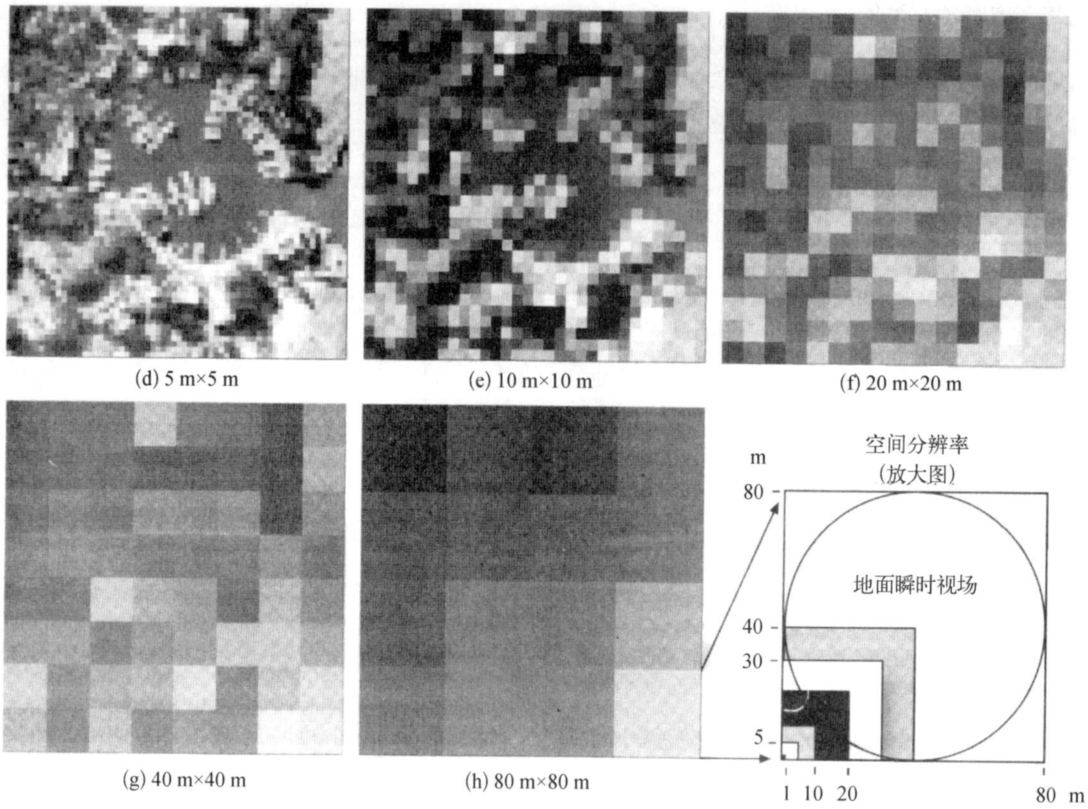

图 5-6　不同空间分辨率影像对比图

表 5-4　各种遥感应用对影像空间分辨率的要求

空间分辨率划分	大致范围	主要应用领域	空间分辨率划分	大致范围	主要应用领域
高空间分辨率	5 m	城市交通密度分析	中等空间分辨率	50 m	污染监测
	10 m	交通道路规划		50 m	城区地质研究
	10 m	污染源识别		100 m	海岸带变化
	10 m	水库建设		100 m	环境质量评价
	10 m	城市居住密度分析		150 m	土壤水分
	10 m	城市工业发展规划		200 m	山区土地类型
	10 m	港湾动态		200 m	森林清查
中等空间分辨率	20 m	水污染控制		100 m	矿产资源
	20 m	作物长势监测及估产		100 m	海洋地质
	20 m	土种识别		400 m	区域地理
	50 m	水土保护	低空间分辨率	2 km	大陆架
	50 m	植物群落		2 km	自然地带
	50 m	洪水灾害		2 km	成矿带
	50 m	地热开发		5 km	洋流
	50 m	森林火灾监测及预报		10 km	地壳

遥感影像空间分辨率发展突飞猛进，目前在民用市场上已可购买到空间分辨率约为 0.5 m 的 WorldView 全色影像(图 5-7)。为增加分析对象和提高分析精度，未来城市遥感等应用将会对影像空间分辨率提出更高的要求。

图 5－7　上海市(局部)WorldView 全色 0.5 m 分辨率影像

2. 时间分辨率

时间分辨率指对同一地点进行遥感采样的时间间隔,即采样的时间频率,也称重访周期。它能提供地物动态变化的信息,可用来对地物的变化进行监测,也可以为某些专题要素的精确分类提供附加信息。时间分辨率包括两种情况:① 传感器本身设计的时间分辨率,受卫星运行规律影响,不能改变;② 根据应用要求,人为设计的时间分辨率,它一定等于或小于卫星传感器本身的时间分辨率。例如,SPOT 和 QuickBird 等卫星影像均可提供编程服务,可以调整卫星传感器运行状态,从而获取研究区某一期望时间的影像。这对于自然灾害影响评价、冲突区域监控、农作物长势监控等领域意义重大。

遥感的时间分辨率范围较大。以卫星遥感来说,地球同步气象卫星的时间分辨率为1 次/0.5 小时;太阳同步气象卫星的时间分辨率 2 次/天;Landsat 为 1 次/16 天;CBERS 为 1 次/26 天等。

根据重访周期的长短,时间分辨率可分为三种类型:① 超短/短周期时间分辨率,可以观测到一天之内的变化,以小时为单位;② 中周期时间分辨率,可以观测到一年内的变化,以天为单位;③ 长周期时间分辨率,一般以年为单位的变化。

天气预报、灾害监测等需要短周期的时间分辨率,常以小时为单位。植物、作物的长势监测、估产等需要以旬或日为单位。而城市扩展、河道变迁、土地利用变化等多以年为单位。总之,可根据不同的遥感目的,采用不同时间分辨率。

3. 波谱分辨率

波谱分辨率指传感器在接收目标辐射的波谱时能分辨的最小波长间隔,也称光谱分辨率。间隔越小,分辨率越高。

常用的 TM 影像有 7 个波段,波段宽度约为 40～2100 nm。而成像光谱仪的波段数可达到几十甚至几百个波段,波段宽度则为 5～10 nm。一般来说,传感器的波段数越多,波段宽度越窄,地面物体的信息越容易区分和识别，针对性越强。成像光谱仪所得到的图像在对地表植被和岩石的化学成分分析中具有重要意义，因为高光谱遥感能提供丰富的光谱信息，足够的光谱分辨率可以区分出那些具有诊断性光谱特征的地表物质。

对于特定的目标，选择的传感器并非波段越多，光谱分辨率越高，效果就越好，而要根据目标的光谱特性和必需的地面分辨率来综合考虑。在某些情况下，波段太多，分辨率太高，接收到的信息量太大，形成海量数据，反而会“掩盖”地物辐射特性，不利于快速探测和识别地物。所以，要根据需要，恰当地利用光谱分辨率。

4. 辐射分辨率

辐射分辨率指传感器接收波谱信号时，能分辨的最小辐射度差。在遥感图像上表现为每一像元的辐射量化级。

某个波段遥感图像的总信息量 I_m 由空间分辨率（以像元数 n 表示）与辐射分辨率（以灰度量化级 D 表示）决定，以 bit 为单位，计算公式为

$$I_m = n \cdot \log_2 D \tag{5-1}$$

在多波段遥感中，遥感图像总信息量还取决于波段数 k。k 个波段的遥感图像的总信息量 I_s 的计算公式为

$$I_s = k \cdot I_m = k \cdot n \cdot \log_2 D = k \cdot A/P^2 \cdot \log_2 D \tag{5-2}$$

式中，A 为图像所对应的地面面积；P 为图像的空间分辨率。

辐射分辨率与探测器的响应率和传感器系统内的噪声有直接关系，一般为噪声等效温度的 2~6 倍。为了获得较好的温度鉴别力，红外系统的噪声等效温度限制在 0.1~0.5 K，而使系统的温度分辨率达到 0.2~3.0 K。目前，TM6 图像的温度分辨率可达到 0.5 K。

第三节　微波成像数据特征

微波成像是利用微波波段（波长为 1 mm~1 m）的电磁波对目标进行探测和成像的技术。与可见光和红外成像不同，微波成像的一个关键优势是微波可以穿透云层、烟雾、植被，甚至某些材料表面，使其能够在各种恶劣环境下进行全天候、全时段的成像。这种特性使得微波成像在遥感、军事、医学和工业领域中得到了广泛应用。与无线电波相比，微波具有频率高、频带宽、信息容量大、波长短、能穿透电离层和方向性好等特点，微波成像是指以微波作为信息载体的一种成像手段，其原理是用微波照射被测物体，然后通过物体外部散射场的测量值来重构物体的形状或（复）介电常数分布。

一、微波成像的基本步骤

微波成像通常包括发射微波、与目标相互作用、接收反射信号、处理和解码信号这四个主要步骤。

1. 微波发射

成像系统的发射器（通常是雷达或合成孔径雷达）发射微波信号，微波可以是连续波或脉冲波，根据特定的成像需求选取波形。

2. 与目标相互作用

微波信号传播到目标后，会与地物或人体等目标相互作用，产生反射、散射、透射等效应。不同目标的电磁性质不同（如电导率、介电常数等），这导致反射信号的强弱、时延等特性各异。

3. 微波接收

成像系统的接收器接收目标反射回来的微波信号。这些信号通常包含目标的几何形态、材料性质

等信息。

4. 信号处理与成像

接收到的微波信号经过处理，如解调、滤波、合成等步骤，最后生成目标的图像。合成孔径雷达等技术能够提高图像的分辨率，使得较小的目标也能被精确识别。

微波遥感中，极化是指微波信号传播时电磁波的振动方向：分为水平极化（HH）、垂直极化（VV）、水平-垂直极化（HV）和垂直-水平极化（VH），它们分别表示微波信号在水平和垂直方向上的振动。

二、微波成像的基本特点

1. 高穿透力

微波能够穿透云层、雨水和部分植被，因此在各种气象条件下都能进行有效成像。这使得微波成像在监测恶劣天气和灾害响应时非常有价值。

2. 对地表物体的敏感性

微波成像可以有效识别地表的不同特征，如土壤类型、植被覆盖和水体分布。它对水分含量变化非常敏感，适用于农业监测和水资源管理。

3. 全时段可用性

与光学成像不同，微波成像不受日夜变化的影响，能够全天候获取数据。

三、图像特点

1. 纹理和形状识别

微波成像能够清晰识别地表物体的纹理和形状，适用于地表分类和变化检测。例如，森林和农田的反射特性各异，易于区分。

2.多分辨率成像

微波成像可根据应用需求选择不同的分辨率，适应从大范围监测到细节分析的需求。高频段的微波可以提供更高的分辨率。

3.数据融合能力

微波图像可以与光学、红外等其他类型的遥感数据进行融合，提高分析的准确性和全面性。

思考题

1. 简述陆地卫星的传输、处理系统。
2. 简述光学图像特征。
3. 说明常用卫星影像的成图比例尺。
4. 简述 HDF 格式的特点和主要数据类型。
5. 简述数字图像特征。

第六章　遥感图像处理

本章导读

本章在阐明遥感图像颜色基础后,介绍遥感数据获取过程中由传感器、大气辐射传输、地表环境等综合影响所带来的辐射误差和几何误差,以及由此导致的遥感成像质量降低,为此需做一系列遥感图像处理来提高图像质量。本章是遥感的重点和难点,希望同学们掌握辐射校正、几何纠正,以及图像增强、图像融合等遥感图像预处理的基本原理和常用方法。

第一节　遥感图像基础

一、彩色图像特征

(一) 色彩概述

1. 颜色性质

颜色的性质由明度、色调、饱和度来描述。

明度(lightness)是人眼对光源或物体明亮程度的感觉。与电磁波辐射亮度的概念不同,明度受视觉感受性和经验影响。非发光物体反射率越高,明度就越高。对光源而言,亮度越大,明度越高。

色调(huge)是色彩彼此相互区分的特性。可见光谱段的不同波长刺激人眼产生了红橙黄绿青蓝紫等彩色的感觉。反射物体的颜色是不同反射率的不同波长的组合共同刺激人眼产生的颜色感觉。

饱和度(saturation)是彩色纯洁的程度,即光谱中波段是否窄,频率是否单一的表示。对于光源,发出的若是单色光就是最饱和的彩色。对于不发光物体的颜色,如果物体对光谱反射有很高的选择性,只反射很窄的波段则饱和度高,否则饱和度低。

黑白色只用明度描述,不用色调、饱和度来描述。

为了形象地描述颜色性质之间的关系,通常用颜色立体来表现一种理想化的示意关系(图 6-1)。

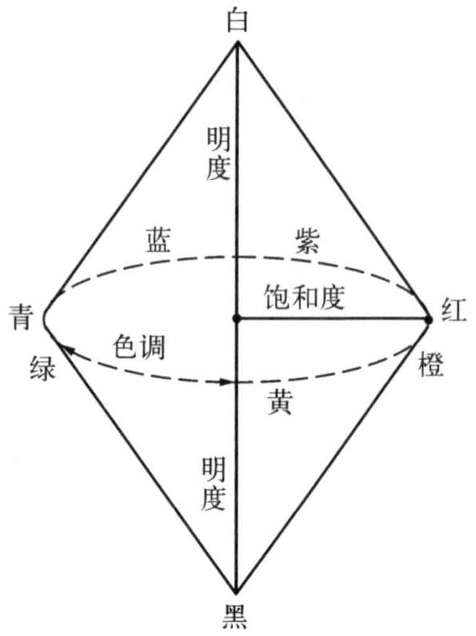

图 6-1　颜色立体示意模型

中间垂直轴代表明度,从顶端到底端,由白到灰再到黑明度逐渐递减。中间水平面的圆周代表色调,顺时针方向由红、黄、绿、蓝到紫逐步过渡。圆周上的半径大小代表饱和度,半径最大时饱和度最大,沿半径向圆心移动时饱和度逐渐降低,到了中心便成了中灰色。如果离开水平圆周向上下白或黑的方向移动也说明饱和度降低。

这种理想化的模型可以直观表现颜色三个特性的关系,但与实际情况仍有不小差别。例如,黄色明度偏白,蓝色明度偏黑,它们的最大饱和度并不在中间圆面上。

另一种颜色立体——芒塞尔(Munsell)颜色立体(图 6-2),使颜色的划分更为标准化。

图 6－2 中,中央轴代表无彩色的明度等级,顶部白为 10,底部黑为 0,从 0 至 10 共分为 10 个明度级。颜色立体的水平剖面是色调,沿顺时针方向分为红、红黄、黄、黄绿、绿、绿蓝、蓝、蓝紫、紫、紫红 10 种色调,每两种色调间各分 5 个等级。颜色离开中轴的水平距离代表饱和度的变化,称为芒塞尔彩度,表示相同明度值时饱和度的情况。中性色(黑灰白)时为 0,离开中轴越远数值越大。不同的明度、色调和饱和度构成了颜色的不同色彩。任何颜色在芒塞尔系统中都可以用色调、明度和饱和度(彩度)三个坐标值表示,每一组坐标又可制成标准颜色样品以供有关参考对比。

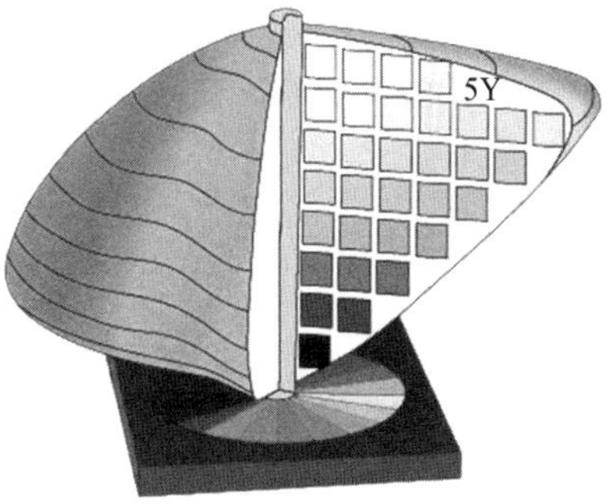

图 6－2　芒塞尔颜色立体示意图

芒塞尔颜色立体比理想颜色立体更接近实际情况,虽然并未达到十分完善,但对颜色性质的理解已更深入。

2. 彩色合成方法

如果三种颜色,其中的任何一种都不能由其余两种颜色混合相加产生,而这三种颜色按一定比例混合可以形成各种色调的颜色,则这三种颜色称之为三原色。实验证明,红(R)、绿(G)、蓝(B)三种颜色是最优的三原色。用三原色合成产生其他色彩主要有加色法和减色法两种。

加色法(additive mixture)是把三原色,即红绿蓝按一定比例混合产生白色感觉的方法,或者以红、绿、蓝三原色中的两种以上色光按一定比例混合,产生其他色彩的彩色合成法(图 6－3)。常见的电视机、计算机显示器就采用了加色法原理来生成不同色彩。图 6－3 中的青、品红、黄即为红、绿、蓝的补色,也是随后将要介绍的减色法三原色。

减色法是自然光(白光)中减去一种或两种原色光而生成色彩的方法(图 6－4),广泛应用于颜料配色和彩色印刷等色彩的产生。

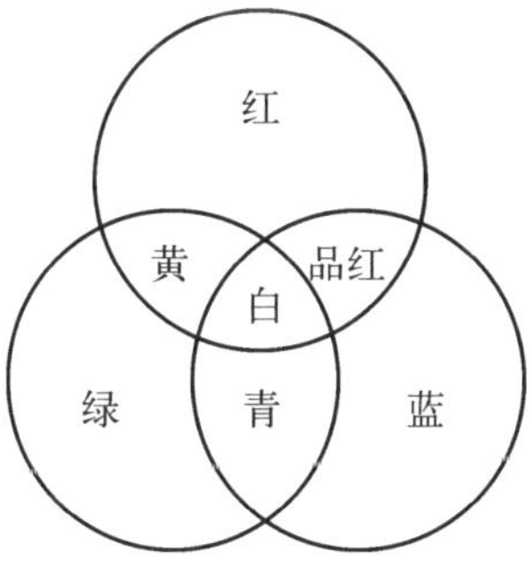

图 6－3　加色法示意图

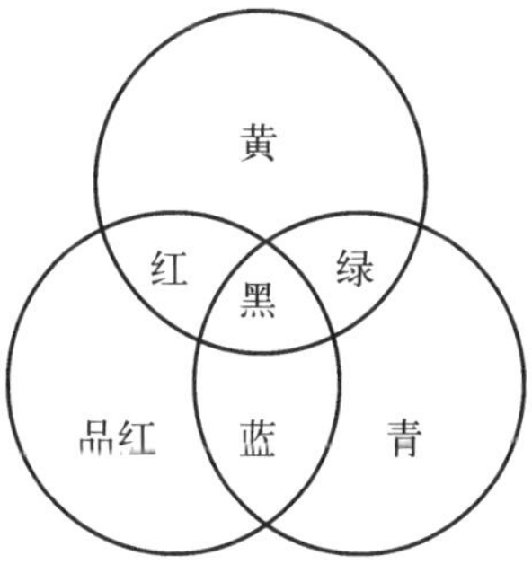

图 6－4　减色法示意图

颜料本身的色彩是由于本身选择性地吸收了入射自然光中一定波长的光,反射出未被吸收的色光而呈现出本身的色彩。例如,黄色颜料是由于本身吸收了自然光中的蓝色光,反射出未被吸收的红光和绿光叠加混合的结果;品红颜料是由于本身吸收了自然光中的绿光,反射出红光和蓝光相加的结果;同样,青颜料是由于吸收了自然光中的红光成分,反射蓝光与绿光的结果。

(二) 光学原理

1. 光学彩色合成

1) 加色法彩色合成

根据加色法原理,制作成各种合成仪器,选用不同波段的正片或负片组合进行彩色合成,是加色法合成的过程。根据仪器类别可以将图像处理方法分为合成仪法和分层曝光法两种。

(1) 合成仪法:是将不同波段的黑白透明片分别放入有红、绿、蓝滤光片的光学投影通道中精确配准和重叠，生成彩色影像的过程（图 6－5）。采用的合成仪，一类是单纯光学合成系统，另一类是计算机控制式的屏幕合成系统。该方法简单易行，图像色彩鲜艳、影像清晰、层次丰富，是遥感图像光学增强中一种常用方法。

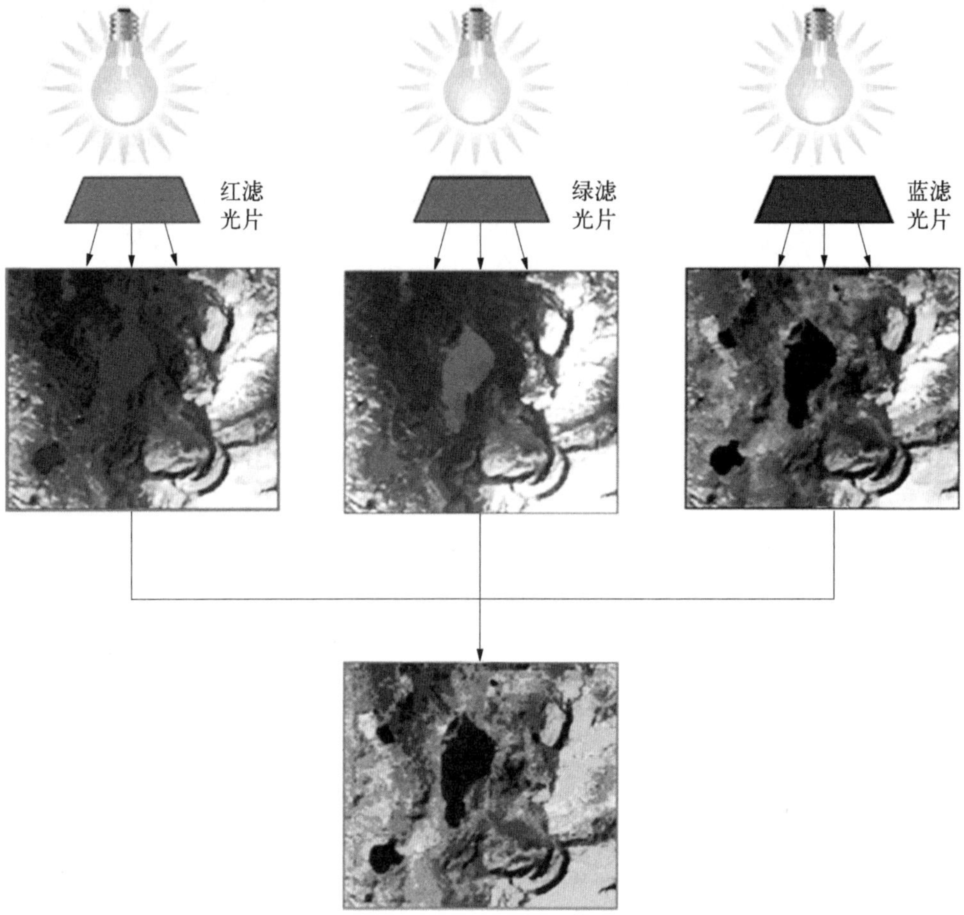

图 6－5　合成仪法示意图

（2）分层曝光法：指利用彩色胶片具有的三层乳剂，使每一层乳剂依次曝光的方法。采用的仪器为单通道投影仪或放大机。每次放入一个波段的透明片，依次使用红、绿、蓝滤光片，分三次或更多次对胶片或相纸曝光，使感红层、感绿层、感蓝层依次感光，最后冲洗成彩色片（图 6－6）。这一技术的关键是保证多次曝光时，多张黑白透明片的影像位置完全重合。三个滤色片在色度图上组成的颜色三角形越大，合成后的颜色就越丰富。

彩色合成效果决定于使用仪器者的技术熟练程度和经验丰富程度，以及彩色合成方案的选取是否合理。合成方案包括：① 相片时相的选择应有利于突出研究的对象；② 波段的选择应是最佳匹配；③ 色调的选择应使蓝、绿、红所对应的波段合理匹配，饱和度调整得当，以保证识别对象的信息被突出。工作时可利用普通照相放大机在暗室中进行，设备简单，操作方便，是一般学校、科研单位少量合成彩色图像的一种常用方法。

2）减色法彩色合成

利用减色法原理使白光经过多种（层）乳剂或染料或滤色片、透明片等反射或透射出来的合成得到的彩色是减色法彩色合成。根据不同的工艺和技术可以分为染印法、重氮法和印刷法三种。

（1）染印法：是一种使用浮雕片、接收纸和冲显染印药制作彩色合成影像的方法。浮雕片是一种特制的感光胶片，经曝光和暗室处理后能吸附酸性颜料。接收纸是一种不感光的特殊纸张，能吸收浮雕

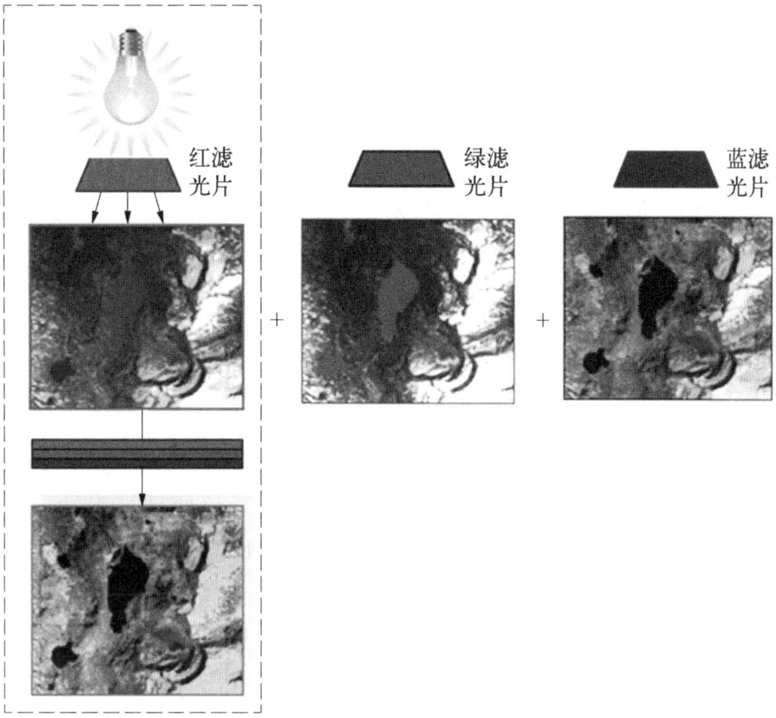

图 6-6　分层曝光法示意图

片上的酸性颜料。染印法合成把三种浮雕片上的染料先后转印到不透明的接收纸上,或分别转印在三张透明胶片上重叠起来阅读。

(2) 重氮法:是利用重氮盐的化学反应处理彩色单波段影像透明片的方法,各波段图像可重叠阅读。

(3) 印刷法:是利用彩色制版和印刷工艺,根据减色法原理进行的彩色合成。首先将彩色原图进行分光制成多张分光负片,然后再制成一定规格网目的分光正像透明片,晒制成锌板供印刷,印刷时不同的光版分别用黄、品红、青三种油墨依次准确套印印制成彩色图像。彩色印刷法成本低,复制速度快,适合生产大批量彩色图像。但由于在制版印刷过程中需要多次翻版,以及印刷工艺中诸多因素影响,影像信息损失较大。

2. 光学增强处理

光学增强处理主要有以下四种方法。

1) 改变对比度

使用两张同波段同地区的负片(或正片)进行合成,一张反差适中,另一张反差较小,合成后反差加大,从而提高了对比度。

2) 相关掩膜处理方法

指对于几何位置完全配准的原片,利用感光条件和摄影处理的差别,制成不同密度、不同反差的正片或负片(称为模片),通过它们的各种不同叠加方案改变原有影像的显示效果,达到信息增强目的的方法。可以将原先分辨不清或不够突出的目标突出出来,把不必要的信息变得不太清楚,以达到增强主题的目的。

3) 边缘突出

目的在于突出线性特征。先将两张反差相同的正片和负片叠合配准后,再沿希望突出的线性特征的垂直方向错位,使线性地物产生黑白条的假阴影。这种影像如同雕刻,故又称浮雕法。在处理时应注意曝光时相片移动的方向应该大致与图像中主要轮廓线或构造线的方向垂直,以使增强效果更好。

4）显示动态变化

不同时相同一地区的正负片影像叠合掩膜，当被叠合影像反差相同时，凡密度发生变化的部分就是动态变化的位置，这种方法又称比值影像法。将同一时相不同波段的影像做比值可以识别出一些特别的信息。

3. 光学信息处理

利用光学信息处理系统，即一系列光学透镜按一定规律构成的系统，可以实现对输入数据并行的线性变换，适宜做二维影像处理。在遥感光学处理中，主要涉及相关光学的处理过程。例如，运用光栅滤波法实现图像的相加和相减，利用单色光通过介质时的位相变化使得黑白影像变成彩色影像等。

二、彩色增强

单波段或多波段遥感图像可按一定的规则进行颜色组合和处理，生成一幅彩色图像，增强原来遥感图像的光谱特征，以便于解译和提取有用信息。单波段图像的彩色处理称为伪彩色合成（pseudo-color composite），多波段遥感图像的彩色处理称为假彩色合成（false color composite）。

1. 伪彩色合成

伪彩色合成是把单波段灰度图像中的不同灰度级按特定的函数关系变换成彩色，然后进行彩色图像显示的方法，它可以把人眼不能区分的微小的灰度差别显示为明显的色彩差异（图 6－7）。

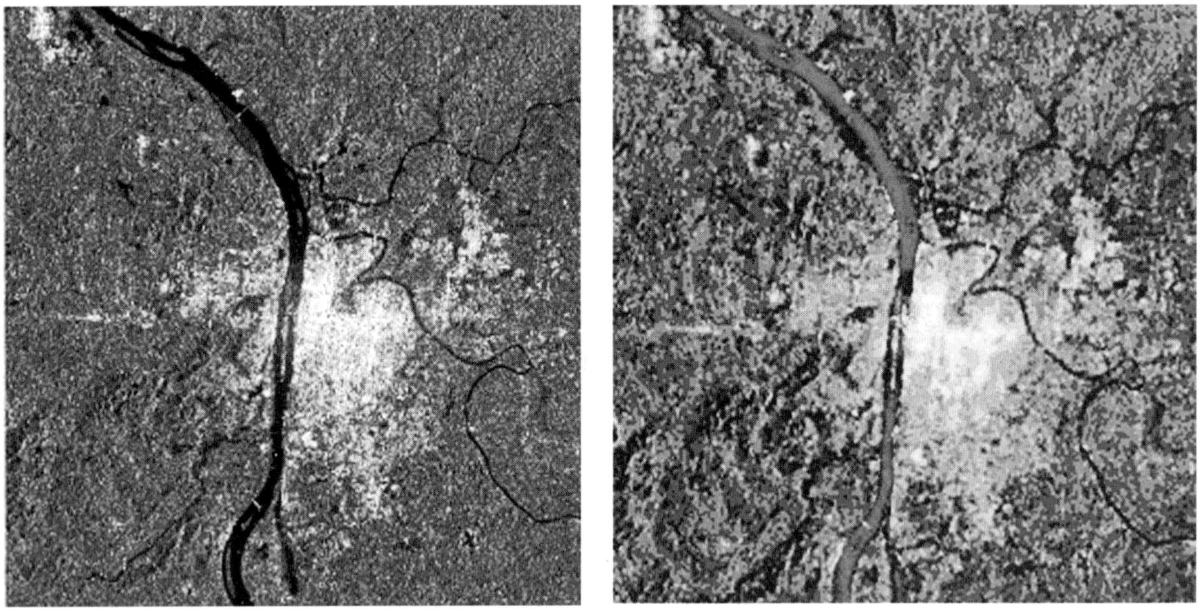

单波段SAR图像

伪彩色合成图，RGB分别选择角二阶纹理、均值纹理、熵值纹理，以突出不同的地物类型

图 6－7　单波段雷达图像及其伪彩色合成效果图

密度分割或密度分层是伪彩色合成方法之一，通过对单波段遥感图像的亮度范围进行分割，使一定亮度间隔对应于某一类地物或几类地物，从而增强遥感图像。它是把黑白图像的灰度级从 0（黑）到 M_0（白）分成 N 个区间 L_i（$i=1,2,\cdots,N$），给每个区间 L_i 指定一种颜色 C_i，这样便可以把一幅灰度图像变成伪彩色图像。

2. 假彩色合成

多波段遥感图像所选的三个波段中，如果存在一个或多个波段，其光谱响应区间与合成时所赋的颜色不相对应，则地物在合成图像上的颜色与实际真实的颜色不相对应，这种彩色合成为假彩色合成

(图 6－8)。例如,TM 彩色合成若使用 TM 4(R)、TM 3(G)和 TM 2(B),由于 TM 4、TM 3、TM 2的光谱区间分别为 0.76～0.90 μm、0.63～0.69 μm 和 0.52～0.60 μm,在电磁波谱上分属红外、红和绿光范围,而合成时分别赋以红、绿和蓝颜色,则在合成图像上,植被呈红色调,Fe_2O_3含量较多的岩石和土壤呈绿色调。TM 图像的这种合成可以突出图像上地物色调特征的色彩差别,被称为标准假彩色合成(图 6－9)。

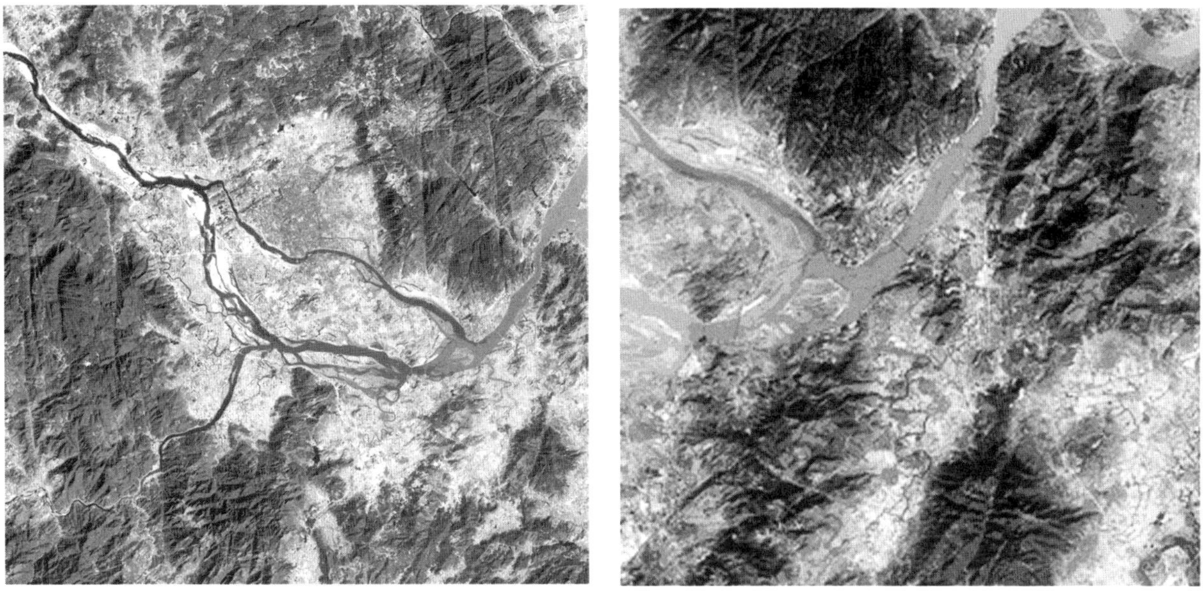

图 6－8　TM432 假彩色合成(左)与 SPOT321 假彩色合成(右)

(a) 真假彩色合成 R(TM3)G(TM2)B(TM1)

(b) 标准假彩色合成 R(TM4)G(TM3)B(TM2)

(c) 假彩色合成 R(TM5)G(TM4)B(TM3)

(d) 假彩色合成 R(TM7)G(TM4)B(TM3)

图 6－9　TM 图像的彩色合成

3. 彩色变换

计算机彩色显示器的显示系统采用 RGB 色彩模型,遥感图像处理过程中常采用 IHS 色彩模型。亮度(lightness)、色度(hue)、饱和度(saturation)表达的彩色与人眼看到的更为接近。RGB 和 HIS 两种色彩模式之间可以相互转换，常用的转换方法有球体变换、三角形变换、圆柱体变换等。

在球体变换模型中（图 6－10）：① 亮度值从 0（黑）到 1（白）变化；② 饱和度从 0 到 1 线性变化；③ 色度表示像元的颜色或波长，它的变化从红色的中心点 0°经过绿色和蓝色回到红色的中心点 360°，形成一个圆周。

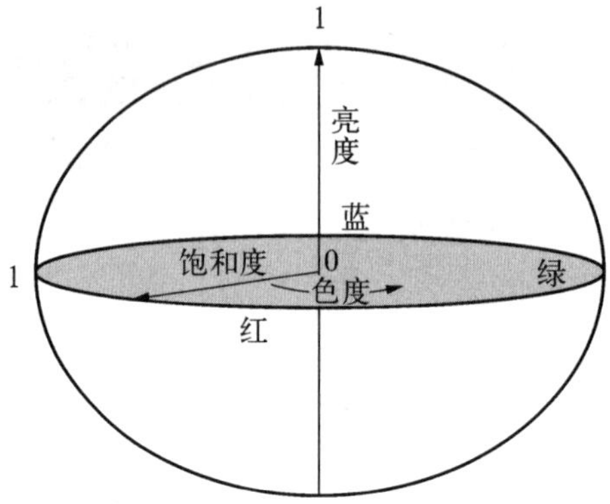

图 6－10 球体彩色空间

第二节 辐射校正

由于遥感图像成像过程的复杂性，传感器接收到的电磁波能量与目标本身辐射的能量是不一致的。传感器所得到的观测值与目标反射率（reflectance）或辐射亮度（radiance）等物理量之间的差值称为辐射误差。传感器接收到的能量包含了由于太阳位置、大气条件、地形影响和传感器本身的性能等所引起的各种失真，这些失真不是地面目标的辐射，它们对图像的使用和理解造成影响，必须加以校正和消除。这种消除图像数据中依附在辐射亮度里的各种失真的过程称为辐射校正。完整的辐射校正包括遥感器校正、大气校正、太阳高度和地形校正等。

一、辐射误差产生的原因

辐射误差来源于传感器响应、大气传输过程（云和雾）和太阳照射的影响（位置和角度）等。

（一）传感器响应特性的影响

对于遥感传感器来说，探测装置对电磁波辐射存在一定的响应特征，在记录这些电磁信号强弱的过程中不可避免存在一定程度的误差。例如，对于光电扫描系统来说，传感器接收系统收集到的电磁波信号需经光电转换系统变成电信号记录下来，探测器的响应特性就会产生辐射误差。

（二）因大气影响引起的辐射误差

电磁辐射在大气传输过程中，大气会对其产生吸收和散射作用，入射到传感器的电磁波能量除了地物本身的辐射以外，还有大气引起的散射光，这些辐射畸变成分会降低遥感图像的对比度和清晰度，使得图像的分辨力降低。

太阳光在到达地面目标之前，大气会对其产生吸收和散射作用。同样，来自目标物的反射光和散射光在到达遥感平台上的传感器之前也会被吸收和散射。入射到传感器的电磁波能量除了地物本身的辐射以外还有大气引起的散射光（图 6－11）。辐射误差的来源可归纳为大气的消光（吸收和散射）、天空光（大气散射的太阳光）照射、路径辐射等。

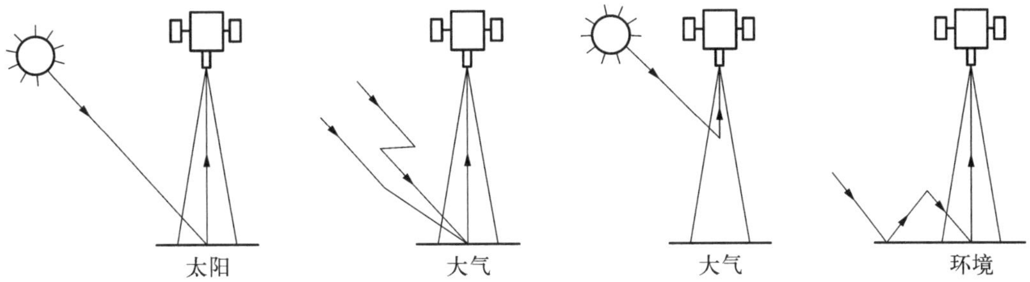

图 6-11　进入传感器的辐射能量示意图

(三) 因太阳辐射差异引起的辐射误差

太阳的辐射差异引起误差可以分为太阳位置变化带来的太阳辐射差异、地形起伏引起的辐射差异等。

太阳位置主要指太阳高度角和方位角,它们的变化直接导致太阳辐照度的变化(图 6-12),产生辐射差异,地物的反射率也就随之改变。

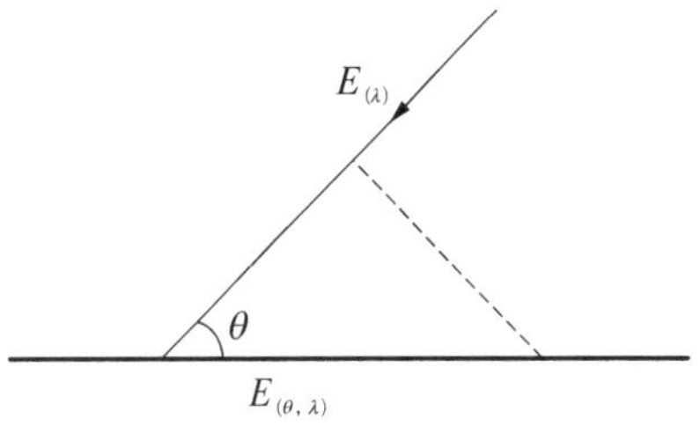

图 6-12　地面辐照度与太阳高度角关系示意图

$$E_{(\theta,\lambda)}=E_{(\lambda)}\cdot\sin\theta \tag{6-1}$$

式中,$E_{(\theta,\lambda)}$ 为地面实际接收辐照度;$E_{(\lambda)}$ 为太阳垂直太阳光的照度;θ 为太阳高度角。

另外,地形起伏也对太阳的辐照度产生影响。地形对太阳辐射的影响主要表现为不同倾角的地表对入射辐射亮度产生变化,造成同类地物灰度不一致的现象。

二、辐射定标

辐射定标(radiometric correction)是将传感器记录的电压或数字值转换成绝对辐射亮度的过程,这个辐射亮度与传感器图像构成特性无关。通过传感器辐射定标可以将传感器输出值(digital number, DN)转换成云顶辐射亮度,它是定量遥感中非常重要的过程。

辐射定标包括三方面的内容: ① 发射前的实验室定标;② 基于星载定标器的飞行中定标;③ 在轨运行期间采用基于陆地或海面特性的“替代定标”,或借助其他卫星进行的“交叉定标”。

辐射定标通常采用一个线性公式,在传感器输出值与传感器入瞳处的辐射亮度之间建立联系,公式为

$$Y=\boldsymbol{A}L \tag{6-2}$$

式中,Y 是传感器输出值;$\boldsymbol{A}$ 是绝对定标系数矩阵;L 是辐射亮度。矩阵 $\boldsymbol{A}$ 可在发射前通过精确的测量确定;利用第二或者第三标准光源(如白炽灯、太阳等),由星上定标设备进行在轨监视(在轨定标);也可以利用特定、已知的地面目标,通过星-地同步观测进行外场定标。

三、大气校正

由于大气的吸收、散射及其他随机因素影响,导致图像模糊失真,造成图像分辨率和对比度相对下降,消除这些影响的处理过程称为大气校正(atmospheric correction)。

遥感图像的大气校正方法有多种,按校正后的结果可以分为绝对大气校正和相对大气校正。相对大气校正方法校正后得到的图像,相同的传感器输出值表示相同的地物反射率,其结果不考虑地物的实际反射率。绝对大气校正方法是将遥感图像的传感器输出值转换为地表反射率或地表反射辐亮度的

方法。

利用地面实况数据进行大气校正是一种常用的方法，它利用预先设置的反射率已加的标志，或者测出适当的目标物的反射率，把地面实测数据和传感器输出的图像数据进行比较，来消除大气的影响。但这种方法仅适用于地面实况数据特定的地区及时间，因而具体实施存在一定难度。从遥感图像出发，分析其成像机理和成像过程，可以对其进行大气粗略校正，常用的方法包括直方图最小值去除法、回归分析法等。另外，还可以利用辐射传输方程来对大气影响进行定量分析，从而去除遥感图像中的大气影响。

（一）直方图最小值去除法

直方图以统计图的形式表示亮度与像素个数之间的关系，从直方图统计中可以找出一幅图像中的最小亮度值。

直方图最小值去除法的基本思想为：一幅图像中总可以找到一种或者几种辐射亮度（反射率）接近于零的地物类型，如地形起伏区域的山地阴影、反射率较低的水体等，如果这些像素的亮度值不为零，则可以近似地认为这个值就是大气散射导致的辐射值。校正时，将各波段中的每个像素亮度值都减去本波段的最小值，从而使图像亮度的动态范围得到改善，提高图像质量。

（二）回归分析法

由于大气散射主要影响短波部分，波长较长的波段几乎不受影响，因此可用其校正其他波段数据。例如，在受大气影响较小的波段（TM7）和待校正的某一波段图像中，选择由最亮、最暗的一系列目标，将每一目标的两个待比较的波段灰度值提取出来进行回归分析（图 6－13）。

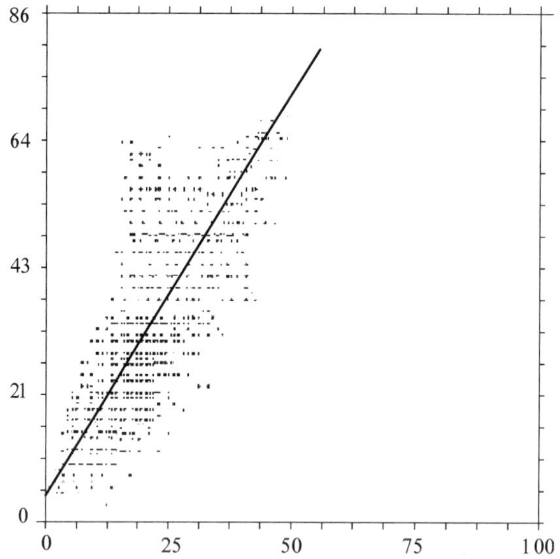

图 6－13　TM7 和 TM1 图像像元灰度值回归分析

采用线性公式拟合，公式为

$$Y=a_1+b_1X \tag{6-3}$$

式中，X 为 TM7 波段亮度值；Y 为 TM1 波段亮度值。求出 a_1、b_1 值即可以对 TM1 图像进行校正，其中截距就是 TM1 的大气纠正值。

（三）辐射传输模型

在诸多的大气校正方法中，校正精度较高的方法是辐射传输模型法（radiative transfer model）。辐射传输模型法是利用电磁波在大气中的辐射传输原理建立起来的模型对遥感图像进行大气校正的方法，如“6S”模型（Second Simulation of the Satellite Signal in the Solar Spectrum）、LOWTRAN 模型（Low Resolution Transmission）、MODTRAN 模型（Moderate Resolution Transmission）、大气去除程序 ATREM（The Atmosphere Removal Program）、紫外线和可见光辐射模型 UVRAD（Ultraviolet and Visible Radiation Model）、空间分布快速大气校正模型 ATCOR（A Spatially-Adaptive Fast Atmospheric Correction）等。其中以“6S”模型、MODTRAN 模型、LOWTRAN 模型和 ATCOR 模型应用最为广泛。

除以上介绍的这些大气校正方法外，还有一些其他大气校正的方法。例如，在同一平台上，除了安装获取目标图像的遥感器外，还安装了专门测量大气参数的遥感器，利用这些数据进行大气校正。另外，还可以利用植被指数转换来进行 AVHRR 的大气校正等。

四、太阳高度和地形校正

相对于地面，太阳位置在年内和日内随着时间的不同而不同。为了获得每个像元真实的光谱反射，经过遥感器和大气校正的图像还需要更多的外部信息进行太阳高度和地形校正。通常这些外部信息包括大气层透过率、太阳直射光辐照度和瞬时入射角（取决于太阳入射角和地形）。

设太阳角度为 θ，进行太阳高度校正，公式为

$$DN' = \frac{DN}{\sin\theta} \qquad (6-4)$$

式中，DN′为输出像元的值；DN 为原始图像像元的值。

当地形平坦时，瞬时入射角比较容易计算。但是对于倾斜的地形，经过地表散射、反射到遥感器的太阳辐射量就会依倾斜度而变化，因此需要用 DEM（数字高程模型）计算每个像元的太阳瞬时入射角来校正其辐射亮度值。

通常在太阳高度和地形校正中，都假设地球表面是一个朗伯反射面。但事实上，这个假设并不成立，最典型的如森林表面，其反射率就不是各向同性，因此需要更复杂的反射模型。

第三节 几何纠正

遥感图像几何纠正的目的是纠正原始图像中的几何变形，即通过对图像获取过程中产生的变形、扭曲等的分析，尽可能地缩减几何变形影响，得到具有较高几何精度的图像。遥感数据接收后，首先由接受部门根据遥感平台、地球曲率、传感器的各种参数进行粗纠正，当用户拿到这种产品后，还需要根据不同应用的几何精度要求，对其做进一步精纠正。

一、几何畸变产生的原因

遥感图像的几何变形误差可以分为静态误差和动态误差两大类。静态误差指在成像过程中，传感器相对于地球表面呈静止状态时所具有的各种变形误差；动态误差则主要是由于在成像过程中地球的旋转所造成的图像变形误差。

静态误差又可分为内部误差和外部误差两类变形误差。内部误差主要是由于传感器自身的性能所造成的，随传感器的结构不同而异；外部变形误差指由传感器以外的各因素所造成的误差。

本节主要讨论静态误差中的外部误差，其几何畸变常来源于传感器平台的位置、姿态、速度的变化，并受到诸如全景畸变、地球曲率、大气折射、地形高低等多种因素的影响。

1. 传感器外方位元素变化

传感器的外方位元素通常指传感器成像时的位置(X,Y,Z)和姿态角($\varphi,\tilde{\omega},\kappa$)。当外方位元素偏离标准位置时，就会使图像产生变形。

2. 地表起伏的影响

当地形存在起伏时，会产生局部像点的位移，使原来本应是地面点的信号被同一位置上某高点的信号代替。由于高差的原因，实际像点 P 距像幅中心的距离相对于理想像点 P_0距像幅中心的距离移动了Δr(图 6-14)。

3. 地球曲率的影响

地球是椭球体，因此地球表面是曲面，因而也会引起像点位置的移动。地球曲率引起的像点位移类似地形起伏引起的像点位移(图 6-15)。

4. 大气折射的影响

电磁波在大气层传输过程中会受到大气折射的影响，其传播的路径不是一条直线而变成了曲线，进而引起了像点位移(图 6-16)。大气层是一个非均匀的介质，通常情况下，其密度是随离地面的高度增加而递减的，所以电磁波在大气中的传播时，折射率也随离地面的高度而改变。

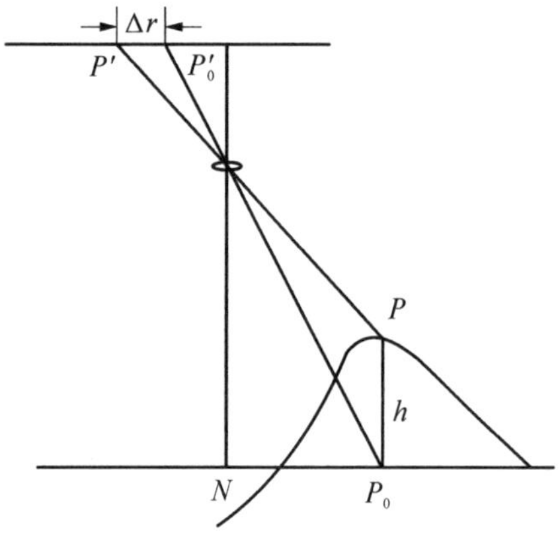

图 6-14 地形引起的像点位移

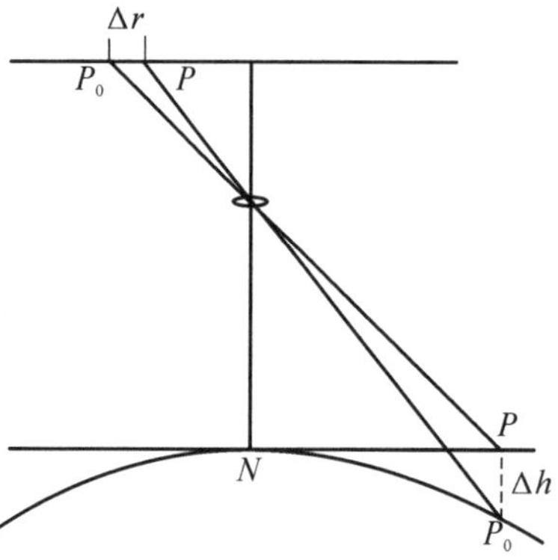

图 6-15 地球曲率的影响

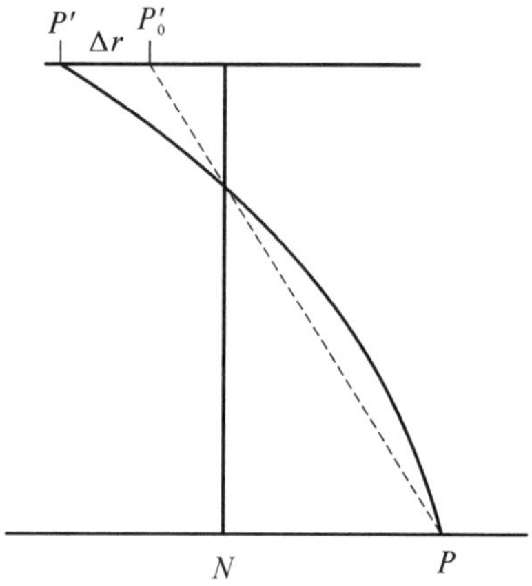

图 6-16 大气折射的影响

二、多项式纠正

几何畸变有多种纠正方法，多项式纠正是一种通用的地形纠正方法，适合于在地面平坦、不需考虑高程信息，或地面起伏较大而无高程信息，以及传感器的位置和姿态参数无法获取的情况时使用。

(一) 多项式模型

遥感影像的总体变形可以视为平移、缩放、旋转、偏扭、弯曲及其他变形综合作用的结果。如图 6-17 所示，对于 $X'Y'$坐标系的点($X'=2.4, Y'=2.7$)，纠正后的空间位置应为 XY 坐标系的点($X=5,\ Y=4$)，它们之间存在函数关系：

$$\begin{cases} X=f_X(X',\ Y') \\ Y=f_Y(X',\ Y') \end{cases} \tag{6-5}$$

几何纠正的实质就是求算函数 f_X、f_Y，对于多项式纠正模型，构建的是 n 次多项式模型，如二次多项式模型为

$$\begin{cases} X=a_{00}+a_{10}X'+a_{01}Y'+a_{11}X'Y'+a_{20}X'^2+a_{02}Y'^2 \\ Y=b_{00}+b_{10}X'+b_{01}Y'+b_{11}X'Y'+b_{20}X'^2+b_{02}Y'^2 \end{cases} \tag{6-6}$$

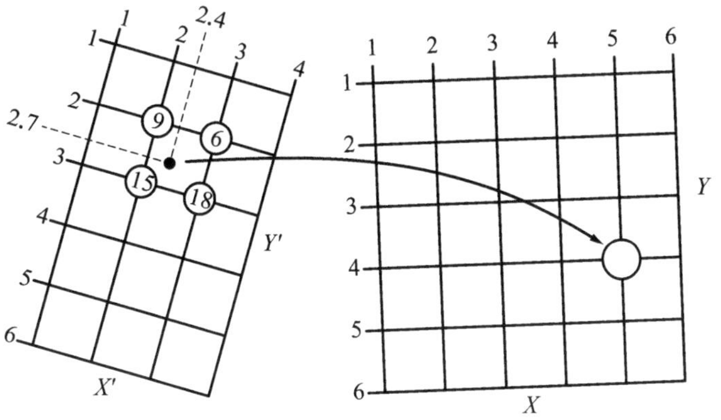

(a) 存在几何变形的原始遥感数据像素坐标示意图　(b) 纠正后像素坐标示意图

图 6-17　原始数据及纠正后的空间位置示意图

几何纠正的关键是解算出二次多项式方程组(6-6)中的参数 a_{00}、a_{10}、a_{01}、a_{11}、a_{20}、a_{02}、b_{00}、b_{10}、b_{01}、b_{11}、b_{20}、b_{02}。

(二) 采集控制点

求算式 6-6 中的 12 个系数,由线性理论知,必须列出至少 12 个方程,即找到 6 个原始数据(待纠正图像)和纠正数据(参考图像)之间的对应点,这些对应点称为控制点。表 6-1 列举了常用的多项式纠正过程中所需控制点数量。

表 6-1　多项式所需最少控制点数量

多项式次数	需要的最少控制点数量
1	3
2	6
3	10

n 次多项式需要的控制点数量可以表示为

$$N=\frac{(n+1)\cdot(n+2)}{2} \tag{6-7}$$

式中,N 表示所需采集的控制点的数量;n 为多项式次数。

为了提高几何纠正的精度,实际工作中所采集的控制点往往多于 12 个,控制点增加后,计算方法也有所改变,一般通过对控制点数据进行最小二乘法拟合来求算系数。

确定控制点是几何纠正中最重要的一步,地面控制点的数量、分布和精度直接影响几何纠正的效果。常用的控制点的采集方法包括图像-图像、图像-地形图、图像-手工输入点坐标等(图 6-18)。

控制点的精度和选取的难易程度与图像的质量、地物的特征及图像的空间分辨率密切相关,控制点应当具有以下特征:

(1) 在图像上有明显的、清晰的定位识别标志,如道路等线性地物的交叉点、建筑边界、农田边界线等。

(2) 控制点上的地物不随时间而变化,以保证当两幅不同时段的图像或地图几何纠正时,可以同时识别出来,如水库边线由于水域范围变化过大,不宜采集控制点。

(a) 待纠正遥感图像　　(b) 参考遥感图像　　(c) 参考地形图

图 6－18　控制点采集示意图

（3）在没有做过地形纠正的图像上选控制点时，应在同一地形高度上进行。

（4）控制点应当均匀地分布在整幅图像内，且要有一定的数量保证。

（三）确定纠正后图像的边界范围

纠正后图像和原始图像的形状、大小、方向都不一样，所以必须首先确定新图像的边界范围。

如图 6－19 所示，原始图像的边界范围 $abcd$ 经几何纠正后变为 $a'b'c'd'$，在图像坐标系中，原始图像和纠正后图像的最大、最小边界值都发生了变化，因而必须求算出这些边界值，进一步确定输出图像像元的大小。

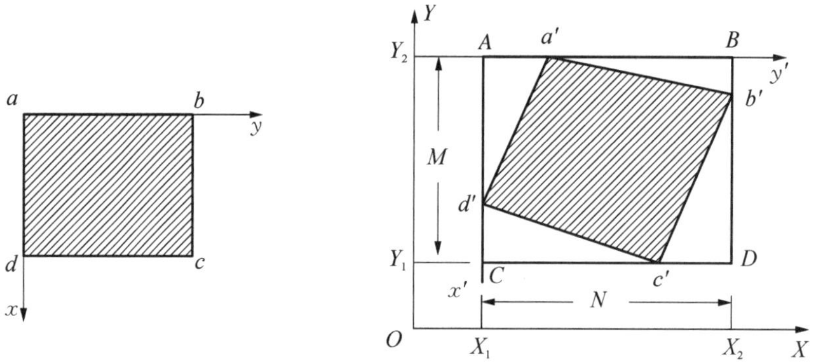

(a) 原始图像　　(b) 纠正图像

图 6－19　原始数据及纠正后的边界范围示意图

（四）确定纠正后图像的像元灰度值——图像重采样

对采样后形成的由离散数据组成的数字图像，按所需的像元位置或像元间距重新采样，以构成几何变换后的新图像。重采样过程本质上是图像恢复过程，它用输入的离散数字图像重建代表原始图像二维连续函数，再按新的像元间距和像元位置进行采样。常用的采样方法有以下三种。

1. 最邻近法

直接取与待定像元点位置最近的像元点灰度值为重采样值，如图 6－20所示。

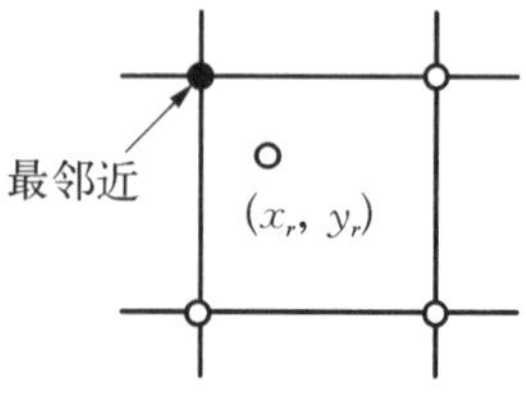

图 6－20　最邻近法重采样示意图

2. 双线性内插法

取待定像元周围的 4 个邻点，分别在 X 方向（或 Y 方向）内插二次，再在 Y 方向（或 X 方向）内插一次，得到该像元的灰度值，如图 6－21 所示。

3. 三次卷积法

三次卷积法是在双线性内插法的基础上进一步提高内插精度的一种方法，取待定像元周围的16个点，分别在 X 方向（或 Y 方向）内插四次，再在 Y 方向（或 X 方向）内插一次，得到该像元的灰度值，如图6－22所示。

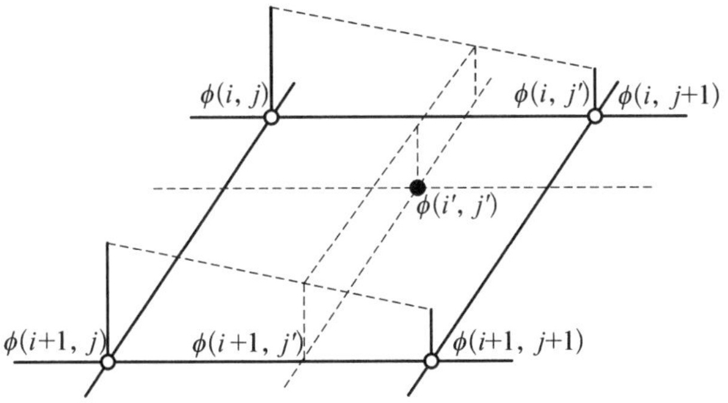

图6－21 双线性内插法重采样示意图

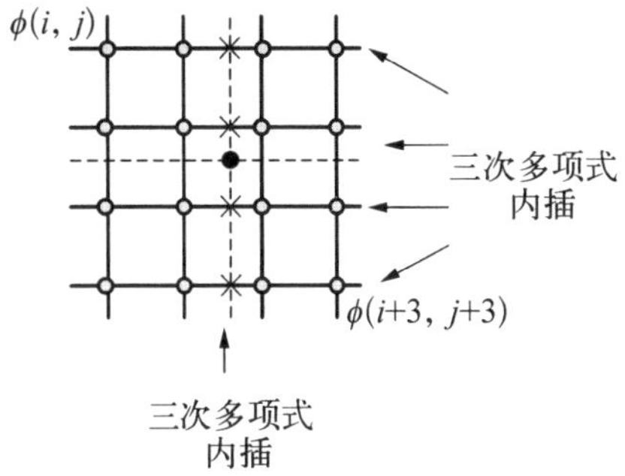

图6－22 三次卷积法重采样示意图

最邻法的优点是方法简单、计算速度快，不引入新的像素值，从而保持了原始图像的光谱信息，缺点是处理后的图像不够平滑。双线性内插法得到的结果比最邻近法平滑，但会改变原始像素值，丢失一些细微特征。三次卷积法更加复杂，计算量大，同样改变原始像素值，得到平滑的图像。图6－23为三种不同重采样方法得到的图像几何纠正后的效果图。

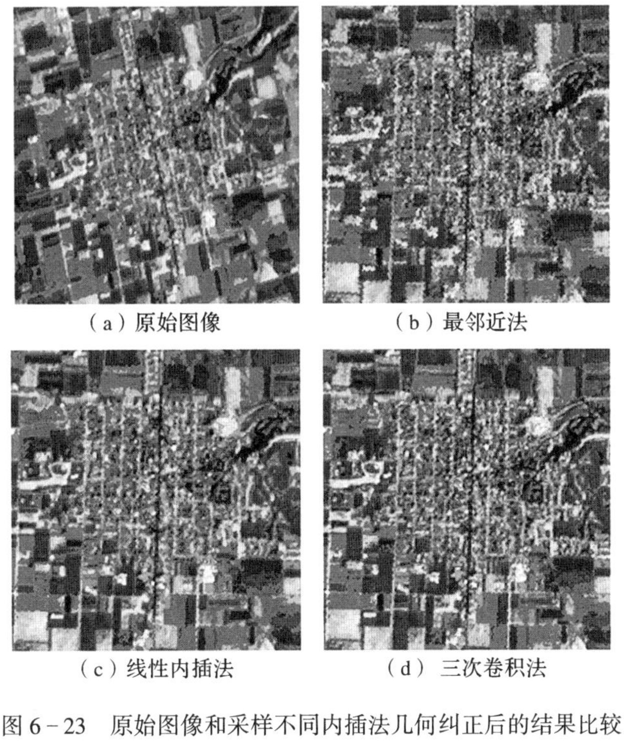

（a）原始图像　（b）最邻近法

（c）线性内插法　（d）三次卷积法

图6－23 原始图像和采样不同内插法几何纠正后的结果比较

第四节 遥感数字图像增强

遥感图像的辐射校正和几何纠正预处理完成了遥感图像辐射和几何方面的误差改正工作，为遥感数据的后续处理奠定了基础。但是，有些遥感图像由于成像过程中其他因素的影响，目视效果较差，如对比度不够、图像模糊；有些图像边缘部分或线状地物不够突出等，对遥感解译造成不便；有些图像波段多、数据量大，但各波段的信息存在冗余，可以进一步进行压缩处理等。针对这些具体应用目标，需要对遥感图像增强处理。

遥感数字图像增强的主要方法可分为辐射增强、空间增强、多光谱增强、图像融合、频率域增强等，本节主要讨论前四种增强方法。辐射增强可以改变图像的灰度等级，提高图像对比度；空间增强可以消除边缘和噪声，平滑图像，或者突出边缘或线状地物，锐化图像；图像融合可以合成多分辨率彩色图像；多光谱增强可以压缩图像数据量，突出主要信息等。

一、辐射增强

辐射增强处理(radiometric enhancement)是对单个像元的灰度值进行变换以达到图像增强的目的。通过辐射增强处理，可以改进图像的亮度、对比度，从而改善图像的质量，主要包括直方图调整、图像拉伸等。

（一）直方图

灰度直方图描述的是图像中具有该灰度级的像元的个数。确定图像像元的灰度值范围，以适当的灰度间隔为单位将其划分为若干等级，以横轴表示灰度级，以纵轴表示每一灰度级具有的像元数或该像元数占总像元数的比例值，做出的条形统计图即为灰度直方图(图6－24)。

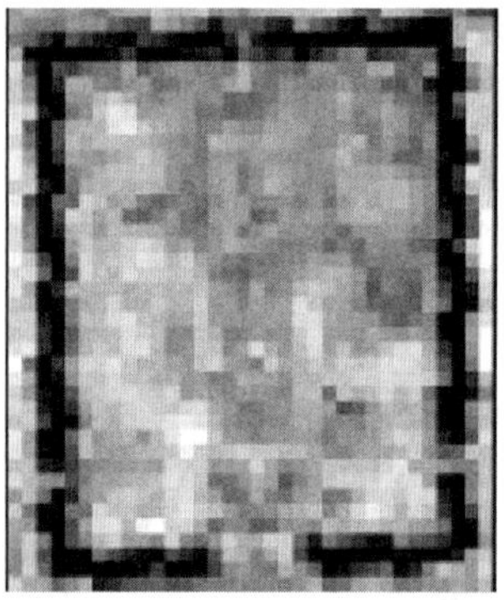

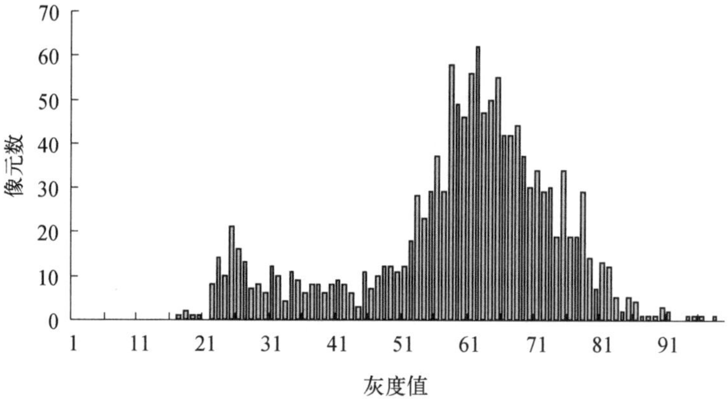

图6－24　北京故宫 Landsat TM band 4 图像及其灰度直方图

（二）图像拉伸

图像拉伸是一种通过改变图像像元的亮度值来改变图像像元对比度，从而改善图像质量的图像处理方法。它可以将图像中过于集中的像元分布区域(亮度值分布范围)拉开扩展，扩大图像反差的对比度，增强图像表现的层次性(图6－25)。

根据图像拉伸函数的不同类别，可以分为线性拉伸和非线性拉伸等。如图6－26所示，图像亮度范围为 a_1-a_2，现在欲将亮度范围变换为 b_1-b_2，可以设计一个线性变换函数，公式为

$$x_b=\frac{b_2-b_1}{a_2-a_1}(x_a-a_1)+b_1 \tag{6-8}$$

有时为了更好地调节图像对比度，需要在一些亮度范围拉伸，而在另外一些亮度段压缩，这种变换称为分段线性变换。

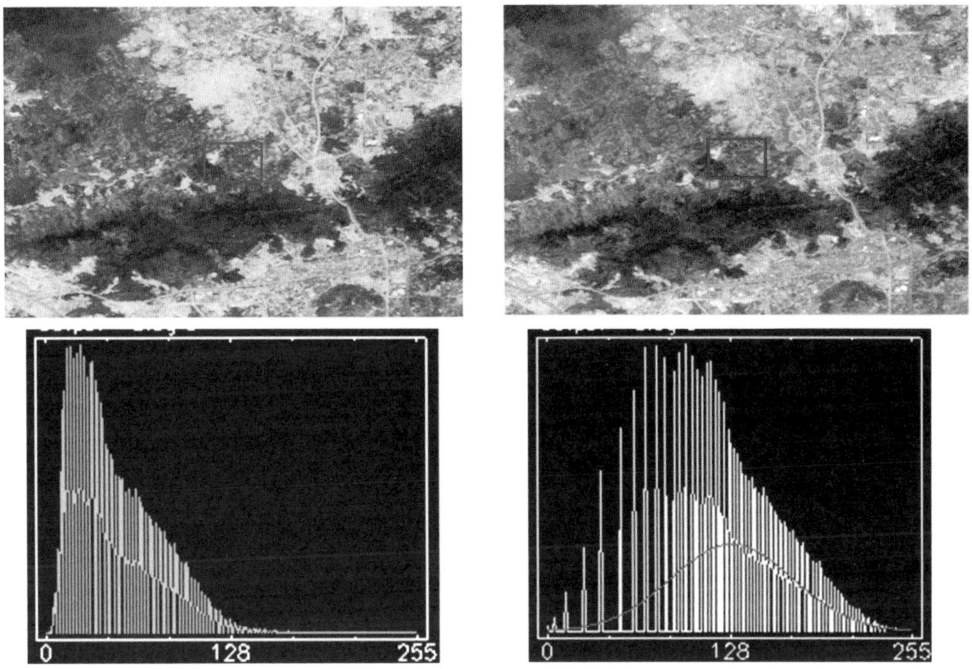

(a) 图像偏暗，直方图低值部分密集　　(b) 拉伸后图像及其直方图

图 6 - 25　遥感图像直方图拉伸前后图像显示效果对比

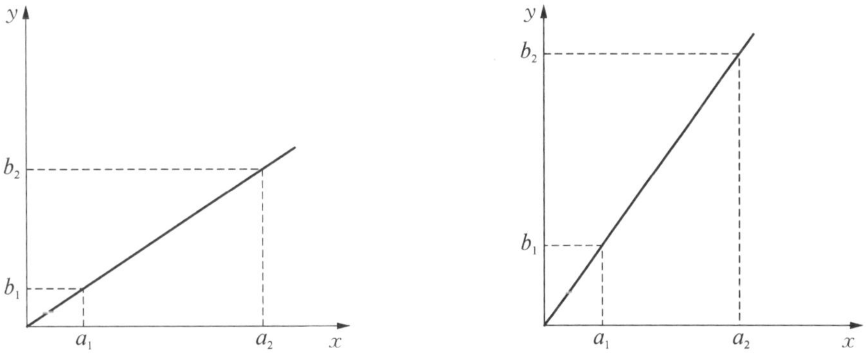

(a) 直线斜率小于1，输出图像DN值范围压缩　　(b) 直线斜率大于1，DN值范围拉伸

图 6 - 26　遥感图像线性拉伸示意图

当变换函数为非线性时，即为非线性拉伸。非线性变换的函数很多，常用的有指数变换和对数变换。

$$x_b = b\mathrm{e}^{ax_a} + c \tag{6-9}$$

$$x_b = b\lg(ax_a + 1) + c \tag{6-10}$$

式(6 - 9)、式(6 - 10)中，a、b、c 为可调参数，可以改变指数、对数函数的形态，从而实现不同的拉伸比例。

指数变换和对数变换对图像压缩或者拉伸效应不一样，指数变换图像灰度低值部位压缩、高值部位拉伸，对数变换图像灰度低值部位拉伸、高值部位压缩(图 6 - 27)。

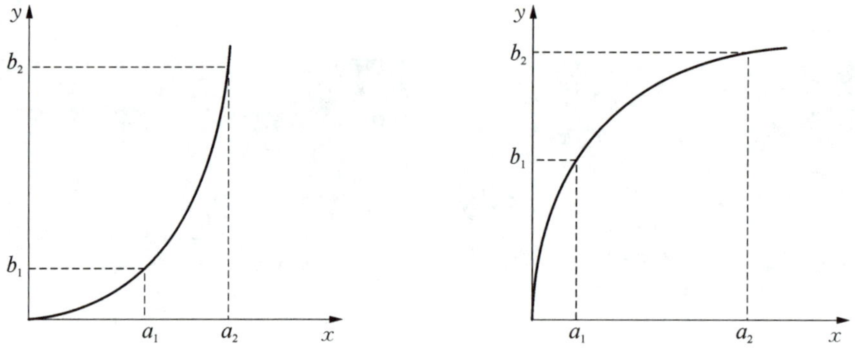

图 6-27　指数、对数拉伸示意图

左图为图像低值部位压缩，高值部位拉伸；右图为图像低值部位拉伸，高值部位压缩

（三）直方图均衡化和规定化

由于成像的原因，有些遥感图像的灰度值集中在较窄的范围内，表现为图像对比度低、细节不够清晰，为了拉开灰度值的分布范围或使灰度均匀分布，增大反差，使图像细节清晰，通常采用直方图均衡化及直方图规定化变换方法。

直方图均衡化（histogram equalization）是将原图像进行拉伸处理，使直方图变为均匀的直方图，从而获得一幅灰度分布均匀的新图像。直方图规定化指为使一幅图像的直方图变成规定形状的直方图而对图像进行变换的增强方法。

二、空间增强

空间增强，也称空间滤波（spatial enhancement），指在图像空间域（x, y）应用滤波函数对原始图像进行改进的一种处理技术，其效果有噪声的消除、边缘，以及线性特征增强、图像清晰化等。

（一）卷积运算

对数字图像来说，空间滤波是通过局部的积和运算（卷积运算）来实现的，通常采用 $n\times n$ 的矩阵算子作为卷积函数（也称模板、滤波核、掩模、滤波器等），如图 6-28 所示。

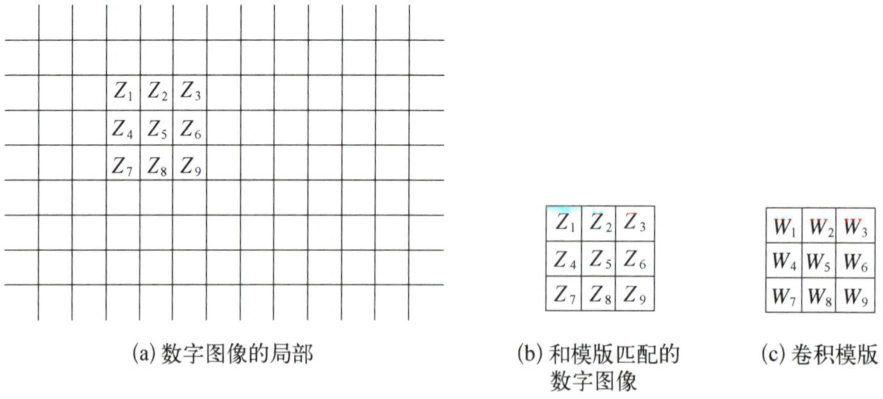

图 6-28　原始图像和卷积模版

用卷积模板对原始数字图像进行如下运算：

$$R=Z_1W_1+Z_2W_2+Z_3W_3+Z_4W_4+Z_5W_5+Z_6W_6+Z_7W_7+Z_8W_8+Z_9W_9$$

采用结果 R 替换中心像元值，卷积运算后的数字图像如图 6－29 所示。然后，对整个数字图像，移动卷积模板完成整幅数字图像的卷积处理，如图 6－30 所示。

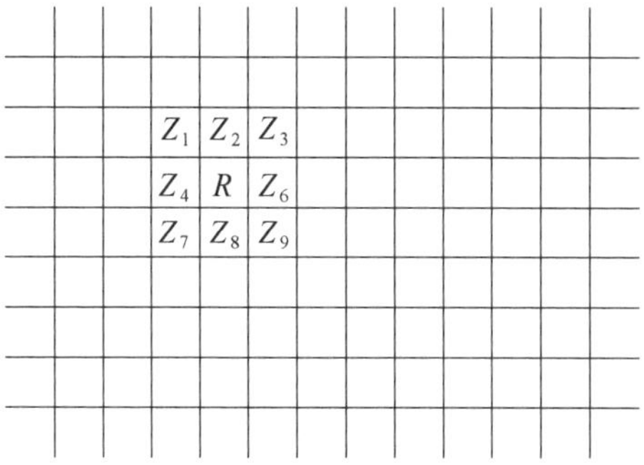

图 6－29 卷积运算过程示意图（采用 R 值替换中心像元值）

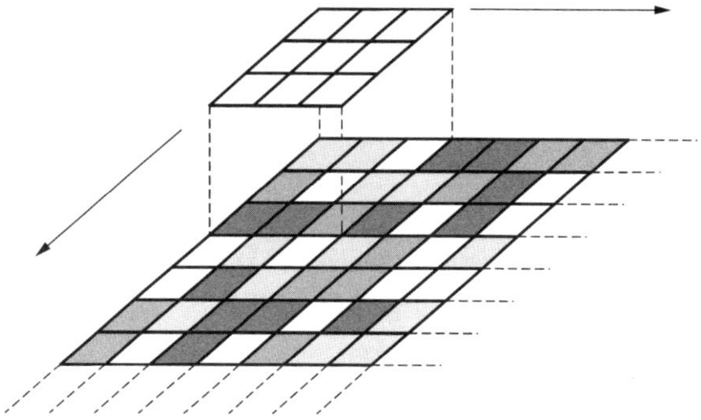

图 6－30 卷积运算过程示意图（移动卷积模版，完成数字图像的卷积处理）

（二）图像平滑

图像在传输过程中，由于传输信道、采样系统质量较差，或受各种干扰的影响，而造成图像毛糙，此时，就需对图像进行平滑处理。常用的图像平滑方法包括均值滤波、中值滤波等。

1. 均值滤波

在以每个像元为中心的区域内，取图像的平均值来代替该像元值，以达到去除尖锐噪声和平滑图像的目的，如 3×3 的卷积模版可以用矩阵表示为

$$\frac{1}{9}\begin{bmatrix}1 & 1 & 1\\ 1 & 1 & 1\\ 1 & 1 & 1\end{bmatrix}$$

其卷积运算公式为

$$R=\frac{1}{9}\sum_{i=1}^{3}\sum_{j=1}^{3} Z_{ij}\cdot W_{ij} \qquad (6-11)$$

图 6－31 为某遥感数字图像的局部，高亮像元可视为图像的“噪声”，亮度变化较大部位为图像的边缘，图像平滑处理可以弱化图像边缘效果。该区域对应的数字阵列如表 6－2 所示，若采用 3×3 均值滤波模版，对该数字图像进行平滑处理的输出结果如表 6－3 所示。

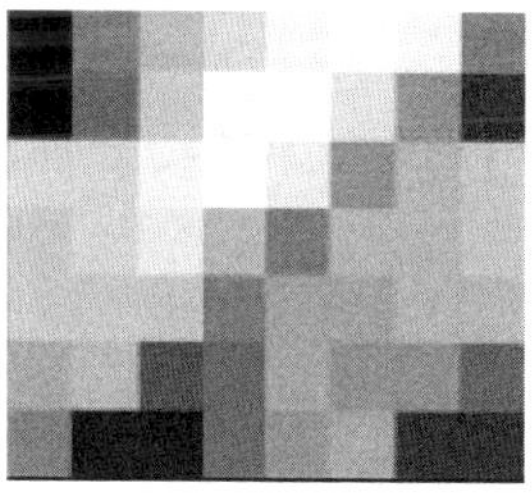

图 6－31 某遥感数字图像的局部（高亮像素视为噪声）

表 6－2 数字图像对应的灰度值

0	10	16	20	26	28	26	10
0	8	18	28	30	22	12	4
20	20	26	30	24	12	16	18
18	20	24	16	10	16	16	18
18	18	18	10	14	14	16	16
14	16	6	8	14	12	12	8
10	2	2	8	12	14	4	4
10	2	2	8	12	14	4	4

表 6－3 图像平滑处理后的灰度值

0	10	16	20	26	28	26	10
0	13	19	24	24	21	16	4
20	17	21	22	20	17	14	18
18	20	20	19	16	15	15	18
18	16	15	13	12	13	14	16
14	11	9	10	11	12	11	8
10	7	6	8	11	10	8	4
10	2	2	8	12	14	4	4

2. 中值滤波

是将每个像元在以其为中心的邻域内取中间亮度值来代替中心像元值，以达到去除尖锐噪声和平滑图像的目的。

一般来说，图像亮度呈阶梯状变化时，取均值平滑比取中值滤波效果要好，而对于突出亮点噪声的干扰，从去噪后对原图像的保留程度来看，中值滤波效果要好。

（三）图像锐化

为了突出图像的边缘、线状目标或某些亮度变化率大的部分，可采用锐化方法。锐化后的图像不再具有原图像特征而成为边缘图像，常用的方法有罗伯特梯度法、索伯尔梯度法、拉普拉斯算法等。

1. 罗伯特梯度法

梯度反映了相邻像元的亮度变化率，如果图像中存在边缘，则在边缘处有较大的梯度值。罗伯特梯度法可以近似用模板表示为

$$|\mathrm{gradf}| = |t_1| + |t_2| \tag{6-12}$$

式中，$|\mathrm{gradf}|$表示梯度；t_1、t_2为模板，表示为

$$t_1=\begin{bmatrix}1 & 0\\ 0 & -1\end{bmatrix} \qquad t_2=\begin{bmatrix}0 & -1\\ 1 & 0\end{bmatrix} \tag{6-13}$$

2. 索伯尔梯度法

索伯尔梯度法是罗伯特梯度法的改进，其模板为

$$t_1=\begin{bmatrix}1 & 2 & 1\\ 0 & 0 & 0\\ -1 & -2 & -1\end{bmatrix} \qquad t_2=\begin{bmatrix}-1 & 0 & 1\\ -2 & 0 & 2\\ -1 & 0 & 1\end{bmatrix} \tag{6-14}$$

由于索伯尔梯度法将窗口由 2×2 扩大到 3×3，较多地考虑了邻接点的关系，使边界检测更加精确。

3. 拉普拉斯算法

拉普拉斯算法的模板为

$$\begin{bmatrix}0 & 1 & 0\\ 1 & -4 & 1\\ 0 & 1 & 0\end{bmatrix} \tag{6-15}$$

它可以检测数字图像变化率的变化率，相当于二阶导数，可以更好地突出图像亮度突变位置。

三、多光谱增强

多光谱图像波段多，信息量大，这对于图像解译有很大帮助。与此同时，一些波段之间存在不同程度的相关性，即数据冗余。通过多光谱变换，可以保留主要信息、减少数据量、增强有用信息、改善图像的信噪比。常用的变换有 K－L 变换、K－T 变换等。

（一）K－L 变换

离散变换的简称，又称主成分分析（principal components analysis，PCA），是一种去除波段间的冗余信息，将多波段的图像信息压缩到比原波段更有效的少数几个转换波段的方法。它是对某一多光谱图像 X，利用 K－L 变换矩阵 A 进行线性组合，从而产生一组新的多光谱图像 Y。

K－L 变换的特点为：

（1）变换后的主分量空间与变换前的多光谱空间坐标系相比旋转了一个角度(图 6－32)；

（2）新坐标系的坐标轴一定指向数据量较大的方向；

（3）可实现数据压缩和图像增强。

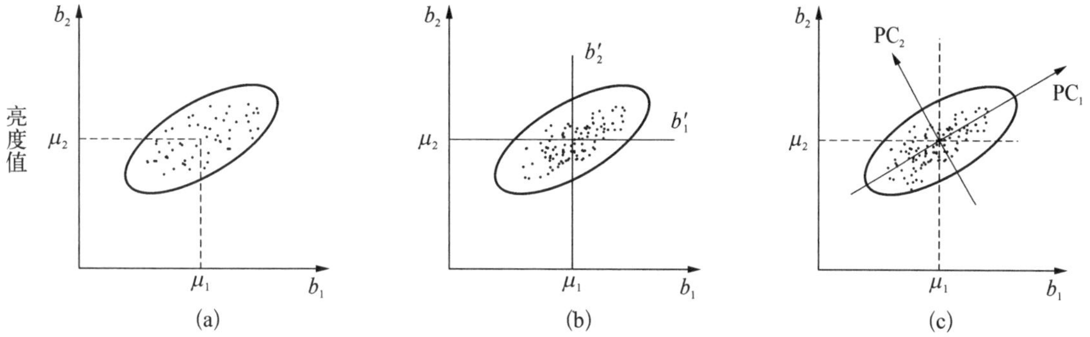

图 6－32　主成分分析中主成分和原图像之间的空间关系

（二）K－T 变换

K－T 变换为 Kauth-Thomas 变换的简称，也称缨帽变换，是一种坐标空间发生旋转的线性变换，旋转后的坐标轴指向与地面景物有密切关系的方向。主要针对 TM 和 MSS 数据，对于扩大陆地卫星 TM 影像数据在农业方面的应用有重要意义。

K－T 变换与主成分分析不同的是变换后的分量尚有残余的相关。通过缨帽变换可获得六项特征，其中前三项具有明确的物理-景观含义，后三项分量没有与景物明确的对应关系，因此变换后只取前三项分量。

第一特征为亮度，反映总体反射率的综合效果，并仅与影响总体反射率的物理过程有关。

第二特征为绿度，是可见光波段植物光合作用吸收与近红外植物强反射的综合影响，与地面植被覆盖、叶面积指数以及生物量有很大关系。

第三特征为湿度，是可见光、近红外波段反射能量的综合与两处中红外波段反射能量的差值，反映地面水分条件，特别是土壤的湿度状态。

为更好地分析农作物生长过程中植被与土壤特征的变化，将亮度 y_1 和绿度 y_2 两个分量组成的二维平面叫作植被视面；亮度 y_1 和湿度 y_3 两个分量组成的二维平面叫作土壤视面；湿度 y_3 和绿度 y_2 两个分量组成的二维平面叫作过渡视面(图 6－33)。

如将三个坐标分量立体化成三维形态，其外观像一顶带穗的帽子，所以称为“缨帽变换”。

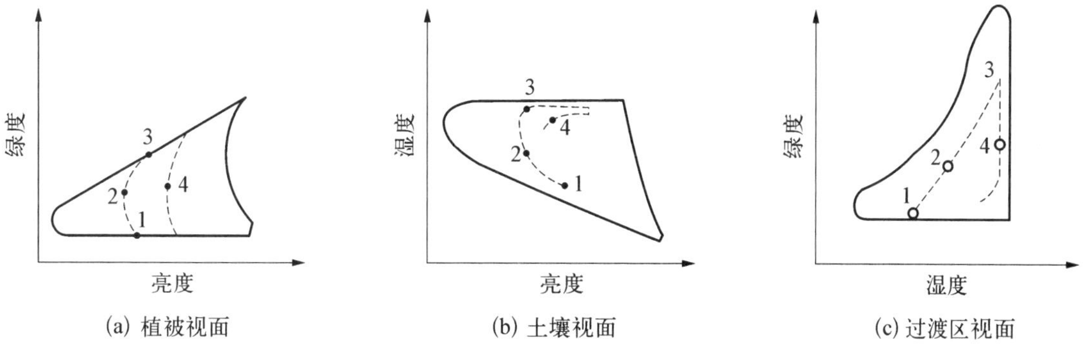

图 6－33　农作物生长视图

1. 裸土(种子破土前)；2. 生长；3. 植被最大覆盖；4. 衰老

四、图像融合

图像融合可以分为像素级、特征级、决策级三个层次，像素级融合是最低层次的图像融合，建立在单个像元单位基础上，将经过高精度图像配准后的多源影像数据按照一定的融合原则，进行像素的合成，生成一幅新的遥感图像，其技术流程如图 6－34 所示。

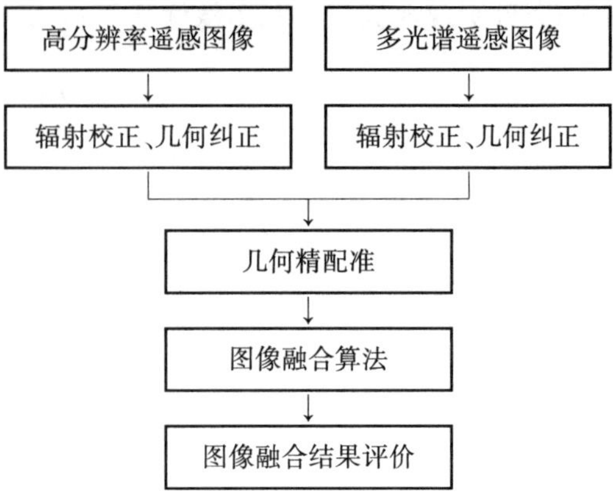

图 6－34　像素级图像融合的技术流程

1. 数据预处理

将高空间分辨率的遥感图像(全色图像)和多光谱遥感图像分别进行几何精纠正和互配准处理，消除因几何变形带来的误差。将多光谱遥感图像重采样到和高空间分辨率图像一致的空间分辨率。

2. 融合处理

按照一定的融合规则，将高空间分辨率和多光谱数据进行融合处理，保留两者优势，即来自高空间分辨率图像的空间信息、多光谱数据的光谱特性等。

3. 应用

对融合结果进行分析评价，并开展各行业应用。

五、图像融合实践

遥感图像融合准则非常多，这里以彩色空间变换法(IHS 变换)为例说明具体的融合处理方法和步骤。所采用的高分辨率数据为 SPOT－5 全色图像，空间分辨率为 5 m，多光谱图像空间分辨率为 10 m。融合技术流程如图 6－35 所示。

(1) 必须将图像进行严格的几何校正和配准，使不同的遥感图像在几何上能完全匹配，并且分辨率一致。

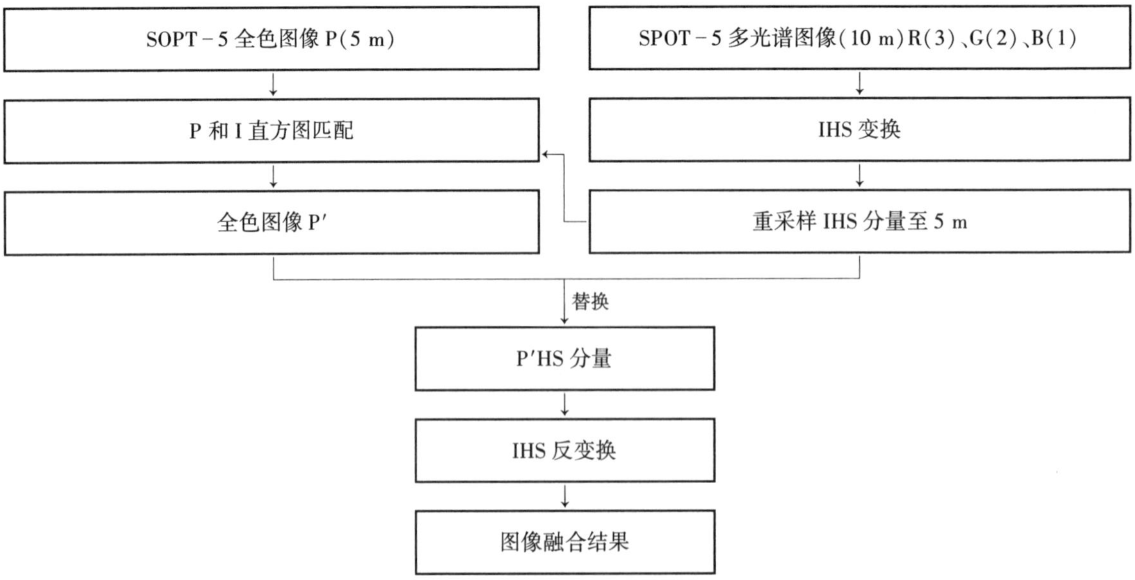

图 6－35　图像融合技术流程

（2）将多波段图像由 RGB 彩色系统变换到 IHS 彩色系统，这里采用三角形变换算法，公式为

$$\begin{bmatrix} I \\ V_1 \\ V_2 \end{bmatrix} = \begin{bmatrix} \frac{1}{3} & \frac{1}{3} & \frac{1}{3} \\ \frac{-\sqrt{2}}{6} & \frac{-\sqrt{2}}{6} & \frac{2\sqrt{2}}{6} \\ \frac{1}{\sqrt{2}} & \frac{-1}{\sqrt{2}} & 0 \end{bmatrix} \cdot \begin{bmatrix} R \\ G \\ B \end{bmatrix} \tag{6-16}$$

其中，$H=\tan^{-1}\left(\frac{V_2}{V_1}\right)$；$S=\sqrt{V_1^2+V_2^2}$。

（3）用高分辨率的图像代替 I 分量，进行彩色逆变换，就可以得到融合结果图像。

$$\begin{bmatrix} R' \\ G' \\ B' \end{bmatrix} = \begin{bmatrix} 1 & \frac{-1}{\sqrt{2}} & \frac{1}{\sqrt{2}} \\ 1 & \frac{-1}{\sqrt{2}} & \frac{-1}{\sqrt{2}} \\ 1 & \sqrt{2} & 0 \end{bmatrix} \cdot \begin{bmatrix} \mathrm{Pan} \\ V_1 \\ V_2 \end{bmatrix} \tag{6-17}$$

$$\begin{bmatrix} R' \\ G' \\ B' \end{bmatrix} = \begin{bmatrix} 1 & \frac{-1}{\sqrt{2}} & \frac{1}{\sqrt{2}} \\ 1 & \frac{-1}{\sqrt{2}} & \frac{-1}{\sqrt{2}} \\ 1 & \sqrt{2} & 0 \end{bmatrix} \cdot \begin{bmatrix} 1+(\mathrm{Pan}-I) \\ V_1 \\ V_2 \end{bmatrix} = \begin{bmatrix} 1 & \frac{-1}{\sqrt{2}} & \frac{1}{\sqrt{2}} \\ 1 & \frac{-1}{\sqrt{2}} & \frac{-1}{\sqrt{2}} \\ 1 & \sqrt{2} & 0 \end{bmatrix} \cdot \begin{bmatrix} 1+\delta \\ V_1 \\ V_2 \end{bmatrix} = \begin{bmatrix} R+\delta \\ G+\delta \\ B+\delta \end{bmatrix}$$

$$\delta = \mathrm{Pan} - I \tag{6-18}$$

上式中，Pan 表示全色波段。从式(6－18)可以看出，融合后影像光谱值取决于全色影像与 IHS 变换后的 I 影像之差，为较好地保留融合图像和多光谱图像之间的光谱相似度，可通过直方图匹配来提升融合效果，经过直方图匹配处理后融合效果如图 6－36 所示。

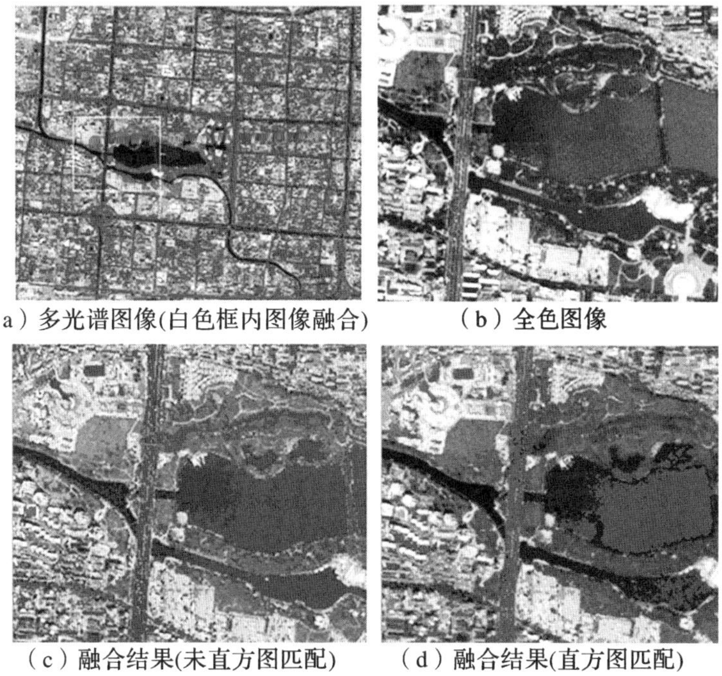

（a）多光谱图像(白色框内图像融合)　（b）全色图像

（c）融合结果(未直方图匹配)　（d）融合结果(直方图匹配)

图 6－36　图像融合光谱保留效果图

第五节　无人机图像数据处理

一、无人机数据预处理

（一）光学无人机影像预处理

多光谱与高光谱无人机影像预处理涉及三个主要步骤：辐射校正、几何校正和影像拼接。

1. 辐射校正

辐射校正主要涵盖以下几个关键方面：暗电流校正、暗角校正、增益与曝光时间校正，以及辐射定标。在完全遮光的特定环境下，相机内部的电流会不可避免地产生传感器噪声，暗电流校正的核心目标就是消除这一噪声。为实现此目标，通常采取的方法是，在完全遮光条件下拍摄照片，从而获取暗电流的数字数值（DN 值），对于均匀分布的暗电流，可通过从影像的 DN 值中直接减去这一固定的暗电流 DN 值，来完成校正过程。

暗角现象，指的是图像从中心区域向边缘逐渐出现亮度降低的现象，这主要是由于光线在照射传感器时，垂直入射于中心区域，而到达边缘区域的光线则呈现出一定的倾斜角度，加之传播距离的增加，共同导致了光线强度的衰减。镜头暗角不仅会降低图像边缘的亮度，还可能引发色差问题，因此，必须针对镜头暗角及光线分布不均进行必要的补偿，并对产生的阴影进行相应的校正。

增益，作为衡量 DN 值对光强变化敏感度的指标，反映了光强每单位变化时，DN 值所发生的变化量。而曝光时间，则是指传感器对光强变化进行响应所需的时间。通常情况下，增益与曝光时间共同决定了最终照片的亮度水平。为避免高亮度物体因曝光过度（即 DN 值超出照片允许的最大值）而导致的图像失真，必须对 DN 值进行适当的校正，以确保不同照片之间在亮度上具备可比性。目前，无人机影像处理软件已经相当成熟。在添加原始影像后，软件可以自动进行暗电流、暗角等的校正过程。

无人机获取的原始影像数据，通常以 DN 值的形式呈现。由于同一物体在不同光照条件下可能表现出显著的亮度差异，因此，为了在不同光照条件或不同时间段内获取的影像之间建立可比性，通常需要通过辐射定标的方法，将 DN 值转换为各波段的反射率，以准确反映地物的反射特性。辐射定标的方法主要分为两类：一类是基于传感器提供的定标参数进行辐射定标；另一类则是利用白板参数，通过构建线性方程来实现辐射定标。在已知传感器定标参数的情况下，推荐采用基于传感器参数的定标方法，以确保定标结果的准确性和可靠性。对于单个波段（X）的辐射定标，定义 $X_{\text{reflected}}$ 和 X_{incident} 分别为 X 波段的反射光和入射光，则 X 波段的反射率（X_{ref}）公式为

$$X_{\text{ref}}=\frac{X_{\text{reflected}}}{X_{\text{incident}}} \tag{6-19}$$

当太阳光（即入射光）从目标上反射出去时，多光谱相机以多光谱图像的形式捕获目标的反射光，阳光传感器捕获入射光，记录阳光传感器信号值。因此，上式可变为

$$X_{\text{ref}}=\frac{X_{\text{reflected}}}{X_{\text{incident}}}=\frac{X_{\text{camera}}}{X_{\text{LS}}}\cdot\rho_X \tag{6-20}$$

式中，X_{camera} 为 X 波段的多光谱图像得到的信号值，X_{LS} 为同一波段的太阳光传感器得到的信号值，ρ_X 为相机和太阳光传感器信号值直接的转换参数。

对应传感器定标参数位置的情况，一般使用固定反射率（W_1）的白板进行定标，在进行飞行任务的时候将白板放置于飞行区内，获取白板的 DN 值，对于 X 波段，X_{DN} 为 X 波段的 DN 值数据，白板的平均 DN 值为 W_2，则 X 波段的反射率（X_{ref}）公式为

$$X_{\mathrm{ref}}=X_{\mathrm{DN}}\times\frac{W_1}{W_2} \tag{6-21}$$

2. 几何校正

几何校正包括畸变校正和波段配准。由于相机小孔成像的特性，相机的成像与实际场景存在一定的畸变。目前，一些三维建模软件可以根据相机图像计算畸变校正参数，而一些相机的 EXIF 信息中也包含了畸变参数。通过坐标变换，可以对像素进行重新分布，以修正畸变。

目前的光学无人机影像，大多采用框幅式的成像方式，由此造成不同波段的影像成像时间的差异，因此不同波段的影像也会存在偏移。为了使各波段影像对齐，需要进行配准。波段配准一般是以一个波段为基准，对其他波段进行配准。配准方法通常是以一个波段为基准，利用同名点，对每个波段分别进行配准。

3. 影像拼接

在影像拼接方面，已有多种商业软件可以胜任无人机影像拼接任务，如 Metashape、Pix4D、PhotoScan、大疆智图、PIE－UAV 等。基本步骤包括：添加影像、对齐影像（计算相机位置与重叠位置）、建立点云、建立三维模型（根据需求选择）、建立数字高程模型（DEM）和生成正射影像。

（二）无人机激光雷达（LiDAR）数据预处理

1. 噪声去除

在处理 LiDAR 数据时，首要且至关重要的步骤是剔除其中的噪声点。这些噪声点通常由于折射等多种因素引起，导致高程数据出现异常。随后，为进一步优化数据质量，需采用专业的软件工具，并经过精细化的参数设置来进行处理。目前，市场上存在多款能够处理 LiDAR 数据的软件，包括但不限于 LiDAR 360、Pix4D、ArcGIS（pro）以及 GlobalMapper 等，这些软件均具备处理 LiDAR 数据的专业能力。

2. 图像归一化

由于地形存在起伏，会对点云数据高程值造成一定影响，需要使用归一化的方法消除误差。原理为，基于 DEM 范围与点云数据范围的交集区域，对于每一个点的高程值 Z 减去找到的对应 DEM 高程值。

3. 地面点分类

常用的地面点分类算法中，两大主流方法是渐进加密三角网算法与 CSF（cloth simulation filter）算法。渐进加密三角网算法以其较高的精度著称，能够有效地提取地面点，甚至在陡坡等复杂地形中也能展现出良好的分类能力。然而，该方法的显著缺点是计算复杂度较高，这在一定程度上限制了其在处理大规模数据集时的应用。CSF 算法则以其广泛的地面点提取能力和较高的处理效率而受到青睐。它能够尽可能地识别并提取出所有的地面点，从而满足多种应用场景的需求。然而，在面对地形复杂多变的数据时，CSF 算法的提取效果可能会受到一定影响，表现出一定的局限性。

（三）无人机热红外数据预处理

热像仪自身发热以及环境温度的变化会导致热像仪获取的热红外遥感图像存在温度漂移，影响热像仪的响应特性，进而影响获取的热红外图像的准确性。因此需要使用归一化的方法对原始数据进行校正。使用基于直方图拟合寻找代表性灰度值的 DRAT（基于数字概率密度函数拟合和辐射传输模拟）方法，将热红外图像序列的温度漂移简化为连续的偏差校正。其具体实现方法如下。

1. 噪声去除

第一步先绘制所有无人机热红外图像灰度值的直方图。第二步使用高斯函数对各个热红外图像的灰度直方图进行平滑滤波，以去除噪声，高斯函数公式为

$$g(x)=\frac{1}{\sqrt{2\pi\sigma^2}}\exp\left(-\frac{x^2}{2\sigma^2}\right) \tag{6-22}$$

式中，x 为样本距离滤波窗口中心样本的距离；σ 为高斯函数的标准差。

2. 图像归一化

根据平滑后的各图像直方图，确定代表性灰度值 RDN。RDN 定义为各图像典型下垫面的灰度值。然后计算各图像相对于整个时间序列平均 RDN 值的差值，作为漂移量。

$$\delta_i = \mathrm{RDN}_i - \overline{\mathrm{RDN}}$$

式中，δ_i 为无人机热红外图像 i 的 DN 值漂移量，RDN_i 为图像 i 的 RDN 值，$\overline{\mathrm{RDN}}$ 为所有图像 RDN 平均值。

然后各图像 DN 值减去对应的漂移量，得到温度归一化之后的热红外图像。

$$\mathrm{DN}_i' = \mathrm{DN}_i - \delta_i \tag{6-23}$$

式中，DN_i' 为无人机热红外图像 i 温度漂移修正后的 DN 值，DN_i 为图像 i 的原始 DN 值，δ_i 为图像 i 的 DN 值漂移量。

3. 影像拼接

Metashape、Pix4D、PhotoScan、大疆智图、PIE－UAV 等主流的无人机影像处理软件，都配备处理热红外数据得到模块。将无人机热红外影像导入软件，采用该模块进行处理，通过高精度初始化处理、空三加密、点云和纹理处理、DSM 和正射影像处理等步骤生成整幅热红外正射图像。

思考题

1. 遥感图像预处理主要包括哪些内容？
2. 遥感图像辐射畸变产生的原因是什么？辐射校正的主要包括哪些方面？
3. 大气校正的主要方法有哪些？
4. 遥感图像纠正畸变产生的原因是什么？
5. 遥感图像几何纠正主要包括哪些步骤？
6. 什么是辐射增强？包括哪些内容？
7. 分别采用指数函数、对数函数对遥感图像进行增强处理，它们对图像拉伸和压缩效果具有什么区别？
8. 什么是空间增强？包括哪些内容？
9. 图像平滑和图像锐化有什么区别？
10. 中值滤波和均值滤波有什么区别？
11. 下图所示格网为某遥感数字图像的局部，若分别采用 3×3、5×5 均值滤波模版对该图像进行平滑处理，请写出该格网的输出结果。

14	10	16	20	21	22	20	14
13	8	18	28	30	22	12	24
15	20	26	56	49	12	16	20
18	20	24	54	78	16	16	19
18	18	18	37	38	14	16	15
15	16	6	8	14	12	12	9
10	11	12	13	14	15	15	14
10	12	13	13	14	15	15	13

12. 什么是伪彩色、假彩色合成？什么是标准假彩色合成？
13. 简述 IHS 变换的主要方法。
14. 什么是 K－L 变换？有哪些方面的应用？
15. 什么是 K－T 变换？变换后的第一、二、三分量分别表征什么？
16. 简述遥感图像 IHS 融合的主要技术流程。
17. 光学无人机影像预处理一般包括哪几个过程？

第七章　遥感图像的目视解译

本章导读

本章主要介绍目视解译的原理、方法，目标地物的影像特征，以及目视解译的基本步骤和几种常见方法。目视解译是从事遥感工作的基本技能，希望同学们重点掌握如何建立目视解译标志，掌握遥感图像目视解译方法与工作步骤，熟悉常见的遥感图像解译。

遥感仪器自空中获得大量的地面目标信息数据，通过电磁波或磁带回收等方式传送回地面，由地面接收站截获并加以记录。地面接收站收到的遥感信息通过适当的处理才能加以利用。将接收的原始遥感数据加工制成可供观察和分析的可视图像和数据产品，这一过程称为遥感信息处理。根据所获得的遥感影像和数据资料，从中分析出人们感兴趣的地面目标形态和性质，这一过程称为遥感图像解译。即对图像中内容进行分析、判读、解释，弄清楚图像中的线条、轮廓、色彩、花纹等内容对应着地表上的什么地物及这些地物处于什么状态。

根据解译的技术和方法，遥感图像解译分为两种：① 目视解译（visual interpretation），也称目视判读，又称目视判译，指根据各专业（部门）的要求，专业人员通过直接观察或借助相关辅助判读仪器在遥感图像上获取特定目标地物信息的过程；② 遥感图像计算机解译，也称为遥感图像理解，以计算机系统为支撑，根据遥感图像中目标地物的各种影像特征（形状、空间位置、颜色、纹理），利用模式识别技术与人工智能技术相结合，结合专业知识数据库中目标地物的解译经验和成像规律等知识进行分析和推理，实现对遥感图像的理解，完成对遥感图像的解译。

目视解译是信息社会中遥感应用和地学研究的一项基本、而且非常重要的技能，是遥感应用的基础。遥感目视解译的研究也为研究遥感信息的计算机自动理解提供了基础。

第一节　遥感图像的目视解译原理

一、遥感图像的目视解译原理

图像本身仅仅是图像数据，需要借助光学仪器或电子仪器，经过人眼目视，大脑分析，经验和专业知识判断、综合、加工后才能成为信息。日常生活中我们可以接触到各种不同的图像，如黑白和彩色图片、照片等。人们从外界获取的信息 80% 以上是靠视觉获得的。遥感图像记录了地球表面的自然地貌、人工与自然地物和人类活动等，丰富、直观、完整地反映了地表空间分布的各种物体与现象。遥感图像解译的目的是从遥感图像中获取所需的地学专题信息，从遥感影像上识别目标，定性、定量地提取出目标的分布、结构、功能等信息，估计其数量特征，并把它们表示在地理底图上。因此，遥感图像的解译其实就是遥感图像形成的逆过程（图 7－1）。具体讲，解译就是从图像特征来判断电磁波的性质和空间分布，进而确定地物属性，是从图像特征识别地物。所以，进行遥感图像的解译工作，必须具有一定的遥感图像和地面实测资料。

二、遥感图像的目视解译影响因素

目视解译是专业人员把目标地物与遥感图像联系起来的过程。在解译时，除了遥感资料和地面实

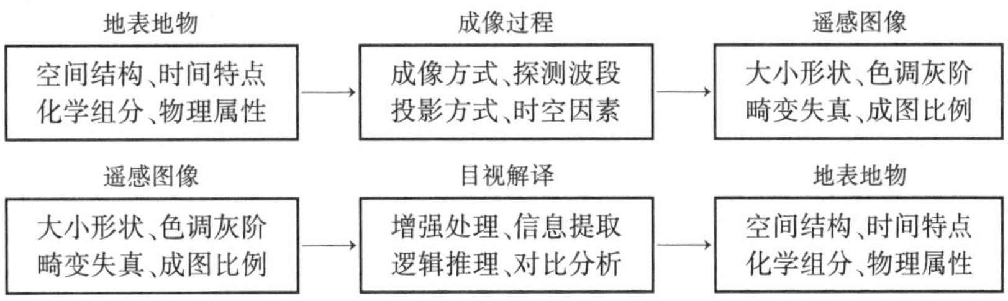

图 7-1 目视解译是遥感成像的逆过程

际状况外,解译者还需要有解译对象的基础理论和专业知识,掌握遥感技术的基本原理和方法,并且有一定的实际工作经验。目视解译的质量高低取决于人(解译人员的生理视力条件和知识技能)、物(物体的几何特性和电磁波特性)、像(图像的几何和物理特性)三个因素。

(一) 资料质量

目视解译的图像资料,应在同样的大气条件,在同一太阳方位角和同一地面环境下获得,图像处理条件也应完全相同。这样,图像上同类物体才能具有相同的灰度特征。但这些条件往往不能完全满足,只能选择与成像条件相近似的图像。图像上有云雾遮盖,物体辐射特性不同引起同类物体灰度特征有所差别,物体分布范围不一致,图像处理不一致,这些都直接影响解译效果。现有地图和统计资料内容丰富且精度较高,数据精度可靠,对解译起着良好的信息辅助和参考价值。

(二) 环境情况

区域的自然环境复杂程度决定着解译工作的难易和质量。地面覆盖单一、完整、分布有规律时,解译比较容易,精度较高;反之,区域地形复杂、破碎,地物种类繁多,分布杂乱无章等,解译比较困难,精度难以保证。地面植被覆盖、冰雪覆盖及云层覆盖较多时,解译人员无法判读覆盖层以下的物质和各种现象,给解译工作带来极大的困难。

(三) 人为因素

解译人员的知识技能和工作经验对解译成果质量起着决定性的作用。知识技能包括两方面:① 摄影测量、遥感知识和工作技巧;② 所从事的专业知识和工作技巧。

解译人员的经验包括解译工作的熟练程度,各类解译标志的应用,分析问题的能力以及对研究区域的了解程度。

另外,解译方法、图像类型、比例尺、成图时间、预处理等是否合适都对解译效果有直接影响。

人为因素指人类活动对自然环境的影响,将对某些专业解译带来不利因素。例如,开垦和耕作活动将改变地表原来状况,对以表面特征判断地质构造的地质解译增加了困难。

综上所述,图像解译成功与否,随图像资料的质量、被解译物体所处的环境和本身的性质、解译工作者的知识技能和工作经验而异。

第二节 遥感图像的解译标志

一、遥感图像目标地物特征

遥感图像中地物特征是地物电磁辐射差异在遥感影像上的具体反映。遥感图像目视解译的目的是从遥感图像中获取需要的地学专题信息,目标是解译出遥感图像中有哪些地物、分布在哪里、数量情况等。为此，进行遥感图像目视解译时，必须掌握遥感图像目标地物的特征，即目标地物的光谱特征、空间特征和时间特征。

（一）光谱特征

各种地物具有各自的波谱特征及其测定方法，地物的反射特性一般用一条连续的曲线表示，而多波段传感器一般分成一个个波段进行探测，在每个波段里传感器接收的是该波段区间的地物辐射能量的积分值，受大气、传感器响应特性等的影响。图 7－2 为三种地物的波谱特征曲线及其在多波段影像上的波谱响应。从图中可看出，地物的波谱响应曲线与其光谱特征曲线的变化趋势是一致的。地物在多波段影像上特有的这种波谱响应就是地物的光谱特征的解译标志。

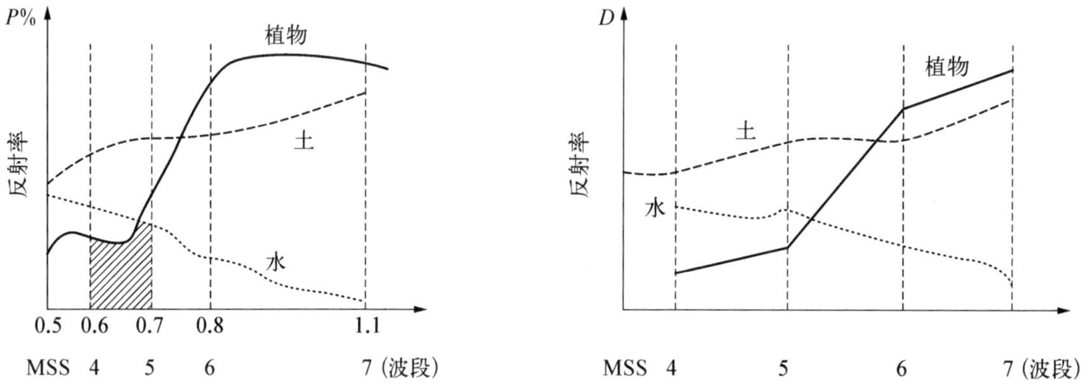

(a) 光谱特征曲线上用反射率与波长的关系表示　(b) 波谱响应曲线用密度或亮度值与波段的关系表示

图 7－2　光谱特征曲线与波谱响应

（二）空间特征

遥感图像中的目标地物空间特征可以概括为“色、形、位”三大类：色，指目标地物在遥感影像上的颜色，这里包括目标地物的颜色、色调和阴影等；形，指目标地物在遥感影像上的形状，这里包括目标地物的形状、图形、大小、纹理；位，指目标地物在遥感图上的空间位置，这里包括目标地物分布的空间位置、相关布局等。其中，形和位表达了主要的空间特征。

（三）时间特征

同一地区地物的时间特征表现为，不同季节地面覆盖类型不同，地面景观会发生很大的变化，如冬天为冰雪覆盖，初春为露土，春夏为植物或树叶覆盖。植物随着发芽、生长、茂盛、枯黄的生长过程，地物和景观都将发生巨大变化。

地物的时间特征在影像上以光谱特征及空间特征的变化表现出来。例如，水稻田在插秧前后为水的光谱特征，而水稻成熟之前却都为植物的光谱特征，收割后田中无水，表现为土壤的光谱特征。

二、遥感图像的目视解译标志

不同的地物在遥感影像上特征不同，表现形式也不同，因此，可根据影像上的变化和差别来区分不同类别，再根据经验、知识和必要的资料，解译地物的性质或一些自然现象。各种地物在影像上特有的表现形式称为解译标志（interpretation key）。目视解译主要根据地物的解译标志进行解译，依其空间特征分为直接解译标志和间接解译标志两类。凡根据地物或现象本身反映的信息特性可以解译目标物的，即能够直接反映物体或现象的那些影像特征称为直接解译标志。通过与之相联系的其他地物在影像上反映出来的影像特征,即与地物属性有内在联系、通过相关分析能推断出其性质的影像特征,间接推断某一事物或现象的存在和属性,这些特征称为间接解译标志。直接解译标志和间接解译标志是一个相对概念,常常一个解译标志对甲物来说是直接解译标志,对乙物可能就成为间接解译标志。

(一) 遥感影像的直接解译标志

直接解译标志包括遥感图像的色调、色彩、形状、阴影、纹理、大小、图型等,解译者利用直接解译标志可以直接识别遥感图像上的目标地物。

1. 大小

大小指在二维空间上对目标物体尺寸或面积的测量。在未知比例尺的情况下,比较两个物体的相对大小,有助于识别它们的性质。对已知比例尺大小,可以根据目标地物影像的尺寸直接算出它的实际大小和分布规模。需要注意的是,当相片上线状地物与背景反差较大时,其影像大小往往超出其按比例尺计算的尺寸。

2. 形状

形状用于描述一个目标地物的外形和结构,如图 7－3 所示的故宫。任何地物都具有一定的形状和特有的辐射特性。同种物体在图像上有相同的灰度特性,这些同灰度的像素在图像上的分布就构成与物体相似的形状。随图像比例尺的变化,“形状”的含义也不同。通常,大比例尺图像上所代表的是物体本身的几何形状,而小比例尺图像上则表示同类物体的分布形状。例如,一个居民地在大比例尺图像上可看出每栋房屋的平面几何形状,而在小比例尺图像上则只能看出整个居民地房屋集中分布的外围轮廓。有些物体的形状非常特殊,其平面图形是该物体的结构、组成和功能的重要标志,有时甚至是关键标志。另外,由于成像方式不同,飞行姿态的改变或者地形起伏的变化,都会造成同一目标物在图像上呈现出不同的形状。解译时必须考虑遥感图像的成像方式所导致的形状变化。

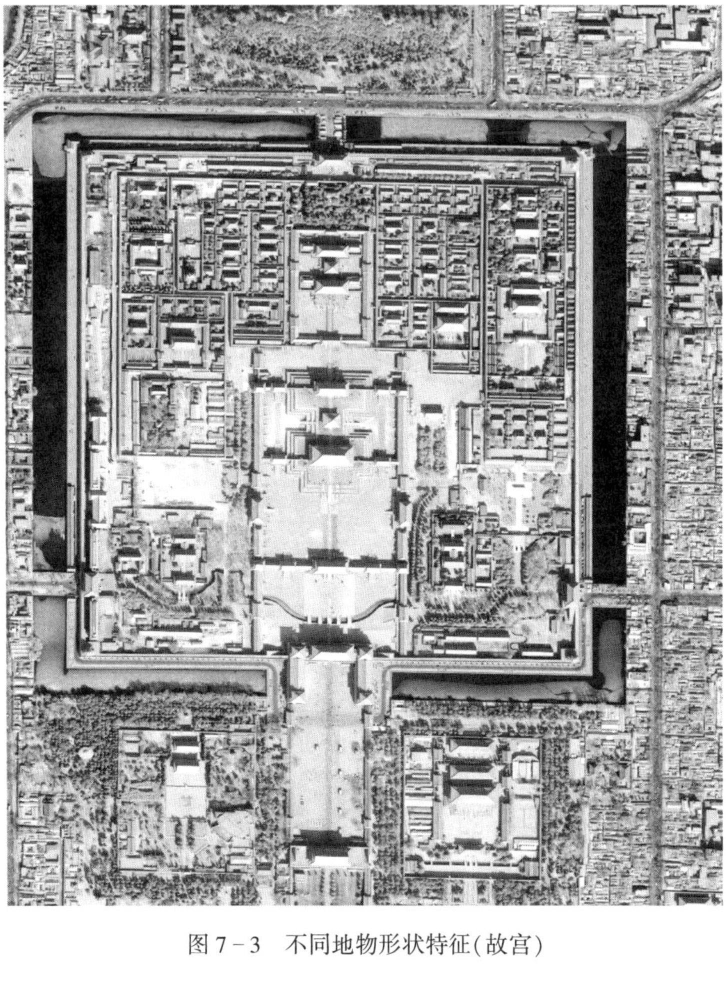

图 7－3 不同地物形状特征(故宫)

3. 色调和颜色

色调是人眼对图像灰度大小的生理学感受。人眼不能确切地分辨灰度值，但能感受其大小变化，灰度大则色调深，灰度小色调浅（图 7－4）。同样，图像色调的深与浅，与物体的辐射特性紧密相关。在自然条件相同的情况下，物体的辐射特性不同，遥感器接收的能量也不同。反射率高的物体，接收的能量大，图像的色调就浅，反之则深。同一环境条件下的图像上色调的差异即是不同物体在图像上的反映。因此，解译人员首先从色调的差异来区分不同的物体，或同类物体在不同环境下的区别。对彩色图像而言，颜色的差别进一步反映了地物间的细小差别，为解译人员提供了更多的信息。人眼对彩色的分辨能力远比对黑白色调差的分辨能力强，特别是多波段彩色合成图像的解译，解译人员往往依据颜色的差别来确定地物与地物间或地物与背景间的边界，从而区分各类地物（图 7－5）。

图 7－4　ASTER 近红外波段的灰度图像

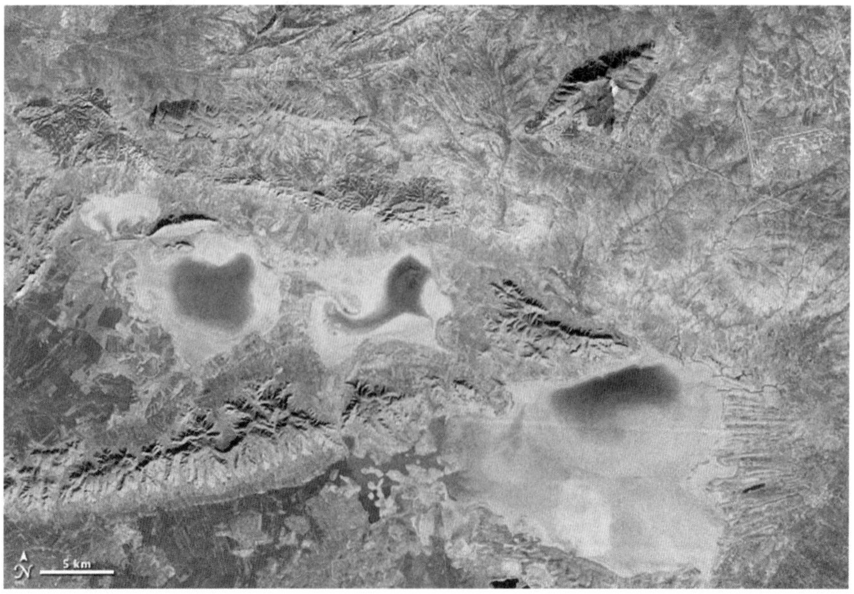

图 7－5　ASTER 的假彩色图像

4. 阴影

阴影是遥感图像上光束被地物遮挡所产生的地物的影子,分为本影和落影两种(图 7-6)。本影是地物未被光束直接照射的部分在影像上的构图。落影是光束直接照射地物而投在地面上的影子的影像构图。阴影的长度、形状和方向决定于太阳高度角、地形起伏、阳光照射方向、目标所处的地理位置等因素。阴影可使地物有立体感,有利于地貌的解译。根据阴影的形状、长度可判断地物的类型和量算其高度。但是,不同遥感图像中阴影的解译是不同的。

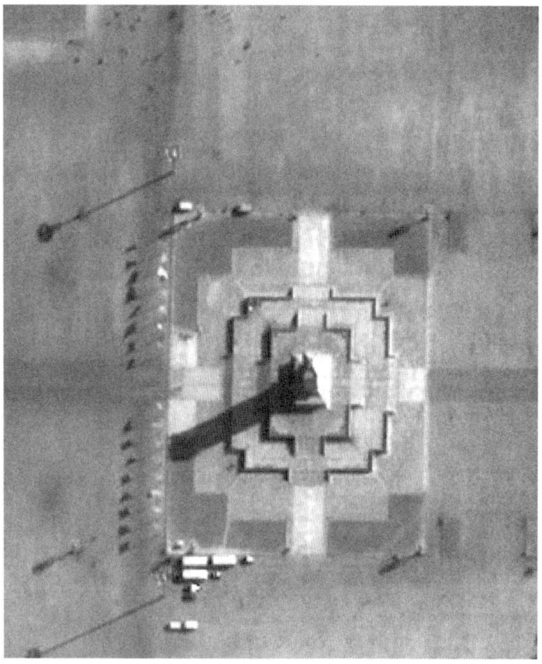

图 7-6　遥感图像中的阴影(人民英雄纪念碑)

5. 位置

位置指目标地物在空间上的分布。目标地物与其周围环境有密切的关系,甚至是相互依存的,如居民地与道路、桥梁与水系、芦苇生长在湖边沼泽地、河漫滩和阶地位于河谷两侧等。因此,位置与相关地物的联系可以作为解译推理的依据之一。

6. 纹理

纹理指遥感图像中目标地物内部色调有规则变化造成的影像结构,即图像上目标物表面的质感(图 7-7)。例如,草场及牧场看上去平滑,成材的老树林看上去很粗糙,海滩的纹理细腻度能反映沙粒结构的粗细,沙漠的纹理可反映出沙丘的形状以及主要风系的风向。

图 7-7　农田中的条状纹理

7. 图型

图型指地物以一定规则排列形成的结构,是由大小、形状、色调、纹理等影像特征组合成的一种综合解译标志。人工地物往往具有特殊的图型,如街道、公路、操场等。自然物中的水系等也有特殊的图型,如梳状、网格状、树枝状等。地物的图型揭示了不同目标地物之间的内在联系,为解译提供了依据。

(二) 遥感影像的间接解译标志

间接解译标志指遥感相片上能够间接反映和表现目标地物的特征,借助间接解译标志可以推断与某地物的属性相关的其他现象。遥感影像经常用到的间接解译标志有以下六种。

1. 水系

水系的类型和结构受地形和基岩类型的控制，基岩的岩性、走向决定了地形地貌的结构和走向，因而也就决定了水系类型和结构。反之，水系的类型结构也指示出基岩岩性和地貌特征（图7－8）。水系密度大，表示地表径流发育、支流多，土壤和岩石的透水性差，颗粒细，易于被流水侵蚀；密度小，表示地表径流不发育，水系稀疏，土壤的透水性能好，水土流失少。此外，水系分布均匀时，表示岩性均匀一致；岩性复杂地区水系的流水方向常急转弯，河流纵断面高差突变多形成瀑布、跌水等河段。水系在遥感图像上反映最明显，最易判读。在水系判读的基础上，可以根据水系的特征分析推断出其地表特征。

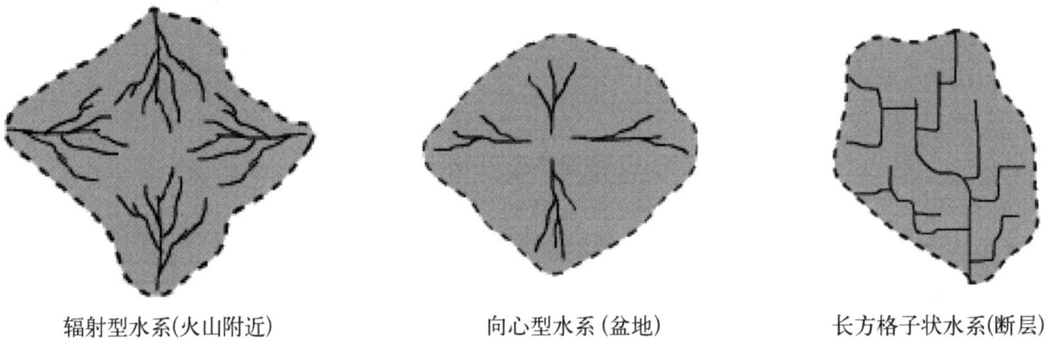

图7－8　水系对地貌的解译作用

2. 地貌

各种地貌形态由不同的岩性、造山运动、风蚀和水蚀作用形成。岩性不同抵抗风、水等外力侵蚀的能力也不同，一般抗外力能力强的岩石形成陡峻山地地貌，抗外力弱的岩石则形成平缓的丘陵或平地。地貌形态特征决定了水系的类型、植被的分布、土壤的特性等。因此，在图像上判读出了地貌形态后，可按其他要素与地貌的关系，推断出图像上无直接标志的特征，如植被类型、土壤类型甚至植物种类等。

3. 土质类

土质类包括各类土壤、裸露岩石、戈壁、沙漠等，各种土质类所处的自然条件不同其水分、盐分、碱分和腐质含量也不同。土壤的成因不同，颜色不同——黑色、褐土、黄土、红壤等，这些差别造成不同的辐射特性。另外，土质类和植被又是紧密相关的，一定类型的土质类生长一定类型的植被，而植被的生长发育又影响到土质的组成成分。土质类在遥感图像上的表征除大片沙漠、戈壁和裸露的岩石外是不很明显的，要判读出土壤类型需根据其他易判读要素之间的联系来分析判读。

4. 植被

植被的种类、生长状况、分布规律，在一定程度上受岩性、地貌、土质、气候等因素的控制。不同种类的植物要在一定的自然环境中才能生长，一般而言，受气候条件的影响最大，但由于基岩的分布以及沉积物的成分、粒度、含水性、矿化度、盐碱度及有害元素等的影响，使植物群落的外貌、种属、生长状态等都发生了一些生态变化。植物在遥感图像上的反映也是相当明显的，用植物的特征来分析判断与之有关的其他要素，效果很好；反之，也可以按其他影响植物发育的自然地理因素的分布规律来判断植物群落的分布、类型和种类等。大比例尺图像解译，植被往往阻碍判读，茂密的森林往往掩盖大量地形特征，尤其对立体观测的影响较大。

5. 气候

地球上气候变化具有规律性，按其变化规律分成各种气候带，由赤道向两极、由沿海向内陆分成水平气候带、由山下向山顶分成垂直气候带。气候条件控制植物生长分布、水系发育、地貌土质发育特征等，而这些要素的特征反过来又影响气候条件，形成区域气候。气候条件在遥感图像上毫无特征标志，但可以根据自然地理位置了解其气候变化情况，进而分析判断受气候条件控制的各要素的特征，如植物种属、密度、地貌特征、土壤性质、水系结构等。

6. 人类活动

人类活动往往局部地改变自然环境，使其有利于人类社会的发展。有计划地开发自然资源，往往又会造成生态平衡严重破坏，使自然地理要素的内在联系遭到破坏。遥感图像反映人文活动的痕迹，大部分能在大比例尺图像上解译出来，小比例尺图像上只能反映大型人文活动的痕迹，如铁路建筑、堤坝工程、围湖造田、防护林带、城市发展、工矿设施及农业活动等。人类活动对环境生态的破坏，用多时相图像对比分析是显而易见的。

上述各类解译标志中，在航空遥感图像解译时，直接解译起主导作用。但在航天遥感图像解译中，间接解译标志与直接解译标志起着同等重要的作用。

应当指出，间接解译标志因地域和专业而异。建立和运用各种间接解译标志，一般需要有一定的专业知识和解译经验。熟悉和掌握这些特点与解译标志，对遥感摄影相片的解译大有帮助。

（三）解译标志的可变性

各种地物处于复杂多变的自然环境中，所以解译标志也随着地区的差异和自然景观的不同而变化，绝对稳定的解译标志是不存在的，有些解译标志具有普遍意义，有些则带有地区性。有时即使是同一地区的解译标志，在相对稳定的情况下也在变化。因此，在解译过程中，对解译标志要认真总结，不能盲目套用。

解译标志的可变性还与成像条件、成像方式、响应波段、传感器类型、洗印条件和感光材料等有关。一些解译标志往往带有地区性或地带性，常常随着周围环境变化而变化。色调、阴影、图型、纹理等标志总是随摄影时的自然条件和技术条件的变化而改变，所以不能生搬硬套外地的解译标志，否则会造成解译错误。正是由于有些解译标志存在一定的可变性或局限性，所以解译时不能只凭一两项解译要素，而要尽可能地运用一切直接、间接解译标志进行综合分析。为了建立地区的解译标志，必须反复认真解译和野外对比检验，并选取一些典型相片作为地区性解译标志的依据，以提高解译质量。

第三节 遥感图像的目视解译方法与过程

一、遥感图像的认知过程

遥感图像解译是一个复杂的认知过程，对一个目标的识别往往需要经历几次反复判读才能得到正确结果。概括来说，遥感图像的认知过程包括细节到整体的信息获取、特征提取与识别证据积累、模式匹配与目标辨识的过程。

（一）细节到整体过程

1. 图像信息获取

在图像判读过程中，人眼会感受到遥感图像中的色调、颜色、形状和大小等信息，视网膜中的视杆细胞和视锥细胞接收这些信息并转化为神经冲动，由神经系统传到各视觉中枢。之后由大脑皮层对图像颜色、形状和空间位置信息进行整合，实现图像空间与实体的精确配位，构成图像的知觉。

2. 特征提取

遥感图像各种目标地物特征信息，经过大脑皮层特定功能区选择性知觉的加工，被转化成各种模式的神经冲动记录下来，从而完成信息的读取。判读者只要熟练地掌握了地物判读特征就可以从各个方面来判读地物。

3. 识别证据选取

从许多特征中选取识别证据是一个相当复杂的过程。当碰到复杂的目标地物时，人类知觉会对多个特征进行选择，区分全局特征和局部特征，并把全局特征作为识别的证据来指导对目标地物的识别。

当识别特征不明显的时候，人类也会利用各种相关背景知识和专业知识作为证据来识别目标地物。

（二）模式匹配过程

1. 特征匹配

特征匹配指人脑利用储存的地物类型模型来与目标地物特征进行匹配。地物类型模型是判读者通过判读知识的学习和长期的判读解译实践得到的。在特征匹配过程中，地物类型模型与地物目标进行相识性判读，判别它们的相容性和不相容性。

2. 提出假设

根据匹配的结果，大脑会根据所学解译知识和解译实践经验，从记忆中搜选一个或几个最佳模式作为样本，提出假设，作为目标地物的可能归属模型。视觉表象空间的影响，在特征匹配和提出假设的时候要给予关注。因为，目视解译者是通过内部的视觉表象空间进行定位，并按照视觉表象空间的坐标来辨认图片，最终实现对遥感图像中地物的认知。所以，视觉表象空间参照体系对特征匹配具有重要作用。例如，一幅山地 TM 假彩色图像，一般都是东南坡为阳坡，为明亮色调；西北坡为阴坡，为暗色调。当从不同的角度观察时，地表起伏是不同的。在目视解译过程中，观察者必须也要了解太阳光照射方向，并把它与视觉表象空间坐标基轴配准，才可以准确判读一幅山地 TM 假彩色图像上的地貌类型。

3. 图像辨识

图像辨识是一个分析、选择和决策的过程。在这个过程中，主观期望心理作用往往对目视解译者造成影响，利用已储存的图像信息模式来主动识别目标地物的特征。选择记忆中的最接近的图像模式作为参考标准，当记忆中的地物模板与知觉中的目标地物特征完全匹配时，大脑就会释放出联结的信息，指明目标地物归属的地物样本类型。

如果目标地物特征与记忆的模式库中的“样本”无法匹配时，大脑将会开始新一轮的地物识别过程。大脑将会要求重新提取信息，提供更多的证据，进行识别。遥感图像解译一般要经过多次细节到整体和模式匹配的认知过程，每次循环都会加深对遥感图像的理解和认识。

二、遥感影像目视解译方法

遥感影像目视解译方法指根据遥感影像目视解译标志和解译经验，识别目标地物的办法与技巧。常用的方法有以下六种。

（一）直接解译法

直接解译法是根据遥感影像目视解译直接标志，直接确定目标地物属性与范围的一种方法。即观察图像特征，分析图像对判读目的任务的可判读性和各判读目标间的内在联系，观察各种直接判读标志在图像上的反映，从而可以把图像分成大类别以及其他易于识别的地面特征，从而直接确定目标地物属性与范围的一种方法。例如，在可见光黑白相片上，水体对光线的吸收率强，反射率低，水体呈灰黑到黑色，根据色调可以从影像上直接判读出水体，再根据水体的形状可以直接分辨出水体是河流或者湖泊。在 MSS 4、5、7 三个波段假彩色影像上，植被颜色为红色，根据地物颜色色调可以直接区别植物与背景。

（二）对比分析法

此方法包括同类地物对比分析法、空间对比分析法和时相动态对比法。同类地物对比分析法是在同一景遥感影像图上，由已知地物推出未知目标地物的方法。空间对比分析法指根据待解译区域的特点，选择一个熟悉的与遥感图像类似的影像，将两个影像相互对比分析，由已知影像为依据判读未知影像的一种方法。例如，两张相邻的彩红外航空相片，其中一张经过解译并通过实地验证，解译者对它很熟悉，那么，就可以利用这张彩红外航空相片与另一张彩红外航空相片相互比较，从已知到未知，加快地物的解译速度。使用空间对比法,应注意对比的区域自然地理特征应基本相同。时相动态对比法,是利用同一地区不同时间成像的遥感影像加以对比分析,了解同一目标地物动态变化的一种解译方法。例如,遥感影像中河流在洪水季节与枯水季节中的变化。利用时相动态对比法可进行洪水淹没损失评估,或其他一些自然灾害损失评估。

(三) 信息复合法

信息复合法指利用透明专题图或者透明地形图与遥感图像重合,根据专题图或者地形图提供的多种辅助信息识别遥感图像上目标地物的方法。例如,TM 影像图,覆盖的区域大,影像上土壤特征表现不明显,为了提高土壤类型解译精度,可以使用信息复合法,利用植被类型图增加辅助信息。植被类型有助于加强对土壤类型的识别。例如,当植被类型是热带雨林和亚热带雨林时,砖红壤是地带性土壤;当植被是亚热带常绿阔叶林时,红壤或者黄壤是地带性土壤。此外,等高线对识别地貌类型、土壤类型和植被类型也有一定的辅助作用。使用信息复合法的关键是遥感图像必须与等高线严格配准,才能保证地物边界的精准。

(四) 综合分析法

综合分析法指综合考虑遥感图像多种解译特征,结合生活常识,分析、推断某种目标地物的方法。此方法主要应用间接解译标志、已有的判读资料和统计资料,对图像上表现得不明显,或毫无表现的物体、现象进行判读。间接解译标志之间相互制约、相互依存。根据这一特点,可做更加深入细致的判读。例如,对已知判读为农作物的影像范围,按农作物与气候、地貌、土质的依赖关系,可以进一步区别出作物的种属。再如,河口泥沙沉积的速度、数量与河流汇水区域的土质、地貌、植被等因素有关,长江、黄河河口泥沙沉积情况不同,正是由于流域内的自然环境不同所致。地图资料和统计资料是前人劳动的可靠结果,在判读中起着重要的参考作用,必须结合现有图像进行综合分析才能取得满意的结果。实地调查资料,限于某些地区或某些类别的抽样,不一定完全代表整个判读范围的全部特征。只有在综合分析推理的基础上,才能恰当应用、正确判读。

(五) 参数分析法

参数分析法是在遥感的同时,测定研究区域内一些典型物体(样本)的辐射特性、大气透过率和遥感器响应率等,然后对这些数据进行分析,达到区分物体的目的。大气透过率的测定可同时在空间和地面测定太阳辐射照度,按简单比值确定。仪器响应率由实验室或飞行定标获取。利用这些数据判定未知物体属性可从两方面进行:① 用样本在图像上的灰度与其他影像块比较,凡灰度与某样本灰度值相同者,则与该样本同属性;② 由地面大量测定各种物体的反射特性或发射特性,然后把它们转化成灰度,再根据遥感区域内各种物体的灰度比较图像上的灰度,即可确定各类物体的分布范围。

(六) 地理相关分析法

地理相关分析法指根据地理环境中各种地理要素之间相互依存、相互制约的关系,借助专业知识,分析推断某种地理要素性质、类型、状况与分布的方法。例如,利用地理相关分析法分析洪积扇各种地理要素的关系。河流从山区流出后,因比降变小,水流流速变小,常在山地到平原的过渡带形成巨大的洪积扇,其物质有明显的分选性。冲积扇上部,主要由沙砾物质组成,呈灰白色或淡灰色;冲积扇的中下段,因水流分选作用,扇面为粉沙或者黏土覆盖,土壤具有一定的肥力,因此在夏季的标准假彩色图像上呈现红色或粉红色;冲积扇前沿的洼地,地势低洼,遥感影像色调较深,表明有地下水溢出地面,影像上灰白色小斑块表明土壤存在盐渍化。

再如,利用地学相关分析法分析卫星遥感图像上地形和土壤的相关关系。根据地貌学相关原理,地形间接影响热量、水分和物质的分配。在河流两侧天然堤范围内微地形起伏较大,造成土壤质地变化也大。砂砾土或者风沙土在 MSS 5 图像上呈现白色和灰白色，活动的沙丘为白色，半固定的沙丘为灰白色。在它们的外围，由于土壤较干，缺乏水分，多为沙壤，农作物生长不良，MSS 5 图像上一般为浅灰色。离河流较远的阶地，土壤质地优良，水分适中，作物生长正常，影像呈现灰色或者暗灰色。

三、目视解译的基本程序与步骤

遥感影像目视解译是一项认真细致的工作，解译人员必须遵循一定的行之有效的基本程序与步骤，才能够更好地完成解译任务。一般认为，遥感图像目视解译分为五个阶段(图 7－9)。

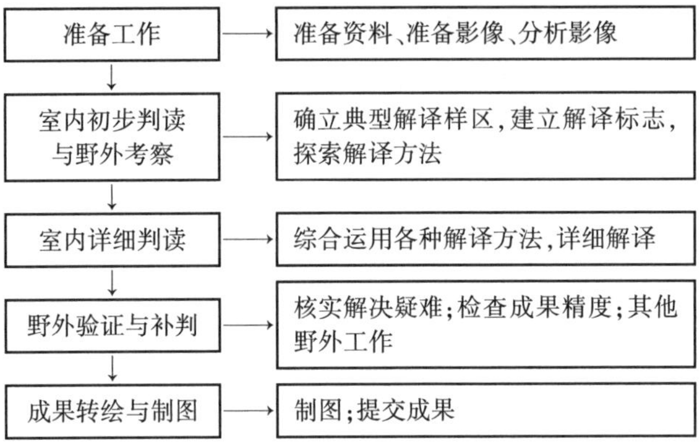

图 7－9　目视解译程序与步骤

（一）目视解译准备工作阶段

遥感图像反映的是地球表层信息，由于地理环境的综合性和区域性特点，以及受大气吸收与散射影响等，遥感影像有时存在同物异谱或异物同谱现象，使得遥感图像目视解译存在着一定的不确定性和多解性。为了提高目视解译质量，需要认真做好目视解译前的准备工作。一般来说，准备工作包括明确解译任务与要求、搜集与分析有关资料(主要包括历史资料、统计资料、各种地图及专题图，以及实地测定资料和其他辅助资料等)、选择合适波段与恰当时相的遥感影像。

（二）初步解译与判读区的野外考察

初步解译的主要任务是掌握解译区域特点，确立典型解译样区，建立目视解译标志，探索解译方法，为全面解译奠定基础。为了保证解译标志的正确性和可靠性，室内初步解译的重点是建立影像解译标准，因此必须进行野外调查。在野外调查以前，需要制订野外调查方案和路线。在野外调查中，为了建立研究区域的解译标志，必须做大量细致认真的工作，填写各种地物的解译标志登记表，作为建立地区性的解译标志的依据。还要制订出影像判读专题分类系统，根据目标地物与影像特征之间的关系，反复判读并与野外对比检验，建立遥感影像解译标志。

（三）室内详细判读

初步解译与判读区的野外考察奠定了室内判读的基础。建立遥感影像判读标志后，就可以在室内进行详细判读了。

专题判读中应遵循确定分类体系、综合分析、地学分析、模式对比、分区判读、由表及里、循序渐进、对比验证。

在室内详细判读过程中，对于复杂的地物现象，应综合利用各种解译方法。例如，利用遥感图像编制地质构造图；可以利用直接解译法根据色调特征识别断裂构造；可以采用对比分析法判明岩层构造类型;可以利用地学相关分析法配合地面地质资料及物化探测资料分析、确定隐伏构造的存在及其分布范围;利用直尺、量角器、求积仪等简单工具,测量岩层产状、构造线方位、岩石的出露面积、线性构造的长度与密度等。各种方法的综合运用,可以避免一种解译方法固有的局限性,提高影像解译质量。

无论应用何种方法解译,把握目标地物的综合特征,综合应用解译标志,提高解译质量和精度都是解译的重点。遥感图像的直接解译标志是识别地物的重要依据,同时应利用遥感影像成像时刻、季节、种类和比例尺等间接解译标志来识别地物。影像判读时不能只依靠个别指标来判读解译,需要尽可能地运用一切可以提供介质帮助的标志来进行综合分析,以达到避免错误,提高精度的要求。在室内解译过程中遇到边界不清和无法辨别的地方,应及时记录下来,在野外验证和补判阶段时解决。

(四) 野外验证与补判

室内目视判读的初步结果需要进行野外验证,以检验目视判读的质量和解译精度。详细判读中出现的疑难点、难以判读的地方则需要在野外验证过程中补充判读。

野外验证指再次到研究区域核实目视判读的质量和解译精度。野外验证的主要内容包括两方面:一方面,检验专题解译中图斑的内容是否正确,将专题图图斑的地物类型与实际地物类型相对照,看解译是否正确。当图斑过多时,一般用抽样法进行检验。图斑界限的验证也是同样。在验证过程中,如果发现解译标志错误导致实际地物类型判读错误,就需要对解译标志进行修改,按照新的解译标志重新进行判读解译。另一方面,对疑难问题进行补判。补判就是对室内有疑问,无法在室内解决的疑难问题的再次解译。方法是通过实际野外观察和调查,找到与遥感图像疑难点相一致的实际区域,确定其地物属性和类型。如果具有代表性,则建立新的解译标志。

(五) 目视解译成果的转绘与制图

遥感图像目视判读成果,以专题图或遥感影像图的形式表现出来。将遥感图像目视判读成果转绘成专题图,可以采用两种方法。一种是手工转绘成图,在有灯光的透视台上进行。制图过程包括: ① 在聚酯薄膜上转绘具有精确地理基础控制的信息;② 按照制图精度要求将遥感影像专题判译结果转绘到聚酯薄膜上,转绘中要求做到图斑界线粗细一致,制图单元类型一般采用地学编码表示;③ 绘制图框、图例和比例尺,对专题图进行整饰,最后形成可供出版的专题图。另一种是在精确几何基础的地理地图上采用转绘仪转绘成图。完成专题图的转绘后,再绘制专题图图框、图例和比例尺等,对专题图进行整饰加工,形成可供出版的专题图。

第四节　不同类型遥感影像目视解译

一、单波谱遥感图像的解译

对于单波段的可见光、近红外相片,从其色调特征和空间特征来分析解译。例如,图 7－10 为苏州地区 Landsat 卫星近红外波段(MSS 7)图像,因水对近红外光吸收严重,呈深色调;城市地区建筑物对红外光反射比水强,再加上马路上有行道树,使得城市的色调比水淡一些,但仍较深,由于眼睛区分灰阶的能力较差,有时看来与水的色调差不多;耕地中农作物反射近红外光强,因此呈浅色调。黑白相片可结合空间特性来分析,如城市有一定的规则形状,与水的形状不一样,因此,即使色调一样,也能区分开。另外,可采用图像增强方法,如反差增强能使不同亮度地物间的灰度差拉大,类别区分就较容易。还有一种有效的办法是进行密度分割并用伪彩色编码技术来增强图像,因为人眼对颜色差别比灰度差别敏感得多,因此效果较好。图 7－11为苏州地区(图 7－10)经数字密度分割手工填绘的伪彩色编码后的增强图像。从图中清楚地看到城区与湖水颜色的差别,且城区内由于建筑密度不同,造成反射亮度的微小差别，经增强后显示出来；城区内园林、绿地及菜地（南城区）也明显；城区周围的河流，由于其宽度不足一个像元且与植物混杂，其反射率下降，色调与城区相近，但结合空间特征，它是线状地物，再根据这个地区河网交错的特点，可以判断为河流；城内绿色部分为不同的农作物或树，这些在黑白相片上是难以判断的。

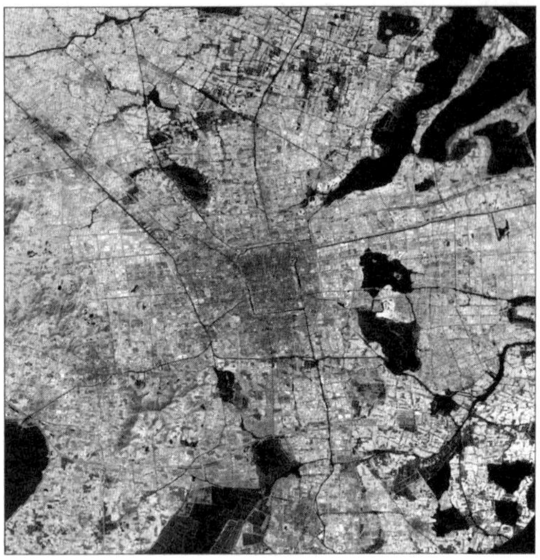

图 7－10　苏州市 MSS 7 卫星图像

图 7－11　经密度分割增强后的伪彩色图像

二、多波谱遥感图像的解译

多光谱遥感图像的解译除了遵循前述原理和方法外，主要利用图像的光谱特征来区分物体，具有如下特点：① 解译标志是按波段建立的，尤其是色调这一标志随波段变化十分明显，由地物反射波谱特性和传感器工作波段可推知物体在图像上的色调；② 判读方法主要靠各波段图像的对比分析，充分顾及地物波谱特性与图像灰度的关系；③ 可彩色合成处理，以颜色来反映物体波谱特性差别，大大提高人眼的辨别能力而增强判读性能。

因此，对多光谱遥感图像进行解译，可以采用以下三种方法。

1. 比较判读的方法

比较判读的方法即将多光谱图像与各种地物的光谱反射特性数据联系起来，以正确判读地物的属性和类型。

2. 假彩色合成

将几个波段进行假彩色合成是判读多光谱图像的另一种有效方法。假彩色合成相片上的颜色表示了各波段亮度值在合成图像上所占的比率，这样可以直接在一张假彩色相片上进行判读。图 7－12 为一张含有植物、土壤、水等地物的假彩色合成片。红外波段使用红通道、红色波段使用绿通道、绿色波段使用蓝通道，合成的结果植物为红色、土壤（刚翻耕）为绿色、水为蓝黑色。形成这种颜色的原因，与地物的波谱特性和所用的滤光片、波段有关。

3. 利用图像上的空间特征来进行解译

尽管卫星相片比例尺很小，地物的空间特征在相片上的反映仍然是很明显的。例如，图 7－13 中闽江与福州市的颜色有些接近，但其形状差别很大。另一方面从纹理特征上来看，城市由于房屋、道路和其他物体较规则地排列，与江水是完全不同的。树木和农田从纹理上来看也差别很大，树木群生，农田一般都划分成块状；至于飞机场，无论其光谱标志和空间形状都较特殊，易于识别。由于树木与水的光谱特征、树木与建筑的光谱特征差别很大，因此即使它们面积很小也显示得很好。如西湖中的几个洲都被树木或草地覆盖，具有植物的光谱特征，合成相片上本来应该是红色，但由于其较小，在传感器的瞬时视场中包含有水面和植被，两者混合后光谱特性改变，结果植被特征不明显。在地物类型混杂处的图像，判读时要特别小心。

图 7 - 12　假彩色影像图

图 7 - 13　福州市假彩色卫星影像(MSS 7、5、4)

从卫星相片上运用图像的空间特征来判读地物,大多从宏观的角度分析,如各种地貌类型、地质构造类型、冰川和雪盖面积、古河道、古遗迹等。提高空间特征的目视效果,可使用反差增强、密度分割、边缘增强等方法。随着卫星影像分辨力的提高,也可进行微观分析,图 7 - 14 为美国 DigitalGlobe 公司发射的“快鸟”(QuickBird)卫星获取的北京天安门的卫星影像。从卫星影像上能清晰地显示树木分布、街区道路、行驶的汽车、建筑物形状、人民大会堂门口高大的立柱,甚至天安门的人流等,从房屋的阴影和投影差引起位移看到的侧墙窗户,还可推算出建筑物的高度。

图 7 - 14　北京天安门的 0.61 m 分辨力 QuickBird 卫星影像

三、热红外图像的解译

地物本身具有热辐射特性，热红外相片记录了地物热辐射。传感器透过 3.5～5.5 μm 和 8～14 μm 区间上的大气窗口，探测地物表面发射的电磁辐射，这点不同于可见光和近红外遥感。各种地物热辐射强度不同，在相片上具有不同的色调和形状，这是识别热红外相片地物类型的重要标志。热红外相片的直接解译标志主要包括以下四种。

1. 色调

色调是地物亮度温度的反映。判读热红外相片时，关键是要细致区分影像色调的差异。影像的不同灰度表征了地物不同的辐射强度。影像正片上深色调代表地物热辐射能力弱，浅色调代表地物热辐射能力强。各种地物热辐射状况不同，在影像上形成深浅不一的色调，这是判别地物的基础。

2. 形状与大小

热红外探测器检测到物体温度与背景温度存在差异时，就能在影像上构成物体的“热分布”形状。例如，山区河流在白天和晚上的热红外图像是不同的，水体比热较大，白天升温慢于周围事物，图像呈灰暗色调；晚上水体降温缓慢，河流成为一个热辐射带，在图像上为灰白色的飘带，这个灰白色的飘带的形状基本反映了河流的形状特征。但是，一般来说物体的“热分布”形状不是它的真正形状，高温目标的热扩散会导致物体形状变形。

3. 地物大小

地物的形状和热辐射特性影响物体在热红外相片上的尺寸，当高温物体与背景具有明显热辐射差异时，即使很小的物体，如正在运转的发动机、高温喷气管、较小的火源都可以在热红外相片上表现出来。由于高温物体向外辐射，因此它在影像中的大小往往比实际尺寸要大。当地物与背景之间温差过小时，则没有这个特征。

4. 阴影

热红外影像上的阴影是目标地物与背景之间辐射差异造成的，分为冷阴影和暖阴影两种。例如，在烈日下飞机遮挡了阳光的直射，导致飞机下面被遮挡的地面与被太阳照射的机场辐射不同。当飞机起飞时，喷出高温气流，在地面上留下很强的热辐射。由此可见热红外图像阴影与可见光图像上的阴影有着本质区别。

根据热红外影像解译标志，可以识别不同的地物。下面介绍一些主要地物的解译方法。

树林与草地：白天的热红外影像上，树林呈暗灰至灰黑色，这是因为白天树叶表面存在水汽蒸腾作用，降低了树叶表面温度，使树叶的温度比裸露地面的温度要低；夜晚，树木在热红外影像上多呈浅灰色调，有时呈灰白色，这是因为树林覆盖下的地面热辐射使树冠增温。草地在夜晚热红外相片呈黑色调或暗灰色调，这是因为夜间草类很快地散发热量而冷却的缘故。

土壤与岩石：土壤含水量不同，热红外影像的色调也不同。在午夜后拍摄的热红外影像中，含水量高的土壤呈现灰色或灰白色调，含水量低的土壤呈现暗灰色或深灰色，这因为水体的热容量大，在夜间热红外辐射也强。一般裸露的岩石白天受到太阳暴晒，在夜间的热红外相片上呈淡灰色。例如，玄武岩往往呈灰色至灰白色，花岗岩呈灰色至暗灰色，这是由于该岩石的热容量较大，夜晚有较高的热红外辐射所致。

水体与道路：水体比热大、热惯量高，升温慢，白天热红外影像上一般呈暗色调。相比之下，道路（混凝土、沥青等）热惯量也高，但导热快，吸收热量后升温也快，在白天的热红外影像上呈浅灰色至白色。午夜以后虽然温度降低，但水体和道路温度仍然高于周围环境温度，这是因为水体和道路的热容量大，散热慢，所以在热红外影像上呈浅灰色至灰白色。

值得注意的是，天气状况对自然地物色调特征会形成一定影响。例如，大风会使物体表面热量消散加速，温度下降，地物色调明显下降，还可能产生地物热影像位移等现象。连续的低温条件下，地物温差大为减小，不同地物之间的差异难以在热红外影像上反映出来。相比较来说，人工热源热成像稳定，受外界天气影响较小。当前,一些卫星提供热红外遥感图像,其影像分辨率低于热红外相片,其解译方法类似于热红外航空相片。

热红外航空相片以黎明前的效果最好,夜间好于白天。这是因为热红外图片上色调差异主要取决于地物的温度和辐射热红外线的能力,而晚上不受太阳辐射的干扰。

四、微波遥感图像的解译

微波遥感采用的波长范围为 1 mm~100 cm,它可以穿透云雾和大气降水,测定云下目标地物发射的辐射,对地表有一定穿透能力,具有全天候、全天时的工作能力。常用的微波波长范围为 0.8~30 cm,又可细分为 K、Ku、X、G、C、S、Ls、L 等波段。微波遥感的工作方式分主动式(有源)微波遥感和被动式(无源)微波遥感。被动微波遥感观测目标地物的辐射,常用的被动遥感器有微波辐射计(microwave radiometer)。主动微波遥感由遥感器向地面发射微波,探测目标地物后向散射特征,常用的主动遥感器有微波散射计(microwave scatterometer)、微波高度计(microwave altimeter)和成像雷达(microwave radar)。成像雷达提供了微波遥感影像(也有人称雷达影像),这里简称微波影像。成像雷达分为真实孔径雷达(RAR)与合成孔径雷达(SAR)。近年来,合成孔径雷达技术发展很快,除了航空遥感平台搭载合成孔径雷达,航天遥感平台也搭载合成孔径雷达,获取地球表层微波影像。

微波影像具有以下特点:① 侧视雷达采用非中心投影方式(斜距型)成像,它与摄像机中心投影方式完全不同;② 比例尺在横向上产生畸变,在雷达波束照射区内,地面各点对应的入射角不等,距离雷达航迹越远,入射角越大,使得影像比例尺产生畸变,其规律是距离雷达航迹越远比例尺越小;③ 地形起伏移位在地学研究领域,经常采用 Ka 及 X 波段成像雷达进行资源与环境调查。雷达影像可应用于海洋环境调查、地质制图和非金属矿产资源调查、洪水动态检测与评估、地貌研究和地图测绘等领域。进行雷达影像解译,需要具备微波遥感的基础理论知识,掌握各种目标地物的微波特性和微波与目标地物相互作用规律,同时也需要掌握微波影像的判读方法和技术。

微波影像的判读方法如下:① 采用由已知到未知的方法,利用有关资料熟悉解译区域,有条件时可以拿微波影像到实地去调查,从宏观特征入手,把微波影像与专题图结合起来判读,对需要解译的内容反复对比目标地物的影像特征,建立地物解译标志,在此基础上完成微波影像的解译。② 对微波影像进行投影纠正,与 TM 或 SPOT 等影像进行信息复合,构成假彩色图像,利用 TM 或 SPOT 等影像增加辅助解译信息,进行微波影像解译。例如,中国地面卫星站利用 SAR 与气象卫星图像复合对洪水进行检测。③ 利用同一航高的侧视雷达在同一侧对同一地区两次成像,或者利用不同航高的侧视雷达在同一侧对同一地区两次成像,获得可产生视差的影像,对其进行立体观察,可获取不同地形或高差,或对其他目标地物进行解译。

思考题

1. 目视解译主要应用遥感图像目标地物的哪些特征?影响目视解译的主要因素有哪些?
2. 遥感图像解译标志包括哪些?对照影像指出对应的解译标志在图上的体现和具体的地物特征。
3. 常用的遥感影像目视解译方法有哪些?试举例说明它们的应用。
4. 举例说明为什么多光谱图像比单波段图像能判读出更多的信息?
5. 选一幅遥感影像,按书中介绍的遥感目视解译步骤,试做遥感目视解译。并作图,体会目视解译的关键点。

第八章　遥感图像的计算机分类

本章导读

本章主要介绍遥感图像计算机分类的基本原理、方法及其关键技术。重点阐述监督分类和非监督分类的过程与步骤，对分类后影像的进一步处理技术进行详细介绍。希望同学们掌握数字图像分类原理，监督分类、非监督分类的具体方法及两种分类方法的区别，遥感图像分类的精度评价，这些技能是实现遥感监测的关键。

遥感图像的计算机分类通常使用数字图像进行，指的是利用模式识别技术，将具有相似属性或空间特征的像素进行计算机自动归类，生成土地利用或专题分类图，达到识别图像上实际地物，提取所需信息的目的。其目的与目视解译是一致的，但两者手段不同。目视解译直接利用人类自然的识别智能，计算机分类实际是利用计算机技术来模拟人类的这种识别智能。

遥感图像的计算机分类以决策理论（或统计）方法为依据：首先定义待识别的模式（或对象）的特征，特征指的是能够反映模式属性的量测值，并将特征定义在特征空间中；之后根据决策原理划分特征空间，区分具有不同特征的模式，即达到分类的目的。遥感图像常用的模式有光谱模式和空间模式。应用光谱模式即是基于光谱特征分类，这种方法应用最普遍，也是本章的主要内容；空间模式指的是像元和其周围像元的空间关系，比如形状、方向、像元接近度，一般不单独用来对图像分类，通常是辅助基于光谱特征的分类。

第一节　基 础 知 识

一、模式和模式识别

“模式”指蕴涵在数据之中，代表着数据的内在秩序和本质特征的规律性、结构化、可区分的信息。不同类型数据的模式表现各不相同，比如，音频数据的模式可以是频率、波形形状、音素等；图像数据的模式可以是颜色、纹理等。模式识别就是系统对被识别的模式做一系列的测量，然后将测量结果与“模式字典”中的典型测量值进行比较。若和字典中某一“词目”吻合或比较吻合，被识别模式就归类于该词目所属类别。

图 8-1 是一种简单的模式识别系统的模型。对于遥感技术，传感器探测到地物的电磁波信息，输出包含 n 个波段的观测值，这里地物的自然模式就是 n 波段的电磁波信息（比如反射率）。观测值可以看作 n 维空间（测量空间或特征空间）的数据点，可以用包含 n 个元素的向量 $X=[x_1,x_2,\cdots,x_n]^T$ 表示。分类器（判决器）是根据一定的分类规则，把向量 X（对应于观测地物）划入某一预先规定的类别中去。

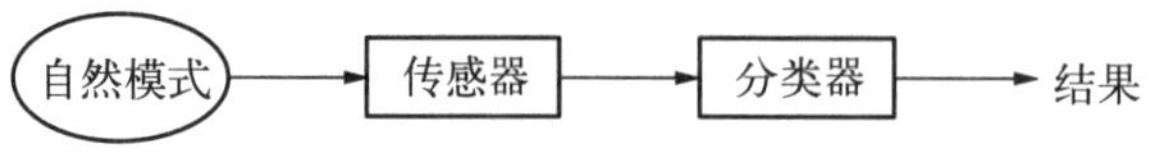

图 8-1　模式识别系统的模型

二、光谱特征空间和地物在其中的点集群

遥感图像的光谱特征通常以地物在多光谱图像上的亮度值体现,不同地物在同一波段上的亮度值一般不同,在多波段图像上亮度呈现的规律也不同。这就是我们区分图像上不同地物的物理依据。同名地物点在 n 波段上的观测值构成一个 n 维随机向量 $X=[x_1,x_2,\cdots,x_n]^{\mathrm{T}}$,称为光谱特征向量。

为了度量地物的光谱特征,建立一个以波段上图像亮度值分布为子空间的多维光谱特征空间。那么,地物点在 n 波段上的观测值 X 就位于多维光谱特征空间上的一点。由于不同地物的光谱特征(光谱反射或发射特征)不同,观测值 X 将位于不同的空间位置。如图 8-2 为植被、水、土壤在 MSS 传感器的波段 5 和波段 7 构成的光谱特征空间中可能的分布情况,图中小方框表示每类地物的同名像元。这三种地物的光谱特性不同,那么它们的像元对应特征空间中三个不同的点。

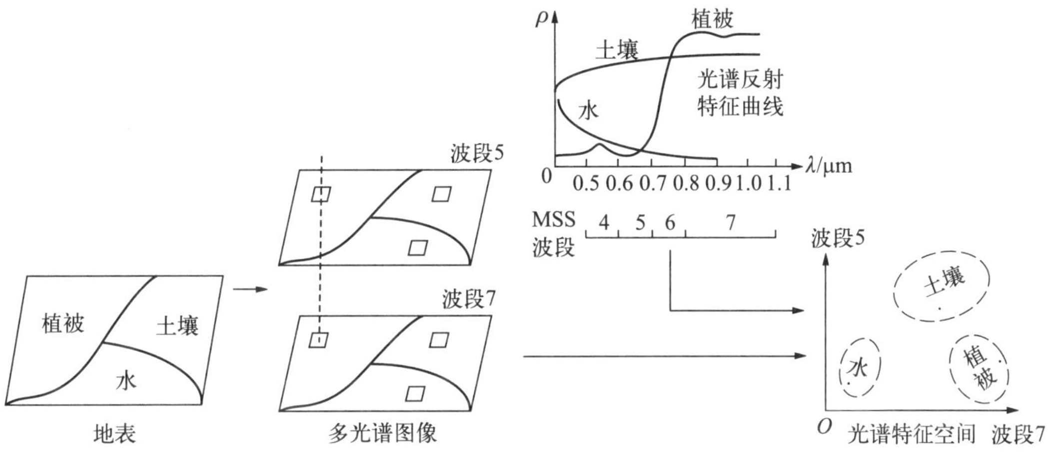

图 8-2 地物与光谱特征空间

由于同类地物自身的多样性(如植被浓密程度),随机因素(如大气条件、探测器噪声)的影响,同类地物的各取样点在光谱特征空间中不可能只位于同一个位置,而是形成一个相对聚集的点集群,如图 8-2中的虚线包围的区域。由于不同类别地物光谱特性的差异,它们的点集群一般是相互分离的。实际上,点集群在光谱特征空间中的分布有如下三种情况。

(1) 理想情况:不同类别地物的点集群至少在一个特征子空间中可以完全区分开。

(2) 典型情况:不同类别地物的点集群在任何一个特征子空间中都有重叠,但在总特征空间中可以完全区分。

(3) 一般情况:无论在任一特征子空间还是在总特征空间中,不同类别地物的点集群总有重叠。这些重叠部分的地物点在分类时总会出现不同程度的分类误差,这是遥感图像分类中最常见的情况。

三、分类原理和分类的一般过程

根据前述不同类别地物在光谱特征空间中的“同类相聚,异类相离”的性质,不同类别的地物会在光谱特征空间中形成多个点集群。分类的过程实际上就是在光谱特征空间中寻找若干曲线或曲面,将这些点集群分离。如图 8-3 所示为一个简单的分类过程。该图像包含 2 个波段(b_1、b_2),只有 A、B 两种地物。在 b_1-b_2 特征空间上,A、B 的像素点聚集成两个分离的集群,记像素的光谱特征向量为 $X=$

$[x_{b1},x_{b2}]^T$，分类的过程即是找到曲线方程$f([y_1,y_2]^T)=0$，将A、B集群分开。此时，将X代入该方程，根据所得结果和0的大小关系，即可判断像素属于A或B类。该方程称为判别函数。

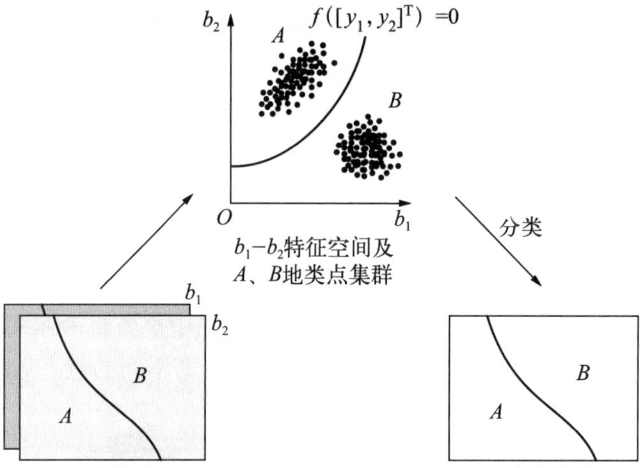

图8-3 计算机自动分类示意图

遥感数字图像计算机分类的基本过程如下：

（1）根据图像分类目的选取特定区域的遥感数字图像，需考虑图像的空间分辨率、光谱分辨率、成像时间、图像质量等。

（2）根据研究区域，收集、分析地面参考信息与有关数据。

（3）制定分类系统，确定分类类别。

（4）根据分类要求和图像数据的情况，进行特征选择或提取，选择合适的图像分类方法和算法。

（5）为了测定总体特征，在监督分类中可选择具有代表性的训练场地进行采样，测定其特征。在非监督分类中，可用聚类等方法对特征相似的像素进行归类，测定其特征。

（6）对遥感图像中各像素进行分类。

（7）分类精度检查。

（8）对判别分析的结果进行统计检验。

第二节 非监督分类

非监督分类（unsupervised classification）指人们事先对分类过程不施加任何的先验知识，根据遥感影像地物的光谱特征的分布规律，对其特征值进行分类。非监督分类对不同类别进行划分，并没有确定类别的属性，其属性是事后对各类别的光谱特性来确定，或与实地调查比较后确定的。

非监督分类也称聚类分析，选择若干个模式点作为聚类的中心，每一中心代表一个类别，按照某种相似性度量方法（如最小距离方法）将各像元归于各聚类中心所代表的类别，形成初始分类。然后，由聚类准则判断初始分类是否合理，如果不合理就修改分类，如此反复迭代运算，直到合理为止。

一、非监督分类的过程

非监督分类方法的核心问题是初始类别参数的选定，以及迭代次数的调整问题。其主要过程如下：

（1）确定最初类别数和类别中心（任意的、随机的），这两个初值有较大的随意性，以后逐步调整。

（2）计算每个像元对应的特征量与各聚类中心的距离，取距离最短的类别作为这一像元归属类别，计算新的类中心。

（3）再计算每一像元与新的聚类中心距离，取距离最短的类别作为像元所属类别，计算新的类中心。

（4）判断迭代是否结束，若不是，继续迭代；若是，迭代停止，分类结束。

在整个分类过程中，分析人员通常不参与交互。而且，非监督分类识别影像的“自然”结构，相似像元的分组方法没有人为因素的影响。严格地说，整个分类过程并不是“客观的”，因为分析人员要决定使用何种算法、分类的数量或类别的相似度和区别度等，每一个决定都会影响最终影像分类结果的特征和精度，所以，非监督分类并不是在完全孤立的环境下进行的。

二、非监督分类的方法

（一）K-means 算法

K-means 算法也称 K–均值算法，是一种较典型的逐点修改迭代的动态聚类算法，也是一种普遍采用的方法，其要点是以误差平方和为准则函数。一般的做法是先按某些原则选择一些代表点作为聚类的核心，然后把其余的待分点按某种方法（判据准则）分到各类中去，完成初始分类。初始分类完成以后，重新计算各聚类中心 m_i，完成了第一次迭代。然后修改聚类中心，以便进行下一次迭代。这种修改有两种方案，即逐点修改和逐批修改。逐点修改类中心就是一个像元样本按某一原则归属于某一组类后，就要重新计算这个组类的均值，并且以新的均值作为凝聚中心点进行下一次像元聚类。逐批修改类中心就是在全部像元样本按某一组的类中心分类之后，再计算修改各类的均值，作为下一次分类的凝聚中心点。

K–均值算法的聚类准则使每一聚类中，多模式点到该类别中心的距离的平方和最小。其基本思想是通过迭代，逐次移动各类的中心，直至得到最好的聚类结果为止。其算法过程如图 8–4 所示。

具体计算步骤如下：

假设图像上的目标要分为 K 类别，K 为已知数。

第一步，任意选择 K 个聚类中心，一般选前 K 个样本。

第二步，迭代，未知样本 X 分到距离最近的类中。

第三步，根据第二步的结果，重新计算聚类中心。

第四步，每一类的像元数目变化达到要求，算法结束。

影响 K–均值算法的因素为聚类中心数目、初始类中心的选择、样本输入的次序、数据的几何特性等。这种算法的结果受到所选聚类中心的数目、初始位置、模式分布的几何性质和读入次序等因素的影响，并且在迭代过程中又没有调整类数的措施，因此可能因产生不同的初始分类而得到不同的结果，这是该方法的缺点。可以通过其他的简单的聚类中心试探方法，如最大最小距离定位法，来找出初始中心，提高分类效果。

K–均值算法简便易行，实践表明该方法对卫星数据分类处理效果很好，在诸如地球物理和地质探查等分析中获得了成功应用。

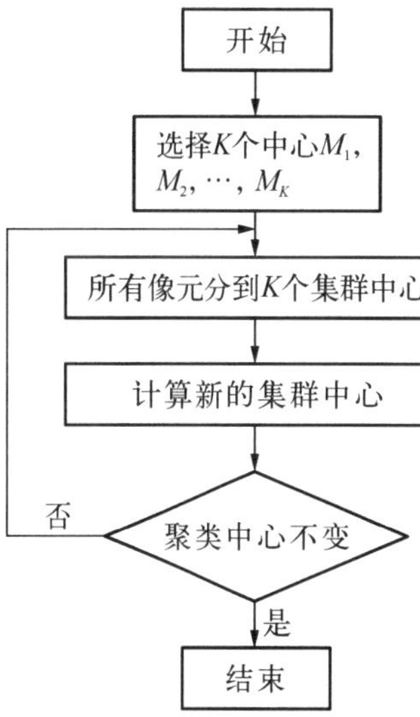

图 8–4 K–均值算法过程框图

（二）ISODATA 算法聚类分析

ISODATA（iterative self-organizing data analysis techniques algorithm）算法也称为迭代自组织数据分析算法，是在初始设定基础上，在分类过程中根据一定原则不断重新计算类别总数和类别中心，使分类结果逐渐趋于合理，直到满足一定条件，分类完毕。

ISODATA 算法是在 K−均值算法的基础上，加入了试探性的步骤，能够吸取中间结果的经验，在迭代的过程中可以进行类别的分离和合并，具有“自组织”性，是目前非监督分类中使用最为广泛的算法。该算法中影响分类结果的参数有迭代次数、类别数、参加分类的波段数目。ISODATA 算法过程框图如图 8−5 所示。

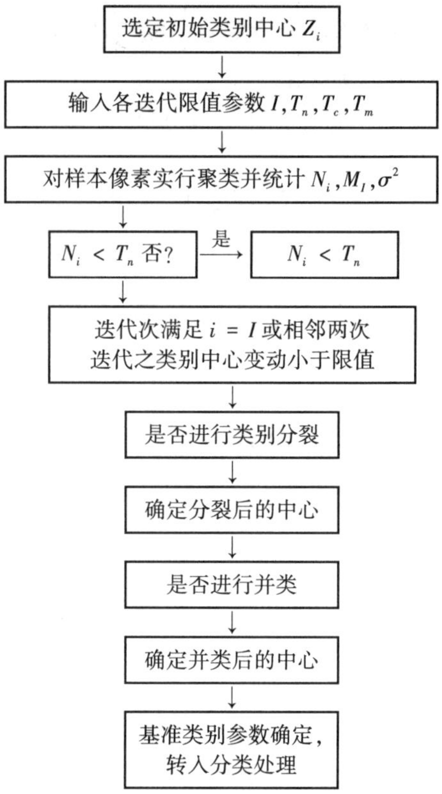

图 8−5 ISODATA 算法过程框图

ISODATA 方法分类步骤如下：

第一步，选择初始的类别平均估值。

第二步，在多维数据空间中，依据像元距训练样本类别中心（平均值）最短距离划分像元的类别。

第三步，根据第二步的像元分类结果，重新计算每种类别的平均值。

第四步，如果第二步和第三步产生的类别平均值相同或相近，第三步的结果就代表了分类结果。

如果第二步和第三步产生的类别平均值不同，这个过程就返回到第二步重复进行计算和判断，直到类别的新中心点位置和其前一次的位置相同或相近，分类才结束。

第三节 监督分类

监督分类（supervised classification）需要从研究区域选取代表各类别的已知样本作为训练场地（训练区），根据已知训练区提供的样本，选择提取特征参数（如像素亮度均值、方差等），建立判别函数，以此对样本像元进行分类，依据样本类别的特征来识别非样本像元的归属类别。通过选择具有代表性的典型样区或训练区，用训练区中已知类别地物样本的光谱特性来“训练”计算机，获得识别各类地物的判别函数或模式，并对未知地区的像元进行分类处理，分别归入已知的类别中，从而实现遥感图像分类的过程。

在监督分类中，要先定义类别，然后进行图像分类。即利用训练区样本建立各类的特征空间范围，选定判别函数，把待分像元代入判别函数进行判别归类。

训练样区是影像上已知类别的区域，分析人员把影像上能清晰确定类别的区域作为训练样区，训练样区必须能代表某一类别的光谱特征，以及对于相应信息类别来说具有典型代表性。因此，监督分类对训练区的选择有以下要求。

（1）训练区是图像上已知覆盖类型的代表样区，具有描述主要特征类型的光谱属性。

（2）训练区所包含的样本在种类上要与待分区域的类别一致，训练样本应在各类目标地物面积较大的中心选取，这样才能体现代表性。

（3）训练样本的选取应能够提供各类足够的信息和克服各种偶然因素的影响，训练区的数目最少要满足建立判别函数的要求。

(4) 样本选择要具有完整性、代表性，选择多个样区，分布均匀。

一、监督分类的过程

遥感图像监督分类的整个过程如图 8－6 所示。

第一步，根据对该地区的了解（先验知识）从图像数据中选择能代表各类别的样区（也称样本）。

第二步，对选出的样本依据所选用的分类器进行统计分析，提取出各类别的数据特征，并以此为依据建立适用的判别准则。

第三步，使用判别准则逐个判定各像元点的类别归属。

第四步，输出分类结果。

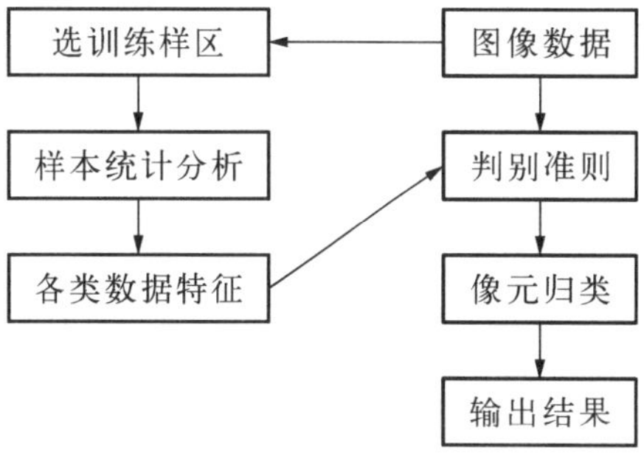

图 8－6　遥感图像监督分类工作流程示意图

第一步、第二步可以形象地比喻为对计算机进行“训练”，帮助计算机获得识别能力。判别准则可形象地称为“分类器”，每个像元点通过分类器，经判决分析等处理确定其类别归属。

可见，监督分类的实现过程远比非监督分类要复杂。分析人员必须评估每个步骤的执行情况，如果发现某个步骤的执行结果需要改进和提高，为确保最后的分类精度，就必须返回到前面的步骤重新进行。监督分类的具体步骤如下：

(1) 确定监测分类体系。确定要对哪些地物进行分类，建立这些地物的先验知识。

(2) 特征变换和特征选择。根据区域地物的特征进行针对性的特征变换，变换之后的特征影像和原始影像共同进行特征选择，选出尽可能少的特征影像，加快分类速度。

(3) 选择训练样区。由于监督分类关于类别的数学特征都来自训练样区，所以训练样区的选择一定要保证类别的代表性。训练样区选择不正确便无法得到正确的分类结果。训练样区的选择要注意准确性、典型性和统计性三个问题。

(4) 确定判决函数和判决规则。一旦训练样区被选定后，相应地物类别的光谱特征便可以从训练区的样本数据进行统计。判决函数（分类方法）确定后，再选择一定的判决规则就可以对其他非样区的数据进行分类。

(5) 根据判决函数和判决规则对非训练样区的图像区域进行分类。

二、监督分类的方法

监督分类至今已经发展出多种多样的统计分析算法和判别准则，各有优缺点。较普遍的有以下三种。

（一）最小距离法

最小距离法（minimum distance classification）是利用训练数据各波段的光谱均值，根据像元离各训练样本平均值距离的大小，将像元划分到距离最短的信息类别中。训练样区的光谱数据可以绘制在多维数据空间中，形成训练样本的类群，每个类别群可以用它的类别中心点来表示，通常是训练样本的平均值。

最小距离分类方法是一种相对简化的分类方法。前提是假设图像中各类地物光谱信息呈多元正态分布；假设 N 维空间存在 M 个类别，某一像元距哪类距离最小，则判归该类；通过训练样本事先确定类别数、类别中心，然后进行分类。分类的精度取决于训练样本的准确与否。首先利用训练样本数据计算出每一类别的均值向量及标准差向量；然后以均值向量作为该类在特征空间中的中心位置，计算每个像元到各类中心的距离；最后把各像元归入到距离最小的一类中去。所以，在这种方法中，距离就是一个判别准则。在遥感图像分类处理中,应用最广且比较简单的距离函数有欧几里得距离和绝对距离(混合距离)两种。

设 p 为图像的波段(变量)数,X 为图像中的一个待分类像元,其中 x_i 为像元 X 在第 i 波段的像元值(灰度值),M_{ij}为第 j 类在第 i 波段的均值,则像元 X 与各类间的距离可通过如下算式获得。

1. 欧几里得距离

$$D_j^2 = \sum_{i=1}^{p} (x_i - M_{ij})^2 \tag{8-1}$$

2. 绝对距离

$$D_j = \sum_{i=1}^{p} |x_i - M_{ij}| \tag{8-2}$$

分类时,根据上面求得的距离,把像元 X 归入 D_j 最小的那一类中去。

最小距离分类法的概念和处理都很简洁,但在遥感图像分类中使用并不广泛。因为最小距离分类没有考虑不同类别内部方差的不同,从而造成有些类别在边缘处会重叠,引起分类误差。因此,需要通过运用更高级复杂的距离算法来改进这一问题。

(二) 最大似然判别分类

最大似然判别分类(maximum likelihood)是一种非线性分类,首先假设训练样本数据在特征空间上的分布服从高斯正态分布,然后计算样本属于各类别的归属概率,将样本归并于概率最大的一组类别。最大似然判别分类是根据有关概率判决函数贝叶斯(Bayes)准则对遥感图像进行的识别分类,是应用较广的监督分类方法,又称为贝叶斯判别法。这种方法以归属某类的概率最大或错分损失最小为原则进行的判别。

假设某遥感图像上有 s 个地物类别,分别用 $\omega_1, \omega_2, \cdots, \omega_s$来表示,每个类别发生的先验概率分别为 $P(\omega_1), P(\omega_2), \cdots, P(\omega_s)$。设有未知类别的样本 X,其类条件概率分别为 $P(X|\omega_1), P(X|\omega_2), \cdots, P(X|\omega_s)$,则根据 Bayes 定理可以得到样本出现的后验概率为

$$P(\omega_i|X) = \frac{P(X|\omega_i)P(\omega_i)}{P(X)} = \frac{P(X|\omega_i)P(\omega_i)}{\sum_{i=1}^{s} P(X|\omega_i)P(\omega_i)} \tag{8-3}$$

Bayes 分类器以样本 X 出现的后验概率为判别函数来确定样本 X 的所属类别,判别准则为:

如果

$$P(\omega_i|X) = \max_{i=1} P(\omega_j|X) \tag{8-4}$$

则 $X \in \omega_i$。

在式(8-3)中,分母是与类别无关的常数,因此可以不考虑分母对 $P(\omega_i|X)$的影响。由以上分析可见,Bayes 分类器实际上是通过把观测样本的先验概率转化为它的后验概率,以此确定样本的所属类别。在 Bayes 分类器中,先验概率 $P(\omega_i)$通常可以根据对采样样本的统计计算给出,而类的条件概率 $P(X|\omega_i)$则需根据问题的实际情况做出合理的假设。若假设 $P(X|\omega_i)$是服从正态分布的,则 Bayes 分类器可转化为最小距离分类器来进行分类。

按照 Bayes 分类器对样本进行分类,其优越性在于能利用各类型的先验性分布知识及其概率,使错误分类的概率最小。

(三) 平行管道法聚类分析

这种方法比较简单,它以地物的光谱特性曲线为基础,假定同类地物的光谱特性曲线相似作为判决

的标准。设置一个相似阈值,这样,同类地物在特征空间上表现为以特征曲线为中心,以相似阈值为半径的管子,此即为所谓的“平行管道”。

具体算法步骤如下。

第一步,从多光谱遥感图像中选一个样本矢量(分量为各波段亮度值)作为第一类的特征矢量,同时将该样本矢量对应的像元标为第一类。

第二步,设置光谱响应相似性度量阈值 T。

第三步,依次从多光谱遥感图像中读取样本矢量,设为 X,$X=[x_1,x_2,x_3,x_4]T$(假设取四个波段的遥感图像)。与已经形成的各个类别的特征矢量 x_i($i=1,2,\cdots$,已形成的类别数),$x_i=[x_{i1},x_{i2},x_{i3},x_{i4}]T$ 比较,分别计算得

$$d_1=|x_1-x_{i1}|;d_2=|x_2-x_{i2}|;d_3=|x_3-x_{i3}|;d_4=|x_4-x_{i4}| \tag{8-5}$$

若 d_1、d_2、d_3、$d_4 \leqslant T$,则将该样本矢量对应的像元标记为第三类,重复第三步,否则转入第四步。

第四步,将 X 设为第 $i+1$ 类的特征矢量,同时将 X 对应的像元标记为第 $i+1$ 类。类别数加 1,转至第三步。

第五步,所有像元聚类完毕,输出标记类别图像。

可以看出这种算法的结果与第一个聚类中心的选取阈值 T 的大小有关。这种方法的优点是计算简单。

第四节　非监督分类与监督分类方法比较

从上一节中可知,计算机遥感图像分类是统计模式识别技术在遥感领域中的具体应用,计算机分类是遥感图像解译的重要手段。

一、非监督分类与监督分类方法的比较

非监督分类与监督分类方法的根本区别在于是否利用训练样区来获取先验的类别知识。监督分类根据训练样区提供的样本选择特征参数,建立判别函数,对待分类点像元进行分类。因此,训练场地选择是监督分类的关键。相比之下,非监督分类不需要先验知识,根据地物的光谱统计特性进行分类。因此,非监督分类方法简单。严格说来,分类效果的好坏需要经过实际调查来检验。当光谱特征类能够和地物类型(如水体、植被类型、土地利用类型、土壤类型等)相对应时,非监督分类也可取得较好的分类效果。当两个地物类型对应的光谱特征类差异很小时,非监督分类效果不如监督分类效果好。非监督分类在很多地方上将地物划分错误,而监督分类错误较少。

(一) 非监督分类的优点

与监督分类相比,非监督分类的优点如下。

(1) 非监督分类不需要预先对所要分类的区域有深入的了解。

(2) 人为误差的概率很小。在进行非监督分类时,分析人员仅需要设定分类的数量。即使分析人员对分类区域有不准确的理解也不会对分类结果有很大影响。

(3) 只要设立足够多的类别,就可以对图像进行全部分类。

(二) 监督分类的优点

与非监督分类相比,监督分类的优点如下。

（1）分析人员可以控制，适用于研究，需要区域地理特征的信息特征。

（2）可控制训练样区和训练样本的选择。

（3）运用监督分类不必担心光谱类别和地物类别的匹配问题，因为这个问题在选择训练数据的过程中就解决了。

（4）通过检验训练样本精度，确定分类是否正确，估算监督分类中的误差。虽然训练数据的正确分类并不能保证其他数据的正确分类，但训练类型不正确的划分必定会导致分类过程的严重错误。

（5）避免了非监督分类中对光谱集群类别的重新归类。

（三）非监督分类的缺点和限制

非监督分类的主要缺点和限制有两个方面，一是对“自动”分组的依赖性，二是很难将分类的光谱类别与地物类别进行完全匹配。具体表现在以下三方面。

（1）非监督分类形成的光谱类别并不一定与地物类别对应。因此，分析人员面临着将分类得到的光谱类别与最终类别相匹配的问题，而实际上两种类别几乎很少能够一一对应。

（2）分析人员很难控制分类产生的类别并进行识别。因此，运用非监督分类不一定会产生令分析人员满意的结果。

（3）由于地物类别的光谱特征随着时间而变化，因此，地物类别与光谱类别间的关系并不是固定的。另外，一幅影像中某两类别间的关系不能运用于另一幅影像，所以光谱分类后的解译识别工作量大而复杂。

（四）监督分类的缺点和局限

监督分类的缺点和局限如下。

（1）分类体系和训练样区的选择受主观因素的影响。分析人员定义的类别也许并不是影像中存在的自然类别，在多维数据空间中这些类别的差别不大。

（2）训练样区的代表性问题。训练数据的选择通常参照地物类别和光谱类别，有时其代表性不够典型。例如，选择的纯森林训练样区对于森林信息类别来说似乎非常精确，但由于区域内森林的密度、年龄、阴影等有许多的差异，导致训练样区的代表性不高。

（3）有时训练样区的选择很困难。训练数据的选取是一项费时、费力、艰难的工作，特别是当分类区域的面积很大，用地类别非常复杂时。

（4）只能分类出训练样本所定义的类别，对于未被分析人员定义的类别则不能识别，容易造成类别的遗漏。

二、非监督分类与监督分类方法的结合

在实际工作中，常将监督法分类与非监督法分类相结合，取长补短，使分类的效率和精度进一步提高。如监督法分类主要工作是必须在分类前圈定样本性质单一的训练样区，而这可以通过非监督法来进行。即通过非监督法将一定区域聚类成不同的单一类别，监督法再利用这些单一类别区域“训练”计算机。通过“训练”后的计算机将其他区域分类完成，这样避免了使用速度比较慢的非监督法对整个影像区域进行分类，在分类精度得到保证的前提下，分类速度得到了提高。具体可按以下步骤进行。

第一步，选择一些有代表性的区域进行非监督分类。这些区域尽可能包括所有感兴趣的地物类别。这些区域的选择与监督法分类训练样区的选择要求相反，监督法分类训练样区要求尽可能单一。而这里选择的区域包含类别尽可能的多，以便使所有感兴趣的地物类别都能得到聚类。

第二步，获得多个聚类类别的先验知识。这些先验知识的获取可以通过判读和实地调查取得。聚类的类别作为监督分类的训练样区。

第三步,特征选择。选择最适合的特征图像进行后续分类。

第四步,使用监督法对整个影像进行分类。根据前几步获得的先验知识以及聚类后的样本数据设计分类器,对整幅影像进行分类。

第五步,输出标记图像。由于分类结束后影像的类别已确定,所以可以将整幅影像标记为相应类别输出。

第五节 分类后处理和误差分析

分类完成后需对分类后的影像进一步处理,使结果影像效果更好。另外,对分类的精度要进行评价,以供分类影像进一步使用时参考。

一、分类后处理

无论是监督分类还是非监督分类,都是按照图像光谱特征进行聚类分析的。所以,对获得的分类结果需要再进行一些处理工作,才能得到最终相对理想的分类结果,这些处理操作统称为分类后处理(post-classification process)。常用的方法有聚类统计、过滤分析、去除分析和分类重编码等。

1. 聚类统计

无论利用监督分类还是非监督分类,分类结果中都会产生一些面积很小的图斑。从专题制图的角度和从实际应用的角度,都有必要对这些小图斑进行剔除。聚类统计(clump)是通过分类专题图像计算每个分类图斑的面积、记录相邻区域中最大图斑面积的分类值等操作,产生一个聚类统计类组输出图像。其中,每个图斑都包含聚类统计类组属性。该图像是一个中间文件,用于下一步处理。

2. 过滤分析

过滤分析(sieve)功能是对经聚类统计处理后的聚类统计类组图像进行处理,按照定义的数值大小,删除聚类统计图像中较小的类组图斑,给所有小图斑赋予新的属性值 0。过滤分析经常与聚类统计命令配合使用,对于无须考虑小图斑归属的应用问题,有很好的作用。

3. 去除分析

去除分析(eliminate)是用于删除原始分类图像中的小图斑或聚类统计图像中的小聚类统计类组,与过滤分析命令不同,去除分析将删除的小图斑合并到相邻的最大的分类当中,如果输入影像是聚类统计影像,经过去除处理后,将分类图斑的属性值自动恢复为聚类统计处理前的原始分类编码,其结果是简化的分类影像。

4. 分类重编码

分类重编码(recode)是针对非监督分类而言的,在非监督分类过程中,用户一般要定义比最终需要多的一定数量的分类数,完全按照像元灰度值通过 ISODATA 聚类获得分类方案后,将专题分类影像与原始影像对照,判断每个类别的专题属性,然后对相似或类似的分类通过影像重编码进行合并,并定义分类名称和颜色。

二、精度评价

进行遥感影像分类,必然会涉及分类结果的精度问题。图像分类精度评价是分类后不可缺少的组成部分。通过精度分析,分类者能确定分类模式的有效性,改进分类模式,提高分类精度;使用者能根据分类结果的精度,正确、有效地利用分类结果中的信息。

分类精度的评价通常是用分类图与标准数据(图件或地面实测值)进行比较,以正确的百分比来表示精度。评价方法有非位置精度和位置精度两种。非位置精度是以一个简单的数值，如面积、像元数目等表示分类精度，因未考虑位置因素，所获得的精度值偏高。位置精度是通过比较两幅图位置之间一致性的方法进行评价的，将分类的类别与其所在的空间位置进行统一检查。目前普遍采用混淆矩阵方法。

混淆矩阵/误差矩阵（confusion matrix/error matrix）是通过将每个地表真实像元的位置和分类与分类图像中的相应位置和分类相比较计算的。像元的真实情况可以通过实地调查或从标准图件中查找。混淆矩阵用于比较分类结果和地表真实信息，它是一个 n 行 n 列的矩阵，其中 n 表示类别数量。

表 8－1　混淆矩阵

类别		真实类别（参考图像）					
		1	2	3	…	n	合计
分类结果	1	p_{11}	p_{12}	p_{13}	…	p_{1n}	p_{1+}
	2	p_{21}	p_{22}	p_{23}	…	p_{2n}	P_{2+}
	3	p_{31}	p_{32}	p_{33}	…	p_{3n}	p_{3+}
	…	…	…	…	…	…	…
	n	p_{n1}	p_{n2}	p_{n3}	…	p_{nn}	p_{n+}
	合计	p_{+1}	p_{+2}	p_{+3}	…	p_{+n}	p

如表 8－1 所示的混淆矩阵里，列表示真实类别，行表示分类结果，矩阵的元素 p_{ij} 表示第 j 类被分到类别 i 的样本数量（像元数或百分比），p 是样本总量。显然，只有对角线上的元素（即 p_{ij} 中的 $i=j$）才是被正确分类的数量，非对角线上的元素为被混分的数量。

$p_{+j}=\sum_{i=1}^{n} p_{ij}$　是真实类别为 j 的总量；

$p_{i+}=\sum_{j=1}^{n} p_{ij}$　是分类得到类别 i 的总量。

由混淆矩阵可以计算出总体分类精度、Kappa 系数、错分误差、漏分误差、每一类的制图精度和用户精度。

1. 总体分类精度（overall accuracy）

指对角线上所有样本的像元数（正确分类的像元数）除以所有像元数。总体分类精度只考虑混淆矩阵中沿对角线方向的数据，而忽略了非对角线方向的数据。其计算公式为

$$p_c=\sum_{k=1}^{n} p_{kk}/p \tag{8-6}$$

2. 生产者精度（producer's accuracy）

某类中正确分类的像元数除以参考数据中所有该类的像元数（列方向），又称制图精度，反映了用于产生这张分类图的方法的好坏。对于第 i 类，其生产者精度的计算公式为

$$p_{ui}=p_{ii}/p_{+i} \tag{8-7}$$

3. 使用者精度（user's accuracy）

某类中正确分类的像元数除以所有被分为该类的像元数（行方向），又称用户精度，反映了分类图中各类别的可信度，即这幅图的可靠性。对于第 i 类，其使用者精度的计算公式为

$$p_{ai}=p_{jj}/p_{j+} \tag{8-8}$$

可见，总体分类精度、使用者精度和生产者精度从不同的侧面描述了分类精度。总体分类精度反映

分类结果与实际类型相一致的概率;使用者精度指分类图上某一类型正确分类的概率,所对应的误差为错分误差(commission error);生产者精度指地面上某一类型被正确反映在地图上的概率,所对应的误差为漏分误差(omisson error)。

4. Kappa 系数(Kappa coefficient)

是另外一种计算分类精度的方法,采用一种离散的多元技术来测定两幅图之间的吻合度。Kappa 系数是通过把所有地表真实分类中的像元总数乘以混淆矩阵对角线的和,再减去对某一类中地表真实像元总数与该类中被分类像元总数之积的所有类别求和的结果,然后除以总像元数的平方差减去对某一类中地表真实像元总数与该类中被分类像元总数之积的所有类别求和的结果所得到的。其计算公式为

$$\text{Kappa}=\frac{N\sum_{i=1}^{r}x_{ii}-\sum_{i=1}^{r}(x_{i+}\cdot x_{+i})}{N^2-\sum_{i=1}^{r}(x_{i+}\cdot x_{+i})} \tag{8-9}$$

式中,r 是分类数;x_{ii}是误差矩阵中对角线上元素;x_{i+}和 x_{+i}分别是第 i 行和第 i 列的总像元数;N 是总样本像元数。

一般来说,Kappa 系数大于 80%,认为分类图与参考数据之间有很好的一致性,即分类精度很高;Kappa 系数在 40% ~ 80%,认为分类图与参考数据之间的一致性中等;Kappa 系数小于 40%,认为分类图与参考数据之间一致性很差。任何负的 Kappa 都表示分类效果很差,但负值的范围取决于待评价的误差矩阵。因此,负值大并不能表示分类效果差。

第六节 其他分类方法

前面主要介绍传统的分类方法,近年来针对提高类别分类精度方面进行了不少研究,目前研究得比较多的是模糊聚类方法和神经元网络方法。由于这些方法都还在不断完善中,在此简单介绍其分类思路。

一、神经网络分类

传统的遥感图像分类方法主要利用遥感数据的统计特征或与训练样本数据之间的统计关系,依据一种判别准则来进行地物分类。这与人眼对图像识别分类有很大差异。人对图像进行目视识别解译中,不仅利用一种规则,而是辩证地综合运用多种判读标志对图像进行识别分类。而且,人脑还能够从以往的实践中总结经验教训,自觉地运用这些经验于以后的工作中去。所以,人对图像的识别解释,除运用图像本身的特征外,更多的是利用以往工作中所积累的知识与经验,在被分类图像特征的引导下,深入广泛地分析其自身的结构及其识别特征,经过反复实践,直至获得较满意结果。

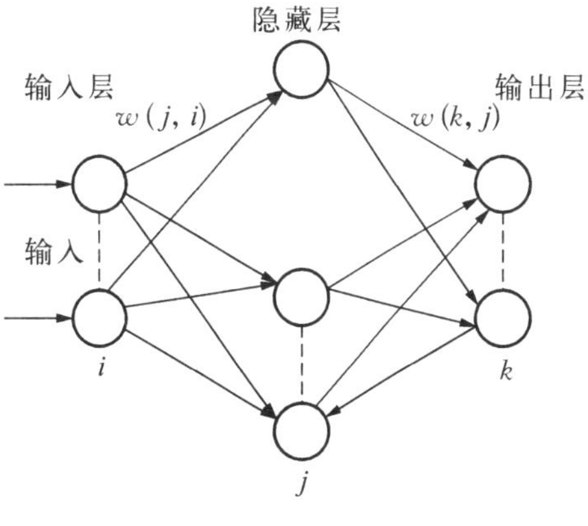

图 8-7 反向传播网络结构示意图

目前已发展多种神经网络模型,其中应用最广的是反向传播(back-propagation)网络,简称 BP 网。该网络可多因子输入,多类别输出,通过正反二向传播对网络进行调节,使误差信号趋于最小,是一种能从训练样本数据中有效地学习判别函数的多层网络系统,由输入层、隐藏层和输出层构成,其结构如图 8-7 所示。

网络由不同层次上的节点连接而成,每一层的节点输

出送到下一层节点，它们之间的权值反映节点间的连接强度，这些输出值因连接数值不同而被放大、衰减或抑制。除了输入层以外，其他各层上每一节点的输入均为前一层所有节点输出值的加权和。每一节点的激励输出值由该节点输入、激励函数及偏置量决定。

如图 8－7 所示，输入模式的各分量作为第 i 层各节点的输入，第 j 层各节点得到的输入值为

$$\mathrm{net}_j = \sum W_{ji} O_i \tag{8-10}$$

其向下层的输出值为

$$O_j = f(\mathrm{net}_j) \tag{8-11}$$

式中，f 称为节点的激励函数。一般可选择如下单调递增的激励函数：

$$O_j = \frac{1}{1+\exp[-(\mathrm{net}_j+\theta_j)/\theta_0]} \tag{8-12}$$

式中，θ_j 为偏置值，该值为正时的作用是将激励函数沿 x 轴向左平移，θ_0 的作用是改变激励函数的形状。

设网络的输入样本为 $X_p = \{x_{pi}\}$，期望输出值为 $\{T_{pk}\}$，在网络学习阶段，网络要不断修正自己的各连接权值及各节点的偏置值，使网络输出不断接近期望输出值。一般情况下，系统的输出值 $\{O_{pk}\}$ 与期望输出值 $\{T_{pk}\}$ 是不相等的，对于每一个输入的样本，平均误差为

$$E_p = \frac{1}{2} \sum_k (T_{pk} - O_{pk})^2 \tag{8-13}$$

对于全部学习样本，系统的均方误差为

$$E = \frac{1}{2p} \sum_p \sum_k (T_{pk} - O_{pk})^2 \tag{8-14}$$

BP 算法的思路为：在学习过程中，计算模型输出值与理想输出值之间的误差，如不符合要求，则系统将对各层数值和偏置值进行调整，直至误差小于预定值。输入层到隐含层权值的调整量为

$$\Delta w_{(j,i)} = -\eta \frac{\partial E}{\partial_{ji}} \tag{8-15}$$

隐含层到输出层之间权值的调整量为

$$\Delta w_{(k,j)} = -\eta \frac{\partial E}{\partial w_{kj}} \tag{8-16}$$

遥感数据神经网络识别分类的过程主要包括两个阶段，第一阶段是根据训练样本数据进行自学习，第二阶段是利用学习的结果对整幅遥感图像进行分类。整个学习、分类过程见图 8－8。

（1）样本数据及控制参数的输入：样本数据通过选择典型训练区得到，同时还要给每一类一个 0～1 的系数，称为期望值。控制参数主要包括单个类和所有类预计达到的精度值、隐含层个数、每一层的节点数以及最大循环次数。

（2）计算各层之间的权系数：分别由式（8－15）、式（8－16）求隐含层和输出层的权系数。

（3）精度判断：在循环次数还没达到给定的最大循环次数之前，先判断单类样本是否达到精度要求，如果没有，返回上一步，对权值进行调整；如果已达到则进一步判断所有类别样本的精度是否都达到要求，若没达到，返回调整权值大小，若已达到要求再继续往下执行。当循环次数已超过最大循环次数而还未达到预计要求时，则应重新设置最大循环次数或降低精度要求。

（4）分类：网络根据在学习过程中所积累得到的各层权值，对待分图像的每个像元一一计算，将输出结果与每类期望值比较，与哪类相比精度高就划归为哪类。

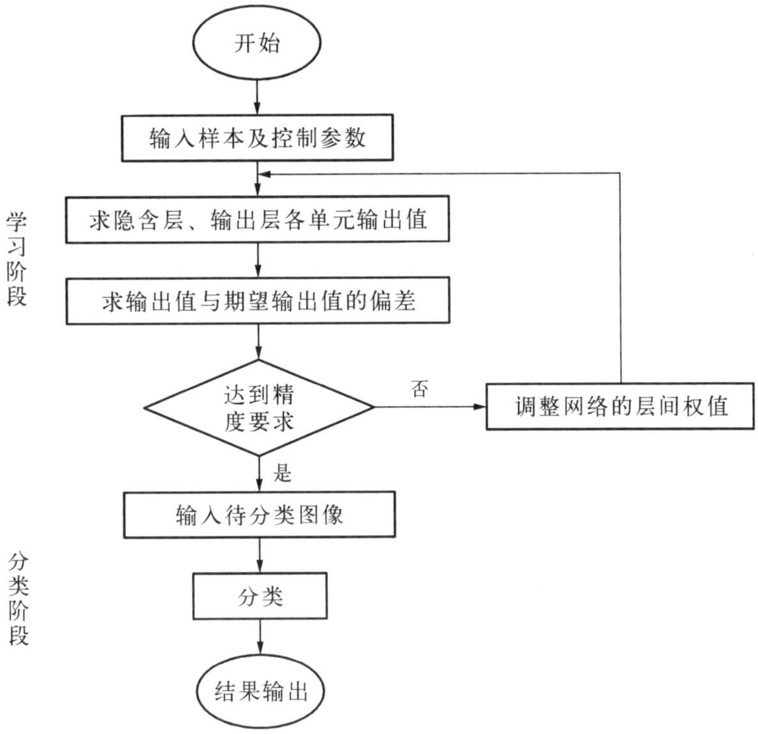

图 8-8　神经网络遥感数据识别分类流程示意图

神经网络识别分类法具有不少优点，主要体现在：

(1) 神经网络是在模拟大脑神经系统储存、处理信息过程抽象出来的一种数学模型，具有良好的容错性，可通过学习获得网络的各种参数，无需像统计模式识别那样对原始类别做概率分布假设，这对于解决类别分布复杂、背景知识不够清楚的地区尤其有效。

(2) 在输入层和输出层之间增加了隐含层，节点之间通过权重来连接，且具有自我调节能力，能方便地利用各种类型的多源数据(遥感的或非遥感的)进行综合研究，有利于提高分类精度。

(3) 判别函数是非线性的，能在特征空间中形成复杂的非线性决策边界，从而能解决非线性可分的特征空间的划分。

神经网络虽然具有许多优点，但从真正实用化要求衡量还存在许多不足。主要是用神经网络进行分类时，有许多因素会影响到神经网络的功能，如数据的预处理、网络的结构等，与之相关的参数多且需不断调整，这样学习阶段往往需要花费大量时间进行分析计算，应该对神经网络的机理进一步深化研究，在此基础上改进结构，完善算法，促进实用化。

二、模糊分类

模糊分类(fuzzy clustering)提出了隐含在所有分类过程中的一个问题，即每个像元必须划分为某个类别。虽然这些分类方法都设法使分类的正确性最大化，但它们只允许像元和类别之间直接进行一一对应。这种像元和信息类别进行对应匹配的方法会使得许多像元划分为不正确的或逻辑上错误的类别。模糊逻辑试图应用不同的分类逻辑来解决这个问题。

模糊逻辑在很多领域都有应用，在遥感领域有特殊的重要性。模糊逻辑允许部分隶属关系的存在，这个特性在遥感领域非常有意义，因为部分隶属关系的问题和混合像元的问题非常接近。传统的分类器必须将像元划分为“森林”或“水体”类别，而模糊分类器可以将像元划分为“部分森林”和“部分水体”，如“隶属于水体 0.3”和“隶属于森林 0.7”的混合类别，而将这个像元完全归于某一单独类别是不合理的。隶属关系用隶属度衡量，隶属度的值通常从 0 到 1.0 不等，0 表示不属于某一类，1.0 表示完全属于某一类别，而介于 0~1.0的值则意味着与某一类别的隶属关系。

应用模糊分类的关键是确定像元的隶属度函数。一般在遥感图像模糊分类中也采用 Bayes 准则来确定像元属于各类的隶属函数。确定像元的隶属度函数的数学模型和方法很多，如类别的隶属关系函数可以由普通的相关关系确定，或者由数据和类别之间的相关关系确定。在遥感分类中，隶属关系的函数更多是从特定研究区域的经验数据得来的，如在遥感图像模糊分类中采用最大似然分类算法来确定像元属于各类的隶属度函数。

设 G 为预先确定的类别数，n 为变量数（波段数），$P'(g)$ 为 g 类出现的先验概率，则像元 X 属于 g 类的隶属度函数为

$$f_g(X)=[P'(g)P_g^{\cdot}(X)]\Big/\sum_{i=1}^{G}[P'(i)P_i^{\cdot}(X)] \tag{8-17}$$

其中，

$$P_g^{\cdot}(X)=\frac{1}{(2\pi)n/2\left|\sum_i^*\right|^{1/2}}\times\exp\left[-\frac{1}{2}(X-\mu_i^*)^{\mathrm{T}}\left(\sum\nolimits_i^*\right)^{-1}(X-\mu_i^*)\right] \tag{8-18}$$

式中，μ_i^* 与 $\sum_i^*$ 为模糊均值向量和模糊协方差矩阵。

由此可知，要进行模糊分类，必须知道模糊均值向量和模糊协方差矩阵。这需要从训练样本数据的统计分析来得到，但模糊分类与传统分类在训练场地的选择方法不同。传统分类中，每类都要有训练场地，而且训练场地要求均一；对于模糊分类而言，均一性不那么重要，一个训练场地可以产生多于一类的统计参数（如模糊均值向量、模糊协方差矩阵）。

在模糊分类中，训练样本数据可用一个模糊分割矩阵来表示。设训练样本总数为 m，变量数为 n，G 是预先确定的类别数，则训练样本的模糊分割矩阵为

$$\begin{bmatrix} f_1(X_1) & f_1(X_2) & \cdots & f_1(X_n) \\ f_2(X_1) & f_2(X_2) & \cdots & f_2(X_n) \\ \cdots & \cdots & \cdots & \cdots \\ f_G(X_1) & f_G(X_2) & \cdots & f_G(X_n) \end{bmatrix}$$

式中，$f_i(X_j)$ 表示像元 X_j 对 i 类的隶属度。若把每一列中的最大值改为 1，其他改为 0，就成为一般的硬分割矩阵，也就是常规的训练样本数据。

由模糊分割矩阵即可得到各类地物的模糊均值向量和模糊协方差矩阵。其模糊均值向量为

$$\mu_g^*=[\mu_{1g}^*,\ \mu_{2g}^*,\ \cdots,\ \mu_{ng}^*]^{\mathrm{T}} \tag{8-19}$$

式中，$\mu_g^*=\sum_{k=1}^{n}f_g(X_k)x_{ik}\Big/\sum_{k=1}^{n}f_g(X_k)$；$x_{ik}$ 为第 i 波段第 k 标本的亮度值。

模糊协方差矩阵为

$$\sum\nolimits_g^*=\begin{bmatrix} \sigma_{11g} & \sigma_{12g} & \cdots & \sigma_{1ng} \\ \sigma_{21g} & \sigma_{22g} & \cdots & \sigma_{2ng} \\ \cdots & \cdots & \cdots & \cdots \\ \sigma_{m1g} & \sigma_{m2g} & \cdots & \sigma_{mng} \end{bmatrix}$$

式中，$\sigma_{ijg}=\sum_{k=1}^{n}f_g(X_k)(x_{ik}-\mu_{ig}^*)(x_{jk}-\mu_{jg}^*)\Big/\sum_{k=1}^{n}f_g(X_k)$。

根据模糊分类的原理，可以利用模糊样本作为训练样本，但模糊样本如何选取是个难题。实践中仍

可按传统方法在分布均质区采样,力求样本较“纯”。事实上,样本很难“纯”,但可看作“准纯样本”。这些“准纯样本”经过一次模糊分类后就成为“模糊样本”,再利用这些“模糊样本”进行模糊分类,就可在一定程度上改善分类精度。

三、混合像元的分解处理

混合像元是遥感图像中较普遍存在的现象,尤其是低分辨率的卫星图像。一个像元所覆盖的地面范围内往往包含有一种以上的地物类别,称为混合像元。这种混合像元的灰度值必为各组分影像灰度的混合值。传统的基于逐个像元的判别会发生困难,有很大的不确定性,必须进行混合像元的分解处理。分解方法主要有线性关系分解和模糊分解法两大类。前者基于像元灰度的线性可加性,公式为

$$R_m = AR_a + BR_b + CR_c + \cdots + NR_n \tag{8-20}$$

式中,R_m 为混合像元的灰度值;R_a,R_b,R_c,…,R_n 为该混合像元之中各组分 a,b,c,…,n 纯像元的灰度值;A,B,C 为组分在混合像元中所占百分比。实际上绝大多数混合像元由 2~3 个组分组成。

尽管混合像元中的组分不是很多,但有哪些组分、其比例关系如何等都是随机变量。只能依据先验知识,对某个地区某时相的遥感图像进行因子分析来测算混合像元中某主要组分所占的比重。

应指出无论是线性相关分解法或模糊分解法处理混合像元,其分析计算都相当繁琐,而且实际效果在很大程度上取决于对该地区的先验知识。

四、机器学习与深度学习

机器学习(machine learning,ML)是人工智能领域的重要分支,其能够通过统计算法从数据中学习特征并进行预测。随着遥感数据的日益丰富,机器学习方法已广泛应用于遥感分类中。大量研究表明,机器学习分类方法适用于多种应用场景,能学习复杂的遥感数据特征,显著提高分类精度。因此,传统分类方法逐渐被机器学习方法替代。目前,在遥感分类领域中广泛应用的机器学习算法主要有:决策树(decision tree,DT)、支持向量机(support vector machine,SVM)、分类与回归树(classification and regression tree,CART)、随机森林(random forest,RF)和 XGBoost 等。这些算法通过学习数据集的特征模式,可实现精确的地物识别。其中,SVM 作为一种强大的监督学习算法,能够有效处理高维数据和复杂类别边界问题。CART 的优势在于其处理非线性数据关系的能力,特别适合复杂地物分类,且具有较强的容错性,能应对噪声和缺失数据。RF 通过集成多个决策树的投票结果,降低过拟合风险并提高分类鲁棒性。XGBoost 则在兼顾高效性的同时,也能较好地防止过拟合和提高模型泛化能力。

然而,机器学习方法也存在局限性,尤其在分类决策过程中常表现为“黑箱”,难以解释其具体机制。对于要求高可解释性的应用场景,机器学习模型可能无法提供足够的解释力。此外,机器学习模型的效果在很大程度上依赖于特征选择和数据预处理。在一些土地覆盖分类任务中,土地覆盖类别可能分布不均,此时模型可能偏向占比大的类别,从而影响分类结果的平衡性和精度。

随着机器学习理论的进步和遥感数据、计算资源的多样化,机器学习的另一个分支——深度学习(deep learning,DL),在土地利用/覆盖分类中展示出巨大潜力。深度学习可自动提取高层次特征并处理复杂的空间与时间模式,代表性算法包括卷积神经网络(convolutional neural network,CNN)、循环神经网络(recurrent neural network,RNN)、长短时记忆网络(long short-term memory,LSTM)和生成对抗网络(generative adversarial network,GAN)。其中,CNN 是深度学习中应用最广泛的网络,能够自动提取空间特征,显著提高遥感影像分类精度。LSTM 作为一种特殊类型的递归神经网络,适用于处理时间序列数据,能够捕捉土地利用/覆盖的动态变化过程。GAN 通过生成器与判别器的对抗学习,持续改进生成数据的质量,尤其在标注数据稀缺时,GAN 能够生成高质量的训练样本,从而增强模型的泛化能力。

尽管深度学习在土地利用/覆盖分类中表现出色，其应用仍面临挑战。首先，深度学习模型在标注样本不足时，可能会出现过拟合，从而影响模型的泛化能力。因此深度学习训练通常需要大量标注样本，而这会带来额外的人工成本。此外，训练深度学习模型需要大量计算资源和时间，尤其在处理高分辨率影像时，计算成本较高。

第七节　影响图像分类的有关因素

目前遥感图像分类所采用的一些方法各有优缺点，有些方法，如贝叶斯判别准则的数学推导，可以说达到了相当严密的程度。遥感图像自动识别分类仍难消除错分和漏分现象，分类精度一般只有60%～70%，达到85%就算不错，超过95%的更是凤毛麟角，特别是在地面景观复杂的地区。

遥感图像计算机分类算法设计的主要依据是地物光谱数据。影响图像分类的有关因素主要有以下两类。

一、未能充分利用遥感图像的多种信息

遥感数字图像计算机分类的依据是像素具有的多光谱特征，并没有考虑相邻像素之间的关系。例如，被湖泊包围的岛屿，通过分类仅能将陆地与水体区别，但不能将岛屿与邻近的陆地（假定两者地面覆盖类型相同，具有同样的光谱特征）识别出来。这种方法的主要缺陷在于地物识别与分类中没有利用到地物空间关系等方面的信息。统计模式识别以像素为识别的基本单元，未能利用图像中提供的形状和空间位置特征。

二、提高遥感图像分类精度受到限制

这里的分类精度指分类结果的正确率。正确率包括地物属性被正确识别，以及它们在空间分布的面积的准确度量。遥感数字图像分类结果在没有经过专家检验和野外校正的情况下，分类精度一般不超过90%。除了与选用的分类方法有关外，还存在着制约遥感图像分类精度的四个客观因素。

1. 大气状况影响

地物辐射电磁波，必须经过大气才能到达传感器，大气的吸收和散射会对目标地物的电磁波产生影响。其中，大气吸收使得目标地物的电磁波辐射被衰减，到达传感器的能量减少；散射会引起电磁波发生方向变化，非目标地物的电磁波也会因为散射进入传感器，导致遥感图像灰度级产生偏移。不同时间大气成分以及湿度不同，散射影响也不同，因此遥感图像中的灰度值不完全反映目标地物辐射电磁波的特征。为了提高遥感图像分类的精度，必须在图像分类以前进行大气纠正。

2. 下垫面的影响

下垫面的覆盖类型和起伏状态对分类也有一定影响。受传感器空间分辨率限制，农田中的植被、土壤和水渠，石质山地稀疏的灌丛和裸露的岩石可形成混合像元，它们对遥感图像分类的精度影响很大。这种情况可以在分类前首先进行混合像元分解，把它们分解成子像元后再分类。分布在山区向阳面与背阳面的同一地物，单位面积上接收太阳光能不同，地物电磁波辐射能量也不同，其灰度值也存在差异，容易造成分类错误。在地形起伏变化较大时，可以采用比值图像代替原图像进行分类，以消除地形的影响。

3. 其他因素的影响

图像中的云朵会遮盖目标地物的电磁波辐射，影响图像分类。对于图像中仅有少量云朵时，分类前可以采用去噪声方法进行清除。多时相图像分类时，不同景的图像由于成像时光照条件的差别，同一地物电磁波辐射量存在差别，也会对分类产生影响。地物边界的多样性，使得判定类别的边界成为很困难

的事。例如,湖泊和陆地具有明确的界线,但森林和草地的界线则不明显,不少地物类型间还存在着过渡地带,要精确将其边界区别出来并非一件容易的事情。因此,提高遥感图像分类精度,既需要对图像进行分类前处理,也需要选择合适的分类方法。

4. 分类精度的好坏需要经过实际调查的结果来检验

当光谱特征类型和唯一的地物类型(通常指水体、不同植被类型、土地利用类型、土壤类型等)相对应时,非监督分类效果可取得较好的分类效果,当两个地物类型对应的光谱特征类型差异很小时监督分类效果比非监督分类效果好。

最后,应该指出,造成遥感数据自动识别分类的不确定性和非唯一性是个相当复杂的问题,涉及遥感成像系统、大气影响等。上述各种对策措施有其适用范围,可收到一定成效,但不是万应灵药,必须开拓思路、灵活应用,并积极探索把图像变换、增强、分割等处理技术与自动识别分类密切结合来提高分类精度的方法。

三、提高计算机分类效果的策略

导致遥感图像自动分类识别精度不高的因素多种多样,有些因素受制于目前遥感成像系统结构不够完善以及计算机图像处理系统非智能化等局限,一般很难圆满解决。有些因素则可通过努力得到一定程度的改善。

(一) 正确选取特征变量

遥感图像计算机识别分类的主要依据是遥感图像的特征变量。多光谱遥感图像各个波段灰度值是最基本的原始特征变量。经过加、减、乘和除混合运算以及一些变换处理,如 K－L 变换、比值变换等,可以生成一系列新的特征变量。此外,还可以把有关的非遥感数据经过一定的归一化与几何配准等处理,成为遥感图像网格坐标相一致的非遥感变量。这些新变量与原始特征变量都是对地物目标特征的客观反映,它们组成一个维数很高的特征变量空间。在图像分类处理中,笼统地说变量多、维数高,有利于分类精度的提高。但是当变量太多、维数太高时,不仅增加分类算法复杂性与计算量,同时不少变量之间往往有较高的相关性,在分类判决过程中会造成更多的混淆与不确定性,反而降低分类精度,所以在进行分类之前,既要考虑增加新的变量,又要从已经形成的多维特征变量中进行正确选择,选出一些有良好分类效果的特征变量,才能有效地提高分类精度。

特征变量的选择是个相当复杂的问题,随应用目的、研究地区特点、遥感数据类别与成像季节等众多要素而有所变化。但可用一句话概括,就是要尽可能选取数量适当,又有助于体现所感兴趣地物目标的类聚性(即类内各个体间离散性小),而扩大与其他类别间差异性的特征变量。

在实践中一般可采用与彩色合成时选择变量的类似方法,如计算熵值以及因子分析法、排序法和主轴法等。但有时仍需经过反复试验,才能最后确定应选取的特征变量,以便获得较好的分类效果。具体实例将在下篇有关章节中介绍。

(二) 优化训练区

在监督分类中,选好训练样区,对样区进行不断的调整与优化具有十分重要的作用,如果选取的样区不同,分类结果就会有差异,甚至差异颇大。

选取训练样区必须根据先验知识,并尽可能参考现势性强的图件和文字资料,以便能够选出最有代表性、波谱特征比较均一的地段。每一类别选取一块以上分布在图像不同部位的样区,但切勿选到过渡区或其他类别轮廓中去。每个样区的样本数(即像元数)视该类别影像轮廓的大小而定。每类的总样本数不能太少,至少应超过变量数,否则会降低统计判别的可信度。

（三）充分利用影像空间信息

遥感图像的空间信息主要包括纹理结构与几何形状等，它们都是遥感图像目视解译的主要标志。在以图像光谱特征统计分析为基础的现有自动识别分类中，已显出重要作用，蕴藏着巨大潜力，有待挖掘。

1. 纹理信息的利用

人眼可以识别区分各种不同的纹理特征，但没有定量标准，难以形成统一的尺度。定量化的纹理信息不可能在遥感图像上直接得到，必须通过图像变换等处理进行抽取。即从原图像中相邻像元的空间变化特征及其组合情况，经过各种运算，才能得出反映纹理信息的定量数据，形成纹理变量或显示为纹理图像。纹理变量可作为特征变量之一，参与多变量分类，这样就在波谱信息中加进了纹理信息以弥补单纯波谱信息分类易误分错判的缺陷，也可以依据抽取出的纹理特征信息对原始分类结果进行二次分类提高分类精度。例如，在土地覆盖的自动识别分类中常遇到居民点与苗期旱耕地、场院等混分现象，还有果园和已封行的农田、草地也很容易彼此混淆，如能运用纹理特征就可以显著改善分类精度，这方面的成功尝试很多。

2. 几何信息的利用

近年来随着计算机视觉识别技术的进展，表明根据方向对称变量不仅能描述点对称性，而且能够通过对称性在不同方向上的分布来描述物体的基本形状。据此原理开展从 TM 图像上提取地物目标几何属性的实验研究已取得一定成果。

思考题

1. 简述遥感图像计算机分类的基本过程。
2. 比较监督分类与非监督分类的优缺点。
3. 说明分类精度评价的概念与基本方法。
4. 什么是深度学习？其在遥感分类中的潜力如何？

第四篇　遥感技术应用

第九章　植 被 遥 感

本章导读

本章主要介绍植被光谱特征、系列植被指数特性，植被遥感在环境监测、生物多样性保护、农业、林业等部门的作用，以及如何应用植被光谱特征进行植被解译，植被指数如何在生产和科研中应用等内容。最后利用一些实例拓展同学们的思路。

第一节　植被遥感原理

一、植被光谱特征

植物的光谱具有非常显著的特征，可使其在遥感影像上有效地与其他地物相区别。不同的植物各有其自身的波谱特征，从而成为区分植被类型、长势及估算生物量的依据。

健康植物的反射波谱曲线具有非常明显的特点，影响植物光谱的因素有植物本身的结构特征，也有外界的影响，外界的影响总是通过植物本身生长发育的特点在自然综合体的结构特征中反映出来。从植物典型波谱曲线内部成因来看，控制植物反射率的主要因素有植物叶子所含的色素、叶子的细胞构造和植物水分等（具体详见第二章）。

不同植物具有不同物质组成、结构、外部形态特征，因而表现出不同的反射光谱特征（图 9－1），这是遥感图像区分不同植被类型的物理基础。

同一植物在其生长发育的不同阶段，从内部成分、结构到外部形态特征均会发生一系列周期性的变化，如叶片结构即叶肉细胞间隙的增大或减小、叶绿素等色素的积累或衰减消失以及其他色素的增多、叶片内部水分含量的变化、枝叶的发芽生长或老化脱落以及植株对地面覆盖率的变化等。这些变化引起单个植物或植物群体反射光谱特征的周期性变化，因而被遥感记录下来，为监测植物长势提供了可能（图 9－2）。

植物的种类、生长发育状况、灌溉、施肥、气候、土壤、地形等因素都对植物的光谱特征发生影响，使其光谱曲线的形态发生变化。

二、植被影像特征

1. 光谱特征决定影像特征

从植被光谱曲线可看出，不同地物在有些波段上辐射或反射值相同或相近，却在另外一些波段上可

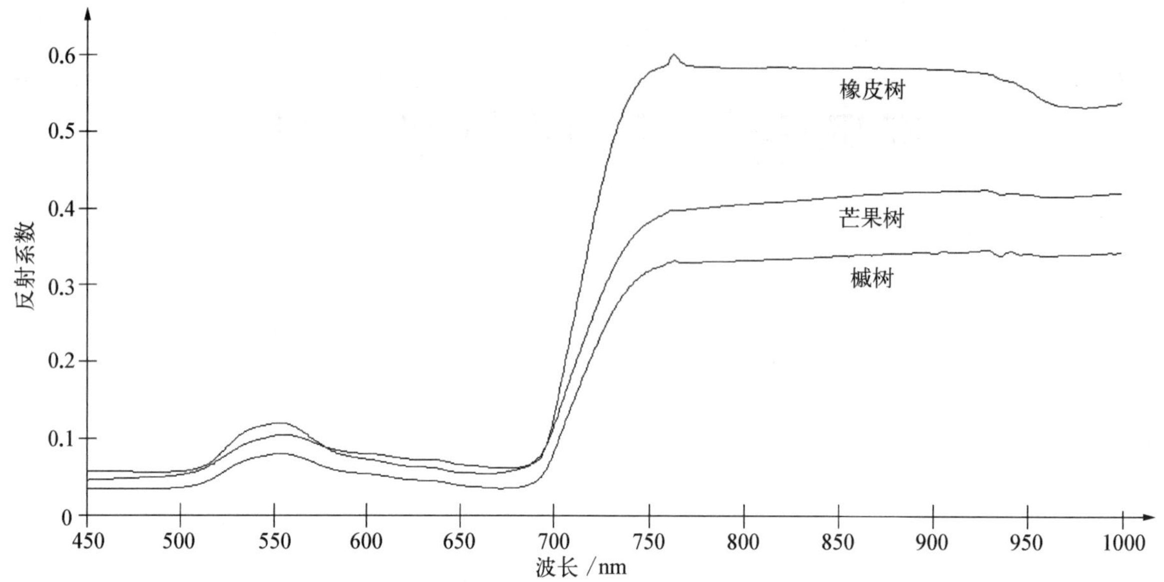

图 9－1　不同树种的反射光谱特征

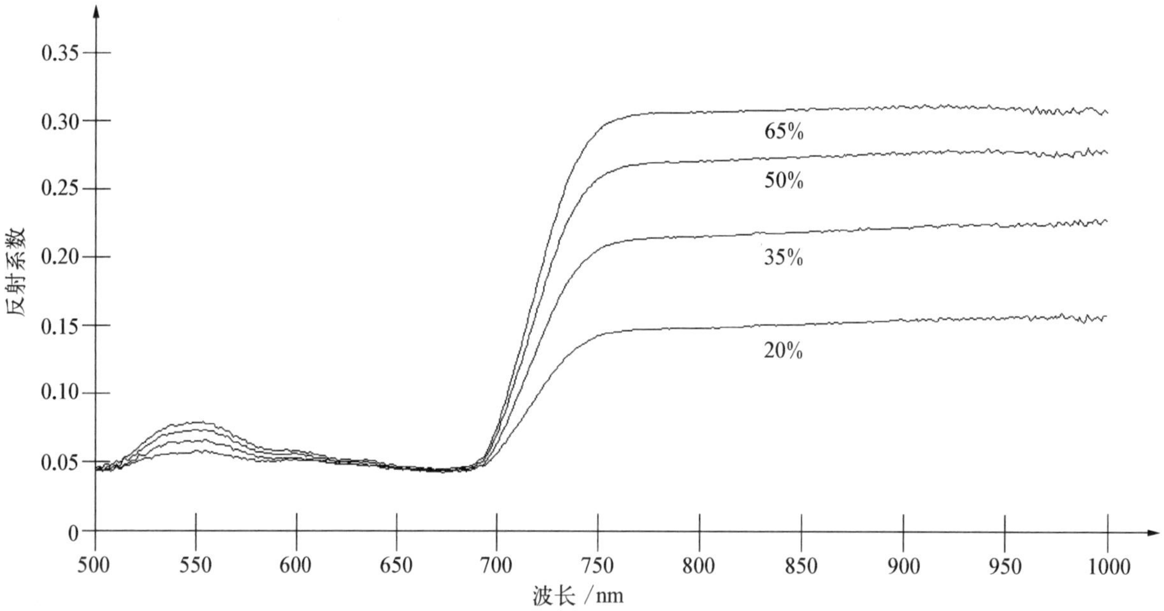

图 9－2　芒果树叶不同覆盖度时的反射光谱特征

以区分开。可以选择光谱特征差异较大的谱段数据，利用光学原理合成彩色影像，使不同植被区分开来。以标准假彩色图像中的植被为例，地物显示的颜色由不同波段反射率的比例决定，绿色植被区域因反射率很高的近红外波段用红色显示，反射率相对弱得多的红、绿波段分别用绿色、蓝色显示，因此植被呈红色，与其他地物类型差别很大，有利于植被判读。

2. 环境条件与影像特征

因植被类型、分布位置、发育阶段、生长状况、覆盖密度、地物成分、地面坡度条件等方面的差异，形成比单一物种植被更复杂的光谱特征，使植被在标准假彩色影像上表现为不同特征的红色。例如，相同植被类型覆盖度较高的颜色更红，生长在阴坡的会更暗，同一片林地成林比幼林颜色更红，林下植被茂密区域比林下为裸土的区域颜色更红。

3. 物候期与影像特征

植被在不同季节其生长状况是不同的,使得光谱特征发生变化。不同生长阶段植被覆盖密度不同,与背景(土壤、水等)的比例发生变化,也导致植被影像的颜色发生变化,如插秧、孕穗、收割期的水稻在影像上分别表现为浅水、植被、荒草的影像特征。北方的落叶阔叶林的这种季相变化特征也很明显,进入冬季后,落叶树的叶子已凋谢,叶子的色素组织发生了变化,在遥感影像上显示不出植被的影像特征。通过观察分析植物的物候特征,选择最有利于区分植物的季节影像,可更好地判读植被类型。

4. 生长状况与影像特征

健康植被具有典型绿色植物的光谱特征。当植物生长状况发生变化时,其光谱曲线也发生变化。植物生长发育、受病虫害影响、缺乏水分或养分、被砍伐或火烧等,光谱特征会随之发生变化。根据受损植物与健康植物光谱曲线的比较,可以确定植物受影响或受伤害的程度。

三、植被指数

植被指数是用来表征地表植被覆盖、生长状况的一个简单有效的度量参数,是一种经验或半经验的模型。植被指数是基于植物在红色和近红外波段光谱特征反差较大的特性,其本质是在综合考虑各有关光谱信号的基础上,对多波段光谱反射率做一定的数学运算,使其增强植被信息,最小化非植被信息。在生物学领域,影响因子指与光学特性和植被覆盖状态相关的各种因子,而物理领域主要包括大气影响、土壤影响、遥感器影响、角度影响等。因为影响植被指数的因子比较多,针对各种影响因子特点,国内外学者提出了很多形式各异的植被指数来消除它们的影响以突出植被特征,但目前植被指数的使用比较复杂,以下就具有一定技术突破的典型植被指数做简单介绍。

(一) 基于波段简单组合的植被指数

1. 比值植被指数

比值植被指数(ratio vegetation index, RVI)是最早的植被指数,由 Jordan(1969)提出,又称绿度,定义为近红外通道与可见光(红光)通道反射率的比值($RVI=\rho_{NIR}/\rho_R$)。RVI 强化了植被在近红外和红光波段反射率的差异,比单波段信息监测植被更为稳定,在植物生长的整个阶段能较好地反映植被的覆盖度和生长状况的差异,特别适用于植被生长旺盛、具有高覆盖度时的植被监测。应用该指数需注意的是,当植被覆盖不够浓密(小于 50%)时,RVI 的分辨能力减弱;当植被覆盖很茂密时,反射的红光辐射减小,RVI 有无限增长的趋势。

2. 针对特殊传感器的植被指数

Kauth 等(1976)基于经验的方法,在忽略大气、土壤、植被间相互作用的前提下,针对 Landsat MSS 的特定遥感图像,发展了土壤亮度指数(SBI)、绿度植被指数(GVI)、黄度植被指数(YVI)。Wheeler 等(1976)基于 Landsat MSS 图像进行主成分分析,通过计算这些指数的多项因子又发展了 Misra 土壤亮度指数(MSBI)、Misra 绿度植被指数(MGVI)、Misra 黄度植被指数(MYVI)和 Misra 典范植被指数(MNSI)。

基于波段简单组合的这类植被指数大都是基于波段的简单线性组合或原始波段的比值,由经验方法发展而来,没有考虑大气、土壤等因子的综合影响,且大多是针对特定的遥感器并为特定目的而设计的,所以应用中受限较多,这点在应用过程中要加以注意。

(二) 消除影响因子的植被指数

针对波段简单线性组合的植被指数的局限性,之后又开发了许多消除各种影响的植被指数,归纳起来可以分为消除土壤、大气及综合因子影响等三个方面的植被指数。

1. 消除土壤影响的植被指数

1）垂直植被指数(PVI)

为了消除土壤的影响因素的影响，Kauth 和 Thomas(1976)较早进行了尝试，完成了基于土壤线理论的垂直植被指数。相对于 RVI，PVI 受土壤亮度的影响比较小。后来，Jackson(1983)又拓宽了 PVI 基于 n 维光谱波段并在 n 维空间中计算植被指数的方法，普遍地用“n”波段计算“m”个植被指数($m \leqslant n$)。

$$\mathrm{PVI}=(\mathrm{NIR}-aR-b)/(a^2+1)^{1/2} \tag{9-1}$$

式中，a 为土壤线的斜率；b 为土壤线的截距；NIR 为近红外；R 为红波段。

2）土壤调节植被指数(SAVI)及其修正

为了减少土壤和植被冠层背景的双重干扰，Huete (1988)提出了土壤调节植被指数(SAVI)。

$$\mathrm{SAVI}=[(\rho_n-\rho_r)/(\rho_n+\rho_r+L)](1+L) \tag{9-2}$$

式中，L 为土壤亮度指数；ρ_n 为近红外；ρ_r 为红波段。

该指数看上去似乎由 NDVI 和 PVI 组成，其创造性在于引入了土壤亮度指数 L，建立了一个可适当描述土壤-植被系统的简单模型。L 的取值取决于植被的密度，建议的最佳值为 0.5，也可以在 0(黑色土壤)~1(白色土壤)之间变化。试验证明，SAVI 降低了土壤背景的影响，但可能丢失部分背景信息，导致植被指数偏低。

为减小 SAVI 中裸土影响，Qi 等(1994)提出了修正的土壤调节植被指数(MSAVI)。与 SAVI 最大区别是 L 值可以随植被密度自动调节，较好地消除了土壤背景对植被指数的影响。

$$\mathrm{MSAVI}=\{2\rho_n+1-[(2\rho_n+1)^2-8(\rho_n-\rho_r)]^{1/2}\}/2 \tag{9-3}$$

基于土壤线的理论，Baret 等(1989)对 SAVI 进行转换，发展了转换型土壤调整植被指数(TSAVI)。因考虑了裸土土壤线，TSAVI 对低植被覆盖比 NDVI 有更好的指示作用，适用于半干旱地区的土地利用制图。Baret 和 Guyot(1991)对 TSAVI 又进行改进，通过附加一个“X”值，将土壤背景亮度的影响减小到最小值，建立了 ATSAVI。

$$\mathrm{TSAVI}=[a(\mathrm{NIR}-aR-B)]/(R+a\,\mathrm{NIR}-ab) \tag{9-4}$$

$$\mathrm{ATSAVI}=[a(\mathrm{NIR}-aR-B)]/[R+a\,\mathrm{NIR}-ab+X(1+a^2)] \tag{9-5}$$

式中，B 为蓝波段。

ATSAVI 和 TSAVI 对 SAVI 的改进在于引入了土壤线的实际 a 和 b 值，而不是假设为 1 和 0。Major 等(1990)发现冠层近红外反射可以表示为红光发射的线性函数，给出了 SAVI 的第二种形式，即 $\mathrm{SAVI}_2=\mathrm{NIR}/(R+b/a)$，并依据土壤干湿强度及太阳入射角的变化等条件，给出了 SAVI 的其他形式(SAVI_3、SAVI_4)等 。

2. 消除综合影响因子

1）归一化差值植被指数(NDVI)

归一化差值植被指数(normalized difference vegetation index，NDVI)是由 Rouse 等(1973)在对 RVI 非线性归一化处理后得到的植被指数。

$$\mathrm{NDVI}=(\rho_{\mathrm{NIR}}-\rho_{\mathrm{R}})/(\rho_{\mathrm{NIR}}+\rho_{\mathrm{R}}) \tag{9-6}$$

NDVI 反映了植被光谱的典型特征，部分消除了大气程辐射和太阳-地物-卫星三者相对位置(遥感几何)的影响，增强了对植被的响应能力，具有简单易操作的特点，是目前应用最广的植被指数。

由于大气气溶胶和遥感几何的日变化可能很大，NDVI 无法完全消除其影响，从而影响 NDVI 与反演目标间精确的数学关系。许多研究也表明，NDVI 也受到定标和仪器特性、云和云影、大气、双向反射率、土壤及叶冠背景、高生物量区饱和等因素影响，使其应用受到限制。

2）改进型土壤大气修正植被指数（EVI）

基于土壤和大气影响相互作用的事实，Liu 和 Huete（1995）引入一个反馈项来同时对两者进行订正，这就是改进型土壤大气修正植被指数（EVI）。它利用背景调节参数 L 和大气修正参数 C_1、C_2同时减少背景和大气的作用。

$$\mathrm{EVI}=[(\rho_n-\rho_r)/(\rho_n+C_1\rho_r-C_2\rho_b+L)](1+L) \tag{9-7}$$

3）三波段梯度差植被指数（TGDVI）

唐世浩等（2003）提出了一种三波段梯度差植被指数（TGDVI），该指数具有一定消除背景和薄云影响的能力，还解决了 NDVI 饱和点低的问题，但在计算植被覆盖度时没有考虑植被、土壤面积比随波长的变化情况，与实际情况存在差异。此外，TGDVI 用到的三个波段信息没有经过比值处理，使得波段噪声影响较大。

$$\mathrm{TGDVI}=(R_{ir}-R_r)/(\lambda_{ir}-\lambda_r)-(R_r-R_g)/(\lambda_r-\lambda_g) \tag{9-8}$$

总之，此类植被指数大都基于物理知识，综合考虑大气、植被覆盖和土壤背景的影响，并通过数学、物理、逻辑经验以及实验模拟将原植被指数不断修改完善而来。

3. 消除大气影响

1）抗大气植被指数（ARVI）及其修正

Kaufman 和 Tanre（1992）根据大气对红光的影响比近红外大得多的特点，在定义 NDVI 时通过蓝光和红光通道的辐射差别修正红光通道的辐射值，类似于热红外波段的劈窗技术（the split window technique），建立了抗大气植被指数（ARVI）。

$$\mathrm{ARVI}=(\rho_n^*-\rho_{rb}^*)/(\rho_n^*+\rho_{rb}^*) \tag{9-9}$$

$$\rho_{rb}^*=\rho^*-\gamma(\rho_b^*-\rho) \tag{9-10}$$

式中，ρ 是预先经过了分子散射和臭氧订正的反射率；γ 为大气调节参数。

研究表明，ARVI 对大气的敏感性大约是 NDVI 的四分之一。γ 是决定 ARVI 对大气调节程度的关键参数，取决于气溶胶的类型。Kanfman 推荐的 γ 为常数 1 仅能消除某些尺寸气溶胶的影响，有很大的局限性；且 ARVI 进行预处理时需要输入的大气实况参数往往难以得到，这造成了一定的应用困难。

张仁华等（1996）在 ARVI 的基础上，运用大气下方光谱同步观测值以及大气辐射传输方程，得到了纠正 NDVI 的关键参数 γ，使 γ 值可在 0.65~1.21 之间变化，也不必采用辐射传输模型进行预处理，建立了新的抗大气影响植被指数（IAVI）。根据实际观测研究表明，大气对 IAVI 影响误差为 0.4%~3.7%，比 NDVI 的 14%~31%有明显的减小。

2）全球环境监测植被指数（GEMI）

Pinty 等（1992）对 AVHRR 数据进行了自纠正处理，提出了全球环境监测植被指数（GEMI）。GEMI 不用改变植被信息而可以减小大气影响，能很好地分离云和陆地表面，并适用比 NDVI 指数更大的密度覆盖范围。但 GEMI 受到裸土的亮度和颜色很大影响，对于稀疏或中密度植被覆盖不太适用，而且很难区分水生植被与陆地表面，动态分辨率也比较低。

$$\mathrm{GEMI}=\eta(1-0.25\eta)-(R-0.125)/(1-R) \tag{9-11}$$

$$\eta=[2(\mathrm{NIR}^2-R^2)+1.5\mathrm{NIR}+0.5R]/(\mathrm{NIR}+R+0.5) \tag{9-12}$$

（三）针对高光谱遥感及热红外遥感的植被指数

近年来随着高光谱分辨率遥感的发展以及热红外遥感技术的应用，又提出了一些新的植被指数，如基于高光谱遥感的植被指数、基于热红外遥感的植被指数、基于两个或三个离散波段的植被指数等。

1. 基于高光谱遥感植被指数

基于高光谱遥感的植被指数中比较典型的是红边植被指数和导数植被指数。红边植被指数是基于红边(680～750 nm)的光谱特征得到的。在红边研究中，主要采用红边斜率和红边位置来描述红边的特性。红边斜率主要与植被覆盖度或叶面积指数有关，覆盖度越高，红边斜率就越大。红边位置对叶绿素a、b的浓度与植被叶细胞的结构敏感。因此，通过对红边特性的研究可以对植被的生长状态进行监测。Guyot 和 Baret(1988)提出了利用高光谱遥感数据计算红边位置和斜率的算法。Miller 等(1990)用一个倒高斯模型拟合红边斜率，也可以获取红边位置信息。

导数植被指数由于能压缩背景噪声对目标信号的影响或不理想的低频信号，被应用在高光谱遥感研究中，尤其是在利用高光谱遥感提取植被化学成分信息方面得到成功的应用。Demetriades-Shah 等(1990)对高光谱遥感中导数的求解方法进行了综述，指出 DVI 不但能消除大气效应的影响还能从根本上消除土壤的影响。

2. 基于热红外遥感植被指数

基于热红外遥感的植被指数本质上是把热红外辐射(如地面亮度温度)和植被指数结合起来进行大尺度范围的遥感应用。江东等(2001)构建了水分指数 NDVI/Ts 并分析了它与农作物产量的相关关系。陈云浩等(2003)进行地表植被动态变化监测研究时发现 Ts/NDVI 表达信息最丰富，既能有效减少低植被覆盖地区的土壤背景影响，又可利用 Ts 信息弥补 NDVI 在高植被覆盖地区易于饱和的缺点。王鹏新等(2001)提出了条件植被温度指数 VTCI，研究特定年内某一时期整个区域相对干旱的程度及其变化规律。

3. 基于两个或三个离散波段的植被指数

基于两个或三个离散波段的植被指数以生理反射植被指数(PRI)和叶绿素吸收比值指数(CARI)为代表。PRI 是由 Gamon 等(1992)在对向日葵生化特性的短期变化(如一天的植被光合作用)探测基础上提出的，当时名称为 physiological reflectance index，并认为 PRI 与净光合作用有关。Peñuelas 等(1995)修正并推广了该模型，并改名为 photochemical reflectance index，一直沿用至今。

(四) 微波植被指数

微波植被指数主要有用于监测全球植被的微波极化差 ΔT 37、反演叶面积指数 LAI 的极化指数 PI、研究微波指数与 NDVI 的关系的微波极化比指数 MPDI、探测地表散射面性质的散射指数 SI 等。

(五) 荧光遥感

日光诱导叶绿素荧光(SIF)是植物在阳光照射下，由光合中心发射的光谱信号，波长范围为 650～800 nm，主要表现为红光(约 690 nm)和近红外光(约 740 nm)的两个峰值。SIF 能够直接反映植物光合作用的动态变化。研究表明，在光合作用过程中，植物光合色素吸收的太阳能主要用于自身的光合作用，而少量能量则以热耗散和荧光形式释放。三者之间存在一定的能量平衡，任何一种能量的变化都会影响其他两种能量。在自然条件下，荧光通常以太阳光作为激发光源，因此被称为太阳诱导叶绿素荧光。与基于反射率的植被指数相比，荧光作为光合作用的副产品，能够提供更直观的信息，反映植物光合作用的实际情况。因此，研究荧光及其变化可用于监测植物生长状况及周围环境的变化。

日光诱导叶绿素荧光遥感是近年来植被遥感领域的前沿研究之一。SIF 遥感技术的快速发展，弥补了传统植被遥感观测的不足，为陆地生态系统碳循环和植被监测提供了新的思路和技术手段。

(六) 植被指数研究的问题与展望

目前植被指数研究中的存在着数目多、繁琐重复、亟待规范化和条理化的特点，且植被指数适用领域也各不相同，因此在选用时要慎重对待，不能胡乱引用。同时，植被指数影响因子很多，在具体区域和具体应用领域使用时应适当加以修正。有些植被指数公式繁琐且参数获得较困难，这也在一定程度上阻碍了其应用和发展。在厘清现有植被指数并规范其使用的同时，应研究开发新的更适用的植被指数。随着遥感技术的进步，必将进一步拓宽植被指数的研究领域，研发新的植被指数，推动遥感的发展。

第二节　植被遥感应用简介

植被遥感在植物类型区分、植物生长监测、生物物理参量反演和产量估算等科研、生产和管理工作中得到很好的应用。

一、植物类型区分

（一）植被类型和分布格局的遥感调查与制图

利用遥感数据进行植被类型和分布格局的分析与制图工作开展比较早，并在很多领域得到广泛应用。

1. 植被制图

应用遥感影像进行植被的分类制图，尤其是大范围的植被制图，是一种非常有效而且经济的工作，已被广泛采用。我国在这方面都有很多成功经验，如内蒙古草场资源遥感调查、“三北”防护林遥感调查、水土流失遥感调查、洪湖水生植被调查、洞庭湖芦苇资源的调查、天山博斯腾湖水生植物调查、新疆塔里木河流域胡杨林调查、华东地区植被类型制图、南方山地综合调查、湖北四川大熊猫栖息地调查等许多工作，都充分利用了遥感影像，其制图精度超过了传统方法，且节省了大量人力、物力和时间。

2. 林业资源调查

林业部门是我国采用遥感技术进行资源调查最早的部门之一，在我国的各大林区都开展了应用遥感数据进行林业调查与制图的工作，主要包括利用遥感影像制作森林分布图、宜林地分布图等，并利用不同时相数据对林地的面积变化进行动态监测。其中，1987~1990年全面开展的“三北”防护林遥感综合调查是国家重点科技攻关项目，制作了林地分布、立地条件、土地利用、土地类型等多种专题图，为我国“三北”防护林建设的科学决策提供依据，有效地促进了遥感的实用化。

近年来随着高空间分辨率和高光谱遥感数据的广泛应用，林业资源遥感调查逐渐向更精细化发展，已开展的研究有林种的识别、测树因子的遥感估测、蓄积量遥感估测等。

3. 草地资源调查

草地是非常重要的资源，传统的草地资源调查方法因耗时长、效率低，很难满足管理工作对资料的需求。遥感具有费用低、速度快、利于监测现状及其变化等特点，在草地资源研究中得到了广泛应用。遥感在草地资源中的应用主要包括资源调查与评估、产草率估算、草地变化监测、草地退化跟踪和定量分析等。

4. 城市绿化调查与生态环境评价

改善城市的生态环境，提高城市绿化水平是我国城市生态建设的重要问题。近20年来，我国应用高分辨率遥感影像进行城市绿化调查已取得了显著的成效。我国很多大城市都进行过这方面的工作，如北京航空遥感综合调整、上海市的三轮遥感综合调查。此外，广州市、天津市、桂林市都应用航空遥感影像，做出了城市绿地分布、绿地类型等图件。

（二）物种识别

国内外学者在河湖、盐沼、海岸滩等湿地生境的植被识别及制图方面做了很多工作，其中，红树林作为典型的海岸盐沼植被，是高光谱植被识别在热带海滨及周边地区生态研究中最活跃的领域之一。在其他盐沼湿地，如内陆湿地、咸水沼泽等地区也开展了相对广泛的研究，针对淡水条件下的湿地植被，国内最早是童庆禧等在鄱阳湖地区开展的湿地生态系统分类研究，他们借助高光谱数据将湿地植被划分为 12 种群丛，这在常规数据和传统方法下是很难得到的。

二、植物生长监测

（一）森林病虫害监测

森林植物受到病虫危害后，其叶片内部组织结构和功能的变异以及树木形态结构的非正常变化，使得受病虫危害的林木在光谱特性上发生明显变化，根据光谱反射率的差异和结构异常在航空或航天遥感数字图像上的记录，通过图像增强处理和模式识别，并在地理信息系统和专家系统的支持下，就可以实施对森林病虫害的监测。

（二）森林和草场火灾监测

1. 火灾监测

NOAA、FY 等卫星对温度反应极敏感的中红外和热红外，可观测到火灾热点及烟雾区，是监测追踪林火的有效工具。发生大的野火时，能及时利用卫星林火热点信息制作林火事态图，提供火场发生地位置和所在行政区域、火灾动态演变、资源损失情况等对救灾指挥的重要信息。不足之处是分辨率较低，当热点达到 3 个像素时，火已基本成灾。而其他如 Landsat TM、EOS MODIS 等中高分辨率卫星数据也有探测火灾的通道，但因时间分辨率太低，不能及时提供火灾监测信息，因此其他平台的遥感监测系统被广泛运用，如德国已投入使用的森林火灾自动预警系统（Fire Watch System）和防火机器昆虫、葡萄牙的森林火灾探测系统“F3”（Forest Fire Finder）等。

2. 火险预警

各种空间分辨率、时间分辨率、光谱分辨率的卫星影像都可用作火险预警的参量，可利用相关波段数据通过地表覆盖类型、含水量、温度等进行判别，再结合气象预报、大气状况遥感监测参数，利用火险等级模型，完成火险等级图进行火险预警。

3. 灾后评估与生态恢复监测

森林火灾后如何恢复被破坏的森林是人们面临的一个非常重要的问题。国内外火烧迹地森林恢复的研究主要从种群、群落、生态及景观四个尺度上概括进行观测和评估。主要运用各种遥感调查与分类方法，结合地理信息系统技术进行调查与监测。对所获取的火烧迹地变化数据进行评估，进而提出改善的对策和建议。

（三）干旱监测

在全球气候持续变暖的背景下，干旱风险不断加剧，对自然生态系统和社会经济的可持续发展构成了严重威胁。植被遥感产品能够定量评估地表植被状况，反映生态系统对气候变化和人类活动的响应。其中，基于长时序植被遥感产品定义的植被状态指数（vegetation condition index，VCI）已被广泛应用于大尺度干旱监测。

近年来，卫星遥感技术迅速发展，具备覆盖范围广、数据连续性强、实时观测和获取方便等优点，逐渐成为干旱监测的主要手段。通过遥感技术，可以全面、实时地动态监测干旱的发生和发展过程。利用不同卫星传感器和遥感反演算法获取大气（如降水、温度、辐射）、植被（如植被绿度、生理参数、冠层结构）及土壤（如温度、水分）等信息，可以实现对干旱状况的综合监测。

三、生物物理参量反演和产量估算

作物长势(包括叶面积指数和生物量)、作物生物化学参数(包括植物的氮素营养、叶绿素含量、叶片碳氮比等)和籽粒品质(包括籽粒蛋白质含量、面筋含量、淀粉积累量等)作为遥感估算生物物理参量反演和产量估算的重要内容,多年来一直是研究的热点问题。高光谱遥感波段宽度一般小于 10 μm,它可以将光谱波段在某一特定光谱域进行细分,从而获得多波段的翔实、连续的光谱信息。这些光谱可以很好地描述作物的"红边"特性,区分作物叶片不同的生化组分、含量及其变化,因此是生物物理参量反演和产量遥感估算的重要方向。

(一) 生物物理参量反演

1. 叶面积指数监测

叶面积指数(LAI)是作物冠层结构的一个重要参数,不仅决定作物的许多生物物理过程,还提供作物生长的动态信息,同时叶面积指数也是许多作物生长模型和决策支持系统的重要输入参数,因此国内外均比较重视对 LAI 的研究。利用遥感数据提取植被叶面积指数的方法可以采用传统植被指数与 LAI 的相关分析,也可以借助于冠层辐射传输模型。敏感波段分布表和神经网络方法也被用于 LAI 的遥感估测,其中植被指数的方法应用最为广泛。最近,随着高光谱遥感的兴起,导数光谱技术以及基于植被反射光谱波形不同的敏感区域和不同波段组合的植被指数发展起来。众多研究表明作物的叶面积指数在光谱中有较好的体现,利用高光谱遥感技术获取作物的叶面积指数,能够克服传统获取作物叶面积指数费时耗力,并减少对作物叶片的破坏。

2. GPP 监测

植物的光合作用是全球碳循环的重要组成部分,总初级生产力(gross primary productivity, GPP)是研究全球碳循环的重要参数,研究发现,荧光与 GPP 具有较强的相关性,且日尺度荧光较瞬时荧光与 GPP 有更强的相关性,因此荧光还可用于全球碳循环的研究。近年来,许多生态系统尺度的长时间荧光测量系统被用于荧光与碳循环关系的研究。冠层和叶片尺度上的荧光研究已经有几十年的历史,相应地出现了许多荧光测量仪器,如 FluoSpec 2 和国产植被荧光时序观测系统 BGS - FL24C 等。

3. 生物量监测

生物量是作物重要的生物物理参数之一,与叶面积指数和产量密切相关,因此作物生物量的遥感监测通常与叶面积指数或者产量结合起来讨论。用于监测作物叶面积指数的方法都适用于生物量的光谱监测,主要利用植被指数、高光谱参数与生物量进行相关分析。研究表明,生物量与两个区域波段的光谱反射率存在良好的相关性,在近红外波段(740~1100 nm)正相关,而在红光波段(620~700 nm)表现为负相关。

4. 植物成分监测

叶绿素是作物光合作用的主要色素,是吸收光能的物质,其含量的高低直接影响作物的光合同化和物质积累能力。通常叶绿素可以作为作物氮素胁迫、光合作用能力和发育阶段(特别是衰老阶段)的指示器,因此,叶片及冠层光谱反射率对光合色素的响应可以作为一种监测光合作用、氮素状况的有力手段。可见光波段是叶绿素含量的最敏感波段,蓝光和红光是叶绿素吸收峰区域,而绿光是叶绿素吸收低谷区域。许多研究表明,可以利用叶片反射光谱来评估作物叶绿素、类胡萝卜素等状况。

植物体内含碳物质和含氮物质的定量监测是国内外的一个重要研究方向。有关植株氮素的光谱监测比较多,碳监测的研究主要集中在纤维素和木质素等方面。氮素是作物生长最为重要的营养元素之一,受氮素胁迫时,作物的生长受到影响,引起叶面积指数、生物量、盖度、叶绿素含量和蛋白质含量等降低,从而影响作物群体的反射光谱发生改变,所以利用遥感技术无损监测作物氮素一直是作物遥感监测研究领域的重点。研究者通过寻找不同作物的氮素敏感波段和光谱波段信息与氮素含量的关系,建立了很多估算模型并对模型进行了精度验证。但由于作物冠层光谱反射特征易受到植株叶片含水量、冠层几何特征及土壤覆盖度等各种时空因子的影响,所建氮素光谱诊断模型可靠性与普及性都较低,如何提高其精度和可扩展性是高光谱氮素监测的一个重要研究内容。

5. 作物品质遥感监测

目前研究较多的是基于地物光谱特征从机理方面来研究作物籽粒品质,包括利用冠层光谱反射率直接建立作物籽粒蛋白质含量关系,也有一些研究利用冠层反射光谱与氮素关系进而间接预测籽粒蛋白质含量及相关品质。有研究者利用卫星影像数据在稻谷氮素、直链淀粉与籽粒蛋白质等品质监测上进行研究并取得了重要进展,进而利用卫星遥感成图技术指导区域施肥,有效地提高了稻谷品质,取得了显著的经济效益。

(二) 农作物产量估算

1. 作物遥感估产原理

影响作物单产的因素众多,主要包括作物生理学因素(作物品种、作物光能-物质转换效率、作物收获系数等)、气象因素(光辐射、温度和降水等)、土壤因素(酸碱度、有机碳含量等)、生物因素(病虫害等),以及田间管理因素(播种密度、灌溉和施肥制度等)。这些影响因素的综合作用导致作物的色素组分和含量、水分含量、叶片细胞结构、冠层形态结构等发生变化,进而引起作物光谱反射特性的相应变化。诸多研究表明,作物不同光谱区间的反射值或其组合形式,与单产间存在显著线性或非线性关系,这是基于光谱反射信息作物单产遥感估测的理论基础。

2. 作物单产遥感估测模型

根据对作物单产形成机理描述的不同程度,可将遥感作物单产估测模型分为经验模型、半经验半机理模型和机理模型。

经验模型不涉及作物单产形成机理,只是简单地建立作物单产与光谱植被指数或遥感反演作物冠层参数(如叶面积指数 LAI 等)之间的相关关系。建模方法包括简单线性回归、多元线性回归、偏最小二乘回归以及神经网络等。若在经验模型中引进土壤、气象或统计等辅助信息,可以进一步改善估测精度。这类模型结构简单易于运行,但模型构建的经验关系难以实现跨时间和跨空间的应用,在极端情况如灾害年份,预测结果更容易出现显著偏差。

半经验半机理模型亦称参数模型,是根据简化的作物生长发育机理,通过应用遥感信息定量反演单产形成过程中各种限制因子或生物物理参数,实现作物生物量的动态模拟,最终得到单产信息的遥感模型。这种模型由于结构相对简单易于实现,且对单产机理有一定描述等特点,正被逐渐应用于作物单产估测。

机理模型亦称过程模型,是从土壤-作物-大气间的物质和能量传输理论出发,对作物的光合、呼吸、蒸腾、营养等一系列生理生化过程进行数学描述,动态模拟作物的生长、发育及产量形成全过程的模型。尽管完全依赖遥感信息的机理模型还未能实现,但目前集成遥感信息与作物生长机理模型的研究已经取得很大进展。可以将集成方法分为直接模式和间接模式两大类。直接模式将遥感影像反演得到的作物冠层参数等直接输入作物生长模型,直接参与模型中作物生长发育的动态模拟过程。但在实际应用中由于遥感影像通常受时间分辨率或天气等原因的影响,难以达到模型步长(每天或每周)对变量的要求,所以往往需要对遥感反演作物冠层参数进行内插或曲线拟合等处理。间接模式就是通过同化优化算法来调整作物模型输入变量的初始值(如播种日期、土壤初始含水率等)或校正模型参数(如 LAI 增长速率系数等),以使比较对象(如 NDVI、LAI 等)的观测值(来源于遥感信息)与模拟值(来源于作物模型)的差异最小化的方法。按比较对象的差别,间接模式又可细分为比较光谱反射信息的间接模式和比较作物或土壤状态变量的间接模式两种子类型。

比较光谱反射信息的间接模式,是通过在遥感影像和作物模型间比较光谱反射值或光谱植被指数来实现优化的方法。该方法将辐射传输模型与作物生长模型嵌套,以输出模拟的光谱反射值,并进一步计算各种植被指数来比较。比较作物或土壤状态变量的间接模式,是通过在遥感影像和作物模型间比较作物冠层参数或土壤参数来实现优化的方法。这些参数既可以通过经验关系,也可以通过辐射传输等机理模型,从遥感数据中反演得到。

总之,基于作物生长模型与遥感影像信息同化的方法,综合应用了多时相遥感信息、多时相气象因素、土壤属性、农学信息,以及部分人工管理因素(施肥量、灌溉量等),使模拟与作物实际生长环境更加接近,应该是区域作物单产估测的重要发展方向之一。但目前仍然存在如下问题:① 遥感信息的时空分辨率不能满足作物生长机理模型动态模拟的需要,同化数据信息源难以得到有效保障;② 尽管作物生长机理模型对作物多年平均单产的模拟精度很高,但对于年际间单产动态变化的模拟精度仍有待提高;③ 多信息多源数据的使用,难以准确定量评价各种数据对单产估测系统总体误差的贡献;④ 针对数据同化的算法有待进一步开发和完善。

思考题

1. 植物的光谱特征是什么?为什么能通过光谱特征识别植物类型、判断植物长势?
2. 遥感在植物监测中主要有哪些方面应用?当前发展水平如何?
3. 试举例说明遥感在植物监测中是如何发挥作用的。
4. 高光谱遥感在植物监测中有何优势?

第十章　土 地 遥 感

本章导读

本章主要介绍遥感技术在土地资源调查中的应用，包括土地利用/土地覆盖研究和土地利用/土地覆盖遥感研究方法两大部分。重点就不同土地利用/土地覆盖分类体系与遥感监测的关系进行分析，为多目标的土地监测提供了可能。通过本章的学习，希望学生能灵活应用分类体系，实现多尺度、多目标的遥感监测。

第一节　土地利用/土地覆盖的遥感监测

土地利用/土地覆盖(land use/land cover)包含了地球陆地表面所有的自然和人类建筑对象，是一个复杂综合体，具有空间特征和时间特征，也具有服务于人类与人类活动对其影响的社会属性。不同土地利用类型和土地覆盖类型具有不同的表现特征，从而决定了其信息的可分离性和可获取性。采用遥感技术方法对土地的宏观研究主要包括土地利用/土地覆盖分类制图、土地利用/土地覆盖时空变化、土地资源评价等。

土地利用遥感调查的理论与方法从总体上来说比较成熟，大多数文献所介绍的方法基本相同。就目前来说一般包括遥感数据的选择、土地利用/土地覆盖分类系统的选择、遥感图像预处理与增强处理、土地利用/土地覆盖分类判读标志建立、土地利用/土地覆盖遥感分类与精度评价、土地利用/土地覆盖时空变化分析等(图 10－1)。

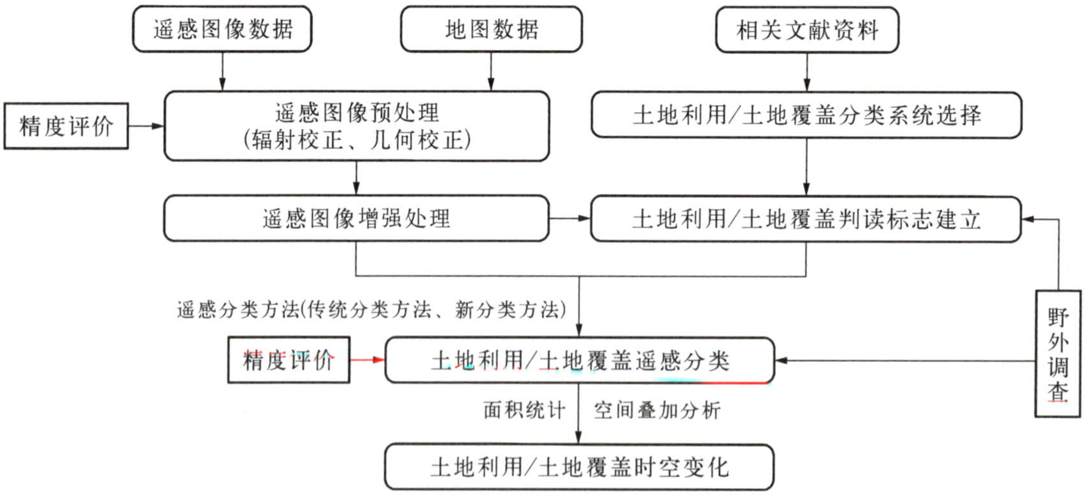

图 10－1　土地利用/土地覆盖遥感调查主要步骤

一、遥感数据的选择

航空遥感、陆地卫星遥感和气象卫星遥感是在不同的高度对地面进行成像，所获得的图像具有不同的空间分辨率，对应于不同的空间范围，同时，图像的成像周期也不一样。选择遥感数据源要考虑分辨率、时相、价格、覆盖范围等因素。

1. 分辨率

这里所说的分辨率通常指光谱分辨率和空间分辨率两种。光谱分辨率指传感器所能记录的电磁反射波谱中某一特定波长的范围值。波长范围越宽，则光谱分辨率越低；波长范围越窄，光谱分辨率越高，能分辨的地物种类也就越详细。空间分辨率指传感器所能分辨的最小目标的大小。空间分辨率越高，图像反映的地面信息就越精细。对于土地利用/土地覆盖调查工作来说，图像的空间分辨率是主要的考虑因素。

选择数据源时应兼顾空间分辨率和成图比例尺。根据土地利用/土地覆盖成图比例尺和调查目的，应选择相应的技术方法。大比例尺土地利用/土地覆盖图，比例尺一般是几千分之一到十万分之一，主要是配合小范围地区的全面详细调查或专题调查而编制，内容能较详细地反映土地利用/土地覆盖的特性和微小差异，这类图件主要根据航空图像或者高空间分辨率卫星遥感图像来编制。例如，在全国第二次土地调查中，在农村和城镇地籍调查时就需要较高空间分辨率的遥感图像。中比例尺土地利用/土地覆盖图，比例尺一般为 1∶10 万至 1∶50 万，往往是配合中范围地区的调查研究而编制，供区域规划、农业区划和国土整治参考等，这类图件一般是利用陆地卫星遥感影像来编制。小比例尺土地利用/土地覆盖图一般小于 1∶50 万，主要是配合大范围区域、省或全国性研究而编制，供研究宏观布局、编制大区或全国生产发展规划和经济区划、国土规划、农业区划工作参考。陆地卫星遥感和气象卫星遥感是土地调查的主要方法，其中气象卫星遥感在这方面具有很大优势和潜力。

2. 时相

土地利用/土地覆盖信息的时间特征主要表现为土地利用/土地覆盖信息在时间上的即时属性、连续性和变化性：① 土地利用/土地覆盖信息仅仅反映当时瞬间的土地利用/土地覆盖特征，因而信息具有时间上的有效性问题；② 无论什么时候都有可能进行土地利用/土地覆盖信息的获取；③ 土地利用/土地覆盖是一个随时变化的动态过程，其信息也表现为相应的变化特征。因此，选择遥感图像时，需要根据研究对象的时间特点（区域内植被的物候特征）与研究目的，选择适当时相的遥感信息源，这是保证最大限度地获取土地利用/土地覆盖信息的重要依据。

3. 价格

在满足其他条件的情况下，选择尽可能廉价的遥感信息源以及尽可能少的附加信息处理工作量，达到最大的经济效益。这就是经济适用性原则，它是保证信息获取能进行的重要原则。近年来，大量的环境与资源遥感卫星为民用提供数据，还应该考虑到研究区域的大小，研究的目的、意义等，以达到精度要求，并避免造成浪费。

二、遥感图像预处理

在采用遥感图像分类之前，除了要建立土地利用/土地覆盖分类体系外，还需要对之进行处理，包括恢复处理与增强处理。图像预处理主要涉及图像的辐射定标、几何校正、图像匹配和镶嵌及不同传感器或不同时相之间的图像配准等工作。图像增强方法有多种，如直方图修改技术、比值增强、线性组合、滤波处理及主成分分析等。土地利用/土地覆盖分类中应根据区域特点、图像纹理特征等选择相应的增强方法，以突出各类地物，使之层次分明。相关内容详见本教材第六章。

三、土地利用/土地覆盖分类系统的选择

分类系统选择是土地利用/土地覆盖研究的起点和基础性工作。不同的应用目的和审视角度，不同的文化传统和分类理念，以及进行分类的地域对象的自然与社会经济状况的不同，可以产生风格和内容各具特色的土地利用分类体系。因此，国内外土地利用分类的划分标准存在着形式、用途（功能）及其两者综合这三种模式。

一般说来，土地利用分类体系主要有以下三种：① 土地利用分类体系；② 土地资源/土地覆盖分类体系；③ 土地利用类型与土地资源/土地覆盖类型相结合的综合分类体系，常简称为土地利用/土地覆盖分类体系。

早在1976年美国地质调查所就提出了用于遥感探测的土地利用/土地覆盖分类系统。这主要是由于土地覆盖是按照遥感图像所反映出的信息进行分类，但土地的某些信息（主要是社会属性信息）在遥感图像上反映不出来；同时，遥感图像上反映出的一些信息又是常规调查中无法取得的，因此，遥感调查常把土地利用和土地覆盖两者合并考虑，建立一个统一的分类系统，统称为土地利用/土地覆盖分类体系。该系统将土地利用/土地覆盖分类系统划分为两个等级，其中一级类型包括城市和建设用地、农用地、放牧地、林地、水域、难以利用的土地、荒地、苔原、冰雪永冻带8个类型；二级类包括30多个。

我国土地管理部门使用的第一个分类系统是1984年9月由原全国农业区划委员会在《土地利用现状调查技术规程》中制定的，该系统（以下简称“详查分类”）曾被用于我国20世纪80年代中期至90年代初的全国土地利用现状调查。它将我国土地利用分为耕地、园地、林地、牧草地、居民点及工矿用地、交通用地、水域及未利用土地共8个大类，其下又分了46个二级类。

1997年在全国县级土地利用总体规划及规划修编过程中新使用的系统（以下简称“修编分类”），是在“详查分类”的基础上修改而成的。它将“详查分类”中的土地利用类型调整、归并为农用地、建设用地和未利用土地这三大类，原耕地、园地等一级类被改为二级类，加上新增的“水面”及原未利用土地中的二级类，共分17个二级类，原“详查分类”中的大多数二级类则被改为三级类（共34个）。

2002年1月1日起开始试行的《全国土地分类（试行）》（以下简称“最新分类”），是在“修编分类”的基础上修改而成，主要是将原“城镇土地分类系统”修改后并入，并对原“修编分类”中的类型也做了一些修改后形成，仍分农用地、建设用地和未利用土地三大类，下分15个二级类、71个三级类、10个四级类。

2007年8月5日国家质量监督检验检疫总局和国家标准化管理委员会共同发布了由中国土地勘测规划院和国土资源部地籍管理司起草的《土地利用分类》国家标准，并为第二次全国土地调查直接采用。此国家标准采用一级、二级两个层次的分类体系，共分12个一级类、57个二级类。其中，一级类包括耕地、园地、林地、草地、商服用地、工矿仓储用地、住宅用地、公共管理与公共服务用地、特殊用地、交通运输用地、水域及水利设施用地、其他土地。

2017年11月1日，由国土资源部组织修订的国家标准《土地利用现状分类》，经国家质检总局、国家标准化管理委员会批准发布并开始实施，为第三次全国土地调查提供技术支撑。新版标准秉持满足生态用地保护需求、明确新兴产业用地类型、兼顾监管部门管理需求的思路，完善了地类含义，细化了二级类划分，调整了地类名称，增加了湿地归类，已在第三次全国土地调查中全面应用（表10-1）。新版标准将土地利用类型分为耕地、园地、林地、草地、商服用地、工矿仓储用地、住宅用地、公共管理与公共服务用地、特殊用地、交通运输用地、水域及水利设施用地、其他用地等12个一级类、73个二级类，适用于土地调查、规划、审批、供应、整治、执法、评价、统计、登记及信息化管理等。解决了数据不统一、口径不一的问题，为国土资源科学化管理、生态文明建设和空间规划提供了重要支持，标志着我国土地管理水平的进一步提升。

表 10－1　第三次全国土地调查分类和编码

一级类		二级类		一级类		二级类	
编码	名称	编码	名称	编码	名称	编码	名称
01	耕　地	0101	水田	08	公共管理与公共服务用地	0807	文化设施用地
		0102	水浇地			0808	体育用地
		0103	旱地			0809	公用设施用地
02	园　地	0201	果园			0810	公园与绿地
		0202	茶园	09	特殊用地	0901	军事设施用地
		0203	橡胶园			0902	使领馆用地
		0204	其他园地			0903	监教场所用地
03	林　地	0301	乔木林地			0904	宗教用地
		0302	竹林地			0905	殡葬用地
		0303	红树林地			0906	风景名胜设施用地
		0304	森林沼泽	10	交通运输用地	1001	铁路用地
		0305	灌木林地			1002	轨道交通用地
		0306	灌丛沼泽			1003	公路用地
		0307	其他林地			1004	城镇村道路用地
04	草　地	0401	天然牧草地			1005	交通服务场站用地
		0402	沼泽草地			1006	农村道路
		0403	人工牧草地			1007	机场用地
		0404	其他草地			1008	港口码头用地
05	商服用地	0501	零售商业用地			1009	管道运输用地
		0502	批发市场用地	11	水域及水利设施用地	1101	河流水面
		0503	餐饮用地			1102	湖泊水面
		0504	旅馆用地			1103	水库水面
		0505	商务金融用地			1104	坑塘水面
		0506	娱乐用地			1105	沿海滩涂
		0507	其他商服用地			1106	内陆滩涂
06	工矿仓储用地	0601	工业用地			1107	沟渠
		0602	采矿用地			1108	沼泽地
		0603	盐田			1109	水工建筑用地
		0604	仓储用地			1110	冰川及永久积雪
07	住宅用地	0701	城镇住宅用地	12	其他土地	1201	空闲地
		0702	农村宅基地			1202	设施农用地
08	公共管理与公共服务用地	0801	机关团体用地			1203	田坎
		0802	新闻出版用地			1204	盐碱地
		0803	教育用地			1205	沙地
		0804	科研用地			1206	裸土地
		0805	医疗卫生用地			1207	裸岩石砾地
		0806	社会福利用地				

该分类系统基本上适应了利用大比例卫星遥感数据或者航空相片作为主要信息源，开展土地资源调查的需要。然而，对于利用低分辨率遥感数据，在大区域尺度编制小比例尺土地利用/土地覆盖制图研究时，此分类系统就不适合。对此，早在1996年，刘纪远等在中国资源环境遥感宏观调查与动态研究中，提出了适宜利用低分辨率遥感数据，适于大区域尺度较小比例尺土地利用/土地覆盖制图的分类系统（表10－2）。该分类体系为二级分类系统：一级分为6类，主要根据是土地的资源和利用属性；二级分为25个类型，主要根据是土地资源经营特点、利用方式和覆盖特征。

表10－2　全国土地资源分类系统

一级类型		二级类型		一级类型		二级类型	
编码	名称	编码	名称	编码	名称	编码	名称
1	耕地	11	水田	4	水域	45	滩涂
		12	旱地			46	滩地
2	林地	21	有林地	5	城乡、工矿、交通等用地	51	城镇用地
		22	灌木林			52	工矿用地
		23	其他林			53	其他建设用地
3	草地	31	高覆盖度草地	6	未利用土地	61	沙地
		32	中覆盖度草地			62	戈壁
		33	低覆盖度草地			63	盐碱地
4	水域	41	河渠			64	沼泽地
		42	湖泊			65	裸土地
		43	水库坑塘			66	裸岩石砾地
		44	永久性冰川雪地			67	其他

资料来源：刘纪远（1996）

分类系统越详细，土地利用分类时错判数就越大。因此，在选择土地利用/土地覆盖分类系统时，不能一味追求详尽庞杂的分类系统，而忽略了分类的精度，必须同时考虑分类系统的详细程度与分类精度。

四、土地利用/土地覆盖分类判读标志建立

判读标志指遥感影像上能用来判读和识别地物的影像特征。如TM影像上的地物是由不同的色彩构成的各种各样的图形表现出来的。在航空相片上，地物目标各种各样的特征通过图像的形式，在可见光谱区域里，反映的大小、形状、色调和阴影等称之为判读标志。

遥感图像特征与实地情况对应的逻辑关系是图像解译的依据。建立判读标志，可以帮助确定那些分布在不同地区、相同时相的遥感图像上与已知地类色调、结构、纹理等各方面相同地类的属性。这样不仅减少了野外工作量，节省人力、财力，提高效率，而且也提高了判读工作的准确程度和质量。建立科学实用操作性很强的解译标志是正确提取遥感信息的根本。通过解译标志的建立将使遥感为地理信息系统提供更可靠的多视场、多方位、多层次、多方式信息。

关于遥感图像的判读标志的内容详见第七章。

五、土地利用/土地覆盖分类方法

土地利用/土地覆盖遥感影像类型划分是土地利用/土地覆盖变化分析的基础和研究难点之一，它的准确性决定了动态变化分析结果的准确程度。土地利用/土地覆盖信息作为一种综合的信息是相互混淆的，尤其是在遥感图像的这种空间化的统计信息中，土地利用/土地覆盖信息提取即是将综合性的

土地利用/土地覆盖信息，按照分类系统确定的主要类型，将各类型的信息从综合信息中分离出来，并进行综合制图的过程。

土地利用/土地覆盖遥感调查经历了从航空相片调查到以卫星相片为主、地面调查为辅的过程。影像信息提取技术也可分为三个阶段：① 早期的人工目视判读–手工编绘及面积量算；② 中期利用地理信息系统和遥感结合的人工判读–手工编绘并数字化–计算机量测汇总；③ 目前的遥感与地理信息系统一体化的人机交互判读–计算机量测汇总。从具体的技术层面上看，可分为目视解译方法和遥感影像计算机自动分类两种。目前，通常是以计算机分类为主，目视解译为辅。

1. 土地利用/土地覆盖目视解译方法

土地利用/土地覆盖目视解译是根据样本的影像特征和空间特征(形状、大小、纹理、图形、位置和布局)，与多种非遥感信息资料相结合，运用生物地学等相关规律，采用对照分析的方法，进行由此及彼、由表及里、去伪存真的综合分析和逻辑推理。目视解译的依据包括波谱特性、土地利用/土地覆盖类型与地理相关规律、影像特征。另外，还依据植物季相变化、空间分辨率、地理信息等来进行判读。

目视解译分类方法的应用主要有两种形式。一是通过航空相片、卫星相片或多种遥感图像资料的结合，进行人工判读之后，手工编汇土地利用图或数字化处理，由此得到土地利用/土地覆盖分类信息。这种形式从开始采用遥感手段进行土地利用调查，一直到现在，仍然被广泛使用。例如，早期的“三北”防护林遥感综合调查(1986~1991)及原国家土地局主持的全国土地利用现状调查的前期工作、长江三角洲地区耕地变化遥感调查等采用了目视解译与野外调查相结合的方法进行影像分类。第二种形式是人机交互式目视解译方法。它通过遥感图像处理软件可对图像进行任意地放大、缩小，对遥感图像进行各种增强处理，达到最佳目视判读效果之后，判读人员可根据影像中各地类的屏幕解译标志，直接用鼠标沿影像特征边缘准确地勾绘出地类界线。

目视解译常规的方法包括直接判读法、对比分析法、信息复合法、综合推理法、地理相关分析法。图斑判读区划按以下程序进行：资料收集与选择→制作地理信息底图→建立目视解译标志→室内判读区划→现地验证→图斑修正→内业统计–目视解译成果的转绘与制图。

2. 传统的土地利用/土地覆盖计算机解译方法

通常将遥感影像计算机自动分类方法分为非监督分类和监督分类两种(详见第八章相关部分)。鉴于这两种方法各有利弊，有时可采用非监督分类与监督分类相结合的方法，如先利用光谱数据进行非监督聚类以取得光谱特征较为均一的集群，在此基础上再对集群进行监督分类以获得所需的土地类型图。

3. 土地利用/土地覆盖遥感分类新方法

1）分区分类法

目前的遥感影像计算机自动分类一般都基于同一标准对整幅图像进行分类，对同一图像中的差异考虑不多。即使考虑到差异，也多在分类之前对影像进行处理，然后再分类。由于遥感影像的地物光谱特征较为复杂，特别是在山区不同区域或同一区域(同一景遥感数据)内部不同时相的影像特征差异较大，再加上由于地形和海拔高度的影响，影像普遍存在的同物异谱和异物同谱现象，使得基于同一标准的分类结果往往难以令人满意。为了能进一步改善这种情况，分区分类的思想从而产生。分区分类法是根据地形地貌、地物生态环境、地物分布特点等因素，将影像分为几个区域，尽可能使每个区域均一化，干扰信息少，从而使分类精度得以提高。

例如，莫源富等(2000)针对高原山区山高坡陡、地形复杂、地块零碎，形成大量阴影区及混合像元的认识，通过对地形地貌、地物生态环境、地物分布特点的分析，提出分区分类法，对光照区与阴影区、地形陡峻区与地形平缓区、不同地物组合、地物生境区分别分类，认为是山区遥感图像行之有效的分类方法。李石华等(2006)利用 NDVI 值并选择恰当的阈值，从原始图像上划分出植被区和非植被区并分别进行分类，试验结果表明，其分类精度(74.63%)较传统的直接分类精度(61.59%)有较大提高。

2）分层分类法

分层分类法是从某一类地物的光谱、空间、时间特征入手找到反映这些特征的典型波段，采取适合此类的地物信息提取方法进行专题信息提取。当一种地物提取成功后，通过图像处理方法，将其从原始图像中去除，以避免对其他地物提取的影响，从而为以后的信息提取创造了纯净的环境。这样在提取每层处理时目标明确，只针对一类目标进行提取，问题相对简单，提高了每一类目标的提取精度，从而提高了最终结果的精度。

分层分类思想强调将分类过程逐级进行，每层选用不同的分类标准和方法，即借助专家知识及所掌握的有关资料，不同图斑的判别使用不同知识，从而改善以统计判决为基本方法的分类精度。而在每一层的分解过程中，研究者可以根据不同的子区特征及经验知识，选择不同的波段或者波段组合来进行分类活动。

决策树分类器(decision tree classification frame)，便是以这种分层分类的思想作为指导原则，在每一层中，可以按照一定的信息提取标准，将遥感数据集一层一层往下细分，最终形成研究所需的遥感分类影像。一个决策树一般由一个根节点、一系列的内部节点(分支)和多个终结节点(叶)构成。而在整个决策树中，每一个节点到下一层节点的分类过程都可以看成是一个相对独立的分类过程，在这个分类过程中，根据待分类子区的不同特点，可以选择不同的分类标准。这样就使得研究者在进行一类地物的提取过程中，只需考虑与该类别区分有关的最佳变量因素，有利于提高分类精度。

多级分层决策树分类技术是在波段选择基础上，针对土地利用/土地覆盖分类而设计的方法。其基本原则是充分考虑土地利用/土地覆盖分类在波谱上的物理反映，从地物的地面光谱分析入手，进行光谱特征的优化和构造其他具有排他性的光谱特征参量。对于分层分类方法，重要的是寻找对分类有益的数据和信息，需要根据不同图像数据的特点选择分层分类方法所采用的指标和分类方法。对于实验数据，运用分层分类方法有两种形式：① 以土地利用/土地覆盖类型为依据，以水体和植被覆盖为出发点，通过将图像分为水体、有植被覆盖的土地利用/土地覆盖类型和无植被覆盖的土地利用/土地覆盖类型三大类，并在各个类型内部进行细分，最终对土地利用/土地覆盖类型进行分类；② 以图像为依据，以不同的土地利用与土地覆盖类型的图像特征为出发点，通过寻找影像特征进行分类。

基于土地利用/土地覆盖的多级决策树分类，每一步分类的操作步骤均是在地物的光谱参量设计或光谱相似度分析，其决策树对象均是一个非 0/1 的决策参量，通过专家知识调节参量来决定类型的空间分布。该方法体现了利用光谱数据波谱信息的特点，优于常规分类方法。基于分层控制思想下的土地利用/土地覆盖分类流程如图 10－2 所示。

分层分类法，根据具体处理的细节不同而采用了其他的命名，如多步骤法，其处理思路大致与分层分类法相同，可归为分层分类方法。国内许多学者都采用层次分类法进行相关研究。

3）模糊聚类分析法

前面的各种分类方法的一个前提就是每个像元值能被归入一个类型，像元与类型之间是一对一的关系，然而实际图像中的像元并不是只代表一种地物，很多情况下是几种地物所形成的混合像元，尤其是分辨率较低的影像更是如此。这是因为地球表层系统是人类赖以生存的自然、人文环境，是人、地相互作用的矛盾综合体，是一个有机联系的地理对象的集合，具有复杂的物质、能量与信息流动和多层结构的开放复杂的巨系统。地球表层信息是多维的，而又由于遥感信息传递过程中的局限性以及遥感信息之间的复杂相关性，决定了遥感信息的不确定性和多解性的特征。以常用的美国 Landsat TM 数据为例，在 30 m×30 m 的像元中，城市所对应的区域是建筑、草地、树木、公路等组成的混合像元，但在归类时却统一划为城市建设用地。

模糊分类是允许根据混合类型的百分比，将一个像元归到几个类型。如果一个像元中 55%是草地，15%是落叶阔叶林，30%是建筑，则在模糊分类中，这个像元属于这三种类型的成分分别为 0.55、0.15、0.30，而在传统的分类中，这个像元被划成草地。一般像元所对应的各类型百分比是由一个各类型百分函数决定的(图 10－3)。

图 10－3 中研究区域有三种地物，分别用 A、B、C 表示，横轴代表像元亮度值，纵轴代表各类型的百分比。如果像元的亮度值在 $X_1 \sim X_2$，则归为 A 类；在 $X_3 \sim X_4$，则归为 B 类；在 $X_5 \sim X_6$，则归为 C 类。在其

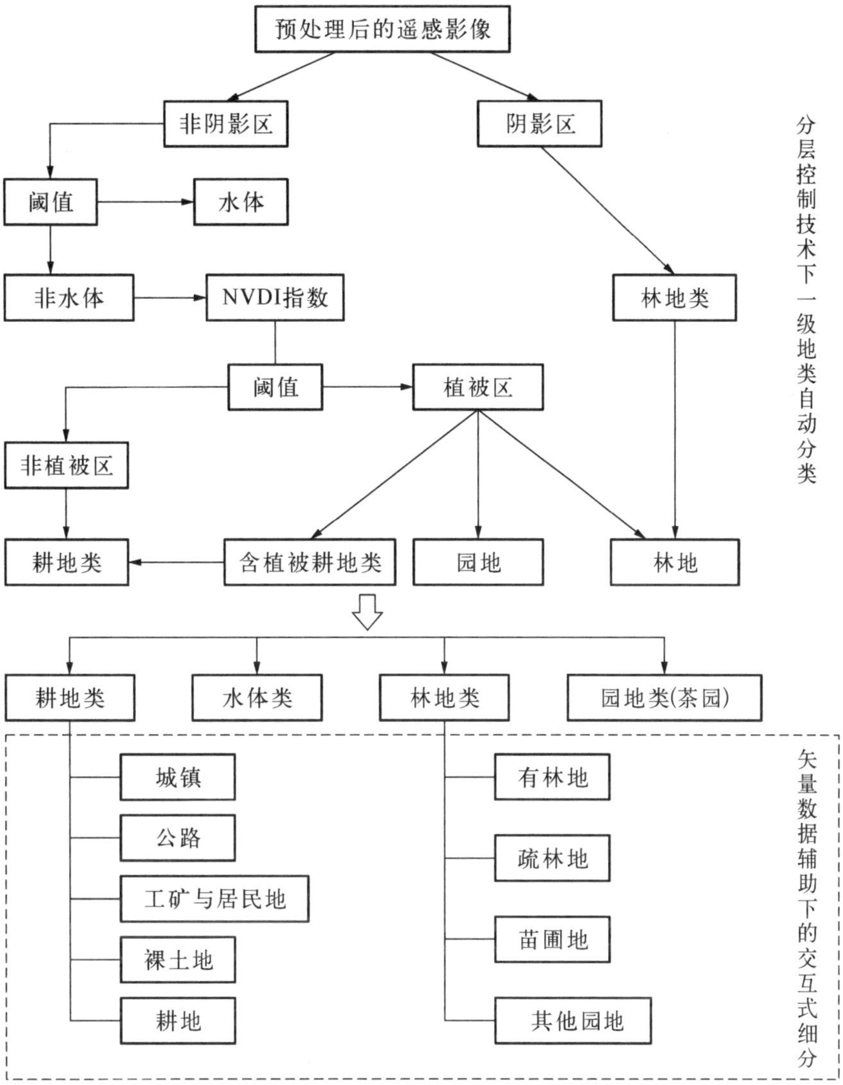

图 10－2 基于分层控制思想下的土地利用与土地覆盖分类流程

他亮度范围的像元则按照其百分比划分到几种类型中。模糊分类原理被广泛运用于许多领域,在遥感图像分类中尤其重要。从理论上,模糊分类大大提高了图像的分类精度。

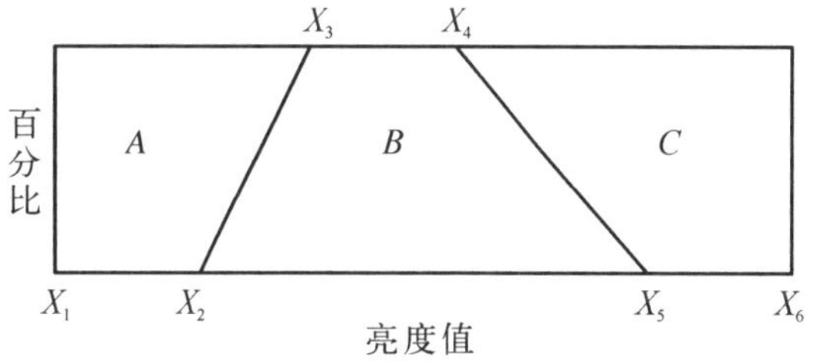

图 10－3 模糊分类中各成分百分比函数

4) 基于特征频率的上下文土地利用分类法

上下文分类法指在对某一像元进行土地利用分类时,不仅考虑基本像元的特征,而且考虑邻近像元的信息。土地利用类型与土地覆盖类型有着复杂的对应关系,并不能简单地由土地覆盖类型得到土地利用类型。不同的土地覆盖类型在同一土地利用类型中所占的比例相对一致,而在不同的土地利用类型中有所不同,这一特征为上下文分类方法的决策准则在进行土地利用分类时,用一个待分类像元为中心的方形像元(如 5×5)从左上角自左向右、自上而下滑动,经过每个待分像元时,统计各种特征量在邻域中出现的频率,得到不同特征量的频率表。利用此频率表与每个土地利用类型的标准土地类型出现的频率进行比较,进行土地利用类型的划分,标准的土地利用类型对应的特征量频率表可从训练样区中的特征量进行统计。

5）地统计学分类法

地统计学分类法是一种邻域分类法，也是一种纹理分析法。它考虑遥感图像数据的统计特征，其核心是分析图像数据的连续性，即分析空间一个点的特定数值与给定的邻域数据的似然性，利用二阶统计方差和半方差图来测量图像数据的连续性。因此，此方法辨析的是空间数据的纹理特性。指示器克吕格法首先是确定分类对象关键波段及其波段数值的上界和下界；其次，将选定的波段图像变换为指示器变量，并估计块区内的变量分布；再次，综合每一波段的上述估计值在块区内的比例或者像元属于某一类型的概率；最后，利用平均比例或者概率值按照分类确定的阈值进行分类。联合克吕格估计未采样区的类别时，不仅考虑采样区的数据，而且考虑其他相关区域的数据，其分类精度更高。

6）面向对象的分类方法

当前基于像素的土地利用/土地覆盖遥感分类方法存在诸多弊端，如同物异谱、同谱异物会对影像分类产生影响，加上高分辨率影像的光谱信息不是很丰富，还经常伴有光谱相互影响的现象，不仅导致分类精度降低，而且会造成空间数据大量冗余、资源浪费，探索新的遥感分类技术显得十分重要。面向对象遥感分类方法，以光谱和纹理特征相似的“均质对象”为基本分类单元，改变了传统的以像素为基本分类单元的思想，大幅度提高了高分辨率遥感影像自动分类的精度与效率，因而成为遥感图像分类研究的热点。

面向对象的遥感图像分类技术在处理影像时以对象（不同大小的区域）作为分类的基本单元，有效地避免了由于高分辨率影像中同种地物光谱特征变异较大而引起的分类混杂现象，同时充分利用了各个对象的光谱、空间、上下文关系，可以有效地提高影像的分类精度。分类的关键是图像分割，指把图像分成各具特性的区域并提取出感兴趣区的技术和过程，是由图像处理到图像分析的关键步骤，在图像工程中占据重要的位置。其次是影像对象分类，即利用影像对象的属性信息建立样本训练区，实现类别信息的提取的过程。当然，分类之前的 DEM 的生成、坐标系的转换、正射校正、影像融合、彩色合成、直方图均衡化等数据预处理，对面向对象遥感分类的精度有重要影响，应该尽可能保证各环节达到一定的准确性。面向对象的分类技术在土地利用分类应用时，主要包括土地利用分类体系确定、面向对象的影像分类、遥感影像特征分析、具体分类过程（分类策略的选择、多尺度分割、分类层次的建立、影像对象信息的提取、精度评价、图像分类后处理及制图等）等几个过程（图 10－4）。

7）神经网络分析法

人工神经网络（artificial neural network，ANN），简称神经网络，近年来在土地利用/土地覆盖方面受到广泛的重视并得到应用。

该技术试图模拟人脑神经系统的结构和功能，建立起一种简化的人脑神经系统数学模型，将遥感图像目视解译和计算机自动识别分类技术两者优势相结合的一种新的遥感图像计算机自动识别分类方法（详见第八章）。

六、分类精度的评价

分类精度评价是遥感图像分类中最重要的步骤之一，分类结果的精度指分类的结果与实际地表之间的吻合程度。进行精度评价，是为了确定分类模式的有效性，以便改进分类模式，进而提高分类精度以及为使用者选择合适的分类信息提供依据。常用的精度评价方法有混淆矩阵方法和 Kappa 分析方法。误差矩阵（也称混淆矩阵）是用来表示精度评价的一种标准格式。类型精度的计算是以误差矩阵为基础的，训练样本和分类后检验样本精度评估都可以在专业软件（如 ERDAS）平台上随机生成若干个点生成样本混淆矩阵来实现。

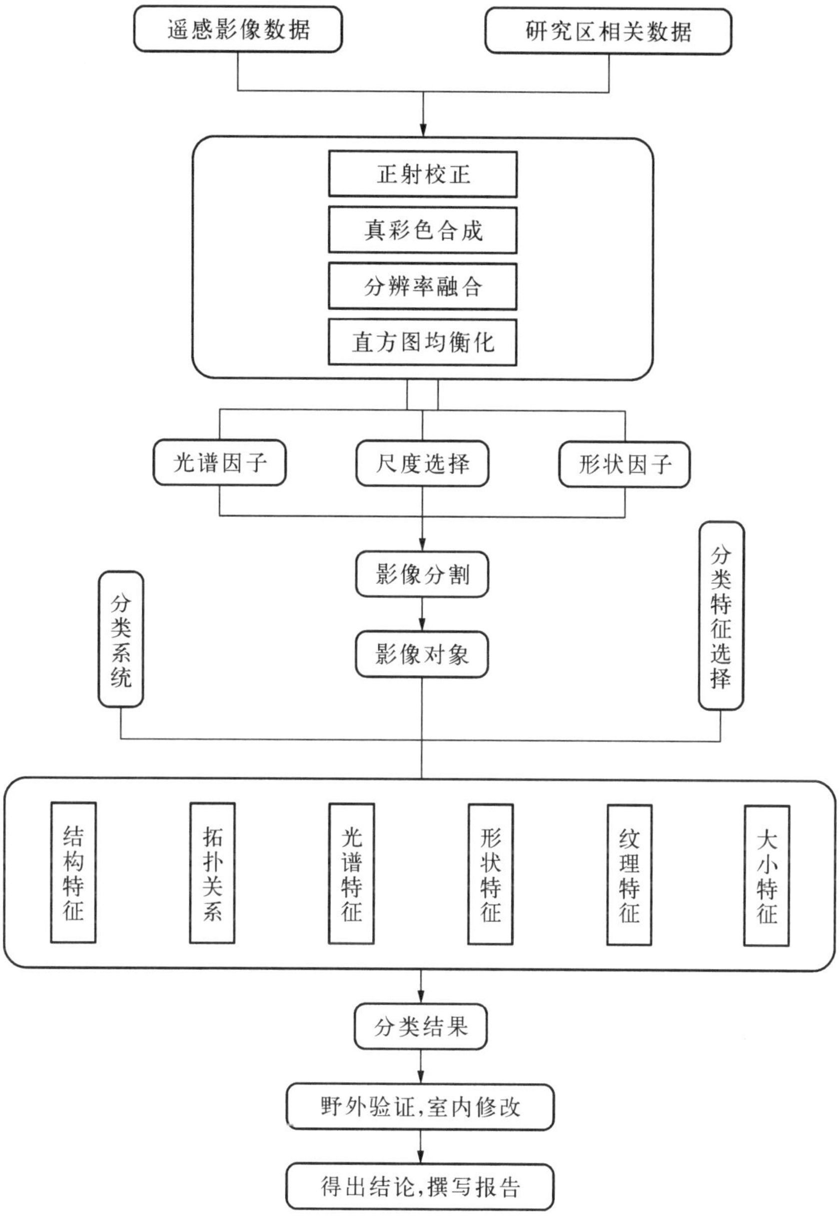

图 10-4　基于面向对象技术理论的遥感图像分类处理流程图

第二节　土地利用/土地覆盖变化信息提取

土地利用/土地覆盖变化信息的提取指在确定的时间段内,土地利用/土地覆盖发生变化的位置、分布、范围、类型等信息。土地利用/土地覆盖变化信息提取技术流程是前后两个时期的遥感影像经过几何校正配准和融合处理后,由变化信息自动发现、变化区域提取、变化类型确定以及变化信息表示四个步骤完成。每一步采取相应的处理方法获得特定的信息内容,实现对变化信息的完整提取。其技术流程如图 10-5 所示。

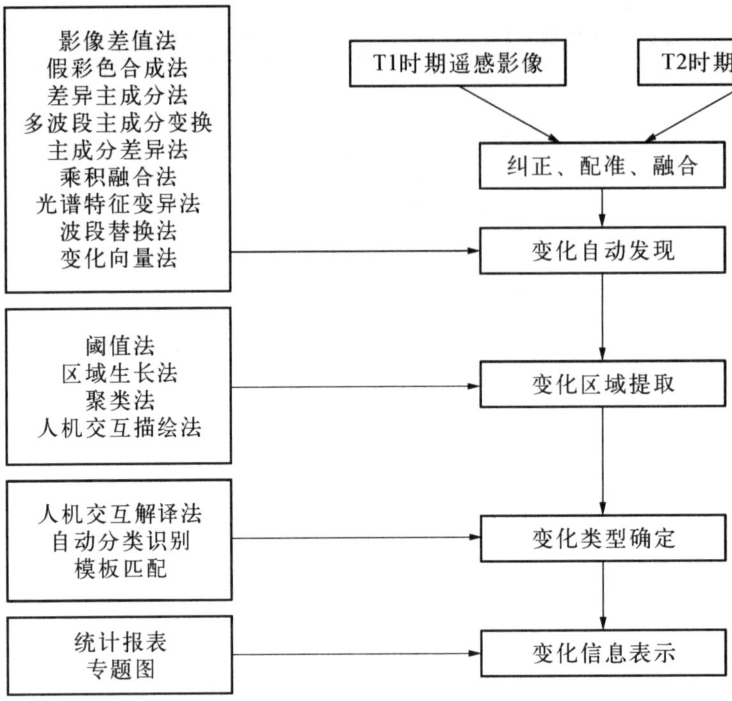

图 10－5　土地利用/土地覆盖变化信息提取技术流程图

一、变化信息的自动发现

变化信息的自动发现是通过新旧数据的自动比较和计算，将可能发生变化的位置和分布自动显示出来，用来回答是否变化、在什么地方、如何分布的问题。常用的方法有以下九种。

1. 影像差值法

影像差值法是对两个时相几何配准影像进行相减，相减的影像可以是辐射校正的原始影像，也可以是变换后的各种 NDVI 影像。差值影像集中了两个时段影像中绝大部分的变化信息，滤除了影像中相同的背景部分。

2. 假彩色合成法

假彩色合成法即利用两个时段甚至是三个时段的同一波段数据按照红、绿、蓝合成，发现信息的变化。

3. 差异主成分法

两个时段的影像经纠正、配准融合及精确的空间重置后，利用差值运算的绝对值得到差值影像。对差值影像做主成分变换（PC 变换）。变换结果的第一分量集中了影像的主要信息，即原来两个时段影像的主要差异信息，而其他分量反映了波段的次要差异信息。

4. 多波段主成分变换

地物属性的差异反映在影像上是像元亮度值的高低。分析两个时段影像中相同波段像元亮度值的差别及范围，可以发现土地利用/土地覆盖的变化信息。首先将两时相影像的各波段进行组合形成一个两倍于原始影像波段数据的新影像，然后对该影像做主成分变换。由于变换结果的前几个分量上集中了两个影像的主要信息，而变换结果的后几个分量反映了两个影像的差别信息，因此，利用变换结果的后几个分量进行波段组合提取变化信息。

5. 主成分差异法

主成分差异法和差异主成分法的不同之处在于影像做 PC 变换与差值处理的顺序不一样。首先对两时段的影像分别做 PC 变换,然后对变换的结果做差值,取差值的绝对值为处理结果。

6. 乘积融合法

乘积融合法是通过将两个时段的遥感影像对应的波段分别进行乘积运算,实现信息的融合,乘积融合的结果反映差异信息,即变化图斑的波谱曲线与未变化同类图斑的波谱曲线存在较大的差异,如新增建设用地的波谱曲线总体亮度介于建设用地与耕地之间,波谱的曲线形状与耕地相似。为了保持光谱只能个体亮度不变,将两个时段的成像光谱数据亮度范围调整一致,进行乘积运算后再做开方运算。

7. 光谱特征变异法

通过两个时段的影像数据直接融合运算发现变化,变化区域反映在融合后合成影像光谱发生突变的位置。

8. 波段替换法

波段替换法是利用 T2 时相的数据替换 T1 时相合成影像的某一波段来发现变化。

9. 变化向量法

在像元光谱的直接比较方法中,变化向量法不仅可以避免分类后比较法多次分类、误差积累并出现不合理变化类型(如城市变水田)的缺陷,而且与其他像元光谱的直接比较方法相比,可以较多甚至全部的波段来探测变化像元,提供变化像元的类型信息。变化向量法是一种非常有潜力的分析方法。

二、变化区域的提取

变化信息的自动发现能够检测出两个时段土地利用/土地覆盖发生变化的具体位置和分布,但土地利用/土地覆盖变化的具体范围、边界位置并不一定完整,如出现不连续的线状目标,或检测的面状目标不完整,需要从影像上准确地提取变化区域各目标的准确范围、形状和边界。提取变化区域可采用自动化或半自动化的方法,包括阈值法、区域生长法、聚类法以及人机交互描绘法。

1. 阈值法

阈值法能有效地使用于经影像差值法、PCA 分析等处理后的影像,其关键在于从变化自动发现后的影像自适应获取变化的阈值,有时需要多个阈值分层提取各种变化。

2. 区域生长法

该方法较适用于光谱特征变异法、波段替换法、假彩色合成法处理后的图像,种子点的选取往往需要人机交互确定,通过区域生长提取变化范围时,除了采用影像本身的光谱或灰度相似性外,挖掘纹理、结构等复合信息综合提取变化范围有助于提高结果的可靠性与准确性。

3. 聚类法

聚类法综合利用了两个时段影像合成后的多谱段影像信息。

4. 人机交互描绘法

该方法适合于上述方法失效的复杂情况,需要人机交互逐一提取各变化处的区域范围,难于分层成批处理,工作量大,自动化程度不高。在逐一提取各个变化图斑时,也可以同时利用区域生长法、阈值法提高自动化程度。

三、变化类型的确定

土地利用与土地覆盖变化类型的确定只针对发生变化的影像区域,采用的方法包括人机交互解译、自动分类识别以及模板匹配等方法。在这一过程中,要充分利用已有的多源信息。不同时段的遥感影像、变化影像、土地利用与土地覆盖数据是构成特征空间自动分类识别的基础,可构建各类型的判别知识库,在知识库引导下的类别识别。

变化模板匹配实质上属于在知识引导下的类别识别方法,利用两个时段的遥感影像建立各土地利用/土地覆盖的类型知识库(如建设用地在各个波段的均值、方差以及纹理、形状等)。按照设定的匹配原则(如最小距离),调用知识库数据匹配确定变化前后的土地利用/土地覆盖的类型(图 10-6)。

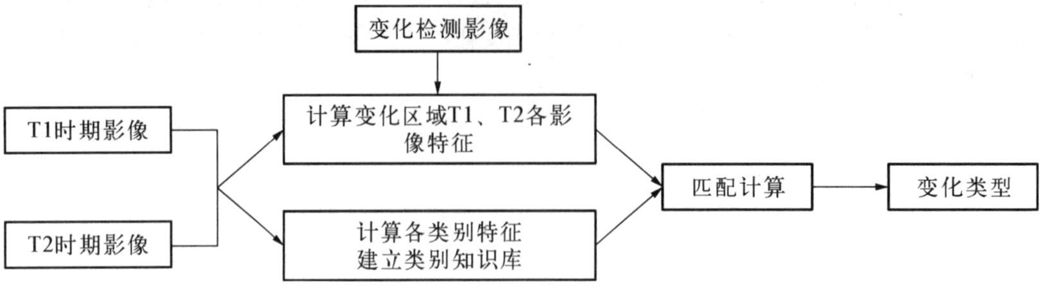

图 10-6 模板匹配法类别识别

四、变化信息的表示

变化信息的表示包括对单元图斑的量算以及对各个图斑的统计和表达,一般可以采用统计报表和以影像为背景的专题图形式进行表达。

遥感技术因其高空间覆盖和时间连续性,在土地利用/覆盖变化监测中发挥着至关重要的作用。基于遥感影像,可以获得大量空间信息,并通过变化检测分析不同时间点影像的差异,识别土地利用和覆盖类型的变化。目前,主流的土地利用/覆盖变化信息提取方法主要包括深度学习模型和变化检测算法。

(一) 深度学习模型

深度学习模型的优势在于,通过层级特征提取,能够自动学习影像中的深层特征,提升土地利用/覆盖变化信息提取的精度和效率,如卷积神经网络和生成对抗网络等模型。深度学习在土地利用/覆盖变化信息提取中的优势主要体现在以下几个方面:首先,深度学习模型能够端到端地直接从原始遥感影像数据中学习空间特征并进行变化检测,无需大量先验知识;其次,模型可以在多个尺度上提取特征,增强对复杂地物类型和细粒度变化的检测能力;此外,深度学习不仅关注像素级变化,还能通过语义理解上下文信息,捕捉图像中的复杂变化模式,从而提高检测准确性。深度学习还可融合不同传感器(如光学、雷达等)的数据,进一步提高变化检测精度。

(二) 变化检测算法

变化检测算法通过对比不同时间点的遥感影像,识别地表覆盖或利用类型的变化区域。变化检测算法不仅能提高变化提取的精度,还能有效识别细微变化,适用于复杂的时空特征分析。目前主流的变化检测算法包括连续变化检测与分类(continuous change detection and classification,CCDC)、LandTrendr算法以及加性季节和趋势断点检测(breaks for additive seasonal and trend,BFAST)算法等。

CCDC 是一种基于时间序列遥感影像的变化检测方法,能够检测土地利用/覆盖的持续变化。该方法通过将遥感数据拟合为连续变化模型,最小化误差提取变化点,并进行分类。与传统方法相比,CCDC具有更高的时空分辨率,能够捕捉土地利用/覆盖的长期趋势及其变化模式,特别适用于变化趋势不明显的长期变化检测。

LandTrendr 算法基于时间序列分析,能够提取长期趋势变化并有效区分短期和长期变化。通过逐年或多年的时间序列数据提取变化趋势,并使用统计方法分析变化点,LandTrendr 算法在处理长时间序列数据时表现优越,适合大尺度监测,能有效区分季节性波动与长期趋势。

BFAST 是一种时间序列变化检测方法,通过识别季节性变化和趋势变化,发现土地使用和土地覆盖变化(land-use and land-cover change,LULCC)的断点。BFAST 不仅能检测变化点,还能提供变化的时刻和强度,适用于动态变化监测。该方法特别适用于具有显著季节性变化的地区,能够有效识别季节性和趋势变化的断点。

思考题

1. 简述土地利用与土地覆盖的关系。
2. 比较土地利用/土地覆盖的分类方法。
3. 土地利用/土地覆盖变化的信息提取技术有哪些?
4. 设计你所在县市土地遥感动态监测技术方案。

第十一章　水体遥感

本章导读

本章分为两节，第一节主要讲述水体遥感的基本原理，重点是通过分析水体光谱曲线，介绍不同电磁波谱段范围内获取的遥感影像为何可用于不同的水体遥感应用领域。第二节则从人类在水资源利用过程中遇到的常见问题（如洪涝灾害、干旱缺水、水土流失和水体污染等），即从“水多、水少、水浑、水脏”等现象出发，重点探讨水体遥感的具体应用领域及其主要方法步骤。

第一节　水体遥感原理

水体遥感主要是根据各类水资源的光谱特征，借助有关地理环境信息，分析遥感影像，获取水体分布、水深、水温、泥沙含量、叶绿素、污染物及有机质状况等要素信息，从而对地区水资源、水环境和用水安全进行评价，为水利水电、航运、水产养殖、农业及资源环境等部门提供决策支持服务。

水体遥感原理首先要从水体的光谱说起，水体光谱取决于多种因素之间的相互作用，这些因素主要包括入射到水面的光线、水体的光学性质、水面的粗糙度、视角与照度角，以及其他一些因素（如水底反射等）。当入射光照射到水面的时候，有一部分光线会被反射回大气层，尽管这部分光线能反映出水面的粗糙度、风及波浪等信息，但其所携带的水体信息整体来说是非常少的。水体的光谱特征主要取决于水体内部对入射光线的散射和反射，因为它发生在水体的一定深度范围内而非水面，所以常称之为“水体反射”。水体反射能量中有一部分会直接通过水面回到空气中，再进入空中的传感器，这部分光线是水体颜色最主要的能量来源(图 11－1)。

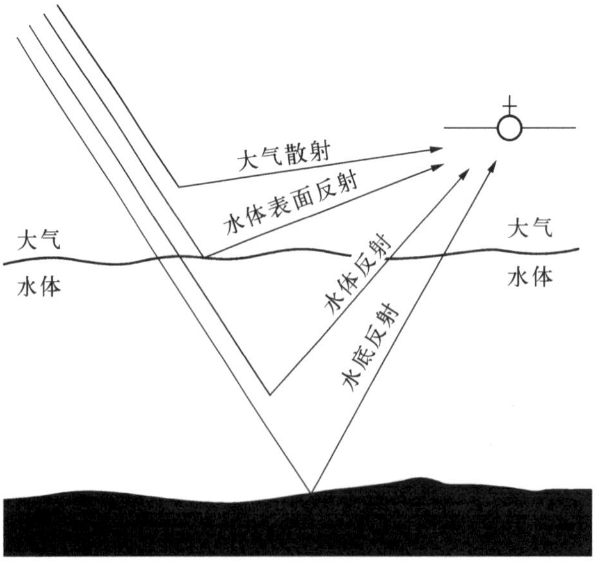

图 11－1　水体光谱的主要影响因素示意图

资料来源：Campbell（2002）

进入水体的光线主要受两个方面的影响：① 纯净水体的吸收和散射；② 水体中悬浮微粒的散射、反射和衍射。对纯净水体而言，瑞利散射导致短波部分散射的能量最多，因此，对于深度较大的水体，可以预见（水体中缺乏杂质）水体的颜色是蓝色或蓝绿色。纯净水体对光线透射能力最大的波长介于0.44~0.54 μm，在0.48 μm处有一峰值。由于水色取决于水体散射而不是表面反射，因此水体的光谱特征（与陆地特征不同）取决于水体的透射率而非单纯的表面特征。在蓝光光区，光线的穿透能力并非最强，在波长稍长一点的蓝绿光区，光线的穿透能力要更强一些，设置在这些波谱范围内的传感器具有最大地记录水体底部特征的机会。在波长更长的红光光区，由于水体对光线的吸收作用更强，因此只能用于探测浅水水域的特征。在近红外波段，由于水体的吸收作用太强，以至于只能用该波段判断水体边界。

水体的光谱特征会随着杂质的混入而发生改变。自然因素和人类活动都会导致水体中悬浮物的产生，这些悬浮物一般由河岸侵蚀作用产生的细粒粉砂和黏土组成，或者是流水流过陆面的过程中所携带的非常细粒的悬浮物质。也就是说，当流水侵蚀陆面或岸线的时候，会带走微小的悬浮颗粒；流速较快的水流侵蚀携带的悬浮颗粒要大于流速较慢的水流。当河流注入湖泊或者海洋的时候，随着流速的减慢，较粗的悬浮物质会沉淀下来。但即便是流速最为缓慢的河流或者水流都会携带大量的细粒悬浮物，如粉砂和黏土，甚至在静水中都能发现。带有悬浮物的水体指的是“浑水”，科学家们常通过采取水样的方法测定浑水的浑浊度，或者是通过水体透明度探测仪来估计其浑浊度，其中有一种设备叫作“赛克盘”，它是一种可以沿小船边缘用绳索系着下沉、具有特定直径的白盘，在赛克盘不能再被看到的深度即为水体的透明度。

水体的光谱特征会随着悬浮物浓度的增大而发生相应变化。首先，水体在可见光谱段内的总体亮度将会增加，且随着悬浮物质的不断增多，水体将不再是“黑色”物体，会变得越来越“明亮”（反射率越来越高）。其次，随着悬浮物浓度的增大，反射峰最大值对应的波长会从蓝光向绿光方向移动，较粗粒悬浮物质的存在也意味着水体的最大散射波长将向蓝绿光和绿光波段移动（图11-2）。因此，随着水体中沉积物质的增多，水体的亮度会增高，同时最大反射峰也会向长波方向移动，反射峰本身也会变宽。所以，水体浑浊度越高，水体颜色对沉积物的指示精度将会降低。当水体悬浮物含量非常高的时候，水体的颜色也就变成了悬浮物本身的颜色。

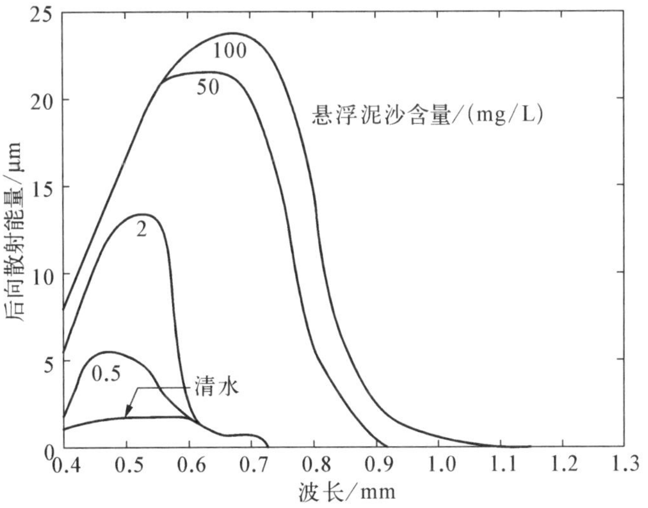

图11-2　水体浑浊度对光谱特征的影响示意图

资料来源：Campbell（2002）

总体而言，水体的光谱反射率会随着泥沙含量、有机质及浮游生物等悬浮物质的增多而增大。但在可见光范围内，其总体反射率比较低，一般不超过10%，为4%~5%，且主要集中在蓝绿光波段，并随着波长的增大逐渐降低。清澈湖水的反射率在0.76 μm之后的近红外波段急剧降低，近乎为全吸收体，因此在近红外遥感影像上水体呈黑色[图 11－3(a)]。

但是,洪水季节由于空中的云层较厚,利用设置在可见光和反射红外谱段(0.3～2.5 μm)的传感器难以获取质量可靠的光学遥感图像,给水体遥感带来了一定的困难。但是,微波传感器发射的高能电磁脉冲能穿云透雾,并且能全天候、全天时工作,不受任何恶劣天气的影响,且平静水体在微波波段(1 mm～1 m)范围内具有较弱的后向散射特征,导致雷达的回波很少,加上水体在微波波段 1 mm～30 cm 范围内的发射率也较低,仅为 0.4%左右。因此,在依靠接收后向散射成像的微波传感器获取的雷达影像中,平静水体的颜色也常常是黑色的[图 11－3(b)]。

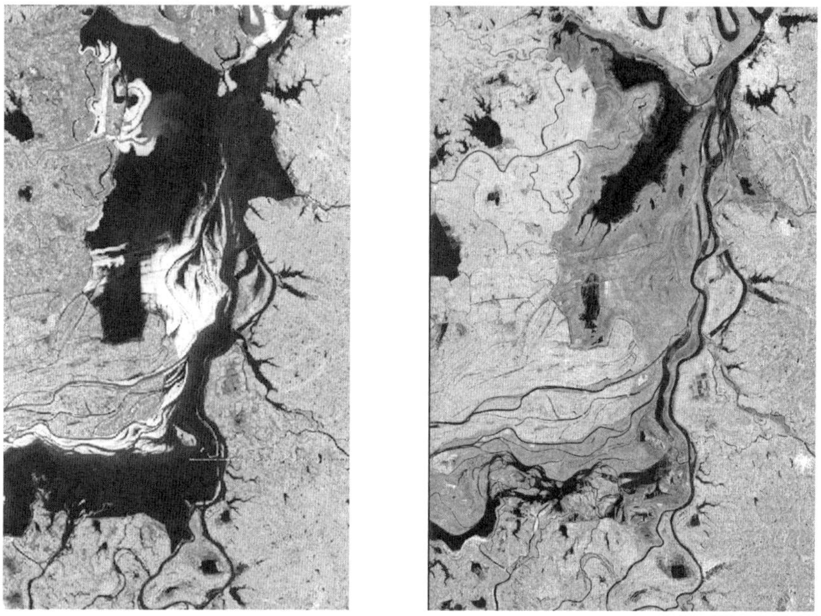

(a)　　(b)

图 11－3　湖南省东洞庭湖区与南洞庭湖区 MSS 近红外遥感影像和 ENVISAT 雷达影像

成像时间：左图为 1978 年 6 月 4 日,右图为 2004 年 1 月 11 日

随着大地测量卫星技术的不断发展,使得星载传感器成为从空间监测水体水位的可行手段。水位(height)数据的提取,主要根据卫星直接测量到的卫星到水面的距离(range)以及卫星到参考椭球体的距离(altitude),然后计算二者的差值(图 11－4)。

卫星测量水位基本原理如下。

1. 测量过程

卫星发射短脉冲微波辐射,并与水面反射信号。通过测量从卫星发射到接收到回波的时间(往返时间),可以推算出卫星到水面的距离。

2. 距离计算

利用光速和信号往返时间,可以计算卫星到水面(即水位的高度)的距离。该计算公式为

$$\mathrm{Ranalt}=c\,\frac{\Delta t}{2}$$

$$H=\mathrm{Altsat}-\mathrm{Ransat}-\Delta\mathrm{Ran}-\mathrm{HeiGeo}$$

其中,Ranalt 为卫星到水面的距离;c 为光速;Δt 为脉冲往返

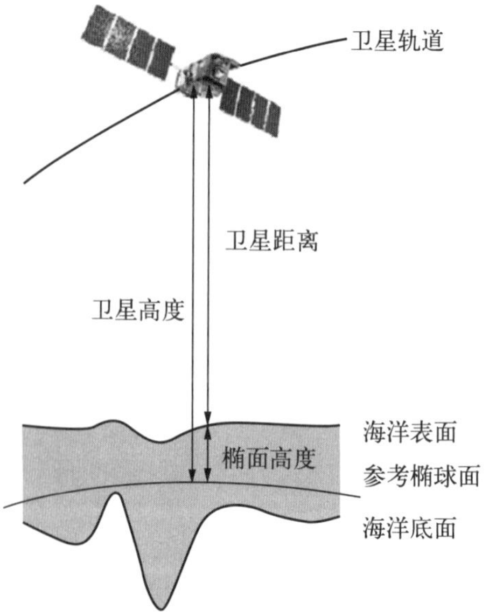

图 11－4　卫星测量水位示意图

时间；H 为水库水位正高；Altsat 为卫星高度计的椭球高；Ransat 为卫星到水面的测量距离；ΔRan 为观测误差修正（包括大气层影响）；HeiGeo 为参考椭球体之间的地理矫正。

3. 误差修正

卫星测量过程中，由于大气层（干湿对流层、电离层等）会影响信号传播速度，需要对测量结果进行修正。为此，通过多种修正（如湿度、干燥、大气、极潮等修正）来提高测量精度。

卫星测水位的精确定位至关重要，需要通过轨道计算和地面跟踪系统来确保卫星的定位精度。一般使用全球导航卫星系统（global navigation satellite system，GNSS）和多里斯系统（Doppler orbitography and radiopositioning integrated by satellite，DORIS）接收器来精确追踪卫星。卫星通常配备微波辐射计、激光测距仪等仪器，这些仪器帮助准确测量水面反射的辐射能、风速、温度、湿度等因素，进一步修正测量数据。

常见的技术包括：

1. 合成孔径雷达（SAR）

SAR 能够发射微波信号，并测量水面反射回来的波束时间，从而计算水位变化。由于 SAR 能在任何气候条件下工作（例如云层覆盖），因此可以确保全天候实时监测水位。

2. 卫星激光雷达（LiDAR）

LiDAR 通过激光束测量地面到水面的距离，能够提供高精度的水位信息。通过反射回来的激光脉冲时间差，可以准确计算水体的表面高度。

3. 卫星雷达高度计

一些特定卫星（如 TOPEX/Poseidon、Jason 系列卫星）配备雷达高度计，能够通过测量卫星与地面之间的距离，获取大范围的海洋和湖泊水位变化数据。这些数据对于监测海平面上升和河流湖泊的水位变化有重要意义。

综上所述，研究人员常可根据水体在反射红外波段（特别是近红外波段）和微波波段范围内独特的电磁波谱特征，利用光学遥感影像或合成孔径雷达数据进行水体遥感的相关应用研究，利用 Jason、ICESat 等卫星来测量水位。

第二节　水体遥感应用

水体遥感的应用领域很多，主要包括水体边界的确定（洪涝灾害）、水体悬浮物质的确定（含沙量与富营养化）、水体污染范围的确定，以及水体温度和水体深度探测等。

一、水体边界确定

确定水体边界是洪涝和旱灾动态监测的基础，更是民政部门抗灾、救灾决策的科学依据。在近红外影像和微波雷达影像上，水体呈黑色，水陆边界非常清晰，便于进行水体边界的确定。

洪涝灾害是影响我国最大、发生频次最高、造成人民生命财产和国民经济重大损失的一种自然灾害。1998 年夏，在长江中游和嫩江-松花江流域所发生的特大洪水灾害中，科研人员通过对多源多时相遥感数据的分析处理，及时获取了不同洪水期的水体边界，实现了洪涝灾害的动态监测与预警。

洪涝灾害动态监测的基本方法与步骤如下：① 对洪水期和正常水位时获取的多时相遥感图像进行大气校正与几何校正等；② 运用图像分割方法（阈值法）或谱间关系法从洪水期遥感影像中提取出最大洪水淹没范围，面积为 S_{max}；③ 采用洪水期前一周内（或洪水期两周后）的遥感图像，提取出正常水体面积 S_N；④ 将经过上述处理得到的，包含洪水期和正常水位淹没范围信息的两幅图像进行叠加分析，即可

得到洪涝灾害的淹没范围。洪涝灾害的淹没面积可用公式表示为

$$S_f = S_{max} - S_N \tag{11-1}$$

式中，S_f是洪涝灾害淹没的面积；S_{max}是最大洪水淹没的面积；S_N是正常水体的面积。

二、水体悬浮物质的确定

水体悬浮物指水中呈固体状的不溶解物质，主要包括无机的泥沙和有机的叶绿素两种。水体悬浮物浓度是最重要的水质参数之一，其含量直接影响水体的透明度、浑浊度和水色等光学性质。不同水域悬浮物质的成分、粒径分布和浓度不同，其相应的反射光谱特征也有差异。

清水和浑浊水体相比，反射光谱曲线存在明显差异：清水的透明度高，故而透射强，反射率低；浑浊水体由于含有大量泥沙导致其反射率增高，反射光谱曲线整体高于清水。水体在可见光及近红外波段的反射率随悬浮物浓度的增加而增大，水体逐渐由暗变亮，同时反射峰值波长向长波方向移动（“红移”）；反射峰本身的形态也变得更宽。580~680 nm 波段对水中悬浮泥沙反映最敏感，是遥感监测水体泥沙含量的最佳波段，已经被 NOAA、风云系列气象卫星及海洋卫星所选择。

（一）典型案例一：泥沙含量

运用遥感手段测定海洋、河流和湖泊等水体的悬浮泥沙含量，进而获取悬浮泥沙专题信息，是水资源与水环境研究领域重要的研究内容之一。该研究的关键在于如何将高空遥感探测、水面波谱测量、实验室水样测定等多种探测手段相结合，探索水体的光谱反射率（灰度值）与悬浮泥沙含量之间的定量关系，进而构建相应的判别函数或模型，以此反演出水体的泥沙含量。

目前，国内外在确定水体反射率与悬浮物含量之间的函数关系方面，提出了一系列水体悬浮物的遥感定量反演模型，这些模型可分为理论模型与经验模型两大类。李京（1986）提出了负指数关系式；Gordon 用 Mont Carlo 方法得到了 Gordon 公式，并综合负指数关系式得到了统一关系式等理论模型。经验模型主要包括线性关系式、对数关系式和多波段关系式等（贾海峰等，2006）。这些研究实践证明用定量遥感反演泥沙含量是切实可行的。

遥感反演水体泥沙含量的过程与水深、水温遥感反演类似，具体见本节后文所述。图 11－5 是 2023 年黄河与长江入海口海水中悬浮泥沙含量的 EOS/MODIS 遥感监测图。

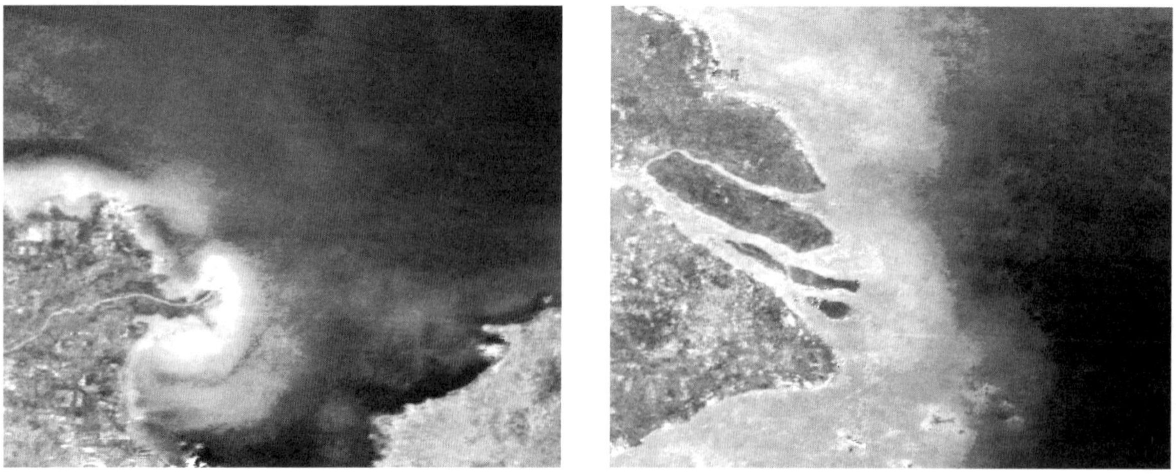

图 11－5　黄河（左）与长江（右）入海口海水中悬浮泥沙含量 EOS/MODIS 遥感监测图

（二）典型案例二：叶绿素含量

叶绿素 a 是藻类的重要组成成分之一，其浓度常用来估测水体中浮游植物的生物量和生产力，是反映水体富营养化程度的一个重要参数。测定水体中叶绿素 a 浓度的常规方法是通过野外采集水样，再经过实验室分析获取，而遥感方法与之不同的是具有监测范围广、速度快、成本低和便于长期动态监测等特点，具有一般常规方法所无可比拟的优势。

随着叶绿素 a 浓度的增加，水体在蓝光波段的反射率将下降，绿光波段的反射率增高。当水面叶绿素和浮游生物的浓度较高时，水体在近红外波段将表现为并非全部吸收，而是会存在一定的光谱反射率，在该波段影像上水体为不完全黑色，而是表现为灰色甚至是浅灰色。

目前，海洋叶绿素 a 浓度的遥感信息提取方法比较成熟，已进入业务化运行阶段。但内陆河流、湖泊等水体则需要根据水体的不同特征，分别研究其叶绿素 a 的遥感信息提取方法。目前，常用的方法可以分为分析的方法、经验的方法和半经验的方法三类。

闻建光等(2006)利用 2004 年 8 月 19 日获取的太湖流域 Hyperion 高光谱遥感数据，采用比值、一阶微分和混合光谱分析等处理技术进行了叶绿素 a 浓度的提取(图 11－6)。

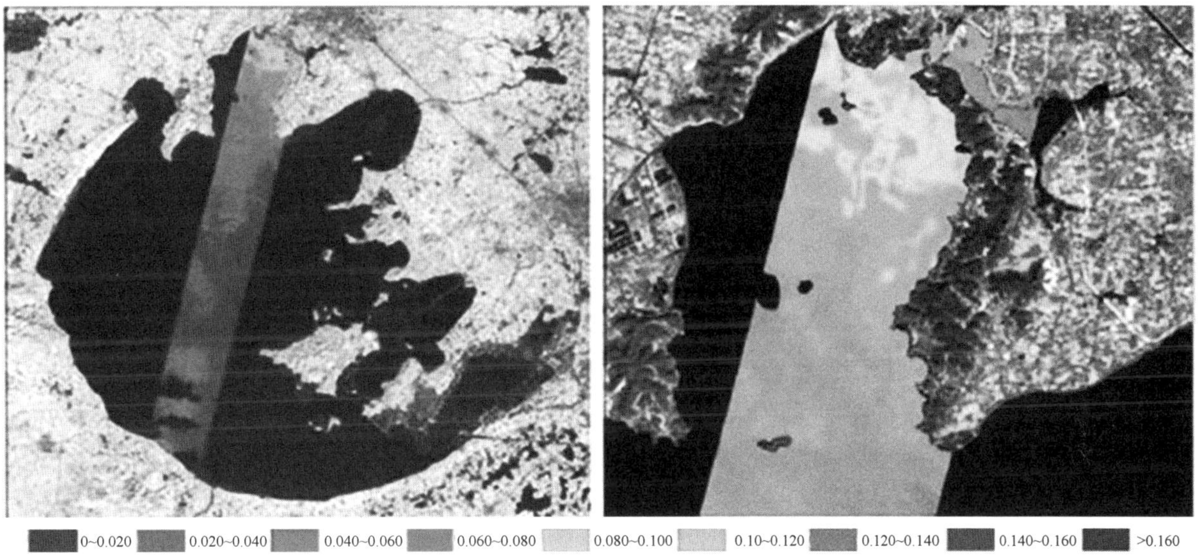

图 11－6　混合光谱分析处理技术获取的太湖部分地区叶绿素 a 浓度分布图(单位：mg/L)

三、水深探测

（一）基本原理

传统的水深探测方法是利用船舶进行实地绳测，费时费力且由于所获取的是离散观测点的水深信息，导致对大面积水体的探测效果不佳，而现代遥感技术则可以很好地弥补船测法的不足。遥感之所以能够探测水体的深度，主要是因为可见光区的蓝光波段(如 TM1)在清澈平静的水体中具有较强的透射能力，并且从水底反射回来的能量也比较强，因此可以在探索蓝光波段图像上的像元灰度值与实测水深关系的基础上，通过构建线性、对数、指数、幂指数以及 BP 神经网络等相关模型，实现对水体深度的遥感反演。

（二）应用案例

目前，在海洋近岸及河口等海岸带、近海辐射沙脊群、珊瑚岛礁及内陆库、湖的水深探测方面，在水利工程建设规划、河道冲淤变化及沙体迁移规律分析方面，在河道演变趋势及其所需采取的相关治理措施探索方面，水深探测均发挥着极其重要的作用。这里以青海湖为例，对线性模型的构建和水深反演过程予以说明。

沈芳和匡定波（2003）选择青海湖渔场正北方水域的11个点位，采用绳测法测量水深（图11－7中圆点）。并利用2000年4月获取的TM遥感影像上对水体穿透力较强的TM1单波段进行水深反演，建立实测水深值$Z_{水深}$与TM1影像上对应像元点等效反射率ρ^*（灰度值）之间的线性关系模型（图11－8），其相关系数$r=0.9455$。最后，根据所建立的模型，从TM1遥感影像中反演青海湖水深。图11－9即为遥感反演结果图，从中可以看出2000年青海湖的水深变化及湖盆地形。

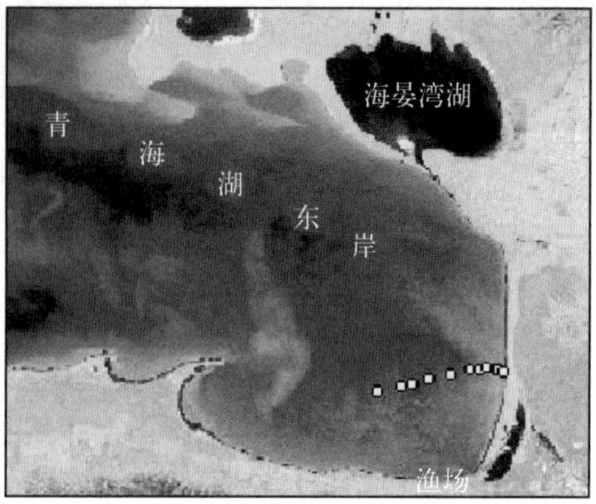

图11－7　青海湖水深实测位置示意图

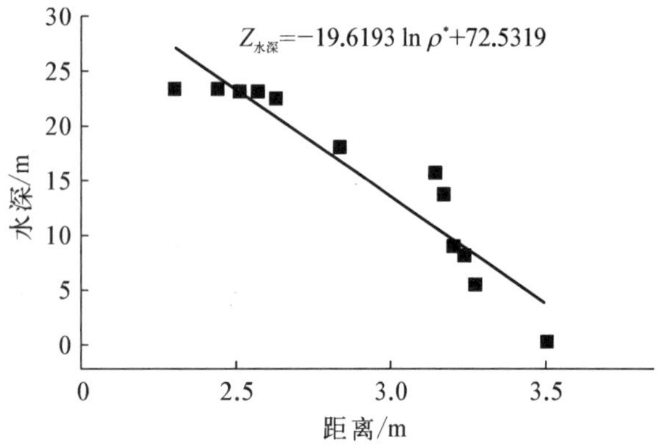

图11－8　TM1等效反射率对数与水深的关系

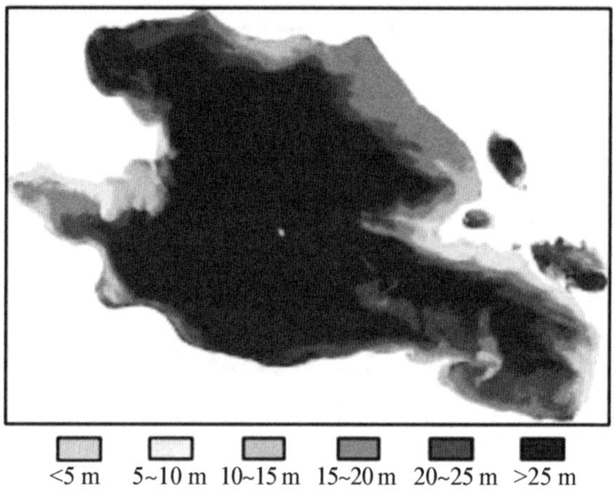

图11－9　青海湖水深遥感反演结果图

四、水温探测

（一）基本原理

由于水体的比热较大，导致水体因吸收热量升温或散失热量降温的速度均比较慢。因此，在白天获取的热红外遥感影像上，水体比周围的陆地升温慢，故而温度低，表现为热红外波段的辐射较弱，呈暗色调；而夜间水体降温较慢，故水温比周围地物的温度高，长波辐射较强，在图像中呈浅色调。

（二）应用案例

水温探测常根据准同步获取的水面测温资料和温度定标数据，进行基于热红外遥感影像的水体温度反演。水温探测的应用领域很多，如环保部门、海洋渔业、地下热水资源勘查等。

1. 环保部门

可基于水温探测结果，进行水体热污染的监测与监管。如通过对核电站排水水域的水温反演，可有效对核电站温排水强度、扩散范围和环境影响进行评价；湖泊水温探测可有效监测环湖造纸厂等重化工企业的污水暗排口，查处各类违规排放问题；还可通过探讨蓝藻暴发的水温条件以及蓝藻生长与水温之间的关系,对水体富营养化和蓝藻暴发现象进行监测预警。

2. 海洋渔业

通过海面温度(sea surface temperature,SST)反演研究渔场与水温的分布特征,进行渔场分布与冷水锋面、冷暖水切变锋面和暖水舌锋的变动关系探讨,准确预测渔发旺区,及时向海洋渔业生产指挥部门提供大面积海况信息,指导诸如西北太平洋公海的秋刀鱼、柔鱼等经济鱼类的捕捞作业。

3. 地下热水资源勘查

由于冬季气温较低,温泉与周围地物的温差较大,因此可利用冬季的热红外遥感影像寻找近地表出露的地下热水资源。

除上述应用之外,还有很多领域可以用到水温探测结果,如在房地产开发过程中,在制定大面积水体周边房屋的销售战略时,也可加入水温反演图,突出其夏日凉爽宜居的特点。

邢前国等(2007)以大亚湾为例,利用 SST 反演算法,对大亚湾核电站温排水的影响范围进行遥感反演(图 11－10)。大亚湾是广东省重要的水产资源保护区,但 1994 年正式投入商业运营的大亚湾核电站(1800 MW)对该海区生态环境构成了潜在威胁。研究所用资料为 2004 年 2 月 15 日获取的 Landsat－5 TM 数据,其陆地部分为 7、4、2 波段 RGB 合成,水体部分是大亚湾海域的经 TM 遥感数据反演出来的 SST 分布图(图 11－10)。在该图中,大亚湾核电站温排水的影响区域清晰可见。证明基于热红外遥感数据的进行水体温度反演的效果较好,能够在诸多相关领域进行推广应用。

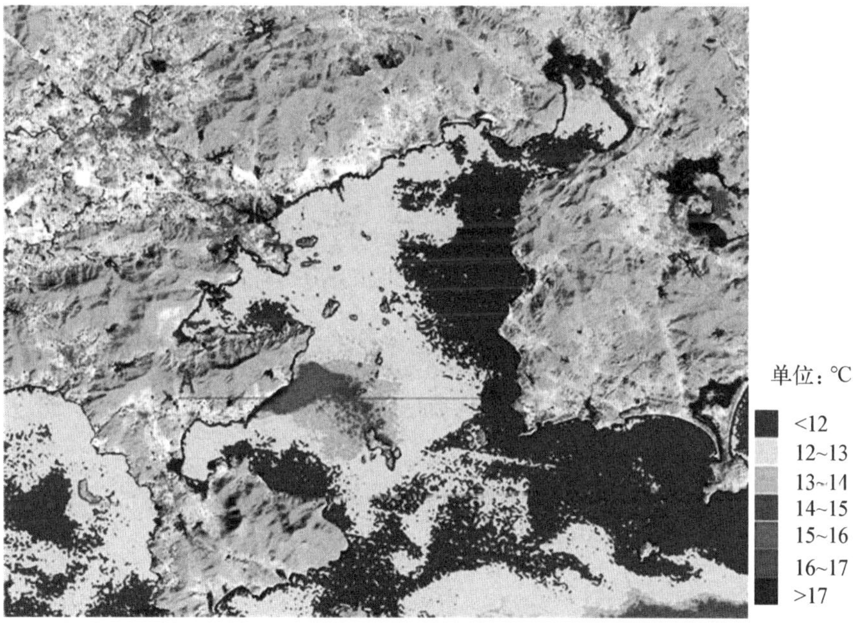

图 11－10　广东大亚湾核电站周边海域 SST 温度反演图

资料来源: 邢前国等(2007)

五、水位测量

(一) 基本原理

自 1973 年美国发射了第一个高度计以来,已经有大量的同步或系列测高卫星在太空中运行。这些技术现在已被应用于全球内陆水体的水位监测,为水资源管理提供了重要的数据支持。卫星测高技术的原理是通过遥感卫星上的高度计对地表进行高程测量,当前主要的测高卫星有基于微波的雷达高度计和基于光学的激光高度计。雷达高度计通过雷达波束向地表发送脉冲信号,通过测量从地表反射回来的信号的时间延迟来计算地面高度。而激光高度计则使用激光脉冲束，通过测量光信号的返回时间来精确计算水位变化。在实际应用中，卫星测高数据通常需要转换才能得到水位数据。

（二）经典案例

1. Jason 系列卫星

Jason 系列卫星由美国国家航空航天局（National Aeronautics and Space Administration，NASA）和法国国家空间研究中心（National Centre for Space Studies，CNES）联合发射，主要用于海洋监测、地表高程测量和水位变化监测。Jason 卫星搭载波塞冬高度计（Poseidon Altimeter），利用微波雷达发射脉冲信号并接收反射回来的信号，测量信号的时间延迟，从而计算水面到卫星的距离，精确获取水体表面的高度变化并计算出水位。Jason 卫星的优势在于其高精度和较短的重访周期，能够定期监测大范围水体的水位变化，尤其对大河流域和大型湖泊的监测具有重要意义。

Jason－2、3 卫星提供的是卫星到地表的距离，而不是水位，因此需要通过一系列公式和误差修正来转换成水位。其计算公式为

$$H = \mathrm{Halt} - R - \Delta R - \mathrm{HeiGeo}$$

$$\Delta R = \mathrm{Wet} + \mathrm{Dry} + \mathrm{Ion} + \mathrm{Sol} + \mathrm{Pol}$$

式中，R 为卫星到地表的距离，来源于测高卫星提供的产品数据；H 为相对于参考椭球面和大地基准面的水位，即正高水位；Halt 为卫星质心到参考椭球面的高度；ΔR 为各项误差修正，包括干对流层修正（Dry）、湿对流层修正（Wet）、电离层修正（Ion）、固体潮修正（Sol）、极潮修正（Pol）；HeiGeo 为 Jason 参考椭球体（T/P）与目标椭球体（WGS84）的差异校正项（geoid）。

2. ICESat－1 和 ICESat－2

ICESat－1 和 ICESat－2 是 NASA 发射的专门用于高精度地表高程测量的卫星，搭载激光雷达高度计。与传统的雷达高度计相比，激光雷达具有更高的空间分辨率，能够提供更精细的水位测量数据，尤其适合于较小水体的监测。ICESat－2 相较于 ICESat－1 提供了更高的精度和分辨率，能在更小的水体上进行详细的测量，尤其适用于湖泊、湿地和水库等中小型水体。相比 Jason 卫星，ICESat－2 已经提供了经过校正的水位数据，因此无需再进行这些转换。为了提高水位数据的准确性，通常需要对不同卫星的数据进行处理和筛选，包括根据水库的经纬度范围提取相关数据、使用 Landsat 影像进行掩模处理以及剔除异常值。ICESat－2 的重访周期为 91 天，提供更为频繁的水位监测数据，支持动态水位变化的实时监测，尤其对水资源变化、洪水预测和气候变化研究具有重要意义。

六、水污染探测

（一）基本原理

随着水体污染问题的日渐严重，水质监测成为社会经济可持续发展必须解决的重大问题。无论内陆水体还是海洋水体，其水质影响到国民生产和人们的生活，准确、快捷的水质监测显得尤为重要，水质监测结果是水质评价与水污染防治的主要依据。

不同水质具有不同的光谱特征，可以利用遥感技术对水质进行监测。水质遥感监测具有监测范围广、速度快、成本低和便于进行长期动态监测的特殊优势，在水体水质监测中具有巨大的应用潜力。

水质遥感需与常规水质监测分析相配合，先进行常规的现场采样、送回化验室分析，并同步进行地面水体波谱测量、污染成分及对应卫星图谱解析分析，针对相应污染物找到一种快速、准确的分析方法。

（二）典型案例

遥感在水质指标中的研究应用，从最初单纯的水域识别发展到对水质指标进行遥感监测、制图和预测。随着对物质光谱特征研究的深入、算法的改进以及传感器技术的进步，遥感监测水质从定性发展到定量，监测的水质指标包括悬浮物含量、水体透明度、叶绿素 a 浓度、溶解性有机物、水中入射与出射光的垂直衰减系数以及一些综合污染指标，如营养状态指数等。总的来看，在利用遥感技术监测水质指标的研究和应用中，比较成熟的是对水体中悬浮物质和叶绿素 a 浓度的提取。水体中水质可遥感指标有叶绿素 a（Chl－a）、悬浮物（SS）、有色可溶性有机物（CDOM）、溶解性有机碳（DOC）、水温、透明度、溶解氧（DO）、化学耗氧量（COD）、五日生化需氧量（BOD_5）、总氮（TN）、总磷（TP）等。在这些指标中，Chl－a、SS 和 CDOM 等可以通过光谱特征直接进行遥感分析，其他指标较难找到独立的光谱特征，需要利用不同物质之间的相关关系间接进行遥感分析。

程博等（2007）利用先进的野外光谱测试仪对德兴铜矿矿区水污染进行精细测量，分析了污染水体的波谱曲线特征。根据污染水体的波谱特征，结合 ASTER 卫星数据的波段特性，基于三原色机理设计假彩色合成方案，分析识别水体污染类型和污染程度（图 11－11），并提供了科学的水体污染波谱曲线。

图 11－11 德兴铜矿区 ASTER 231 波段 RGB 假彩色合成影像图

资料来源：程博等（2007）

思考题

1. 简述水体的光谱特征。
2. 水体边界识别常用的遥感数据类型有哪些？试说明选用这些数据的原因。
3. 水体悬浮物有哪些类型？分述其浓度高低对水体反射光谱的影响。
4. 在水深、水温和水污染遥感探测中任选一种，说明该如何结合实测数据进行水体相关因子的遥感反演。
5. 结合自身实际，说明水体遥感在本地区或自己家乡的应用领域，并展望其应用前景。

第十二章　其他遥感应用

本章导读

本章分别探讨地质遥感、灾害遥感、全球变化遥感的基本原理和具体应用领域，并通过实例对遥感技术在该领域的具体应用过程予以说明。本章的学习重点是掌握遥感技术在各个领域应用的基本原理、了解其具体应用过程，并能从本地区实际情况出发，思考遥感技术可能的应用范围及其应用前景。

第一节　地 质 遥 感

地质遥感是综合应用现代遥感技术研究地质规律，进行地质调查和矿产资源勘查的一种方法，已成为“地物化遥”（即地质、物探、化探和遥感）四种常规地质研究手段之一。它以各种地质体的不同电磁波辐射特征为基本依据，着眼于由空中获取的宏观地质信息，结合其他各种地质资料的综合应用，对一定区域内的岩石性质和地质构造等情况加以分析判断，为地质填图、矿产资源勘查、工程与水文地质调查服务。

地质遥感的主要研究内容包括：① 地面及航空遥感试验；② 发展适用于地质找矿、地质环境调查的遥感应用系统；③ 进行遥感影像底图及数字图像的处理和地质判译等。地质遥感研究需要用到电子计算机技术、电磁辐射理论、现代光学、电子技术以及数学地质等学科领域的理论方法，是促进地质工作现代化的一个重要技术领域。

一、遥感地质解译

地质遥感的核心任务是进行基于遥感影像的地质解译。地质解译又称地质判读或地质解释。正确进行地质解译，必须掌握地质解译标志（图像解译特征）及其影响因素。

地质解译标志有直接解译标志和间接解译标志两种。直接解译标志是地物或地质体本身固有的特性在图像上直接表现出来的影像特征。例如，颜色、色调、阴影、形状、大小、纹理、图型、空间位置和相关布局等，根据这些特征可直接识别地物类型。间接解译标志指与地物或地质体的属性有内在联系，经分析推断可识别其性质的影像特征。例如，岩性可通过植被、土壤、地貌形态等反映出来，断层可通过水系格局、泉的线状或串珠状分布、地貌等分析推断出来。

地质遥感目视解译过程一般包括以下六个步骤（图 12－1）。

1. 准备阶段

在准备阶段主要应明确解译目标和解译任务，选择最优解译方法，购买合适时相和分辨率的遥感影像资料，并收集研究区地形图、地质矿产图、航磁、重力及物化探等相关辅助材料。

2. 室内初步解译与野外概查

选择典型样区进行室内初步解译，目的是建立一套完善的不同地质体或地质现象的直接或间接解译标志，并且要经过实地的野外调查，进一步熟悉解译区域，检查所建解译标志的准确性，并对遗漏、不当和错误之处进行修改完善，从而有利于指导后续的详细解译。

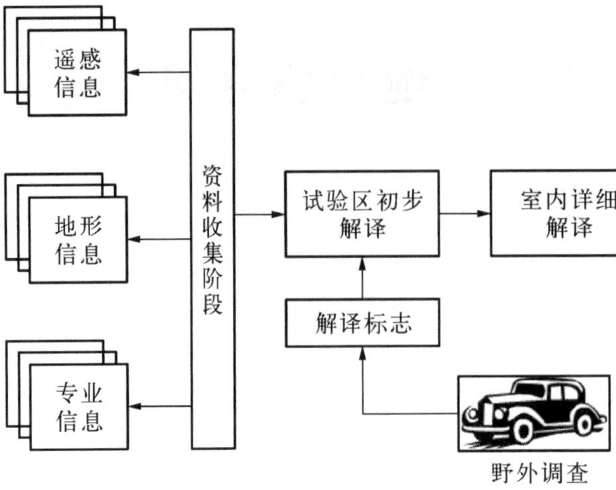

图 12-1 遥感地质解译一般流程图

3. 室内详细解译

根据所建立的解译标志,在实验室内对判读区域进行分区详细判译。

4. 野外验证与补判

对地质解译结果进行野外实地验证,并对室内详细解译过程中存在的疑难问题进行现场确认与补判。

5. 转绘成图

将经过精度验证的地质解译图件进行扫描矢量化处理,并基于 GIS 软件进行拓扑处理,进而生成专题地质图件。

6. 报告的撰写与检查验收

对解译结果图进行相关统计分析,如制作断裂构造玫瑰图等,对解译过程进行详细说明与总结,并撰写解译报告,以及开展项目的质量评估和答辩验收。

二、遥感地质应用

遥感在地质领域的应用范围很广,主要包括岩性的识别、地质构造的识别、构造运动分析、矿产资源调查以及滑坡、地震等地质灾害的动态监测与预警等方面。本节主要从岩性识别、地质构造识别和地质找矿等方面对遥感在地质领域的应用进行简要阐述。

(一) 岩性识别

岩性即岩石的性质,可以简单理解为岩石的归属——沉积岩、岩浆岩还是变质岩。通过遥感影像直接识别与解译岩石类型有一定难度,主要是因为岩石的反射光谱特征受自然界许多干扰因素影响(如岩石本身的矿物成分和颜色、组成岩石的矿物颗粒大小和表面粗糙度、岩石表面湿度和风化情况、植被覆盖情况及大气散射吸收等),这些干扰因素使岩石的影像含糊不清。另外,相邻各岩石类别之间的反射光谱强度近似或一致,也增加了识别难度。

目前常用目视解译的方法进行遥感岩性判读和分析,而智能化和自动化程度较差,很少结合专家系统和数据挖掘领域的方法。岩性目视解译标志主要是"色"(色调、颜色和阴影)和"形"(宏观与微观的纹理和图形)。其中色调的变化是相对的,没有绝对的标准,其一般规律是与岩石颜色的深浅一致:颜色深的色调深,颜色浅的色调浅。岩石颜色的深浅最主要的是由组成岩石的矿物颜色的深浅所决定的。以长英质的白色和浅色矿物为主的岩石,色调是白的或浅灰的;而以铁镁质深色矿物为主的岩石,色调较深。岩性识别的宏观图形标志为岩石的平面宏观影像、地貌特征及水系特征等;微观图形则表现为岩石的纹理图案。

岩性识别最主要的应用是进行遥感地质填图,是在对各地层单元岩性组合的遥感信息进行测试、分析的基础上进行地层判读,通过具有某些固定判读标志的标志性岩层来圈定岩石地层界线的方法。遥感岩性识别的具体方法简介如下。

1. 沉积岩

我国沉积岩面积广阔,约占国土面积的77.3%,所以对沉积岩解译方法的研究是一项重要而有意义的工作(北京大学地质系地貌专业遥感研究组,1978)。虽然沉积岩的色调由浅至灰并不均一,图形表现也因产状而异,但沉积岩最大的特点就是成层性。在大多数情况下,沉积岩均具有直的或弯曲的条带状特征(图 12－2)。能用中低分辨率影像识别出来的沉积岩主要有碎屑岩、碳酸岩和生物岩(珊瑚礁)。

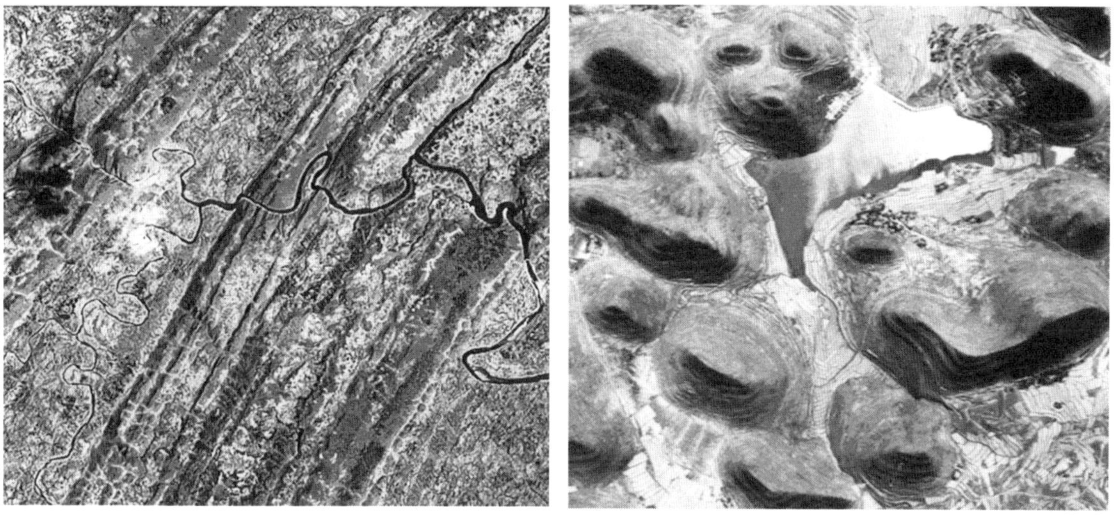

图 12－2　沉积岩的条带状影像及水平岩层的近同心圆状影像特征

由于沉积岩常具不同的地貌特征,因此解译的关键是建立标志性岩层,然后再根据岩层的新老关系,对邻近岩层进行解译。

2. 岩浆岩

根据 SiO_2 的重量百分数,通常将岩浆岩分为四大类:① 超基性岩,$SiO_2<45\%$,如橄榄岩-苦橄玢岩类;② 基性岩,SiO_2 介于 45%~52%,如辉长岩-玄武岩类;③ 中性岩,SiO_2 介于 52%~65%,如闪长岩-安山岩类;④ 酸性岩,$SiO_2>65\%$,如正长岩-粗面岩类、花岗岩-流纹岩类("-"号前为典型侵入岩,"-"号后为典型喷出岩)。岩浆岩的色调因长英质的增多而逐渐变浅。

岩浆岩在形态上呈团块状和短脉状,与沉积岩在形状结构上明显不同。酸性岩以花岗岩为代表,色调浅,易与围岩区分,形态常显圆形、椭圆形或多边形[图 12－3(a)];超基性和基性岩色调深,容易风化剥蚀成负地形如方山和台地;中性岩介于两者之间。火山岩则因其明显的环状特征和岩体中心的火山口而最容易识别[图 12－3(b)]。

岩浆岩的遥感解译效果较好。几何形态的主要标志是:① 在图像上岩浆岩体具有比较规则的平面几何形态,常成圆、椭圆、透镜状、脉状等;② 除少数熔岩外,岩浆岩多数缺少层理影像特征;③ 在遥感图像上出露规模较大的侵入岩,常具环状、放射状等类型的水系、节理或岩脉群。

3. 变质岩

由于变质岩与原始母岩密切相关,形成变质岩的母岩可以是沉积岩和岩浆岩,也可以是变质岩自身,因此其特征取决于母岩并与之相似。另外,由于变质岩的颜色多种多样,色调也不尽一致,再加上原始母岩一般都经过了复杂的变质作用,因此使得变质岩的影像特征更难以辨识,是遥感地质应用中一个亟待解决的问题。

(a) 新疆克拉玛依市西北部某花岗岩体

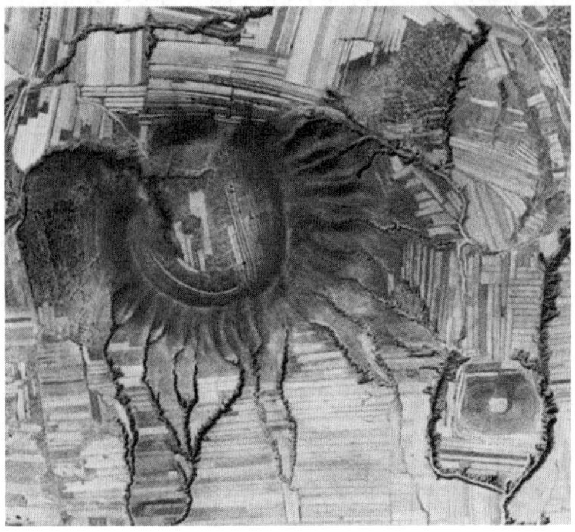

(b) 山西大同火山群

图 12-3 岩浆岩的遥感影像特征

(二) 地质构造识别

在一定的地质地理条件下,含矿地质体常以其构造、岩性特征、蚀变特征,或者受其影响而产生的地貌、土壤、植被等异常特征反映于地表或近地表层,形成相关的信息场。这些信息在遥感影像上通常以不同的色调、影纹和几何形态特征表现出来。地质构造识别就是根据地质体在遥感影像上的不同表现,提取与成矿作用相关的线性构造、环形构造,并结合工作区的地质资料以达到快速进行找矿远景区预测的目的。

线性构造是地质构造场和成矿地质场在地球表面和光谱特征上的反映。线性构造两侧地质体的波谱响应特征差异在遥感图像上表现为沿线性构造走向两侧的色调异常,包括深色背景下的浅色条带异常,以及浅色背景下的深色条带异常。断裂是线性构造中最主要的一种线性影像,是地球表面广泛分布的地质结构面,反映了地壳破裂变形的基本特征和形成机制,是遥感地质构造识别的主要对象之一。遥感线性构造信息既能说明地壳变形的过程,又能表征地壳多期变形的结果。线性构造识别目前已广泛应用于地震灾害相关研究之中。

环形构造又称为环形体,是遥感图像上以结构或色调形式显示出来的环形影像,为实心的圆形、空心的环形、准圆形、准环形或未封闭的弧形影像的总称(刘燕君,1991;王四龙等,1996)。环形构造是地壳圈层普遍存在的构造形式,遥感图像解译出来的环形构造主要是对构造岩浆作用的反映,不同地质作用生成不同形态、类型、组合方式的环形构造,单个环形构造反映单个侵入岩体的存在;环形构造密集段,说明岩浆活动频繁,生成较多的侵入体(张建东等,2007)。地质专家们常通过色调、形态、阴影及水系等特征进行环形构造的地质解译。

据不完全统计,地球上约 3/4 的金属矿床产于环形构造,我国已发现的斑岩型铜矿约有 80%位于不同规模的影像环形构造的边缘部位(成永生等,2007)。金属域边缘线性构造成矿认为最有可能出现矿床的地区是不同构造单元或不同地质体的结合部位(或过渡部位),即边缘部。遥感线性构造和环形构造边缘在空间上是地质构造的一种转化部位,它可能是不同级次的地质构造单元或不同类型的地质体的边部(即过渡部位),因此是找矿的有利地段(植起汉等,1995)。

金属矿床在环形构造上的分布形式是多种多样的,其中相当数量的矿床出现于环形构造的边部,也有一些见于环形构造中部,并多产于环与环、环与线、环和环与线的交汇地段。可以认为环形构造的周边及其内部这两类环境是金属矿床产出的重要构造环境(图 12-4、图 12-5)。

进行线性构造与环形构造遥感地质识别的基础就是在遥感影像上准确区分岩层的界面和断层界线,这是遥感地质构造识别成功与否的关键所在。

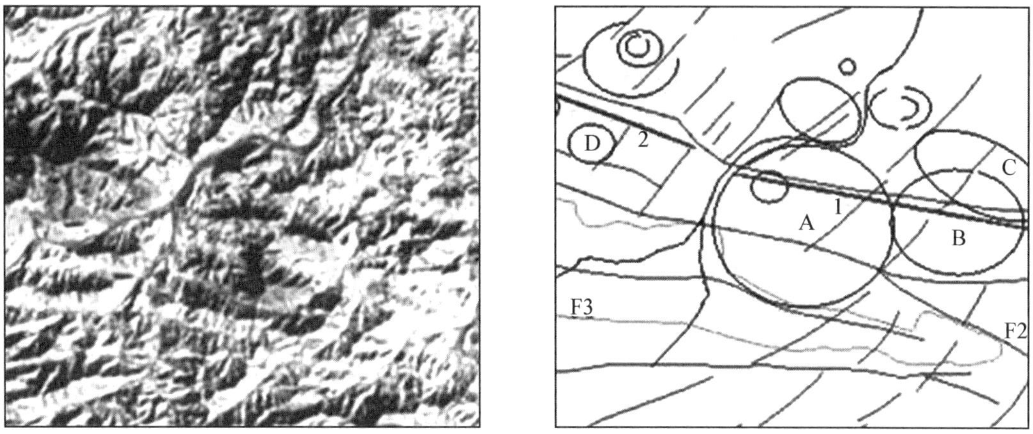

图 12-4 甘肃鹰嘴山金矿区遥感影像及其地质构造解译图(1、2 为金矿带)

资料来源：杨波(2002)

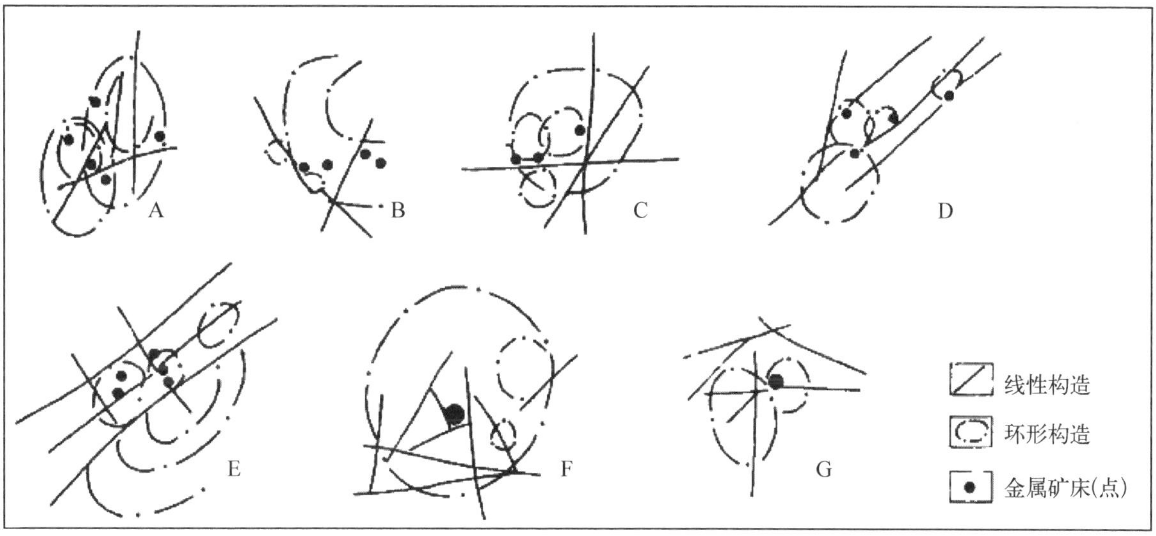

图 12-5 金属矿床(点)分布与线环构造关系示意图

A. 大厂矿田;D. 平桂矿区;C. 冶岭头金银矿区;D. 璜山金银矿区;
E. 德兴铜矿区;F. 大宝山铅锌多金属矿床;G. 凡口铅锌矿床

资料来源：植起汉等(1995)

岩层有水平岩层和倾斜岩层之分,倾斜岩层的极端形式是直立(垂直)岩层。水平岩层在遥感影像上表现为硬岩的陡坎与软岩的缓坡呈同心圆状分布(图 12-5)。倾斜岩层的识别为：在低分辨率遥感影像上,根据顺向坡有较长坡面,逆向坡坡长较短的特性判断岩层的倾向。在高分辨率遥感影像上常出现岩层三角面,可以据此影像特征判别岩层倾角等产状要素(图 12-6)。

水平岩层受挤压常形成褶皱,褶皱及其类型的识别需注意不同分辨率遥感影像的综合应用,应选择影像上显示最稳定、延续性最好的平行色带作为标志层。短轴褶皱的标志层色带呈圈闭的圆形、椭圆形或橄榄形,而宽展型褶皱的标志层色带则表现为长条形或马蹄形等,这是确定褶皱的重要标志。

断层在遥感影像上有两种表现：① 线性的色调异常;② 两种不同色调的分界面呈线状延伸。地质构造标志、地貌标志、水系标志等影像特征也是判断断层存在的重要标志。活动断层除了具备断层的影像特征外,还具有山形、沟谷的明显错位和变形,山形走向突然中断,山前现代或近代洪积扇错开,中间呈线性排列且活动频繁等综合解译标志。

线性特征在遥感影像上最醒目、信息量最丰富,主要包括四种类型(成因)的线性特征。

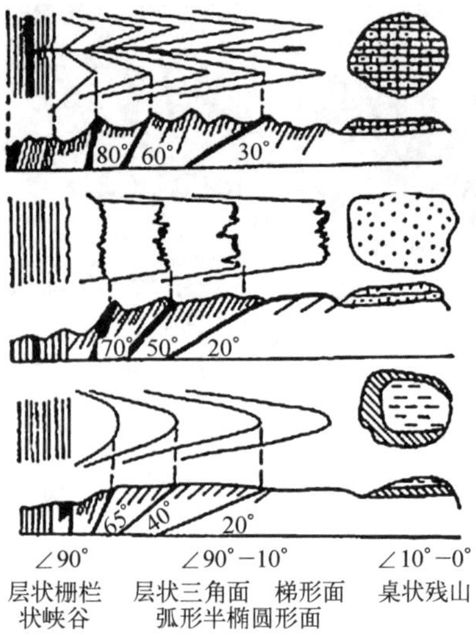

图 12-6　岩层三角面遥感影像特征及用岩层三角面的影像特征判别岩层倾角

1. 人类活动因素

如交通网，包括公路、铁路、运河等；农林业，包括农田边界线、排灌渠、荒地边界线、农作物边界线、土壤耕作与灌渠差异线、人工造林边界线等；某些工业设施如高压线、输油管道等。这些线性特征可统称为非地质线性特性。

2. 自然地理地貌因素

如山脊线、山谷线、山坡前缘和堆积物线、雪线、陡崖线、较平直的河流线、盆地边界线、海岸线、冰盖边界线、阶地、湿地、台地及盐碱化界线等。

3. 非断裂构造的地质因素

如地层界线，各种不整合接触界线，其中包括沉积接触的层理，侵入接触界线及不同期次侵入岩之间的接触界线、片理化带等。

4. 断裂构造因素

主要指由内应力构造运动、侵入作用所形成的各种线性影像特征。与前面三种因素所致线性特征不同的是，这就是人们常说的断裂构造，如断层崖、断裂谷、构造破碎带及其他水文地貌间接标志反映的断裂构造，均可在不同比例尺遥感图像上表现为规模不等的大量线性影像。有的十分明显，有的则比较模糊，有的则表现为环状，这一类线性特征是地质工作研究的主要对象，特称其为断裂构造。

综上所述，线性和环形地质构造识别过程中应特别注意区分非地质成因的线环状影像特征，从而指导地质找矿工作有效进行。地质构造识别的精度主要取决于解译专家的知识经验和水平，受个人主观影响比较大，还与解译人员对解译地区的熟悉程度有关。因此，解译人员平时应多注意解译知识和经验的积累。

另外，由于遥感地质构造识别可快速获得断裂构造的规模、空间分布等基本信息，并通过野外标志点的验证，能够确定断裂构造的性质及其活动强度，从而确定是否存在对待建交通运输线路、管线建设及其他工程有重大影响的断裂构造。因此，目前也被广泛应用于工程地质和水文地质研究之中（李家存等，2004）。

（三）地质找矿

矿床是发生在地球局部区域（带）的地质现象，矿床在生成、演化的全过程中，其成矿条件表现为地质演化过程中的地质异常事件。也就是说，矿床与地质体的各种异常属性相关联。而这些地质体的异常属性又不同程度地偏离于相对均一的地质体背景属性（赵鹏大等，1999）。因此，寻找地质体各种属性异常就成为预测矿床的必要条件之一。地质体的这些属性异常大多以微弱信息的形式包含于遥感影像之中，这就构成了矿化异常的遥感信息。遥感地质找矿的目的，就是采用目视解译或数字图像处理等多种方法，从遥感影像中增强提取出这些矿化异常信息。

由于岩石的波谱特征主要取决于组成岩石的各种矿物（包括胶结物）的波谱特征，而成岩矿物的波谱特征又取决于所含的特殊离子，如 Fe^{3+}、Fe^{2+}、CO_3^{2-}、OH^- 等离子（团）的多少。在可见光-近红外（0.4~1.1 μm）、短波红外（1.1~2.5 μm）和热红外（8~14 μm）3 个大气窗口中，矿物光谱研究表明，岩石矿物在 0.4~2.5 μm 具有一系列可诊断性光谱特征信息，即金属离子（主要是 Fe^{3+} 和 Fe^{2+}）的电子转移和 Al-OH、Mg-OH、CO_3^{2-} 等分子团的晶格振动所形成的矿物光谱吸收特征，这些特征谱带宽多在 10~20 nm 之间（表 12－1）。

表 12－1 波段范围与可识别矿物简表

波段	波长范围/μm	可识别矿物
可见光-近红外	0.40~1.20 0.50~0.80	Fe、Mn 和 Ni 的氧化物、赤铁矿、镜铁矿 植被
短波红外	1.30~2.50 1.47~1.82 2.16~2.24 2.24~2.30 2.26~2.32 2.30~2.40	氢氧化物、碳酸盐和硫酸盐 硫酸盐岩：明矾石 含 Al-OH 基团矿物：白云母、高岭石、迪开石、叶蜡石、蒙脱石、伊利石 含 Fe-OH 基团矿物：黄钾铁矾、锂皂石 碳酸盐类：方解石、白云石、菱镁石 含 Mg-OH 基团矿物：绿泥石、滑石、绿帘石
热红外	8.00~14.00	硅酸盐类：石英、长石、辉石、橄榄石

资料来源：J.V.Taranik（1988）

另外，不同矿物由于其矿物化学、矿物晶体结构和矿物粒度不同，其波谱反射特征也不相同（图 12－7）。因此，遥感地质找矿以岩石和矿物的电磁波特征反射谱带作为提取岩石蚀变带信息的理论基础，利用多元数据统计分析方法，通过数学建模和最佳变量的选择，运用各种数学方法和图像增强手段，逐步从遥感信息中剔除干扰因素，最终分离提取出矿化异常信息。

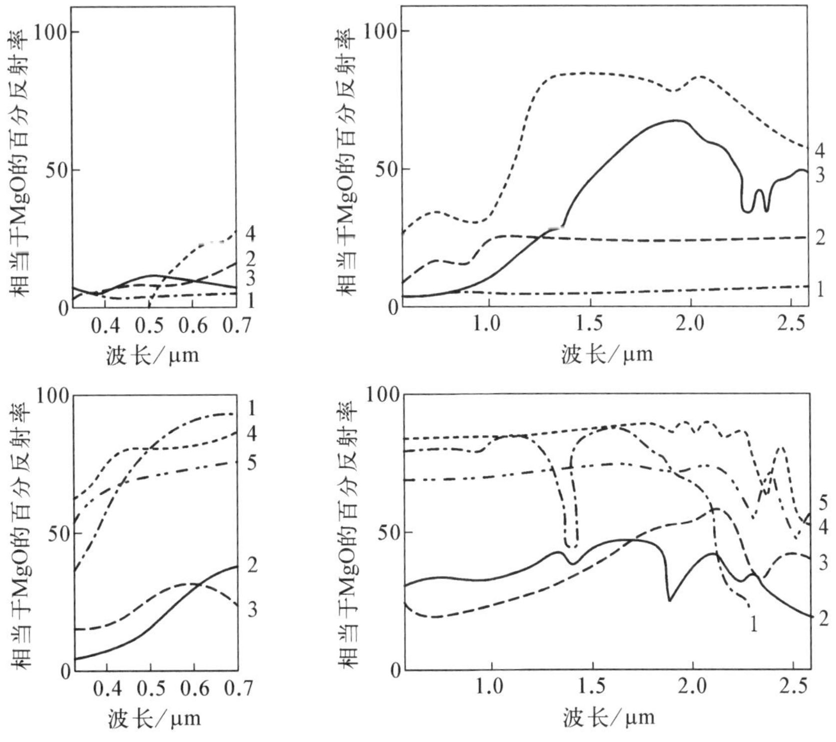

图 12－7 典型含铁矿物（上图）及含 OH^- 与碳酸根矿物（下图）的波谱曲线（资料来源：常青，1999）

注：上图中，1 为磁铁矿；2 为赤铁矿；3 为角闪石；4 为褐铁矿。下图中，1 为高岭石；2 为蒙脱石；3 为绿泥石；4 为方解石；5 为白云石

遥感地质找矿的常见步骤（图 12－8）主要包括：① 多源数据的采集；② 多源数据的分析处理；③ 遥感地质找矿模型的建立；④ 矿化（蚀变）异常信息的提取；⑤ 区域成矿预测。

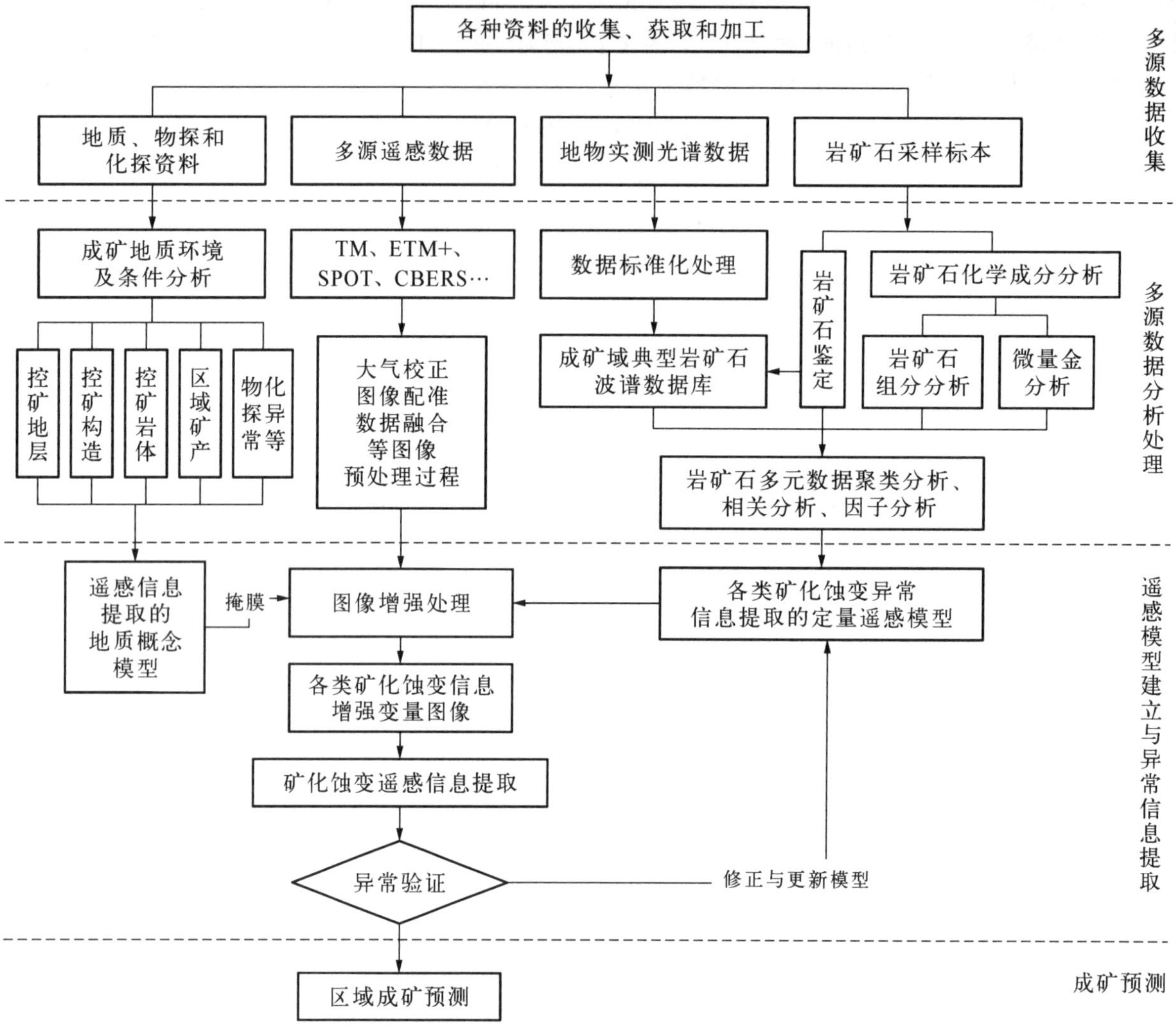

图 12－8　定量遥感地质找矿模型的建立及其整体研究流程

资料来源：杨波等（2005）

在岩矿石多元数据聚类分析、相关分析和因子分析的基础上，可根据不同的矿化蚀变类型，选择识别某类矿化蚀变信息的最佳特征变量组合，建立该矿化蚀变类型的遥感信息提取模型。例如，甘肃鹰嘴山地区的铁氧化物蚀变信息提取模型为

$$SiO_2 = 85.047TM5/TM7 + 4.348TM5/TM4 + 16.51TM5/TM3 - 41.866 \qquad (12-1)$$

式中，SiO_2 指硅化蚀变；TM5/TM7、TM5/TM4、TM5/TM3 代表不同的中间变量图像。可在该模型的基础上，通过图像的波段运算，反演出该地区硅化蚀变岩的分布范围（图 12－9）。

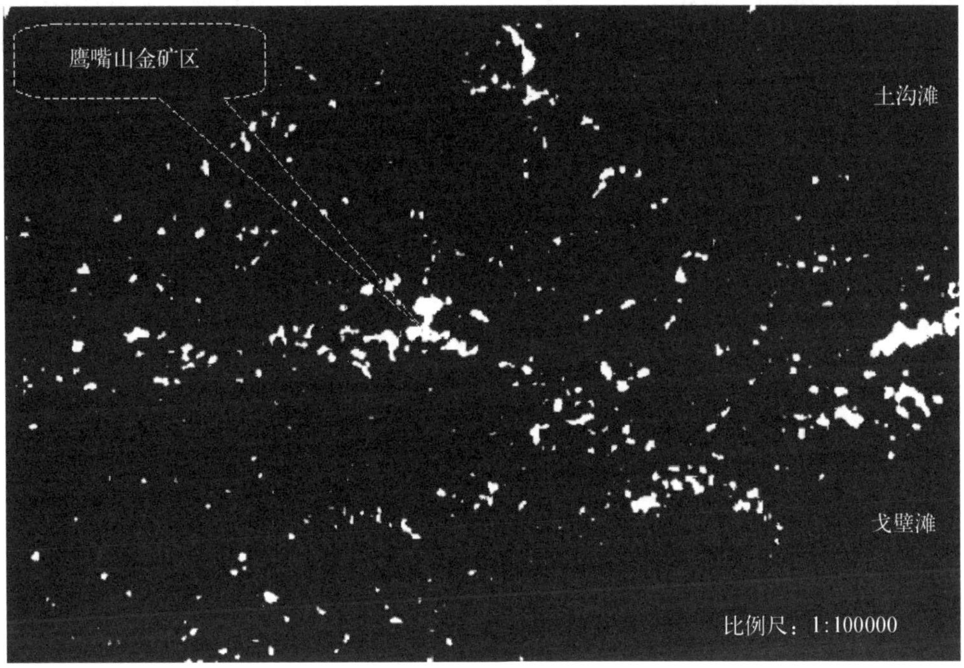

图 12－9 鹰嘴山地区硅化蚀变遥感信息提取结果图
资料来源：杨波等(2005)

第二节 灾害遥感

遥感技术是指导防灾减灾工作科学有效进行的强有力手段，在重大自然灾害发生发展的各个历史阶段，均可以发挥其重要作用。灾害遥感的研究内容主要包括灾害预测与动态监测、灾害灾情数据库构建与应急管理，以及建立在灾情评估基础上的灾后重建等。顺利完成上述工作的基础是快速掌握准确、全面、客观、直观的灾情信息，而卫星遥感恰恰能做到这一点。因此，如何充分合理地利用卫星遥感技术为防灾减灾工作服务，已成为目前国内外防灾减灾领域专家们共同关注的热点问题之一。

一、灾害遥感原理

多平台、多时相、多波段传感器所获取的多源遥感影像数据，由于能观测到的地区以及探测电磁波的谱段各异，对于灾害领域的遥感应用来说，应该发挥各自的积极作用，尽可能地加以综合利用。极地轨道和低地轨道卫星在相对较低的轨道上运行(1000 km 左右)，因此能提供相对较高空间分辨率的图像，但是时间分辨率相对较低，不适于进行灾害的动态监测。地球同步轨道卫星位于大约 36000 km 的地球赤道上空，绕地球运动的角速度与地球绕地轴运转的角速度相同，实际上静止在某地上空，并能观察卫星下较大范围的地球表面，虽然它们的空间分辨率较为粗糙，但是同一地点每 15 分钟就能采集一次数据。因此，可以将这两种互补的卫星影像数据综合利用起来，进行灾害相关的研究与管理。

设置在不同波段的传感器可用于不同类型的灾害研究，如近红外传感器可以识别洪水边界，热红外传感器能发现活动的火源，而微波传感器(能穿云破雾)则可以通过干涉测量的方法进行地震前后或火山喷发时的地面形变(Sian，2009)，具体应用见表 12－2。

随着以遥感技术为代表的“3S”技术的飞速发展，世界各国已经在洪涝、干旱、台风、雪灾、冰雹及低温冷冻等气象灾害，地震、火山、崩塌、滑坡、泥石流、地面沉降及地面裂缝等地质灾害，森林和草原火灾、农作物病虫害及生态环境破坏等农林生态灾害，以及其他一些如地方流行性疾病等灾害研究领域进行了较为广泛的遥感应用研究，利用灾害遥感的原理，发展了相关理论、技术与方法，为各国的社会经济发展做出了巨大贡献，同时也完成了大量的基础性研究工作。

表 12－2　不同波段和传感器在灾害管理中的应用示例*

波　长	波　段	用　途	可用传感器(部分)
可见光	0.4～0.7 μm	植被测绘	SPOT, Landsat TM/ETM+
		建筑群评估	AVHRR, MODIS, IKONOS
		人口密度	IKONOS, MODIS
		数字海拔模型	ASTER, PRISM
近红外	0.7～1.0 μm	植被测绘	SPOT, Landsat TM/ETM+, AVHRR, MODIS
		洪水测绘	MODIS
短波红外	1.0～3.0 μm	水汽	AIRS
热红外	3.0～14 μm	活动火灾探测	MODIS
		火灾后迹地测绘	MODIS
		热点地区	MODIS, AVHRR
		火山活动	Hyperion
微波(雷达)	0.1～100 cm	地球变形和地面运动	RadarSat SAR, PALSAR
		降雨量	Meteosat, Microwave Imager (搭载于 TRMM)
		河道流量	AMSR－E
		洪水测绘与预报	AMSR－E
		表面风	QuikScat 雷达
		三维风暴结构	(搭载于 TRMM)

* 法国陆地资源卫星(SPOT)；专题制图仪(TM)；甚高分辨率辐射计(AVHRR)；中分辨率成像光谱辐射计(MODIS)；高级星载热发射与反射辐射计(ASTER)；全色立体制图遥感传感器(PRISM)；合成孔径雷达(SAR)；相控阵 L 波段合成孔径雷达(PALSAR)；热带降水测量卫星(TRMM)；先进微波扫描辐射计(AMSR－E)；大气红外探测器(AIRS)。

资料来源：Sian(2009)

二、灾害遥感应用

遥感技术在灾害管理中的应用范围很广，从早期的灾害风险建模和脆弱性分析，以及灾害预警，到中期的灾害动态监测、灾情评估与应急响应，再到后期的灾损评估和灾后重建规划等一系列过程中，均可以利用遥感技术，解决相应的现实问题(表 12－3)。

表 12－3　遥感在灾害各阶段管理中的具体应用简表

灾种	缓　解	预　防	响　应	恢复与重建
洪涝	测绘容易遭洪水的地区、描绘洪水平原、土地使用测绘	洪水探测、早期预警、降雨量测绘	洪水测绘、疏散方案、损害评估	损害评估、空间规划
干旱	风险建模、脆弱性分析、土地与水管理规划	天气预报、植被监测、作物水需求测绘、早期预警	植被监测、损害评估	为缓解干旱提供信息
火灾	测绘容易起火的地区、监测可燃物总量、风险建模	火灾探测、预测火的传播方向、早期预警	协调灭火举措	损害评估
气旋	风险建模、脆弱性分析	早期预警、大范围气候建模	发现逃生路线、危机测绘、影响评估、监测气旋、风暴潮预测	损害评估、空间规划

续表

灾种	缓　解	预　防	响　应	恢复与重建
滑坡	风险建模、风险测绘、数字海拔模型	监测降雨和坡地稳定性	测绘受影响地区	损害评估、空间规划、建议管理方法
火山	风险建模、风险测绘、数字高程模型	排放监测、热警报	测绘岩浆流、疏散方案	损害评估、空间规划
地震	建筑群评估、风险测绘	测量应力的积累	规划搜救路线、损害评估、疏散规划、变形测绘	损害评估、提出恢复地点

资料来源：Sian(2009)

本节将主要从灾害的动态监测与预警、灾害灾情信息提取与建库，以及灾害评估等方面出发，简要阐述遥感在灾害研究中的具体应用。

（一）灾害动态监测与预警

灾害监测一般指动态监测，泛指所有应用多平台、多时相、多波段和多源数据对灾害，特别是洪水、干旱、地震等重大自然灾害各要素时空变化情况进行的监视与探测。预警通常指对可能出现或即将发生的危险或灾害进行预测并发布警示信息，包括对潜在灾害的发生时间、范围、规模等进行预测，为有效防灾做准备。

目前，世界上许多国家和地区都在致力于建立包括地面监测、海洋海底观测和“天-空-地”观测于一体的自然灾害立体监测体系，力求提高灾害的监测预警和预报能力。同时，还在积极推进灾害数据和灾害信息共享，以真正提高综合减灾能力。当前我国已基本建成灾害遥感监测业务体系、气象预警预报体系、水文和洪水监测预警预报体系、地震监测预报体系、地质灾害监测系统、环境监测预警体系、野生动物疫源疫病监测预警系统、病虫害监测预报系统、海洋灾害预报系统、森林和草原火灾预警监测系统，以及沙尘暴灾害监测与评估体系等，这些灾害监测预警系统大都用到了现代遥感技术。

由此可见，遥感技术已成为灾害监测与预警工作者们研究的重点内容，成为了灾害监测与预警技术发展的必然趋势。

例如，2009 年国家遥感中心和首都师范大学等单位运用多时相可见光遥感数据，对四川汶川“5·12”地震灾区因地震诱发形成的大型堰塞湖进行了遥感监测，特别是对北川县唐家山堰塞湖进行了动态监测，提取了堰塞湖回水长度、水面面积与库容量等信息（图 12-10），并对这一结果进行了详细分析，为地震滑坡堰塞湖科学处置与减灾决策提供了科学依据。

（二）灾害灾情信息提取与建库

灾害数据种类繁多，从内容上讲主要包括灾害的孕灾背景数据、灾情数据、社会经济数据以及防灾、减灾与救灾相关数据等。灾害数据可以包括一切导致灾害发生的直接或间接的信息，即致灾的内外因，如天气、地质地貌、水文、地形及植被覆盖等；可以包括灾害所造成的破坏和社会经济损失等灾情数据；也可以包括基础地理数据，以及抗灾救灾相关数据等。从形式上讲，灾害数据可以是以文字形式存储的纸质文本或档案，也可以是以数字形式存储的遥感影像资料，以及灾害数据库中存放的地理空间数据等。

《中国的减灾行动》(2009)白皮书强调中国减灾的主要任务包括：加强自然灾害风险隐患和信息管理能力建设；全面查明重点区域主要自然灾害风险隐患；基本摸清减灾能力底数及建立自然灾害风险隐患数据库等。目前，我国已建立了重大自然灾害的历史数据库和背景数据库，从全国范围的角度，宏观研究了自然灾害的危险程度分区和成灾规律。同时，还选择了一些重大灾种进行了详细的监测评价技术方法与应对突发性灾情的研究，建立了各自的遥感-地理信息系统，实现了对经常性和突发性自然灾害的监测评价功能。

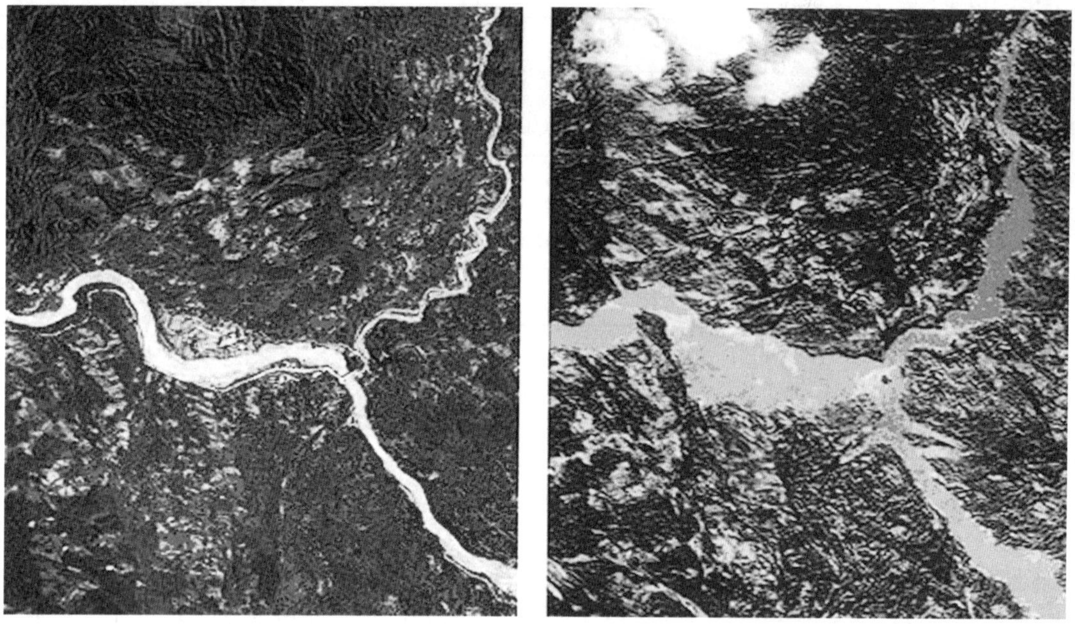

图 12－10　北川县唐家山堰塞湖动态变化对比图

由于我国位于地中海–喜马拉雅火山地震带与环太平洋火山地震带这两大火山地震带之间，是地震灾害频发的国家。统计数据表明，我国地震死亡人数约占全球地震死亡人数的一半，是世界上地震灾害最严重的国家。因此，如何在快速识别提取地震灾害信息的基础上建立地震灾害数据库，做好地震的监测和先期预警工作，已成为我国乃至于国际上一项迫切需要解决的研究难题。本节选择以地震灾害为例，阐述遥感技术在灾害信息提取和建库过程中的应用。

震害信息提取的目的是建立震害信息系统，从而指导抗震救灾工作科学有序进行，该系统的主要功能包括：存储、组织和管理各种震害信息，通过空间分析和地学分析方法研究震害机理，并将分析结果以图表或其他形式表示出来，最终为政府决策服务。因此，在震害信息系统中，最关键的就是及时获取各类震害信息，快速建立震害空间数据库。

传统震害信息获取方法主要是通过现场勘查，要快速掌握大范围宏观分布特征需要耗费巨大的人力、物力和财力。历史震害数据的获取则主要是通过各种地震目录、年鉴等统计资料，如《中国历史强震目录》（公元前 23 世纪～公元 1911 年，面波震级≥4.0）、《中国近代地震目录》（公元 1912～1990 年，面波震级≥4.7）及《中国地震年鉴》（1992～2006 年）等。由于这些数据的现势性均不是很强，因此遥感技术的发展为快速、廉价、动态地进行灾害灾情信息提取和震害数据库建设提供了可能。对于地震风险较大的区域应充分利用"3S"技术，进行基于遥感技术的数据获取与震害信息提取，建立含有地震震害背景数据库的灾情测报系统，并通过该系统快速对灾情做出评估，逐步使其实现业务化运行。目前以遥感为代表的"3S"技术已广泛应用于震害信息提取之中，基于"3S"技术的震害信息提取应用详见表 12－4（王丹等，1996）。

表 12－4　"3S"技术在震害信息提取中的应用简表

全球定位系统（GPS）	地理信息系统（GIS）	遥　感（RS）
必要时建立震区基本控制骨架 · 支持用户震害研究的遥感技术实施 ① 遥感飞行导航 ② 支持遥感数据处理与制图 · 某些震害信息（如地面形变）获取 · 专题震害信息定位	· 震害信息管理、存储 · 震害分析与建模 · 分析结果表示 · 支持灾后重建规划 · 救灾决策	· 断裂构造解译 · 宏观灾情信息获取 · 各种震害信息获取、解译 · 震害解析处理与制图 · 震区地形图修测 · 震区重建规划制图

资料来源：王丹等（1996），有删减

由于各种灾害表现在遥感影像中的图像特征各不相同，灾害所引起的图像信息变化量也多少不一，因此灾害与灾情信息的提取技术方法也应有区别。灾害与灾情遥感信息提取方法大致可归纳为三类：① 基于像素的信息提取（如监督与非监督分类）；② 面向对象的信息提取（如 eCognition 软件）；③ 基于知识的信息提取（如 ENVI 的决策树分类）。因此，在灾害与灾情信息提取过程中，应该根据不同的灾种及灾害在遥感影像中的表现形式和可提取程度，选择合适的灾害信息提取方法。

（三）救灾减灾与灾情评估

当重大灾害发生时，快速准确的灾情信息，是紧急救援所必须掌握的资料，更是救灾行动能否及时有效的关键所在。灾害（灾情）评估指对灾害风险及灾害损失进行估计与测算，是制订防灾、抗灾、救灾及灾后重建方案的重要依据。根据自然灾害的发展过程可将灾害评估分为灾前预评估、灾中跟踪或监测性评估以及灾后实测评估三种。

灾前预评估要考虑三个因素：① 未来灾害可能达到的强度与频度；② 本区历史上的灾度与成灾率；③ 灾区的人口密度、经济发达程度和防灾抗灾能力。灾中跟踪或监测性评估主要是根据灾害的发展情况和灾区的承灾能力，对已经发生的灾害损失和可能继续遭受的损失进行评估，而对可能发生的次生灾害则要进行预评估。灾后实测性评估是在灾后现场对直接和间接灾害损失逐区、逐片、逐点、逐项进行实际测算，同时对可能发生的衍生灾害进行预评估。

一般来说，遥感可以实时采集地球表面信息，为灾害评估提供致灾因子状态、灾情等数据；GPS 可以对地面研究目标进行精确定位，为遥感图像和 GIS 空间数据库里面的各种专题评估图件提供精确的地面控制点信息；GIS 可以提供区域基础地理信息及相关社会经济背景数据，具有海量数据的存储、管理与分析处理能力。显然，运用“3S”技术尤其是遥感技术对灾害的发生范围、程度和引起的损失等进行预测和评估，将会大大改进灾害评估的效率。目前，由于该技术具有快速方便、准确客观、灵活机动和综合集成的特点，在灾害评估中具有广泛的应用前景，已成为灾害评估研究的前沿与发展趋势。

2008 年 5 月 12 日的四川汶川大地震对卧龙大熊猫栖息地造成了严重影响。通过对 2008 年 5 月 15 日至 5 月 28 日获取的航空遥感数据，以及 SPOT、Landsat TM/ETM+、ASTER 等卫星遥感数据，结合前期研究成果，通过变化检测和初步分析，发现地震导致的新生滑坡体或泥石流面积达 7 万多公顷，直接导致 3.7 万多公顷的大熊猫栖息地丧失，影响区域更达到 11 万多公顷。该区域的 20 多个大熊猫保护区中，以卧龙、龙溪-虹口、白水河、九顶山、千佛山等大熊猫保护区的影响最大，这些保护区的大熊猫栖息地损失都在 2000 hm^2 以上。

综上所述，遥感在灾害研究领域的应用范围极为广泛，具有很好的应用前景。今后应在加强基础理论研究的同时，进一步发展相关技术方法，从而让遥感技术更好地为救灾减灾服务。

第三节　全球变化遥感

全球变化遥感（remote sensing in global change）是以遥感手段获取信息，研究和监测全球环境变化的科学活动。全球变化的研究涉及不同时空尺度，时间上从数秒到数十亿年；空间上从分子水平或更小微粒到行星地球乃至宇宙空间（王长耀等，1998）。目前，全球变化研究已成为全球性的研究热点，这些研究涉及地球科学、宏观生物学、天体科学和遥感科学等众多学科领域，主要包括温室效应及其所引起的海平面缓慢上升、臭氧层破坏、森林锐减、生物多样性减少、环境污染、土地退化、淡水资源短缺，以及厄尔尼诺与拉尼娜等全球气候变化问题。由于这些研究问题具有高度的综合性和学科交叉特点，因此代表了当今世界地学与环境科学的长期发展趋势。

遥感技术应用于全球变化研究，可以追溯到美国 1960 年发射的 TIROS－1 气象卫星。美国航空航天局 NASA 更是宣称，有关全球变化遥感研究的历史是与 NASA 的历史平行的（NASA 创立于 1958 年）。

20世纪60年代到90年代初，随着ITOS、NOAA、Landsat系列卫星遥感影像的广泛应用，全球变化研究得到了迅猛发展。1986年，国际科学理事会（ICSU）组织了以全球变化研究为核心的国际地圈生物圈计划（IGBP），该计划包括7个核心研究计划和2个技术支撑计划；1990年，由国际社会科学委员会（ISSC）组织，开始建立全球变化人类行为计划（IHDP）；1991年，由国际生物科学联合会（IUBS）、环境问题科学委员会（SCOPE）和联合国教科文组织（UNESCO）发起成立生物多样性计划（DIVERSITAS）。上述多项全球性的研究计划在其具体的实施过程中，均广泛运用了遥感技术。这些全球性研究计划的实施，推动了全球变化研究向更深层次发展，并取得了许多富有成效的研究结论（如地球正在缓慢升温）。为协调世界各国的社会经济与环境政策，共同应对全球变化所带来的巨大挑战，推行低碳经济政策提供了科学决策依据。

一、全球变化遥感原理

遥感技术因其成像速度快、时效性强、多波段、周期性、大面积覆盖、费用相对较低等鲜明特点，已成为全球变化研究中不可替代的重要手段。

目前，随着空间技术的不断发展，越来越多的遥感平台和传感器成功发射并稳定运行，为全球变化研究提供了更多可供选择的多源遥感数据。它们不仅包括可见光和近红外波段工作的光学传感器，还包括红外谱段，在夜晚也能工作的红外扫描仪和辐射计系统，以及不受云雨影响能全天候观测且有一定穿透能力的微波雷达系统。

这些遥感器可以获取太阳辐射因纬度不同而带来的大气循环降雨、蒸发、土壤含水量、植被变化等气候系统的信息；对流层中碳酸气体、氮氧化物、臭氧等化学物质变化对气候影响的信息；海洋中的叶绿素、盐分浓度分布、人类活动对地球生物化学循环的影响等方面的信息。它们对于全球变化研究是不可缺少的（高彦春等，2000）。全球变化遥感研究需要覆盖全球的周期性的、长时间序列的连续遥感数据，还需要具有全球同步观测数据。利用这些数据可提取有特定意义的信息，将处理结果与地球系统变化过程结合起来分析，以建立全球变化研究数学模型，以不同形式组合分析，可以形成对全球变化过程的新认识。

二、全球变化遥感应用

（一）碳循环与全球变化

大气中的二氧化碳被陆地和水体生态系统中的绿色植物吸收，然后经过生物或地质过程，以及人类活动的影响，又以二氧化碳的形式返回到大气中，这就构成了自然界碳循环的基本过程（图12－11）。大气中二氧化碳、甲烷等温室气体含量升高，直接导致了全球气候持续变暖，加速了两极地区冰盖及青藏高原的冰川积雪消融，使地球海平面缓慢上升，许多低洼的岛国如图瓦卢和包括上海、东京、纽约等大都市在内的世界经济最发达的沿海地区面临灭顶之灾。因此，对碳循环的深入研究是整个人类社会迫在眉睫的一项重大研究课题。世界各国首脑已在2009年12月齐聚哥本哈根，在《京都议定书》和《巴厘岛路线图》的框架下商讨全球二氧化碳减排问题。

地球上的两大碳库是岩石圈和化石燃料，含碳量约占地球碳总量的99.9%，碳的活动缓慢，这两个库实际上起着贮存库的作用。另外还有大气圈、水圈和生物圈这三个碳库，其中的碳在生物和无机环境之间迅速交换，容量小而活跃，实际上起着交换库的作用。大气中的二氧化碳是含碳的主要气体，也是碳参与物质循环的主要形式。森林是生物库中碳的主要吸收者和贮存者，它固定的碳相当于其他植被类型的两倍，相当于目前大气含碳量的2/3。

绿色植物从空气中获得二氧化碳，经过光合作用转化为葡萄糖，再形成植物体的碳化合物，经过食物链的传递，成为动物体的碳化合物。植物和动物的呼吸作用把摄入体内的一部分碳转化为二氧

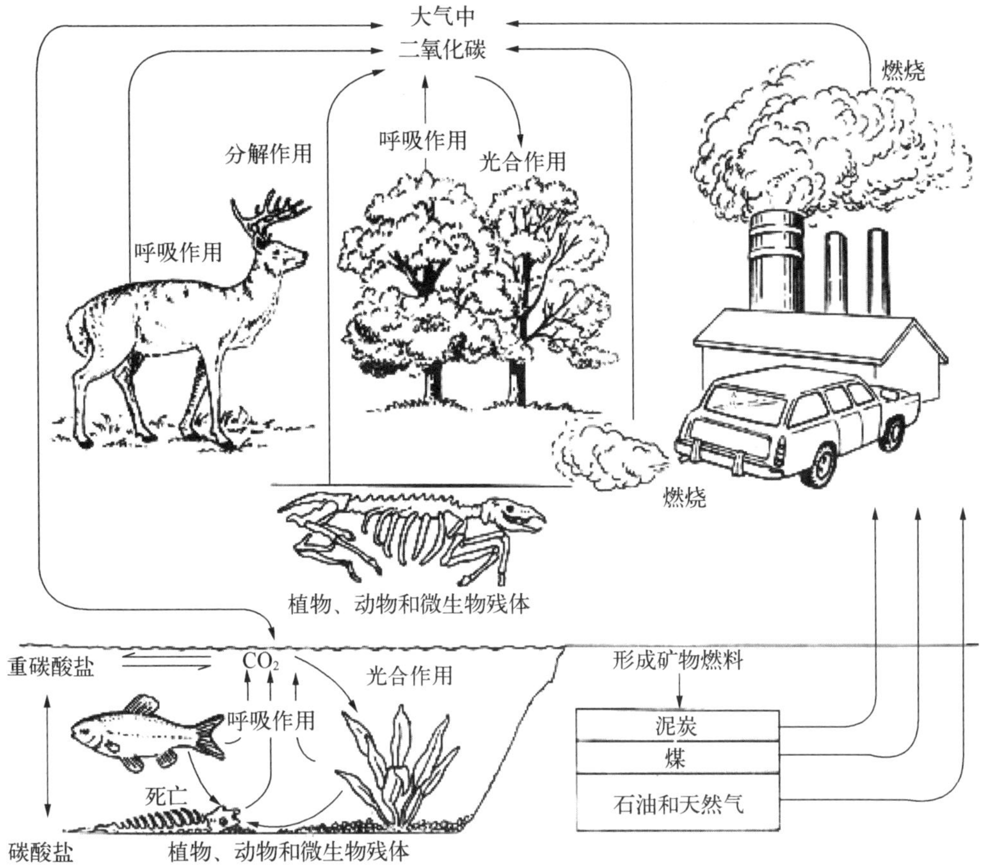

图 12－11　碳循环示意图

化碳释放入大气,另一部分则构成生物的机体或在机体内贮存。动、植物死后,残体中的碳,通过微生物的分解作用也成为二氧化碳而最终排入大气。大气中的二氧化碳这样循环一次约需 20 年。植物通过光合作用从大气中吸收碳的速率,与通过动植物的呼吸和微生物的分解作用将碳释放到大气中的速率大体相等,因此,在受到人类活动干扰以前,大气中二氧化碳的含量是相当稳定的。只是随着人类的工业化进程,对煤、石油、天然气等化石燃料的过度使用,导致原本固化的碳重新活跃起来,使地球大气中的二氧化碳浓度逐渐缓慢增加。

因此,碳循环研究的重点在陆地与海洋生态系统绿色植物的净初级生产力(net primary productivity,NPP)估算、土壤有机碳含量估算及碳通量反演等。其中,准确的海洋净初级生产力估算模型可直接为渔业生产和海洋管理提供决策支持,卫星遥感技术能够及时提供海面大尺度动态的生态环境参数,因而在海洋 NPP 估算方面获得了广泛应用(丛丕福等,2009)。

(二) 碳循环遥感应用案例

全球性的土地利用/覆被变化(land use and cover change,LUCC)对植被生产力的影响是 LUCC 环境效应的重要组成部分,对于区域陆地生态系统碳循环的研究具有重要意义。在全球气候变暖的大背景下,大气-植被-土壤之间的碳循环成为当前学术界的研究热点。

1. 植被净初级生产力 NPP 遥感反演

王宗明等(2009)在我国土地利用变化最为剧烈的三江平原地区,应用以遥感观测和生态系统过程模型为基础的土地利用数据和植被净初级生产力 NPP 数据,估算土地利用变化过程对三江平原地区植被生产力的影响。认为林地、草地和湿地向耕地转化等土地覆被变化直接导致区域净初级生产力的降低,人类活动干扰的强度和频率加剧对于区域植被净初级生产力降低具有重要影响。

净初级生产力 NPP 等于总初级生产力减去自养呼吸消耗。它是反映林分和生态系统结构特征的最重要的参数之一，是生产者能用于生长、发育和繁殖的能量值，也是生态系统中其他生物成员生存和繁衍的物质基础，其空间分布可为自然资源管理和可持续发展提供高度综合的信息，是全球变化和碳循环研究中的一个非常重要的组成部分。地球上的生态系统种类繁多，其 NPP 有很大差异。陆地上，由热带雨林向亚热带常绿林、温带落叶林、北方针叶林、热带稀树草原、温带草原、苔原到荒漠，其 NPP 依次下降。海洋中 NPP 最高的地方有珊瑚礁、海藻床等区域，其次是大陆架。大洋的生产力相当低，相当于陆地的荒漠。陆地单位面积上 NPP 的年际变化主要受气温、降水等因素的影响，而区域 NPP 总量年际间的变化则要受降雨量和土地利用方式等因素共同影响。

毛德华等的研究表明，东北地区的植被年均 NPP 值在 1982~2010 年呈显著上升趋势。植被年均 NPP 的空间分布受植被类型、气候、地形因素的综合影响，其中气候变化和土地利用变化是影响植被 NPP 时空格局的重要因素(图 12－12)。

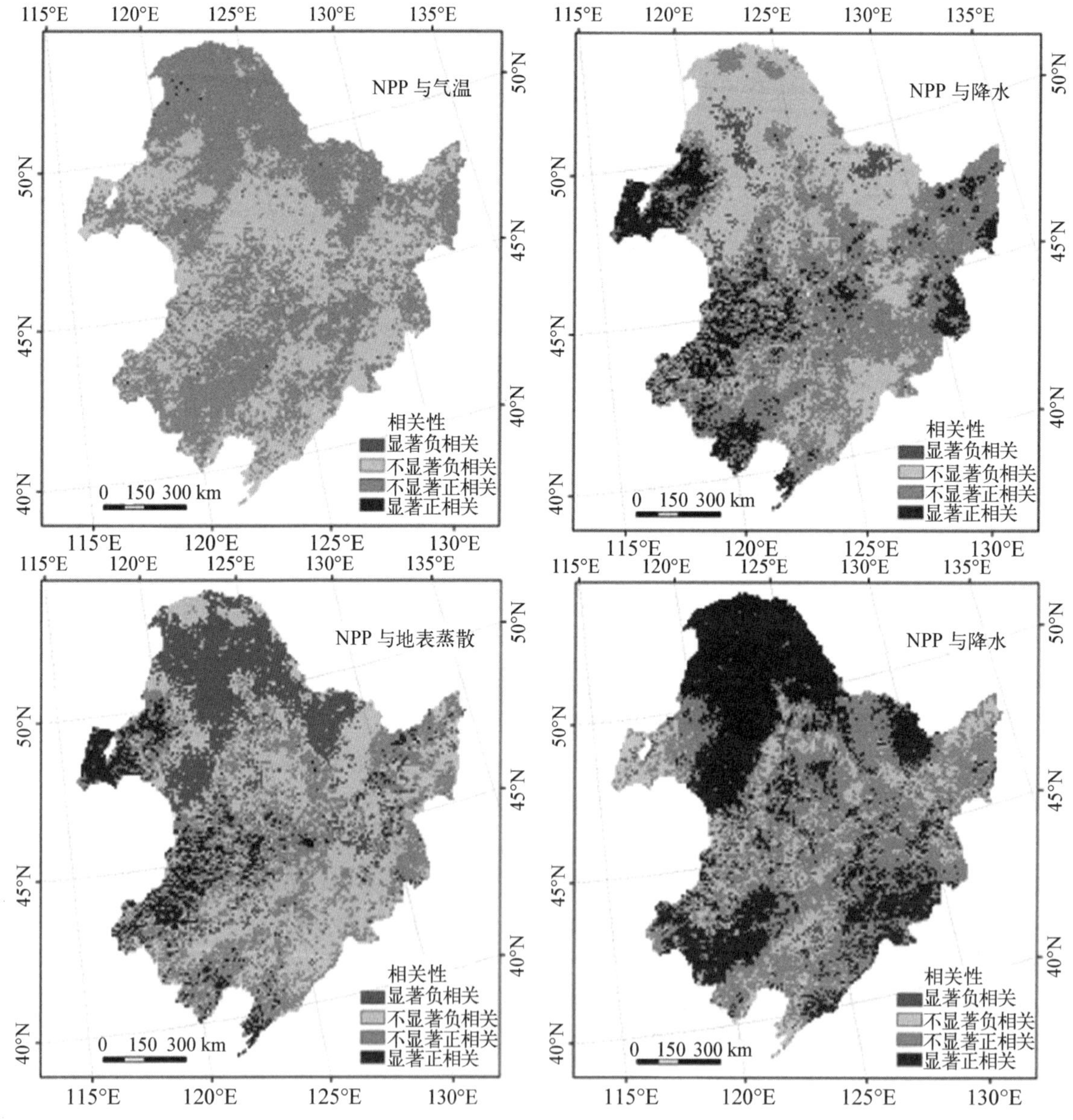

图 12－12　1982~2010 年东北地区植被年均 NPP 与气候因子相关性空间分布

2. 土壤有机碳含量估算

这是当前全球碳循环研究的又一个研究热点之一，但不同学者之间的估算值差异较大。从估算方法看，主要有基于土壤剖面的直接估算法和基于生态系统碳循环过程模型的间接估算法，这两种方法各有优缺点。直接估算法由于只反映了不同土壤或植被类型的土壤有机碳含量平均值的差异，因而空间分辨率较低。而间接估算法由于参数的简化，影响了土壤有机碳估算的空间精度。周涛等（2007）将遥感的高时空分辨率特征、反映生态系统碳循环动态变化的过程模型、实际测量的土壤有机碳结合起来，以求提高土壤有机碳估算的空间分辨率。考虑到受温度、水分的影响，土壤呼吸与土壤有机碳含量的关系并不好，而土壤基础呼吸由于剔除了温度和水分的影响，从而使其与土壤有机碳的关系非常密切。最终采用结合遥感和碳循环过程的 CASA 模型及 Van't Hoff 土壤呼吸模型，在首先获取土壤基础呼吸的空间分布的基础上结合实测土壤有机碳，估算了中国 8 km 分辨率的土壤有机碳的空间分布。

3. 碳通量遥感反演

杨洪晓等认为（2005）探知全球森林生态系统的碳储量和碳通量是调控碳循环过程的必要环节和最大难题之一，样地清查、遥感分析和模型模拟等方法的综合运用将是解决这一问题的根本途径。当然，大洋在全球碳循环系统中作用也极为重要，常见极地海域海洋 CO_2通量现场实测数据调查存在很多局限性，目前多利用卫星数据估算海–气 CO_2通量。许苏清和陈立奇（2007）结合大洋考察资料，可以从海表层水 CO_2分压和其相应的调控因子之间推导出经验公式，通过最佳的插值方式由卫星遥感数据外推整个计算海域的 CO_2数据场，并与实测数据做比较，计算碳通量。

此外，激光雷达（LiDAR）技术通过发射激光脉冲并接收反射信号，可精准获取森林的三维空间信息，为森林碳储量估算提供立体化数据支撑。根据搭载平台不同，该技术可分为地面、机载和星载三类系统，形成多尺度协同观测体系。三类平台的协同应用，构成完整的观测链条：地面系统提供样地尺度基准数据，机载平台实现区域精细化制图，星载系统支撑全球趋势分析。通过数据融合算法，地面验证的异速生长模型可上推至机载尺度，而星载数据则指导重点区域的机载详查，形成“微观–中观–宏观”联动的碳计量体系。

（三）生态环境遥感本底值

以往在生态环境遥感评价中较少使用具有综合性的、可遥感直接获取的、综合反映生态功能的参数，所以，对生态环境所表现出的质量差异无法快速确定。因此，需用生态的眼光来思考遥感，也就是生态环境的遥感表现——生态环境遥感本底值，这要求从资源空间分布、区域本底值、生态制图等予以表达。生态环境遥感本底值指在地理信息系统和遥感技术支持下所获取的、能够反映生态环境质量现状、环境容量、环境恢复能力等方面的系列指数。生态环境遥感本底值借鉴了环境背景值的思想，利用卫星遥感资料反演区域尺度上生态环境综合特征，使人们不仅能通过遥感全面地把握生态环境的现状，而且，为动态监测提供了一系列参比指标，推动生态环境监测遥感评价走向业务化。

生态环境的遥感本底值不仅是实现对生态环境的定量化分析的一个重要过程，还可为今后生态环境遥感监测的业务化运行奠定坚实的基础。以往通过资源来监测生态环境无法对生态环境作出全面、及时的反映，无法满足实际工作的要求，而基于遥感本底值的生态环境的监测将很好地解决这些问题，为业务化运行提供基础。

（四）水循环

水循环指大自然中的水吸收太阳带来的能量，通过蒸发、植物蒸腾、水汽输送、降水、地表径流、下渗和地下径流等环节，在固态、液态和气态之间进行存在模式的转变，在水圈、大气圈、岩石圈和生物圈中进行连续运动的过程（图 12–13）。

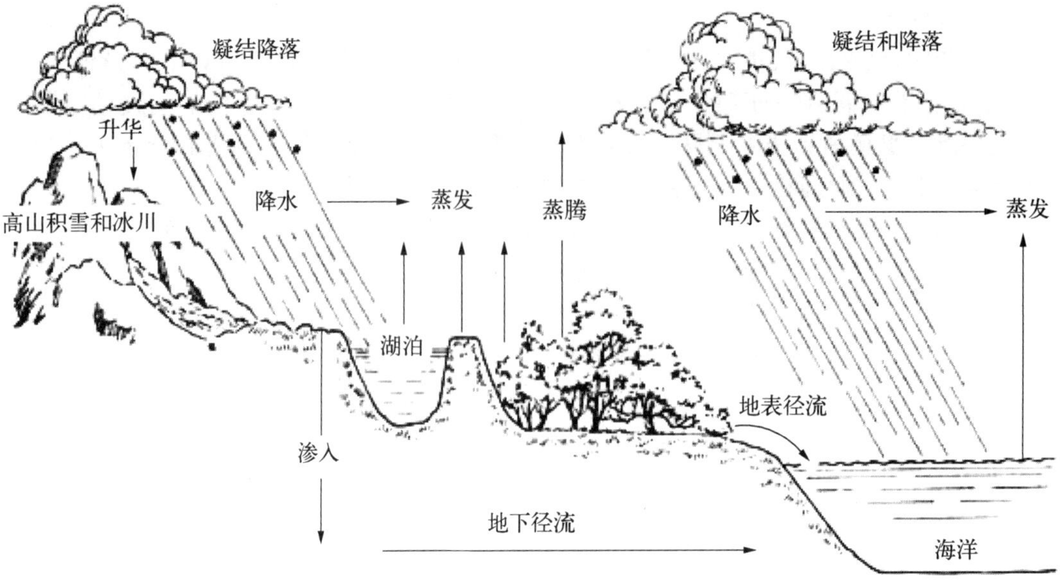

图 12－13　水循环示意图

自然因素和人类活动是影响水循环的主要因素。自然因素包括气象条件(大气环流、风向、风速、温度和湿度等)和地理条件(地形、地质、土壤与植被等)。人类活动则通过不断改变自然环境来强烈影响水循环过程。

人类生产和消费活动排出的污染物通过不同的途径进入水循环。化石燃料燃烧产生并排入大气的二氧化硫和氮氧化物,进入水循环能形成酸雨,从而把大气污染转变为地面水和土壤的污染。土壤和固体废物受降水的冲洗、淋溶等作用,其中的有害物质通过径流、渗透等途径,参加水循环而迁移扩散。人类排放的工业废水和生活污水,使地表水或地下水受到污染,最终使海洋受到污染。水在循环过程中,沿途夹带的各种有害物质可由于水的稀释扩散,降低浓度而无害化,这是水的自净作用。但也可能由于水的流动交换而迁移,造成其他地区或更大范围的污染。因此,研究水循环过程及其与人类活动的关系,对于合理开发利用和管理水资源,防止和治理水污染具有深远意义。在全球变化研究中,水循环研究已成为其中一个非常重要的研究领域。

目前,水循环研究目前的焦点除了水污染之外,当属生态系统蒸散发(evapotranspiration,ET)的遥感反演。生态系统蒸散发包括了地表水分蒸发与植物体内水分的蒸腾,是维持陆面水分平衡的重要组成部分,也是维持地表能量平衡的主要部分。蒸散发的时空动态是研究气候变化和陆地生态系统碳水循环的重要因子,与生态系统净初级生产力密切关联。

宋璐璐等基于 2000~2010 年的 MODIS 和 CERES 产品、气象数据、通量塔数据及其他辅助数据,利用改进 PM－Mu 模型,对青藏高原不同时间分辨率的蒸散发量进行估算,分析了青藏高原蒸散发空间分布特征及影响蒸散发变化的驱动因子。发现青藏高原蒸散发量呈现显著下降的趋势,青藏高原蒸散发量与相对湿度的相关性最大,蒸散发空间分布格局呈现从东南向西北递减的特征(图 12－14)。

杨胜天和刘昌明(2004)基于 1982~1998 年 AVHRR Pathfinder 遥感数据和黄河流域土壤水分、降水与蒸发观测资料基础上,应用土壤水分遥感估算方法,建立基于遥感条件温度植被指数和气象观测数据基础上的黄河流域厚层土体(0~1 m)土壤水分遥感估算方法,并在获得土壤水分数据基础上,以黄河流域中兰州、头道拐、龙门、三门峡、花园口和利津水文站为控制断面,将黄河流域划分为 7 个子流域,结合 1982~1998 年的径流资料和气象观测资料,利用水量平衡方法分析了 17 年来黄河流域水循环动态特征。通过研究证明,建立的大区域、连续时间段、厚层土体土壤水分遥感估算方法及其框架是可行的。研究表明,蒸散发比率最小的是兰州以上河段,蒸散发比率为 0.5~0.6,所以该区是黄河流域最湿润的地方。蒸散发比率越高,则该地区越干旱。

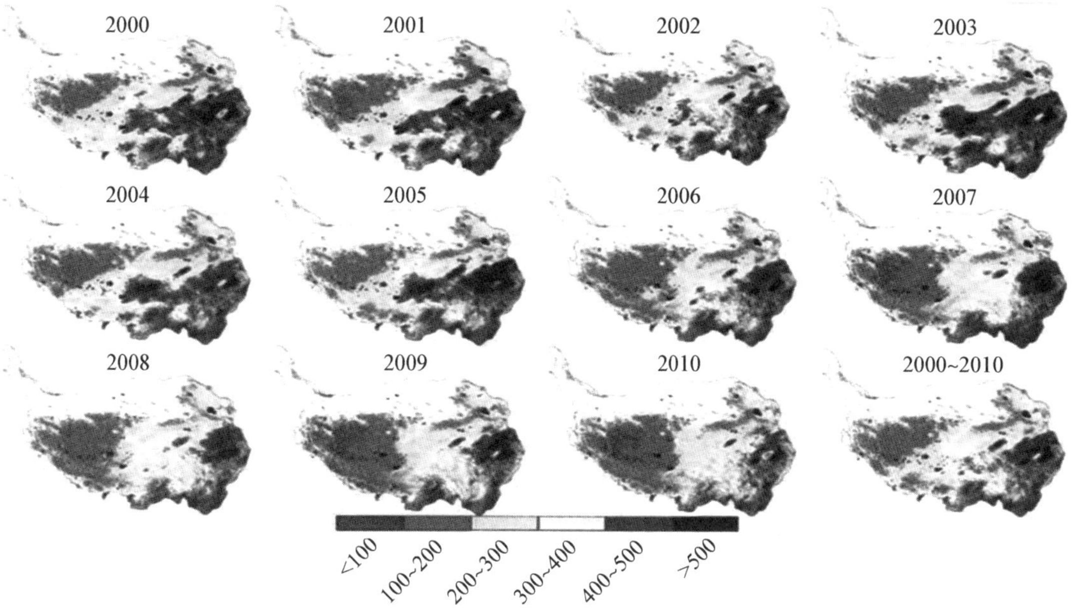

图 12-14 2000~2010 年青藏高原年均蒸散发值空间分布格局(单位:mm/a)

综上所述,遥感是一门综合性很强的现代科学技术,今后将向高时空分辨率、高光谱分辨率、多平台、全天候观测方向发展,在实现高度产业化的同时服务于社会经济生活的各个方面。

思考题

1. 什么是地质遥感?请对地质遥感目视解译的基本步骤予以简要说明。
2. 地质遥感主要有哪些应用领域?试选择其中任意一个领域,简要说明地质遥感的应用过程。
3. 简述灾害遥感的主要研究内容。全球变化遥感的主要研究领域有哪些?
4. 结合所在地区的实际情况,说明可以在哪些领域应用遥感技术,并展望其应用前景。

第五篇　遥感技术在中学地理教学中的应用与实践

第十三章　遥感技术在中学地理教学中的应用

本章导读

本章着重介绍遥感技术在新高中课程“地理信息技术应用”中的地位，通过逐节分析对比，可见遥感技术在其中的核心作用，之后阐述如何发挥遥感的核心作用，并给出一些研究型学习的思路。希望通过本章的学习，希望同学们能够很好地发挥遥感在中学课程中的技术工具作用。

信息技术为地理科学提供了极其丰富的信息源和强有力的信息处理工具。遥感技术（RS）、全球定位系统（GPS）、地理信息系统（GIS）和数字地球的出现在生产和生活中发挥着重要的作用。遥感能及时准确地获取大范围、多时相的空间信息；全球定位系统可以对飞机、车、船等交通运输工具进行定位导航，可以实时地对空间实体进行精确定位；地理信息系统具有强大的数据输入、存储、处理、管理、分析和显示的功能；数字地球则把人们带入了一个充满神奇色彩却又与现实生活有着千丝万缕联系的虚拟世界，更加深了人们对地理信息技术的认识和理解。

第一节　遥感、地理信息系统和全球定位系统

遥感信息具有的宏观性、综合性、周期性、翔实性、客观性和时空变化多层性，使其成为各种比例尺专题图编制的重要信息源。尽管卫星遥感影像属于二维处理的范围，但利用某些卫星遥感图像可以进行高程测量。卫星影像解释还需与其他技术及外业调查相结合，保证其解释质量和广泛应用。

一、遥感技术的重要作用

任何一项技术的应用都不是独立的，遥感技术也不例外，GIS、RS、GPS 互相结合应用更能发挥强大的功能，形成更多的优势，为用户提供更多的信息。遥感在地理信息技术中发挥着重要的作用。

遥感技术本身也包含了“3S”的内容：影像具有空间坐标——GPS；影像监测地面状态——RS；影像可以转换成矢量数据，进行空间位置跟踪——GIS。

鉴于此情况，我们能依照本书的内容设计出以遥感为主的中学地理信息技术模块内容。所以，一个好的遥感综合应用，就是一个“3S”技术的综合应用。

二、遥感和地理信息系统结合应用

遥感可动态地提供地面资源环境现状的空间数据，地理信息系统是一种管理、分析和显示空间数据的有效工具，由于它们的研究对象都是空间实体，而且技术具有互补性，因此彼此之间的关系密不可分(图 13－1)。

图 13－1　遥感影像加 DEM 数据生成的三维图

一方面，遥感影像是空间数据的一种形式，类似于地理信息系统中的栅格数据，因此遥感是给地理信息系统提供重要信息源的一门技术，为地理信息系统提供及时、准确、综合和大范围的可用于动态监测的各种资源环境数据；又由于遥感具有动态多时相采集空间信息的能力，所以它是建立与更新地理信息系统空间数据库的重要手段。例如，用专业的遥感软件对遥感图像进行一系列的处理，对遥感图像中边界(如水陆边界、农田有规则的矩形边界)以及线性地物(如铁路、公路等)进行提取，其结果可矢量化并用于更新现有的地理信息系统数据库。

另一方面，由于地理信息系统拥有强大的空间数据管理功能，有时也可将地理信息系统作为遥感图像的处理工具，为遥感数据提供一个存储、处理、分析和显示的平台，进行几何校正、辐射校正、图像分类、选取兴趣区等操作。另外，利用地理信息系统数据库中已有的地形数据对遥感监测提供了支持和辅助，加快遥感图像的分析，不仅提高了遥感图像的可识别性和遥感信息处理的效果，而且为充分利用地理空间分析提供了一个良好的环境。例如，地理信息系统提供的多种空间和属性数据是遥感数据分类的辅助知识，可大大提高其分类精度。

遥感和地理信息系统的结合在数据获取、分析处理方面具有突出的优势，已被广泛地运用到国土资源调查、城市规划、农作物监测、矿产资源管理、水质监测等诸多领域。

遥感和地理信息系统两者结合可快速获取城市土地覆盖信息，对土地空间分布进行精确客观的分析评价，发现某些城市系统规划中存在的问题，合理进行城市土地规划。所以，从现状的调查、数据分析处理、规划方案到土地规划信息入库，遥感和地理信息系统的功能在城市土地系统规划中发挥得淋漓尽致。

在内陆湖泊水质研究中，遥感和地理信息系统同样提供了技术支持，遥感可以大面积、迅速地提供水质信息，而且可长时间跟踪监测，能快速、动态地提供湖泊表面的信息，地理信息系统具有的管理空间数据的能力，可以将环境数据进行输入编辑，实现对湖泊的监测分析和预测，同时对湖泊进行规划和管理，体现了其快速、经济、高效的优势。

三、遥感和全球定位系统结合应用

RS 数据和 GPS 数据都可作为地理信息系统的数据源，它们既有独立的特点，又可相互补充完善对方；GPS 的精确定位功能可为遥感影像上的地物目标提供准确的位置坐标。

全球定位系统是利用多颗导航卫星的无线电信号对地球表面某地点进行定位、报时或对地表移动物体进行导航的技术系统。全球定位系统主要用于遥感工程中的空间定位，并辅助摄影测量和遥感测量。目前，GPS 辅助的空中三角测量利用少量的几个控制点或仅利用一个控制点（基准站）即可取得厘米级的定位精度，完全可满足大、中比例尺的测图要求。随着 GPS 动态定位技术的不断发展以及新型 GPS 接收机的不断推出使得动态确定载体姿态的技术有了巨大发展，从而大大开拓了 GPS 在遥感中的应用领域。GPS 已与多种传感器（如合成孔径雷达、机载激光断面测量系统等）组合应用，极大地提高了这类传感器的定位与测量精度。

GPS 在摄影测量与遥感中的应用归纳起来主要有如下三个方面：① GPS 辅助航摄飞行导航，实现精确定点航摄；② 高精度动态相机定位，辅助空中三角测量；③ 与其他传感器组合，确定载体的位置、姿态、速度和加速度。

例如，利用遥感影像制作正射影像图时，在制作影像图的区域内均匀选取控制点的坐标，可进行 GPS 实地测定。所以，GPS 的快速定位功能实现了对遥感数据的实时定位，为遥感数据快速进入地理信息系统提供了可能，保证了遥感数据及地面同步监测数据的动态匹配，实现了遥感信息准确查询。

在资源环境动态监测中，遥感技术的精度不能满足对所有的变化区域进行定性和定量测量，部分图斑在解译之后，还需要用 GPS 准确测定其边界。GPS 数据对遥感信息是一个必要的、有益的补充。在资源环境动态监测中，明显的、大面积的变化区域可以通过遥感影像来确定，而变化过快的区域、小面积的地块或边界模糊的地块，有时反映不出来，这就可用 GPS 接收机收到实地获取变化地块的数据。

第二节　遥感技术在中学“地理信息教学”中的核心作用

地理信息技术作为地理科学发展与社会信息化的重要内容，在资源与环境可持续发展、国家经济建设以及社会进步方面发挥着重要的作用，在基础教育中也有着重大的意义和教育价值。新高中课程改革把“地理信息技术应用”纳入高中地理课程体系，成为课改的一个重点。2003 年中华人民共和国教育部制订的《普通高中地理课程标准》，在基本理念中明确提出：加强地理信息技术在地理学习中的应用，强化地理与遥感技术对地理教学的影响，培养学生“3S”技术思想并深刻理解信息化社会下的新地理学。在中学地理教学中结合学生兴趣，一般把地理信息与遥感技术作为具有实践性、先进性内容，是中学生应该优先掌握的技术。

遥感与地理信息技术进入高中地理课程内容，在课程改革之后更加突出。新课程用了大篇幅强化了这部分内容，不仅在必修课中明确要求学习遥感、地理信息系统、全球定位系统等技术的应用，而且专门还规定了一门选修课——地理信息技术应用，这为信息技术真正与地理课程整合进一步创造了条件。其中，必修课程中的模块明确了地理信息与遥感技术应用的内容标准要求：结合实例，了解遥感在资源普查、环境和灾害监测中的应用；举例说出全球定位系统在定位导航中的应用；运用有关资料，了解地理信息系统在城市管理中的功能；了解数字地球的含义。其明显的特点是突出遥感地理信息技术在资源环境监测管理中的作用。

<table>
<tr><td colspan="3">《遥感原理与应用》总体设计上考虑了与中学地理教学的衔接，充分利用遥感技术直观、生动、丰富的优点。在地理信息技术的教学中使用遥感影像完成一些具体研究分析，运用遥感技术向学生们展示具体、生动、感性的资源环境状况，激发他们热爱自然、探求知识的研究性学习。通过本书的学习实践，基本上可以满足中学地理的实践应用。</td></tr>
<tr><th>模块功能实现</th><th>章　节　名　称</th><th>与中学地理衔接扩展内容</th></tr>
<tr><td rowspan="5">理论部分</td><td>第一章　概述</td><td>介绍遥感基本概念及相关信息技术</td></tr>
<tr><td>第二章　遥感物理基础</td><td>介绍电磁波与电磁辐射、地物的光谱特性</td></tr>
<tr><td>第三章　遥感平台</td><td>遥感平台及卫星</td></tr>
<tr><td>第四章　传感器</td><td>传感器</td></tr>
<tr><td>第五章　遥感数据传输与遥感图像特征</td><td>遥感图像特征</td></tr>
<tr><td rowspan="3">技术部分</td><td>第六章　遥感图像处理</td><td>处理图像数理原理</td></tr>
<tr><td>第七章　遥感图像的目视解译</td><td>如何应用图像分析图像</td></tr>
<tr><td>第八章　遥感图像的计算机分类</td><td>如何进行遥感监测</td></tr>
<tr><td rowspan="4">遥感技术应用</td><td>第九章　植被遥感</td><td rowspan="4">遥感具体应用实例</td></tr>
<tr><td>第十章　土地遥感</td></tr>
<tr><td>第十一章　水体遥感</td></tr>
<tr><td>第十二章　其他遥感应用</td></tr>
<tr><td>中学教学实践</td><td></td><td>图像处理软件使用、遥感监测具体操作、完成遥感-地理信息技术教学</td></tr>
</table>

其中，必修课程的模块中，地理信息技术的应用的内容标准要求为：结合实例，了解遥感（RS）在资源普查、环境和灾害监测中的应用，并能对遥感图像进行简单判读，对遥感与地理信息系统进行基本操作实践，对“3S”技术在社会生产、生活中的应用有所了解，形成基本的地理信息素养。

第三节　中学遥感探究型学习

探究型学习是学生在教师指导下，从自然、社会和生活中选择和确定专题进行研究并在研究过程中主动地获取知识，以解决问题的学习活动；是师生共同探索新知的学习过程，围绕解决问题共同设计研究内容、方法等，相互合作探索和交流的过程。探究型学习是通过学生尝试对问题解决的过程，来获取知识、提升能力、形成价值观的学习方式，强调对所学知识、技能的实际运用，注重学习的过程和学生的实践与体验。探究型学习过程包括确定课题、组织分工、收集信息、整理分析信息、创建答案/解决方案、评价与展示作品等几个步骤。因此需要老师能根据遥感教材内容、学科特点、学生掌握程度及可实现程度，利用场景设计出学生喜闻乐见的探究性课题。

为加深师生对地理遥感信息技术的理解与应用，特设计几个具体应用场景来引导探索性教学。还可以到中国卫星地面接收站购置相应的图像产品，如省会地区可以配备大城市卫星图像，或地区彩红外航空相片等。另外，本书还给教师提供若干资源网站，也能够下载一些遥感图。

探究一：如何通过遥感影像图分析我国植被覆盖情况，东部沿海和西部边疆在植被分布上的差异。

探究二：利用计算机在遥感数字图像上勾绘出所在省份的省会城市的建成区面积，将其人居城市面积和北京、深圳人均面积进行比较，说明资源环境利用效率。

探究三：利用高分辨率影像分析城市内土地利用，如林地、草地、水域、住宅等，并转化成 GIS 数据、分析评价城市土地利用结构特点。

探究四：利用遥感影像分析所在省份河流、湖泊等分布情况，并转化成 GIS 数据，对其洪涝灾害防治、水资源合理利用提出建议。

探究五：利用多时相的遥感数据监测省会城市近 30 年的变化情况，并转化成 GIS 数据，分析城市化趋势。

探究六：利用区域遥感影像与 Google Earth 对照分析，拟写出 5~8 种常见地物的判读标志列表，掌握各种地物的影像特征。

探究七：能否利用多种影像监测到森林火灾、森林砍伐、山区开发建设、水土流失等对区域环境影响较大的重大事件。

这些内容主要在教师指导下由学生自己来完成，包括资料收集、数据处理、结果分析、实验总结等。

第十四章　中学遥感技术综合实验设计

本章导读

中学遥感技术综合实验针对土地遥感、林火、水灾等监测步骤进行了详细的介绍，如实验目的、实验原理、实验材料与设备、实验步骤、实验结果与分析，希望这些能成为范本，方便读者在今后工作中进行具体操作。

第一节　土地利用动态监测实验设计

一、实习目的

利用遥感技术，按土地利用分类，查清各类用地的数量、分布，形成较为准确可靠的土地利用基础图件，为土地的科学管理、合理利用和土地资源动态监测提供基础数据。并根据这些现状数据与同地区的本底数据进行叠加分析，获取土地利用变化信息，分析土地利用变化的趋势和原因。

二、基本原理与方法

1. 土地利用现状调查

土地利用现状调查的任务是以市、区（县）为基本调查单位，查清行政区域界线和土地利用现状的分类界线，汇总各类土地面积。

2. 分类系统

利用遥感数据编制我国土地利用图，一般采用国标中的分类系统（表 10－1）。

3. 调查方法

鉴于土地利用动态监测的主要任务及其特点，"3S"技术在土地利用动态监测中的技术路线如下。

1）基于 RS 技术的数据源发现

对遥感数据进行处理生成所需的正射影像图，利用计算机解译或人机交互解译提取土地利用信息，对于空间界线模糊或属性不清或图斑太小无法判别时，加以记录，以便于后面的 GPS 测量。

2）基于 GPS 技术的外业调查

利用 GPS 的实时定位技术，快速发现图上需要实际调查的图斑位置，依据有关的技术规程完成内业测量数据整理，对遥感图像分类图进行修正，形成标准的土地利用现状图。

3）基于 GIS 技术的数据分析

将土地利用现状数据导入地理信息系统与基期土地利用现状数据库进行叠加，经空间数据变更、属性数据变更等处理后生成变更后的土地利用现状统计报表、土地利用现状图及土地利用变化图、记录表等。具体技术路线见图 14－1。

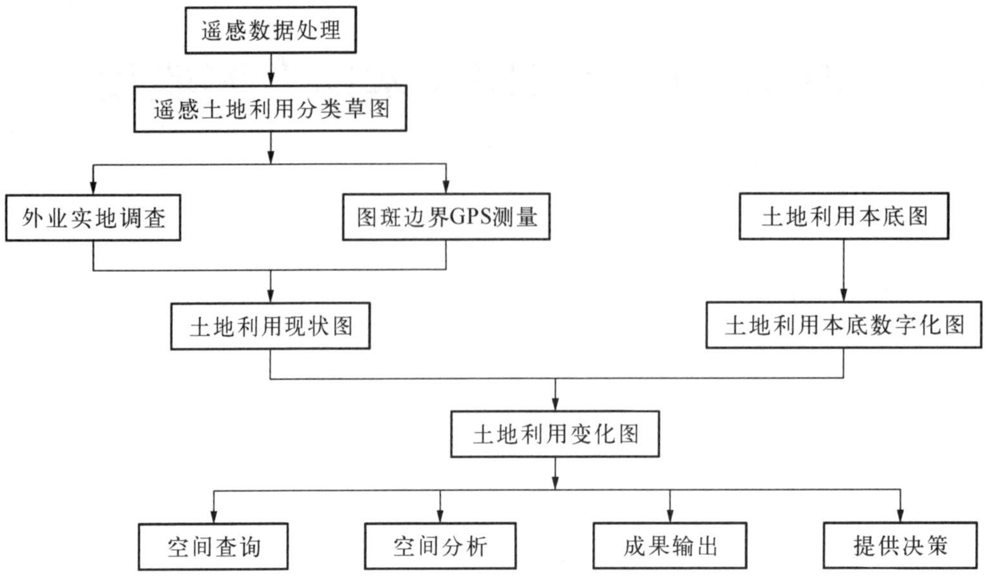

图 14－1　基于“3S”技术的土地利用动态监测技术流程

三、实习步骤

（一）准备工作

1. 制订实习计划

根据实习的任务与目的，初步制定出总的实习计划。包括实习的工作项目、内容、精度要求、工作方法、工作流程、工作阶段的划分和时间安排等。

2. 资料准备

资料准备的主要任务是收集、整理和分析所需要的研究区域的各种专业图件、数字与文字资料、工作底图等。具体主要包括：① 近期的地形图、合适波段与恰当时相的遥感影像；② 土地利用本底图；③ 研究区有关的行政区划、地质、地貌、水利、交通、土壤、气象和农、林、牧等方面的图件和文集资料；④ 研究区的社会经济资料，如人口、劳力、各种用地的统计数据、生产和经济状况以及经济开发规划等。同时，对已收集到的各种资料必须进行整理和分析，如遥感图像处理、土地利用本底图的数字化等，以便实习过程中使用。

3. 仪器和设备的准备

准备外业调查以及内业工作所需要的仪器设备，包括绘图工具、调绘工具和电脑等。

（二）遥感影像预判

1. 室内建立初步判读标志

解译的主要任务是掌握解译区域特点，确立典型解译样区，建立目视解译标志，探索解译方法，为全面解译奠定基础。在室内初步解译的工作重点是建立影像解译标准，为了保证解译标志的正确性和可靠性，必须进行解译区的野外调查。野外调查之前，需要制订野外调查方案与调查路线。

2. 野外考察验证判读标志

在野外调查中，为了建立研究区的判读标志，必须做大量认真细致的工作，填写各种地物的判读标志登记表，以作为建立地区性判读标志的依据。在此基础上，制订出影像判读的专题分类系统，根据目标地物与影像特征之间的关系，通过影像反复判读和野外对比检验，建立遥感影像判读标志（表 14－1）。

表 14-1 影像图的解译标志

地物类型	解译标志
耕地	鲜红色,形状规则,纹理明显,分布于影像中部和南部
林地	鲜红色,分布于影像北部山上
草地	浅红色
水域	深蓝色,形状如线状狭长的为白蓝色
建设用地	灰蓝色,形状规则,有明显的网格
未利用地	白色,主要分布于影像南部,北部白色的区域为白云,解译时应去除

3. 室内详细判读

将预处理和增强处理后的正射影像图和地形图结合起来,进行详细判读形成土地利用现状草图。

地类预判的具体做法是,依据我国农业区划委员会制定的《土地利用现状调查技术规程》中的分类系统的要求,利用遥感图像处理软件或 GIS 软件直接在计算机屏幕上进行各个地类的预判与地类边界的勾绘,产生土地利用现状草图。地类图斑暂不编号,只给出其地类号注记。

在详细判读过程中,要及时将解译中出现的疑难点、边界不清楚的地方和有待验证的问题详细记录下来,留待野外验证与补判阶段解决。

(三) 外业核查与调绘

外业核查与调绘的主要内容包括两方面: ① 检验专题解译中图斑的内容是否正确;② 验证图斑界线是否定位准确,并根据野外实际考察情况修正目标地物的分布界线。

1. 地类图斑的核查与调绘

1) 地类判定与界线勾绘

外业核查与调绘是以室内预判得出的土地利用草图为工作底图,实地查看各个地块,依据其土地用途、经营特点、利用方式和覆盖特征等因素,对照土地分类体系,判读地类是否正确、图斑界线是否准确。对于地类判读错误的图斑,赋予正确的地类;对于图斑边界不准确的,按实地情况勾绘准确的图斑边界。

勾绘图斑界线的具体方法是: ① 实地和影像图相结合,勾画准确的图斑边界,每个图斑界线必须闭合;② 图上宽度大于一定宽度的双线地物自成图斑,不能自成图斑的线状地物应明确归入某一图斑之内。

2) 图斑编码

对所有的地类图斑进行编码。在进行编码时,要求为: ① 按图斑的定义划分图斑,图斑不分大小一律独立编码;② 以图幅为单位进行图斑编码;③ 编码采用分式,分子为图斑号(图斑顺序号),分母为地类号;④ 不允许出现重号和漏号。

2. 新增地物的补测

由于遥感影像与调查时间的不同步,研究区的地类有些地方已发生了改变,因此要在进行实地调查时对新增的地物给予补测修正。在新增的地物中,一般以居民点及工矿用地、公路与农村道路用地、鱼塘、园地为最多,外业调查时对这些新增地物以及在土地利用草图上没有的其他地物应全部按要求进行补测。

补测过程中,主要依据补测地物的大小、形状、位置、补测点位及与周围明显地物点的关系,准确量算出补测点的位置,准确转绘到土地利用草图上,获得补测点,连接各补测点完成补测。

3. 外业调查记录表的填写

在外绘工作中,为了详细掌握土地利用现状和便于资料汇总,需要统一印制外业调查记录表,作为野外工作必须填写的工作记录手簿,在野外工作时用其记录图斑号、土地所有性质、地类号、地类名称、权属单位,线状地物的地类名称、权属、宽度,土地利用状况等项目,并记录补测草图、数据和图斑号等资料。

4. 外业调绘图的接边与整饰

为了给内业工作提供准确、清晰的调绘图件以及野外资料信息，必须对野外调绘及补测的全部内容进行认真清绘、接边和整饰。

5. 外业地类检查

检查土地利用草图地类调查正确性，地类图斑有无遗漏，零星土地上图是否符合标准，图面标绘规范性，接边正确性、完整性，图斑划分合理性、系统性、一致性，线状地物的宽度是否符合限差要求等。检查合格后可以进入内业数据采集。

（四）内业数据处理

1. 资料预处理

主要是对外业工作所获得的图件、资料与数据进行入库前的复查与处理，包括图幅接边和图斑闭合处理、填补丢漏的注记、改正外业调查登记表、登记待返补的图幅等。

1）图面预处理

① 检查相邻图幅的接边情况，保证图形相接、注记一致；② 填补不完整的线划，将模糊不清或中断的各种线状图形进行加工，如被注记符号等压盖而间断的线划、道路遇居民地中断部分，均以线划连接，以便作为一条连续完整的线来采集；③ 标出同一条线上具有不同属性内容线段的分界点等，以便数字化时赋予不同的属性值；④ 对图面上的各种注记标示清楚，包括图廓内外各种注记，主要有文字注记、地类注记、水系注记、道路注记、地形注记、图廓注记等；⑤ 检查图斑界线是否闭合，按背景要素进行闭合处理；⑥ 将图面预处理中发现的重大问题及处理意见加以记录。

2）土地利用表格整理

包括碎部面积量算表、各种统计表的整理、数据项名称、度量单位的统一、关键字段的设计等。

2. 数据采集、处理

① 按照分层、分类型原则采集图形数据。首先采集线状要素，按水系、道路、行政界线、地类界、权属界、其他带有宽度的线状地物界的顺序分层采集。其次，采集属性数据。属性数据录入采取批量方式，一个图层与一个属性数据表相关联，一次性录入该图层中的所有图形实体的属性数据。② 抽查图形与属性文件，确认正确无误后，再通过关键字段使图形实体与对应的属性表记录关联起来。③ 相邻图幅之间要进行数据接边处理，包括图形接边和属性数据接边两个方面。

3. 数据检查、入库

调查数据入库前应进行以下五方面检查：

（1）要素位置的精度检查。线型、符号采集的位置必须正确，不跑线（图上 0.1 mm 以内）。按中心点、中心线数字化的要素，其位置必须准确。共边元素必须严格捕捉结点。不同层的公共边必须完全重合。

（2）属性精度检查。按属性表规定对采集地类及权属的属性进行检查，看属性值是否漏赋或赋值错误，检查各项要素所赋的属性项的正确性以及编码位数的正确性。

（3）数据完整性检查。数据完整性主要检查分层的完整性、实体类型的完整性、属性数据的完整性及注记的完整性，各要素的采集不得有缺漏、错误和重复采集。检查面状地类是否闭合，线状地类及权属界线是否连续，属性数据是否完整，同一要素在不同图幅的分层、属性及编码是否相同，注记是否完整等。

（4）逻辑一致性检查。检查点、线、面要素拓扑关系建立是否有错；面状要素是否封闭或一个面状要素有不止一个标识点或遗漏标识点；线划相交情况是否被错误打断；有无重复输入两次的线划，是否出现悬挂结点，以及其他错误的检查。

（5）接边精度检查。在几何图形方面，相邻图幅接边地类要素及权属界线在逻辑上应保证无缝接边，在要素代码和属性项方面，相邻图幅接边地物要素也应保持一致；在拓扑关系方面，相邻图幅接边地物要素拓扑关系应保持一致。

数据经检查准确无误后，得到精度较高的土地利用现状图，导入土地利用动态监测数据库。

(五) 土地利用动态监测

主要将数据库中的土地利用现状图与土地利用本底图,或通过以上调查步骤由遥感影像获取的两个时相或多个时相的土地利用现状图,进行叠加分析,获取土地利用变化图,并进行查询、分析、成果输出等,从而达到对土地利用动态监测的目的。

(六) 实验结果与分析

1. 结果输出

主要是借助屏幕、打印机、绘图仪等仪器,对在实习过程中获取的土地利用现状图、土地利用变化图、空间分析产生的各种统计图表等成果的输出。

2. 结果分析与实习报告的编写

在上述的工作基础上,撰写相应的实习报告。

实习报告应包括以下几个方面:① 实习区的自然、经济与社会概况;② 实习数据与资料;③ 调查技术与方法、工作过程及经验(附野外调查记录表);④ 实习成果,包括土地利用现状图、土地利用变化图(图14-4)以及空间分析产生的各种统计图表(附相应数据与图件);⑤ 实习结果分析,主要包括土地利用现状分析和土地利用变化分析两部分;⑥ 实习小结,报告实习过程中遇到的问题、解决办法、取得经验及心得体会等。

其中,土地利用现状分析包括:

(1) 土地利用现状特点分析:从区域实际情况出发,通过对区域土地利用结构、布局、开发利用程度、经济效益、生态效益、社会效益等方面的综合分析,并与其他地区对照比较,概括出该地区区别于其他地区的土地利用的基本特点。

(2) 土地利用存在问题分析:主要指土地利用与区域自然条件、社会经济发展状况之间的非协调与矛盾。

(3) 土地合理利用途径的提出:在分析土地利用特点和存在问题的基础上,总结并提出关于区域土地合理利用的可行性意见,包括土地合理利用的对策、措施与方法等。

土地利用变化分析包括:

(1) 结合土地利用本底图、土地利用现状图与土地利用变化图,了解变化类型和变化范围。

(2) 通过对比分析,找出土地利用变化的驱动力,了解这种变化如何受人类与生物自然因素的影响,揭示土地动态变化机理。

(3) 根据土地利用变化发生的地点、速率,结合土地变化的其他统计资料,必要时可利用另外时相的遥感图像,模拟土地利用变化的主要社会-经济和生物自然驱动力,给出土地利用变化的相关自然生物参数,建立预测模型,对土地利用动态变化作出预报。

(4) 根据土地利用现状和趋势,结合土地利用技术变化、人口和经济发展、消费倾向、与土地利用相关的政策、环境状况等,提出合理利用土地的建议与对策。

第二节 森林火灾监测实验设计

一、实验目的

通过燃烧点、浓烟、火烧迹地的影像特征分析、数字图像处理、专题信息提取等实验,掌握森林火灾遥感监测基本原理和技术,为学生深入理解和综合运用遥感基础知识和基本技能奠定基础。

二、实验原理与材料设备

本实验涉及地物波谱特征及成因、三原色原理、图像分类等基本原理。

记录以色列北部森林火灾的 Landsat TM 卫星图像(2010 年 12 月 3 日,轨道号为 174037,包含 6 波段)、计算机及 ERDAS 软件。

1. 实验数据

影像获取时间：2010 年 12 月 3 日

多光谱合成数据(包括热红外)：tm_20101203all.img

提取结果数据可从模型中看出。

2. 数据处理模型

1）燃烧点的提取

单波段阈值法：fire_b6.gmd,fire_b5.gmd,fire_b6_b5.gmd

2）浓烟的提取

谱间关系法：yan_pujianguanxi.gmd;阈值法：yan_yuzhi.gmd

3）火烧迹地的提取

用主成分与 NDVI 阈值组合法：jidi_prin_ndvi.gmd;谱间关系法：jidi_pujianguanxi.gmd

三、实验步骤

(一) 影像特征分析

1. 图像显示与三类区域目视判读

以 TM5,4,3 组合显示影像(图 14－2),观察以色列北部森林火灾的情况。图中 1 所示部分为正在燃烧的区域(燃烧点);2 所示部分为浓烟;3 所示部分为火烧迹地。实验要求快速提取这三类区域。

2. 光谱特征分析

调用像元查询工具观察三类区域各波段的像元值,用光谱曲线工具画出三类区域的光谱曲线(图 14－3),观察各类型的光谱特征。

图 14－2　火烧现场影像图

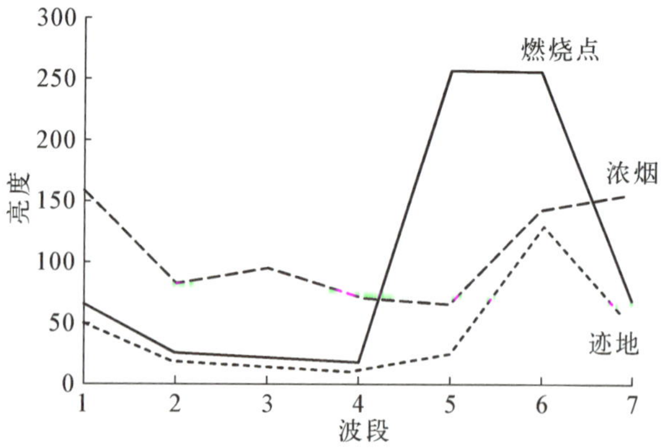

图 14－3　燃烧点、浓烟、火烧迹地的光谱特征对比

从图 14－3 可看出,燃烧点在热红外有高的辐射值、在短波红外 1 有高的反射值,其他波段像元值低得多;浓烟在热红外有高的辐射值、在短波红外 2 和蓝光有高的反射值,其他波段值要低些;火烧迹地在热红外有高的辐射值,在蓝、短波红外 2 反射值相近且高于热红外以外的其他波段。可以根据这些光

谱特征并考虑到与其他类型的区分,采取合适的方法提取这三类区域。

(二) 数字图像处理与专题信息提取

1. 燃烧点的提取

采用单波段阈值法。

调用建模工具,建立形如下式的模型,通过修改阈值完成不同提取结果并与原图像比较,最后确定合适阈值。图 14-4 是阈值取 160 的燃烧点提取结果。

either 1 if (6 波段值>某阈值) or 0 otherwise

该结果与图 14-2 比较,燃烧点位置准确但范围偏大,是因为燃烧后地表高温会持续一段时间才退去,多提取了高温的火烧迹地的缘故。

用波段 5 的合适阈值进行该实验,结果如图 14-5 所示。与图 14-2 比较,真正燃烧点位置提取准确,范围吻合,但多提取了很多非燃烧点。

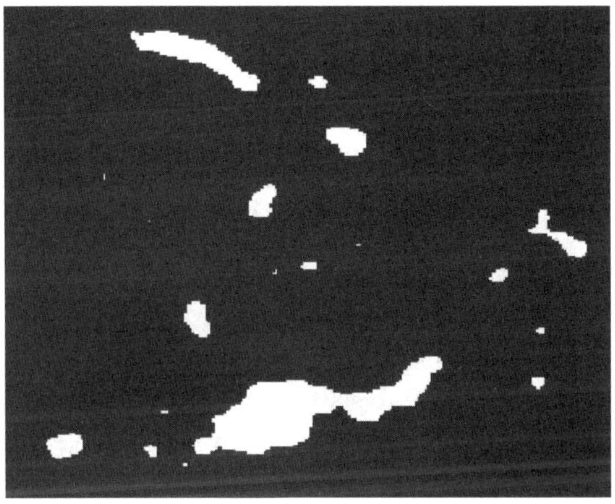

图 14-4 波段 6 阈值取 160 的燃烧点提取结果

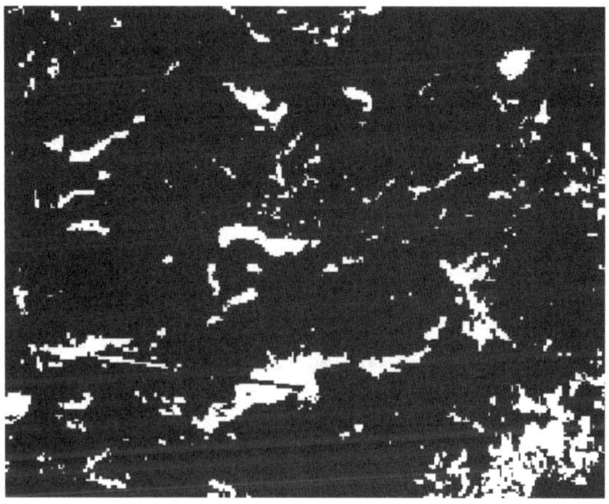

图 14-5 波段 5 阈值取 100 的燃烧点提取结果

综合考虑波段 5 和波段 6 的优势与不足,可以设计波段 5 和波段 6 阈值提取结果的交集作为最后结果的模型。图 14-6 是波段 5 阈值取 100 和波段 6 阈值取 160 的燃烧点提取结果,该结果与图 14-2 中燃烧点的实际情况更相符。

2. 浓烟的提取

采用谱间关系法进行提取。

从图 14-3 可知,浓烟在波段 7 和波段 1 反射率相近且都高于波段 6 的值;波段 3 比波段 5 反射率大很多。因此设计一个(波段 3-波段 5)>(波段 7-波段 1)且波段 7>波段 6 的判别式,得到图 14-7 所示的结果。

3. 火烧迹地的提取

采用谱间关系法与阈值法相结合进行提取。

由图 14-6 可知,火烧迹地在热红外有高值,蓝、短波红外 2 相近且高于除热红外的其他波段,利用这些特点可把这几种类型分开。但难点是,火烧迹地与当地的一种特殊地物——盐滩的光谱特征非常相似,如图 14-8 所示。

虽然波段 1 和 7 上两种地物有一定可分性,但分类结果不能满足要求,因而考虑把原始波段数据做一定变换以期改善分类效果,这里选择主成分变换和 NDVI 计算。将前 4 个主成分和 NDVI 构成的新变量中两种相似地物的光谱特征比较,取第一主成分小于 125、第三主成分小于 131、NDVI 小于 85,即可较准确地提取火烧迹地,结果如图 14-9 所示。该方法不足之处是由于两个类型相距较近,阈值有较小偏差时可导致结果有较大偏差。

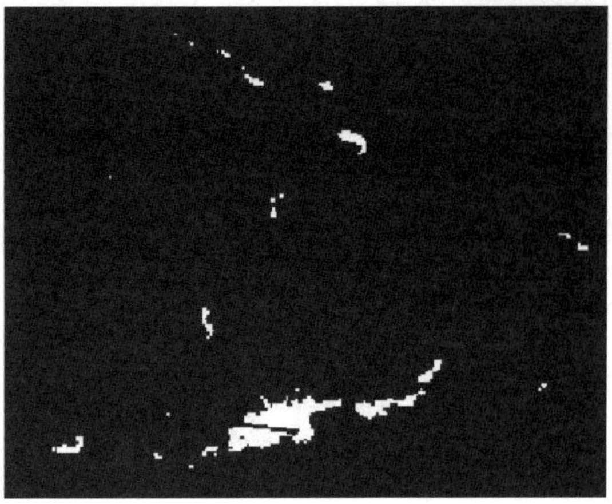

图 14-6 波段 5 阈值取 100 和波段 6 阈值取 160 的燃烧点提取结果

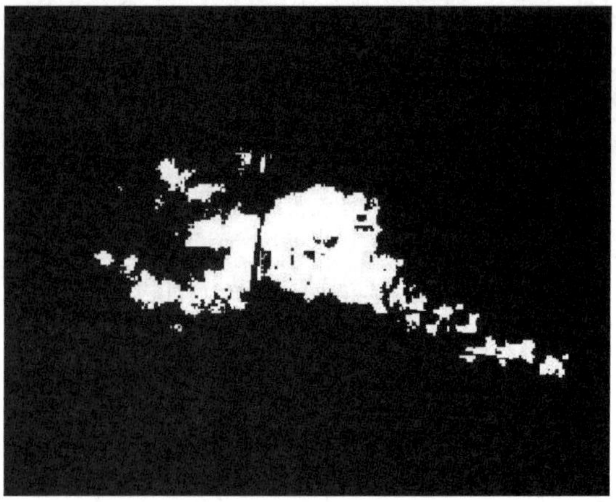

图 14-7 用谱间关系法提取浓烟

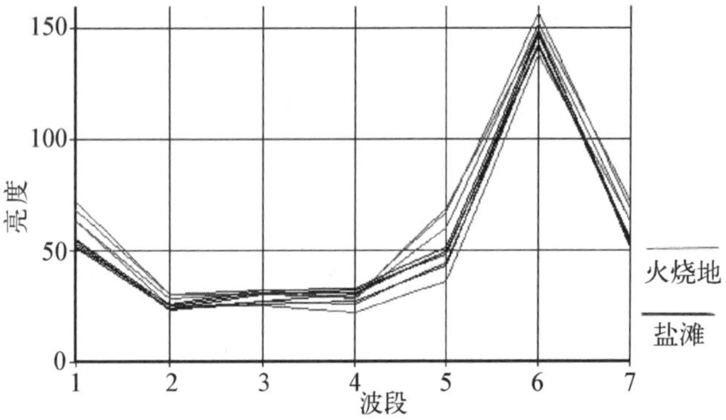

图 14-8 火烧迹地与盐滩的光谱特征

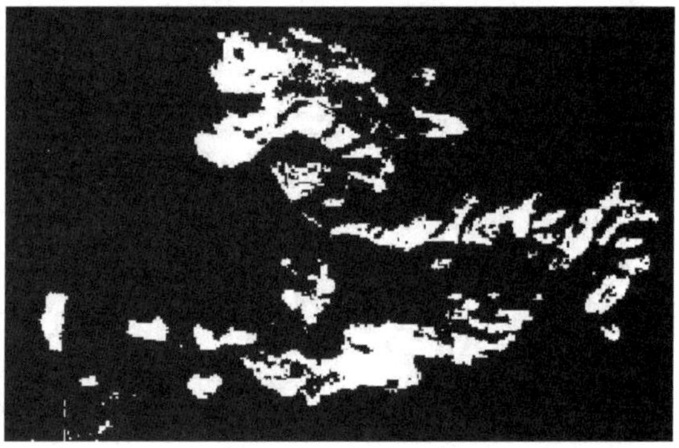

图 14-9 用主成分与 NDVI 阈值组合提取火烧迹地

四、实验结果与分析

把上述三类地物提取结果分别与图 14-2 的原始影像叠合显示,并用卷帘或闪烁方式观察提取效果,基本结论是:燃烧点和浓烟由于光谱特征与其他地物类型差别显著,快速提取效果好、精度高,非常适合火灾现场的实际工作;火烧迹地与建筑物、道路等光谱差异较小,容易混淆,尤其与本研究区内的盐滩或浅的盐湖这种特殊地物光谱特征非常接近,很难区分开,实际工作中可通过不同时相对比方法去除这些地物,以便更准确地提取火烧迹地。

第三节 洪水监测实验

一、实验目的

利用 Landsat-5 影像数据提取洪水淹没区域、量算水淹面积,并利用水灾前影像分类结果分析淹没区域土地利用类型,为水灾损失评估提供基础数据。通过该实验了解并初步掌握遥感在抗洪救灾中的基本应用。

二、实验原理与材料设备

本实验涉及地物波谱特征及成因、三原色、图像分类、像元统计分析等基本原理。

吉林市水灾区域影像(Landsat TM 11730,2010 年 7 月 29 日)、水灾前影像(Landsat TM 11730,2006 年 8 月 19 日)、计算机及 ERDAS 软件。

1. 实验数据

影像获取时间：2006 年 8 月 19 日　2010 年 7 月 29 日

多光谱合成：2006_345.img;20100729_345.img

影像裁切：jilinshi2006_345.img;jilinshi20100729_345.img

辐射定标过的影像：jilin_20100729_fu.img

水体提取和土地利用分类结果数据可从模型中看出。

2. 数据处理模型

辐射定标：fu.gmd

单波段阈值法提取水体：jilin_shui_b5.gmd

谱间关系法提取水体：jilin_shui_b2345.gmd

植被指数法提取水体：jilin_shui_ndvi.gmd

水体指数法提取水体：jilin_shui_ndwi.gmd,jilin_shui_mndwi.gmd

土地利用分类：lei_mianji.gmd

三、实验步骤

(一) 影像判读分析

以 TM5,4,3 组合显示并对比两景影像,图 14 - 10(a)中 1 所示部分即为水体,图中有两片大面积水域为洪水淹没区域,图 14 - 10(b)中相应位置是居民地、农田、未利用地等。

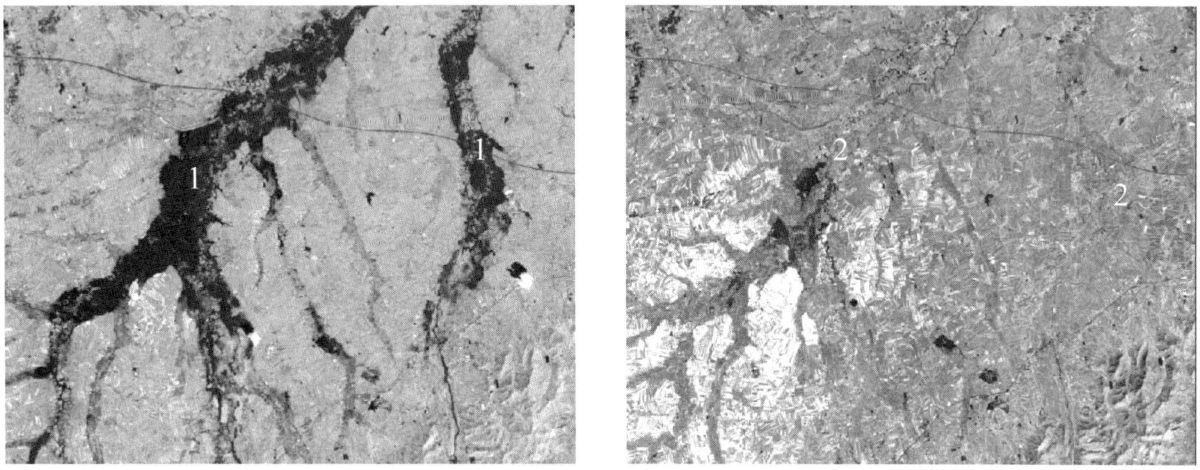

(a) 2010年7月29日水灾情况　　(b) 2006年8月19日正常水位情况

图 14 - 10　水灾与正常情况影像

（二）水体波谱特征及水体指数

调用像元值查询工具,通过水体与非水体 DN 值比较,发现短红外波段水体 DN 值比非水体 DN 值要小得多,可通过设置阈值来提取水体。调用光谱曲线生成工具,获得不同地物类型的光谱曲线(图 14－11),分析比较光谱曲线可知,只有水体具有(波段 2+波段 3)>(波段 4+波段 5)的特征,可用谱间关系法提取水体。

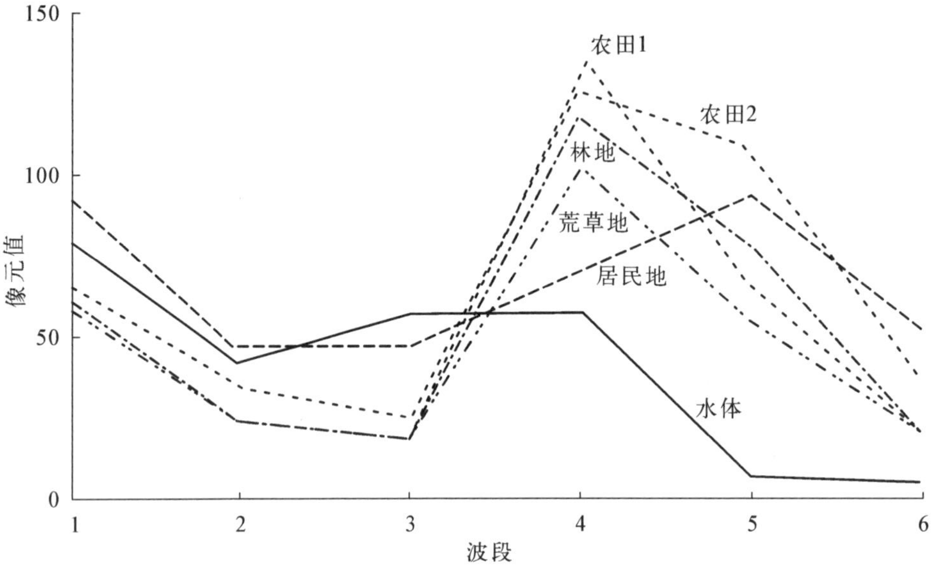

图 14－11　不同地物的光谱曲线

另外,可计算植被指数或水体指数,并利用这些指数提取水体。提取水体常用的指数有归一化差值植被指数(NDVI)、归一化水体指数(NDWI)及改进的归一化差异水体指数(MNDWI)。各指数计算公式为

$$NDVI=(NIR-Red)/(NIR+Red)$$

$$NDWI=(Green-NIR)/(Green+NIR)$$

$$MNDWI=(Green-MIR)/(Green+MIR)$$

式中,Green、Red、NIR、MIR 分别对应 TM 数据中的绿、红、近红外、短红外。

（三）水体提取

根据以上分析,采用不同方法建立模型,完成水体提取。

1. 单波段阈值法

调用建模工具 model maker,建立类似 either 1 if (band5<3) or 0 otherwise 的模型,多次试验选取合适的阈值,完成水体提取。

2. 谱间关系法

调用建模工具 model maker,建立类似 either 1 if (band2+band3>band4+band5) or 0 otherwise 的模型,完成水体提取。

3. 植被指数法

调用建模工具 model maker,先计算 NDVI 并拉伸到 0~255,然后建立类似单波段阈值法的模型,经试验,取 NDVI 小于 80 能较好地提取水体。

4. 水体指数法

调用建模工具 model maker,先计算 NDWI 和 MNDWI 并拉伸到 0~255,然后建立类似单波段阈值法

的模型，经试验，取 NDWI 大于 80 和 MNDWI 大于 200 能较好地提取水体。

各方法提取结果见图 14－12。

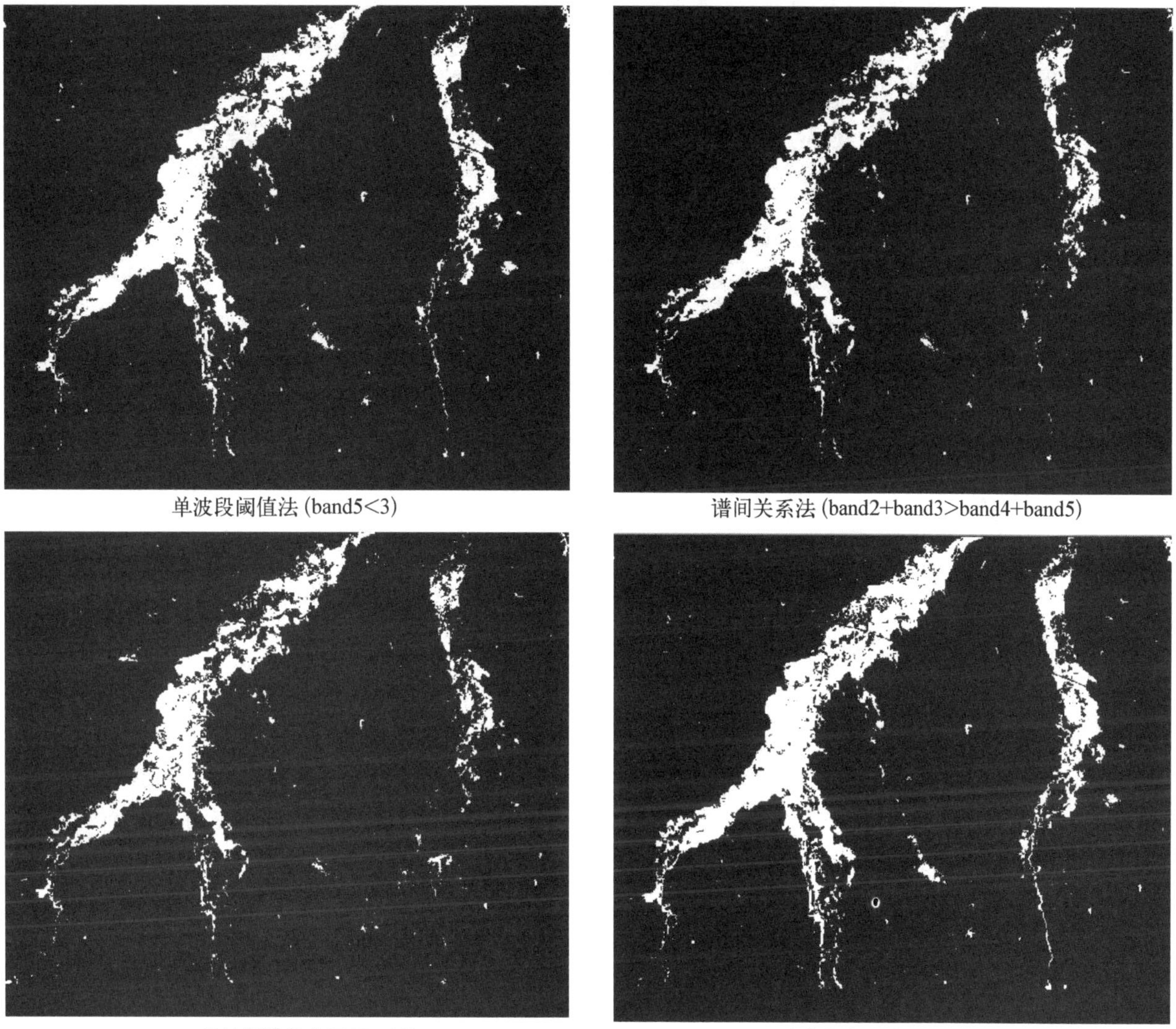

单波段阈值法 (band5<3)　谱间关系法 (band2+band3>band4+band5)

植被指数法 (NDVI>80)　水体指数法 (MNDWI>200)

图 14－12　几种方法提取水体结果

把各结果分别与原始图像叠加显示，并调用视窗中菜单命令 utility/swipe 进行观察对比，可知用 MNDWI 提取的水体最准确，漏提情况极小，但不足之处是大云块的阴影被误提，该方法对无云的影像提取效果非常好。

（四）洪灾损失评估

把洪水期水面范围与平水期土地利用图叠加分析，就可以求出各类型用地被淹面积，进而求出受灾损失。

1. 土地利用分类

用监督分类法对 2006 年影像进行土地利用分类（具体操作过程参见土地利用分类实验），得到正常水位时该区域土地利用数据（图 14－13）。

2. 各类型受灾面积计算

在前面提取的水域范围影像中水域部分像元值为 1，非水域像元值为 0；土地利用分类影像中各类

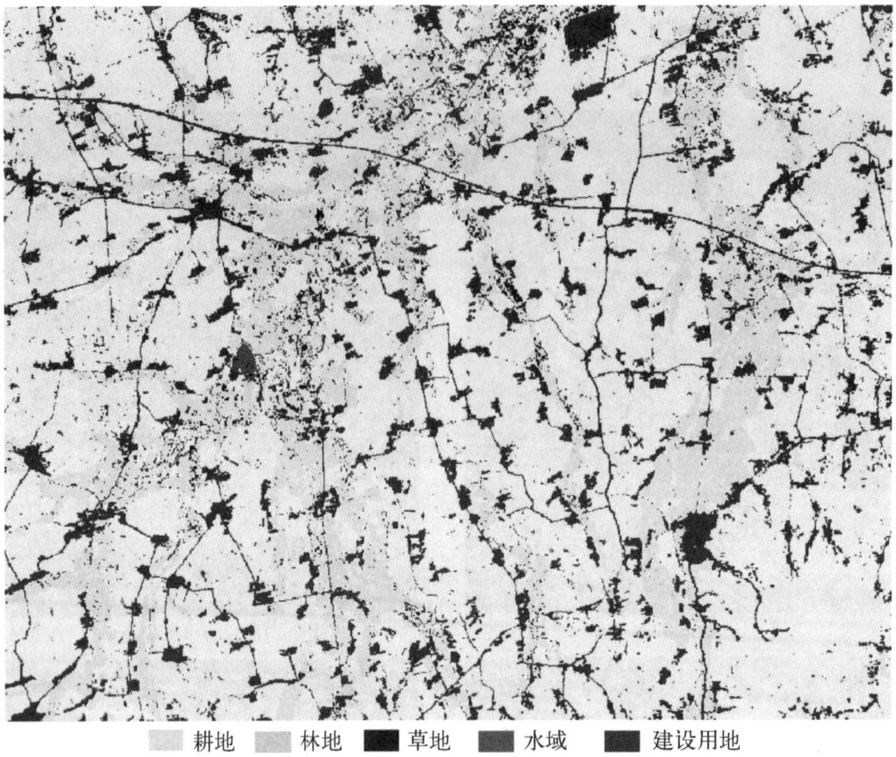

图 14－13　正常水位时该区域土地利用图

型用数值代码代替；建立模型把两者相乘，即可得到受灾区域土地利用影像；调用视窗中 raster/attributes 命令，可出现各类型码对应的像元数；调用视窗中 utility/layer info 命令，出现的信息窗口中 map info 栏有 x pixel size 30，y pixel size 30，unit 为 meter，表示像元大小是 30 m×30 m，即 900 m^2。经计算得到表 14－2 所示的各类型受灾面积。

表 14－2　各类型水淹面积统计表

土地利用类型	耕地	林地	草地	水域	建设用地	合计
像元数	11860	28066	3884	839	3286	49735
面积/hm^2	1067	2526	350	76	296	4314

注：表中 76 hm^2 水域属正常水位的水域面积，可不作为受灾区域。

四、实验结果与分析

1. 水体提取精度

单波段阈值法原理清晰、模型简单、精度较高，但与修正的水体指数相比，错提和漏提较多；通过各种方法提取水体结果的比较可知，在本研究区用修正的水体指数提取效果最好，漏提很少但仍存在阴影错提的现象；用谱间关系法能去除阴影影响但错提和漏提现象仍存在；植被指数法和水体指数法提取误差较大。

2. 土地利用分类

为获取土地利用类型数据而进行的简单分类，非本实验的重点内容；若想达到更好的分类精度，请参考本书中土地利用遥感实验相应内容。

3. 受灾面积统计

水淹面积提取时把水淹区域赋值 1、其他区域赋值 0，再与土地利用分类数据相乘，这种处理方式是分类统计受灾情况的简便易行的方法。

参 考 文 献

白帆,周大元,张丽平,等,2008. 世界森林火灾预防与监控技术概述[J]. 林业劳动与安全,21(3):20-25.

北京大学地质系地貌专业遥感研究组,1978. 地球资源卫星象片的地质解译[M]. 北京:地质出版社.

蔡丽娜,刘平波,智长贵,2008. 水质遥感监测方法的探讨[J]. 测绘与空间地理信息, 31(4):68-73.

查勇,Jay Gao,倪绍祥,2003. 国际草地资源遥感研究新进展[J]. 地理科学进展,22(6):607-617.

常青,1999,甘肃北山南带岩(矿)石波谱特征的初步研究[J]. 甘肃地质学报,(1):50-57.

常庆瑞,申光荣,周勇,等,2004. 遥感技术导论[M]. 北京:科学出版社.

陈华,陈书海,张平,等,2000. K-means 算法在遥感分类中的应用[J]. 红外与激光工程,29(2):26-30.

陈利军,刘高焕,励惠国,2002. 中国植被净第一性生产力遥感动态监测[J]. 遥感学报,(2):129-135.

陈宁强,戴锦芳,1998. 人机交互式土地资源遥感解译方法研究[J]. 遥感技术与应用,13(2):15-20.

陈述彭,赵英时,1990. 遥感地学分析[M]. 北京:测绘出版社.

陈为江,1999. 推动空间遥感技术　保障社会可持续发展——中国遥感成就与展望[J]. 遥感信息,(4):2-3.

陈云浩,李晓兵,史培军,等,2003. 基于热红外与光学数据的地表植被动态变化监测研究[J]. 地理研究,22(2):191-198.

成永生,陈松岭,2007. 基于遥感解译的环形构造研究及其找矿意义[J]. 矿业研究与开发,(3):53-55.

程博,王威,张晓美,等,2007. 基于光谱曲线特征的水污染遥感监测研究[J]. 国土资源遥感, (2):68-70,81.

丛丕福,王臣立,曲丽梅,等,2009. 海洋初级生产力的卫星遥感估算模型[J]. 生态环境学报,18(3):1016-1019.

崔霞,冯琦胜,梁天刚,2007. 基于遥感技术的植被净初级生产力研究进展[J]. 草地科学,(10):36-42.

戴昌达,雷莉萍,胡德永,等,1991. 卫星遥感监测松毛虫灾害 [J]. 遥感信息,(3):32-34.

戴昌达,姜小光,唐伶俐,2004. 遥感图像应用处理与分析[M]. 北京:清华大学出版社.

戴小华,余世孝,2004. 遥感技术支持下的植被生产力与生物量研究进展[J]. 生态学杂志,23(4):92-98.

方圣辉,龚龑,孙家抦,等,2024.遥感原理与应用[M].4 版.武汉:武汉大学出版社.

冯奇,吴胜军,2006. 我国农作物遥感估产研究进展[J]. 世界科技研究与发展,(6):32-36.

傅肃性,2002. 遥感专题分析与地学图谱[M]. 北京:科学出版社.

甘淑,王人潮,何大明,2000. 澜沧江流域山区土地覆盖遥感监测分类组织与实施技术研究[J]. 资源科学,22(5):78-82.

高峰,车涛,王介民,等,2005. 被动微波遥感指数及其应用[J]. 遥感技术与应用,20(6):551-557.

高彦春,牛铮,王长耀,2000. 遥感技术与其全球变化的研究[J]. 地球信息科学,(2):42-46.

顾行发,余涛,孟庆岩,等,2008. 我国民用航天遥感应用需求变化及时效性分析[J]. 卫星与网络,(4):58-60.

郭华东,1995. 遥感找矿方法与实践[M]. 北京:科学出版社.

郭焕成,1984. 土地利用调查与制图方法的初步研究[J]. 地理学报,39(3):259-267.

郭建宁,2007. 抓住机遇　加速发展　建设国家对地观测体系而努力奋斗[J]. 军民两用技术与产品,(1):34-35.

国家质量监督检验检疫总局,国家标准化管理委员会,2007. 土地利用现状分类[S]. 中华人民共和国国家标准(GB/T 21010-2007). 北京:中国标准出版社.

国土资源部,2001. 全国土地分类(试行)[J]. 国土资源通信,(10):13-15.

何建邦,田国良,1996. 中国重大自然灾害监测与评估信息系统的建设与应用[J]. 自然灾害学报,(8):1-7.

胡德永,王杰生,何晓云,等,1989. 用于土地利用分类的计算机复合分层分类方法——河北省南皮县土地利用分类研究[J]. 环境遥感,4(4):249-256.

胡姣婵,刘良云,刘新杰,2015. FluorMOD 模拟叶绿素荧光夫琅和费暗线反演算法不确定性分析[J]. 遥感学报,19(4):594-608.

贾海峰,刘雪华,2006. 环境遥感原理与应用[M]. 北京:清华大学出版社.

江东，王乃斌，杨小唤，等，2001. 农作物产量空间格局遥感监测方法研究[J]. 资源科学，23(5)：16－21.
康利鸿，田菁，江碧涛，2024. 巨星座时代遥感卫星应用技术挑战与思考[J]. 遥感学报，28(7)：1658－1666.
雷莉萍，胡德永，1995. 森林虫害的遥感监测模式研究[J]. 遥感信息，(3)：12－14.
李朝锋，曾生根，许磊，2007. 遥感图像智能处理[M]. 北京：电子工业出版社.
李崇贵，赵宪文，李春干，2006. 森林蓄积量遥感估测理论与实现[M]. 北京：科学出版社.
李德仁，2002. 21世纪遥感与GIS展望[J]. 中国测绘，(6)：28－29.
李德仁，王树根，周月琴，2001. 摄影测量遥感概论[M]. 北京：测绘出版社.
李家存，魏永明，蔺启忠，2004. 遥感信息在南水北调西线工程区构造解译中的应用[J].吉林大学学报(地球科学版)，34(1)：150－153.
李建龙，王建华，1998. 我国草地遥感技术应用研究进展与前景展望[J]. 遥感技术与应用，(2)：64－67.
李京，1986. 水域悬浮固体含量的遥感定量研究[J]. 环境科学学报，6(2)：166－173.
李石华，王金亮，陈姚，2006. 独龙江流域TM图像的分区分类方法探讨[J]. 遥感信息，(3)：40－43.
李树楷，2003. 遥感时空信息集成技术及其应用[M]. 北京：科学出版社.
李四海，恽才兴，1999. 土地覆盖遥感专题信息的分层提取方法及其应用[J]. 遥感技术与应用，14(4)：23－28.
李伟，贾宝全，2008. 城市森林三维绿量研究现状与展望[J]. 世界林业研究，(8)：31－34.
李霞，盛钰，王建新，2002. 新疆荒漠化土地TM影像解译标志的建立[J]. 新疆农业大学学报，25(2)：18－21.
李小梅，沙晋明，2010.基于小波变换的NDVI区域特征尺度[J].生态学报，(11)：2864－2873.
李小文，2008. 遥感原理与应用[M]. 北京：科学出版社.
梁顺林，2009. 定量遥感[M]. 北京：科学出版社.
梁尧钦，曾辉，2009. 高光谱遥感在植被特征识别研究中的应用[J]. 世界林业研究，(1)：41－47.
廖明生，林珲，2003. 雷达干涉测量原理与信号处理基础[M]. 北京：测绘出版社.
廖小罕，2021.中国对地观测20年科技进步和发展[J].遥感学报，25(1)：267－275.
林培，张纬，1996. 中国农业遥感发展的回归与展望[M]//徐冠华. 遥感在中国. 北京：测绘出版社：57－62.
刘殿伟，张柏，宋开山，等，2006. 区域景观遥感信息研究[M]. 北京：科学出版社.
刘纪远，1996. 中国资源环境遥感宏观调查与动态研究[M]. 北京：中国科学技术出版社：262.
刘礼，于强，2007. 分层分类与监督分类相结合的遥感分类法研究[J]. 林业调查规划，132(4)：37－39，44.
刘旭升，张晓丽，2004. 森林植被遥感分类研究进展与对策[J]. 林业资源管理，(1)：62－64.
刘燕君，1991. 遥感地质找矿原理和方法[M]. 北京：冶金工业出版社.
吕国楷，洪启旺，郝允充，等，1995. 遥感概论[M]. 北京：高等教育出版社.
罗亚，徐建华，岳文泽，2005. 基于遥感影像的植被指数研究方法述评[J]. 生态科学，(1)：75－79.
马伟，1999. 发展遥感技术 竭诚服务社会——记中国遥感卫星地面站[J]. 中国科技产业，(3)：37，49.
毛德华，王宗明，韩佶兴，等，2012. 1982~2010年中国东北地区植被NPP时空格局及驱动因子分析[J]. 地理科学，32(9)：1106－1111.
毛赞猷，1986. 内蒙古草场资源遥感制图[J]. 遥感信息，(1)：36－38.
梅安新，彭望琭，秦其明，等，2001. 遥感导论[M]. 北京：高等教育出版社.
莫源富，周立新，2000. 分区分类法——针对山区遥感图像的一种有效的分类方法[J]. 中国岩溶，19(4)：360－365.
倪金生，蒋一军，张富民，2008. 遥感图像处理理论与实践[M]. 北京：电子工业出版社.
牛明香，赵庚星，李尊英，2004. 南四湖湿地遥感信息分区分层提取研究[J]. 地理与地理信息科学，20(2)：45－52.
牛铮，王长耀，2008. 碳循环遥感基础与应用[M]. 北京：科学出版社.
潘习哲，1997. 中国遥感卫星地面站及其发展[J]. 中国航天，(4)：3－4.
彭望琭，白振平，刘湘南，等，2002. 遥感概论[M]. 北京：高等教育出版社.
浦瑞良，宫鹏，2000. 高光谱遥感及其应用[M]. 北京：高等教育出版社.
齐东方，董杰，潘华盛，2007. 森林火险监测预报技术研究进展[J]. 黑龙江水专学报，(9)：94－96.
钱乐祥，2004. 遥感数字影像处理与地理特征提取[M]. 北京：科学出版社.
乔延利，郑小兵，王先华，等，2006. 卫星光学传感器全过程辐射定标[J]. 遥感学报，10(5)：616－623.

秦其明,2003. 遥感概论网络课程[M]. 北京：高等教育出版社.

仇大海,田淑芳,2008. 第二次全国土地调查航天遥感数据源的选择[J]. 广东土地科学,7(2)：4－7.

曲雪光,林爱文,李建武,2008. 关于《土地利用现状分类》国家标准的探讨[J]. 湖南农业科学,(4)：89－90.

全国农业区划委员会,1984. 土地利用现状调查技术规程[M]. 北京：测绘出版社：513.

邵宇宾,1997. 华北平原土地覆盖变化研究[D]. 北京：中国科学院：11.

沈芳,匡定波,2003. 青海湖最近25年变化的遥感调查与研究[J]. 湖泊科学,15(4)：289－296.

沈萍,陈向东,2009. 微生物学[M].第2版. 北京：高等教育出版社.

师庆东,吕光辉,潘晓玲,等,2003. 遥感影像中分区分类法及在新疆北部植被分类中的应用[J]. 干旱区地理,26(3)：264－268.

史培军,宫鹏,李晓兵,等,2000. 土地利用/覆盖变化研究的方法与实践[M].北京：科学出版社：1－3.

舒立福,王明玉,2005. 几种卫星系统监测林火技术的比较与应用[J]. 世界林业研究,(12)：49－53.

舒宁,2001. 微波遥感原理[M]. 武汉：武汉大学出版社.

宋璐璐,2013. 青藏高原蒸散发时空变化特征研究[D]. 北京：中国科学院大学.

宋春青,刘清泗,1990. 中国中学教学百科全书(地理卷)[M]. 沈阳：沈阳出版社.

孙家抦,2003. 遥感原理与应用[M]. 武汉：武汉大学出版社.

唐世浩,田庆久,宫鹏,等,2003. 三波段梯度差植被指数的理论基础及应用[J]. 遥感学报,7(3)：201－207.

唐延林,王纪华,黄敬峰,等,2004. 利用水稻成熟期冠层高光谱数据进行估产研究[J]. 作物学报,(8)：780－785.

田国良,2003. 我国遥感应用现状、问题与建议[J]. 遥感信息,(2)：2－5.

田庆久,闵祥军,1998. 植被指数研究进展[J]. 地球科学进展,(4)：327－333.

童庆禧,1998. 遥感在1998年洪水监测中的作用[J]. 气候与环境研究,3(4)：314－322.

童庆禧,张兵,郑兰芬,2006. 高光谱遥感的多学科应用[M]. 北京：电子工业出版社.

万建,王继成,2002. 基于ISODATA算法的彩色图像分割[J]. 计算机工程,28(5)：135－137.

王长耀,狄小春,1998. 遥感技术在全球环境变化研究中的作用[J]. 地理科学进展,13(3)：278－283.

王丹,丁军,1996."3S技术"集成在地震灾害调查与研究中的应用初探[J]. 国土资源遥感,(3)：9－14.

王纪华,赵春江,黄文江,等,2008. 农业定量遥感基础与应用[M]. 北京：科学出版社.

王建,董光荣,李文君,等,2000. 利用遥感信息决策树方法提取荒漠化土地类型的研究探讨[J]. 中国沙漠,20(3)：243－247.

王静,2006. 土地资源遥感监测与评价方法[M]. 北京：科学出版社.

王蕾,骆有庆,张晓丽,2008. 遥感技术在森林病虫害监测中的应用研究进展[J]. 世界林业研究,(5)：37－43.

王鹏新,龚健雅,李小文,2001. 基于植被指数和土地表面温度的干旱监测模型[J]. 干旱区地理,24(2)：115－121.

王萍,2004. 遥感土地利用土地覆盖变化信息提取的决策树方法[D]. 泰安：山东科技大学.

王桥,杨一鹏,黄家柱, 2005. 环境遥感[M]. 北京：科学出版社.

王润生,杨文立,1992. 遥感线性体场的定量分析[J]. 国土资源遥感,(3)：49－53.

王四龙,王西华,1996. 北京地区遥感环形构造信息提取与金矿预测[J]. 地质与勘探,32(4)：36－39.

王宗明,国志兴,宋开山,等,2009. 2000~2005年三江平原土地利用/覆被变化对植被净初级生产力的影响研究[J]. 自然资源学报,24(1)：136－146.

闻建光,肖青,杨一鹏,等,2006. 基于Hyperion数据的太湖水体叶绿素a浓度遥感估算[J]. 湖泊科学,18(4)：327－336.

吴传钧,郭焕成,1994. 中国土地利用[M]. 北京：科学出版社.

吴建平,1999. 区域土地利用/土地覆盖遥感调查[M]. 上海：华东师范大学出版社.

武红敢,1995. 卫星遥感技术在森林病虫害监测中的应用[J]. 世界林业研究,8(2)：24－29.

武红敢,石进,2004.松毛虫灾害的TM影像监测技术[J]. 遥感学报,(2)：172－177.

谢栋平,李国元,王建敏,等,2020. 新型激光测高卫星ICESat－2在地学中的应用前景综述[J]. 测绘与空间地理信息,43(12):38－42,45.
邢前国,陈楚群,施平,2007. 利用 Landsat 数据反演近岸海水表层温度的大气校正算法[J]. 海洋学报,29(3): 23－30.
徐文婷,吴炳方,2005. 遥感用于森林生物多样性监测的进展[J]. 生态学报,(5): 1199－1204.
徐希儒,2005. 遥感物理[M]. 北京: 北京大学出版社.
许榕峰,徐涵秋,2003. 多步骤分类法在土地利用覆盖专题提取中的应用[J]. 福州大学学报(自然科学版),31(4): 408－412.
许苏清,陈立奇,2007. 利用卫星数据估算南大洋海-气 CO_2 通量的展望[J]. 极地研究,19(2): 151－157.
杨波,2002. 遥感信息多层次分离提取技术——以甘肃鹰嘴山地区地质找矿应用研究为例[D]. 长沙:中南大学.
杨波,吴德文,赖健清,等,2005.矿化信息提取定量遥感模型的建立——以鹰嘴山硅化蚀变为例[J]. 遥感学报,9(6): 717－724.
杨存建,陈德清,魏一鸣,1999. 遥感和 GIS 在森林病虫害监测管理中的应用模式[J]. 灾害学,(1): 6－10.
杨国鹏,余旭初,冯伍法,等,2008. 高光谱遥感技术的发展与应用现状[J]. 测绘通报,(10): 1－4.
杨洪晓,吴波,张金屯,2005. 森林生态系统的固碳功能和碳储量研究进展[J]. 北京师范大学学报(自然科学版),41(2): 172－177.
杨鹏,吴文斌,周清波,等,2008. 基于光谱反射信息的作物单产估测模型研究进展[J]. 农业工程学报,(10): 262－268.
杨胜天,刘昌明,2004. 黄河流域土壤水分遥感计算及水循环过程分析[J]. 中国科学 E 辑:技术科学,34(S1): 1－12.
殷青军,杨英莲,2005. 基于 EOS/MODIS 数据的青海湖遥感监测[J]. 湖泊科学,17(4): 356－360.
尹占娥,2008. 现代遥感导论[M]. 北京: 科学出版社.
于雪英,江南,2003. 基于 RS、GIS 技术的湖面变化信息提取与分析——以艾比湖为例[J]. 湖泊科学,15(1): 81－84.
虞献平,1987."三北"防护林遥感综合调查[J]. 遥感信息,(1):39－40.
岳彩荣,2003. 土地利用与土地覆盖遥感调查技术研究[J]. 西南林学院学报,23(2): 44－48.
岳健,张雪梅,2003. 关于我国土地利用分类问题的讨论[J]. 干旱区地理,26(1): 78－88.
岳涛,2008. 中国航天光学遥感技术成就与展望[J]. 航天返回与遥感,29(3): 10－19.
岳文泽,2008. 基于遥感影像的城市景观格局及其热环境效应研究[M]. 北京: 科学出版社.
岳跃民,王克林,张兵,等,2008. 高光谱遥感在生态系统研究中的应用进展[J]. 遥感技术与应用,(8): 472－478.
张海珍,马泽忠,周志跃,等,2008. 基于 MODIS 数据的成都市水稻遥感估产研究[J]. 遥感应用,(5): 63－67.
张慧芳,张晓丽,2007. 遥感技术支持下的森林生物量研究进展[J]. 世界林业研究,(8): 30－34.
张建东,彭省临,杨文武,等,2007. 云南个旧锡矿遥感信息提取及找矿预测[J]. 大地构造与成矿学,31(4): 424－429.
张仁华,饶农新,等,1996. 植被指数的抗大气影响探讨[J]. 植物学报,38(1): 53－62.
张松岭,杨邦杰,王飞,等,1999. 基于 GIS 的耕地遥感监测人机交互式图像解译系统[J]. 农业工程学报,15(2): 185－188.
张银辉,赵庚星,2002. 土地利用/土地覆盖遥感分类分法的研究综述[J]. 中国农业资源与区划,23(3): 21－25.
张渊智,聂跃平,蔺启中,等,2000. 表面水质遥感监测研究[J]. 遥感技术与应用,15(4): 214－219.
张占睦,马永刚,常晓滢,2001. 模糊数字在全色航空影像分类中的应用[J]. 测绘学院学报, 18(3): 186－188.
张占睦,芮杰,2007. 遥感技术基础[M]. 北京: 科学出版社.
张兆明,何国金,2008. Landsat 5 TM 数据辐射定标[J]. 科技导报,26(7): 54－58.
赵德华,李建龙,2003. 高光谱技术提取植被生化参数机理与方法研究进展[J]. 地球科学进展,(2): 94－99.
赵庚星,余松烈,2001. 冬小麦遥感估产研究进展[J]. 山东农业大学学报(自然科学版),32(1): 107－111.
赵鹏大,陈永清,1999. 地质异常成矿预测理论与实践[M]. 北京: 中国地质大学出版社.
赵英时,2003. 遥感应用分析原理与方法[M]. 北京: 科学出版社.

郑光,田庆久,2006. 结合树龄信息的遥感森林生态系统生物量制图[J]. 遥感学报,(11): 932 - 940.

郑立中,1997. 中国遥感技术应用的现状与发展[J]. 中国航天,(6): 6 - 8.

植起汉,朱谷昌,1995. 金属矿床分布规律与遥感地质构造的联系[J]. 矿产与地质,9(3): 199 - 202.

中国科普博览,2009. 汶川大地震与科技救灾[OL]. [2017 - 06 - 01] http://kepu.llas.ac.cn/gb/special/2009/0512 /03_kj/03_1sl_02sl4.html.

周蕾,王绍强,陈镜明,等,2009. 1991 年至 2000 年中国陆地生态系统蒸散时空分布特征[J]. 资源科学,31(6): 962 - 972.

周涛,史培军,罗巾英,等,2007. 基于遥感与碳循环过程模型估算土壤有机碳储量[J]. 遥感学报,11(1):127 - 136.

周廷刚,何勇,刘睿,等,2022.遥感原理与应用[M].2 版.北京:科学出版社.

周伟,王脩珺,2006. 高分辨率遥感数据在园林绿化调查中的应用进展[J]. 中国园林,(12): 72 - 76.

朱述龙,张占睦,2002. 遥感图像获取与分析[M]. 北京: 科学出版社.

朱文泉,2005. 中国陆地生态系统植被净初级生产力遥感估算及其与气候变化关系的研究[D]. 北京:北京师范大学.

朱翔,李卓卿,朱云燕,等,2001. 多山地区植被类型遥感调查——以金沙江流域滇西北部为例[J]. 生态学杂志,20(增刊): 12 - 17.

朱振海,黄晓霞,李红旮,2002. 中国遥感的回顾与展望[J]. 地球物理学进展,17(2): 310 - 316.

Baret F,Guyot G,1991. Potentials and limits of vegetation indices for LAI and APAR assessment[J]. Remote Sensing of Environment,35(2/3):161 - 173.

Baret F,Guyot G,Major D J,1989. TSAVI:A vegetation index which minimizes soil brightness effects on LAI and APAR estimation[C]. 12th Canadian Symposium on Remote Sensing Geoscience and Remote Sensing Symposium, Vancouver:1355 - 1358.

Brockhaus J A,Khorram S,1992. A comparision of Landsat TM and SPOT HRV data for use in the development of forest defoliation modes[J]. International Journal of Remote Sensing,13(6):3235 - 3240.

Broge N H, Mortensen J V,2002. Deriving green crop area index and canopy chlorophyll density of winter wheat from spectral reflectance data [J]. Remote Sensing of Environment,81:45 - 57.

Campbell J B,2002. Introduction to Remote Sensing [M]. 3rd Ed. London: Taylor & Francis.

Demetriades-Shah T H,Steven M D,Clark J A,1990. High resolution derivative spectra in remote sensing [J]. Remote Sensing of Environment,33(1):55 - 64.

Ekstrand S P,1990. Detection of moderrate damage on Noway Spruce using Landsat TM and Digital Stand data [J]. IEEE Transaction on Geoscience and Remote Sensing,28(4):685 - 692.

Fischer G,Ermoliev Y M,Keyzer M A,et al.,1996. Simulating the socio-economic and biogeophysical driving forces of land-use and land-cover change[EB/OL]. [2017-06-01]. https://core.ac.uk/download/pdf/33896485.pdf .

Gamon J A,Peñuelas J,Field C B,1992. A narrow-waveband spectral index that tracks diurnal changes in photosynthetic efficiency[J]. Remote Sensing of Environment,41(1):35 - 44.

Goudie A,1990. The human impact on the natural environment[M]. 3rd Ed. Cambridge:The MIT Press Massachesetts.

Guyot G,Baret F,Major D J,1988. High spectral resolution:Determination of spectral shifts between the red and infrared [C]. Proc. Int. Colloq. Spectral Signatures Objects Remote Sens.,Aussois:279 - 286.

Hansen P M, Schjoerring J K,2003. Reflectance measurement of canopy biomass and nitrogen status in wheat crops using normalized difference vegetation indices and partial least squares regression [J]. Remote Sensing of Environment, 86:542 - 553.

Huete A R,1988. A soil-adjusted vegetation index (SAVI)[J]. Remote Sensing of Environment,25(3):295 - 309.

Nguyen H T,Lee B W,2006. Assessment of rice leaf growth and nitrogen status by hyperspectral canopy reflectance and partial least square regression [J]. Europ. J. Agronomy,24:349 - 356.

Jackson R D,1983. Spectral indices in N-space[J]. Remote Sensing of Environment,13(5):409 - 421.

Jacquemoud S, Ustin S L, Verdebout J, et al.,1996. Estimating leaf biochemistry using the PROSPECT leaf optical properties model [J]. Remote Sensing of Environment,56:194 – 202.

John R J,2007. Introductory Digital Image Processing[M]. 3rd Ed. Upper Saddle River:Prentice Hall.

Jordan C F,1969. Derivation of leaf-area index from quality of light on the forest floor[J]. Ecology,50(4):663 – 666.

Kaufman Y J, Tanre D, 1992. Atmospherically resistant vegetation index (ARVI) for EOS-MODIS [C]. IEEE Transactions on Geoscience and Remote Sensing,30(2):261 – 270.

Kauth R J, Thomas G S, 1976. The tasseled cap—A graphic description of the spectral-temporal development of agricultural crops as seen by Landsat[R].Proceedings of the Symposium on Machine Processing of Remotely Sensed Data,West Lafayette:4B – 41 – 4B – 51.

Kong F H,Li X Z,2003. Research advance in forest restoration on the burned blanks[J]. Journal of Forestry Research, 14(2):180 – 184.

Kuninori Otsubo,1999. Application of GSIM in the Projection of Land-use Change. CGER-REPORT——CGER-I036-'99 [R]. In Proceedings of 1999 NIES Workshop on Information Bases and Modeling for Land-use and Land-cover Change Studies in East Asia. Edited by Kuninori OTSUBO,August:116 – 123.

Kuninori Otsubo,Statistical Analysis on Factors in Farmland/Urban Land-use Change in Japan (1975 – 1990)[R]. CGER-REPORT——CGER-I027-'97:35 – 43.

Lambin E F, Baulies X, Bockstael N, et al.,1999. Land-Use and Land-Cover Change(LUCC) Implementation Strategy (=IGBP Report48/IHDP Report10)[R]. Stockholm:Royal Swedish Academy of Sciences.

Li B Z,Li M X,Zhou X, et al.,2010. Hyperspectral estimation models for nitrogen contents of apple leaves [J]. Journal of Remote Sensing,14(4):761 – 773.

Liu H Q,Huete A R,1995. A feedback based modification of the NDVI to minimize canopy background and atmospheric noise[J].IEEE Transactions on Geoscience and Remote Sensing,33(2):457 – 465.

Major D J,Baret F,Guyot G,1990. A ratio vegetation index adjusted for soil brightness[J]. International Journal of Remote Sensing,11(5):727 – 740.

Martin M E, Plourde L C, Ollinger S V, et al.,2008. A generalizable method for remote sensing of canopy nitrogen across a wide range of forest ecosystems [J]. Remote Sensing of Environment,112:3511 – 3519.

Miller J R,Hare E W,Wu J,1990. Quantitative characterization of the vegetation red edge reflectance:An inverted-Gaussian model approach[J]. International Journal of Remote Sensing,11(10):1755 – 1773.

Min M,Won S L,Thomas F B, et al.,2008. Design of a hyperspectral nitrogen sensing system for orange leaves [J]. Computers and Electronics in Agriculture,63:215 – 226.

Osborne S L, Schepers J S, Francis D D, et al.,2002. Detection of phosphorus and nitrogen deficiencies in corn using spectral radiance measurements [J]. Agronomy Journal,94:1214 – 1221.

Peñuelas J,Filella I,Gamon J A,1995 .Assessment of photosynthetic radiation-use efficiency with spectral reflectance [J].New Phytologist,131(3):291 – 296.

Pinty B,Verstraete M M,1992.GEMI:A non-linear index to monitor global vegetation from satellites[J]. Vegetatio,101 (1):15 – 20.

Qi J,Chehbouni A,Huete A R,et al., 1994. A modified soil adjusted vegetation index[J]. Remote Sensing of Environment,48(2):119 – 126.

Raymond F K,Gregory P A,Scott V O, et al.,2009. Characterizing canopy biochemistry from imaging spectroscopy and its application to ecosystem studies[J]. Remote Sensing of Environment,113:S78 – S91.

Raymond F K, Roger N C, 1999. Spectroscopic determination of leaf biochemistry using band-depth analysis of absorption features and stepwise multiple linear regression [J]. Remote Sensing of Environment,67:267 – 287.

Raymond F K,2001. Investigating a physical basis for spectroscopic estimates of leaf nitrogen concentration [J]. Remote Sensing of Environment,75:153 – 161.

Rouse J W,Haas R H,Schell J A,et al.,1973.Monitoring vegetation systems in the Great Plains with ERTS. Proc[C]. 3rd Earth Resources Technol. Satellite Symp.,Washington:309 – 317.

Rosemary A J, Mark E J C, Paul J, 1999. Estimating canopy chlorophyll concentration from field and airborne spectra [J]. Remote Sensing of Environment, 68: 217 – 224.

Sian, 2009. Remote sensing for natural disasters: Facts and figures[OL]. [2017 – 06 – 01]. http://www.scidev.net/en/features/remote-sensing-for-natural-disasters-facts-and-figures.html.

Susan L U, Gitelson A A, Stéphane Jacquemoud, et al., Retrieval of foliar information about plant pigment systems from high resolution spectroscopy[J]. Remote Sensing of Environment, 113(2009): S67 – S77.

TaraniK J V, 1988. Application of aerospace remote sensing technology to exploration for precious metal deposits in the Western United States: in Symposium Volume, Bulk Mineable Precious Metals Deposits of the United States[C]. Geological Society of Nevada, Reno: 551 – 576.

Terence P D, Paul J C, Stephen E P, 1998. LIBERTY—Modeling the Effects of Leaf Biochemical Concentration on Reflectance Spectra [J]. Remote Sensing of Environment, 65: 50 – 60.

Thomas L, Ralph W K, Jonathan C, 2015. Remote sensing and image interpretation[M]. 7th Ed.Hoboken: Wiley.

Tian X R, Douglas J M, 2005. Satellite remote-sensing technologies used in forest fire management[J]. Journal of Forestry Research, 16(1): 73 – 78.

Tomas Ayala-Silva, Caula A B, 2005. Changes in spectral reflectance of wheat leaves in response to specific macronutrient deficiency [J]. Advances in Space Research, 35: 305 – 317.

Turner B L, et al. 1995. Land-use and land-cover change science/Research plan[R]. IGBP Report No.35, HDP Report No.7: 20 – 24.

Turner B L, Moss R H, Skole D L, 1993. Relating land use and global land-cover change[R]. IGBP Report No.24, IHDP Report No.5.

Wang J L, Hang W P, Yi B J, et al., 2009. Multistep optimization of lnformation extraction on land use /Land cover in alpine gorge of Northwest Yunnan Province, China[C]. Proceesendings of the Second International Conference on Earth Observation for Global Changes (EOGC2009), Chengdu.

Wheeler S G, Misra P N, Holmes Q A, 1976. Linear dimensionality of Landsat agricultural data with implications for classification[C]. Symposium on Machine Processing of Remotely Sensed Data, West Lafayette.

Wheeler M D, Misra P N, Swain S D, et al., 1976. Evaluation of the multispectral factor for transformation of Landsat data [R].Proc. Machine Processing of Remotely Sensed Data Symp., West Lafayette: 4B – 49 – 4B – 55.

Williiam B M, Turner B L, 1994. Changes in land use and land cover: A global perspective[M]. Cambridge: Cambridge University Press.